小型水电站运行与维护丛书

电气设备运行

姜荣武　李　华　主编

中国电力出版社
CHINA ELECTRIC POWER PRESS

内 容 提 要

本书共分十五章，内容包括：电力系统的概述，变压器的运行，高压断路器的运行，互感器的运行，隔离开关的运行，消弧线圈的运行，绝缘子、套管的运行，防雷设备的运行，水电厂的继电保护，水电厂的厂用部分，水电厂水轮发电机的运行和常见电气故障及处理，接地装置的运行，水电厂综合自动化系统，电气设备倒闸操作，安全工器具的使用。

本书可供从事小型水电站电气设备运行和维护的工作人员参考和使用。

图书在版编目(CIP)数据

电气设备运行/姜荣武，李华主编. —北京：中国电力出版社，2012.7

（小型水电站运行与维护丛书）

ISBN 978-7-5123-3281-2

Ⅰ.①电… Ⅱ.①姜…②李… Ⅲ.①水力发电站-电气设备-运行 Ⅳ.①TV734

中国版本图书馆 CIP 数据核字(2012)第 156430 号

中国电力出版社出版、发行

（北京市东城区北京站西街 19 号　100005　http://www.cepp.sgcc.com.cn）

航远印刷有限公司印刷

各地新华书店经售

*

2012 年 12 月第一版　　2012 年 12 月北京第一次印刷

787 毫米×1092 毫米　16 开本　17.25 印张　406 千字

印数 0001—3000 册　　定价 **45.00** 元

《小型水电站运行与维护丛书》
编　委　会

主　任　李　华

委　员　孙效伟　尹胜军　姜荣武　安绍军

《电气设备运行》
编写人员

主　编　姜荣武　李　华

参　编　于建军　宋君辉　董彦斌　王洪玲

序

我国小水电近年来发展非常迅速，从1995年末发电装机容量1650万kW，年发电量超过530亿kWh，到2011年已建成小水电站45 000余座，总装机容量5900万kW，年发电量2000多亿kWh。目前，我国小水电遍布全国二分之一的地域、三分之一的县市，累计解决了3亿多无电人口的用电问题。中国小水电在山区农村的作用越来越显得重要，其自身经济效益也在逐步提高。小水电已成为我国农村经济社会发展的重要基础设施、山区生态建设和环境保护的重要手段。作为最直接的低碳能源生产方式，小水电在“十二五”期间将迎来新的发展机遇。

随着小水电事业的迅速发展和水电技术水平的不断提高，对小水电站运行与维护人员的知识、技能要求也越来越高。特别是随着新技术在小水电站的应用，需要电站运行与维护人员及时更新知识结构，从而保证小水电站安全、经济运行。为此，我们组织编写了本套“小型水电站运行与维护丛书”，可满足小水电站运行与维护人员在不脱离岗位的情况下，通过对所需知识的学习提高业务水平和技能，并应用到实际工作中，以保障发电机组的安全、可靠、高效、经济运行。

本套丛书共包括《水轮发电机组及其辅助设备运行》、《水力机械检修》、《电气设备运行》、《电气设备检修》、《水电站运行维护与管理》五个分册。该套丛书密切结合小水电技术水平发展的实际，以典型小水电站的系统和设备为主线，并按CBE模式对丛书的内容进行了划分，按照理论上够用、突出技能的思路组织各分册的编写。丛书图文并茂、浅显易懂，并充分结合了新规程和新标准。小水电站运行与维护人员可根据自身专业基础和实际需要选择要学习的模块。

本套丛书由国网新源丰满培训中心组织编写，可作为小型水电站运行、检修岗位生产人员的培训教材，也可供水电类职业技术学院相关专业师生学习参考。

国网新源丰满培训中心希望能够通过本套丛书的出版，为我国的水电事业尽一份绵薄之力。因编写时间和作者水平所限，丛书谬误和不足之处难免，敬请广大水电工作者批评指正。

国网新源丰满培训中心

2012年9月

前　言

为适应中小型水电站电力生产建设快速发展的需要，进一步提高中小型水电站技术人员的运行维护水平，以保障发电机组的安全、可靠、高效、经济运行。作者为中小型水电站电气运行人员编写了这本书，本书详尽介绍了水力发电厂一、二次电气设备的基本原理、结构类型、性能特点、技术参数、接线方式、运行维护、异常处理以及与水力发电厂运行紧密相关的电力系统专业知识。本书在编写过程中，注重理论的系统性和实用性，从基础理论出发，将理论和实践有机结合，并紧跟最新技术的发展，从而达到先进、实用的目的。全书共分十五章，内容包括：电力系统的概述，变压器的运行，高压断路器的运行，互感器的运行，隔离开关的运行，消弧线圈的运行，绝缘子、套管的运行，防雷设备的运行，水电厂的继电保护，水电厂的厂用部分，水电厂水轮发电机的运行，接地装置的运行，水电厂综合自动化系统，电气设备倒闸操作，安全工器具的使用。本书力图反映水力发电厂电气部分的新技术、新设备、新工艺、新材料和新经验，突出实用性和先进性，在理解电气设备工作原理的同时，全面反映水力发电厂电气设备的运行技术。努力做到术语准确、文字精练、插图简明、内容全面、通俗易懂。

本书第二～第五、第七、第九、第十章由姜荣武编写；第一、第八、第十一章由李华编写；第十二、第十三章由于建军编写；第十四章由宋君辉编写；第六章由董彦斌编写；第十五章王洪玲编写，全书由姜荣武统稿。本书在编写过程中，虽经反复推敲，多次修改，但因时间仓促、编者水平有限，疏漏错误之处在所难免，敬请广大读者在使用过程中提出宝贵意见，以便修订和完善。

作　者
2012 年 9 月

目 录

第一章

电力系统的概述

第一节　电力系统的基本概念

一、电气设备

为了满足生产的要求，发电厂中安装有各种电气设备，这些电气设备都是发电厂的重要组成部分。根据电气设备的作用不同，可将电气设备分为一次设备和二次设备。

1. 一次设备

通常把生产、转换和分配电能的设备称为一次设备。包括发电机、变压器、断路器、隔离开关、母线、电抗器、自动空气开关、电力电缆、架空线路、避雷器、电流互感器、电压互感器等。它们包括：

（1）生产和转换电能的设备。如发电机将机械能转换成电能，电动机将电能转换成机械能，变压器将电压升高或降低，以满足输配电需要。这些都是发电厂中最主要的设备。

（2）接通或断开电路的开关电器。例如断路器、隔离开关、熔断器、接触器之类，它们用于正常或事故时，将电路闭合或断开。

（3）限制故障电流和防御过电压的电器。例如限制短路电流的电抗器和防御过电压的避雷器等。

（4）接地装置。无论是电力系统中性点的工作接地还是保护人身安全的保护接地，均同埋入地中的接地装置相连。

（5）载流导体。如裸导体、电缆等，它们按设计的要求，将有关电气设备连接起来。

2. 二次设备

对上述一次设备进行测量、控制、监视和起保护作用的设备统称为二次设备，它们包括：

（1）仪用互感器。如电压互感器和电流互感器，可将电路中的电压或电流降至较低值，供给仪表和保护装置使用。

（2）测量表计。如电压表、电流表、功率因数表等，用于测量电路中的参量值。

（3）继电保护及自动装置。这些装置能迅速反应不正常情况并进行监控和调节，例如作用于断路器跳闸，将故障切除。

（4）直流电源设备。包括直流发电机、蓄电池等，供给保护和事故照明的直流用电。

（5）信号设备及控制电缆等。信号设备给出信号或显示运行状态标志，控制电缆用于连接二次设备。

二、电力系统

为了提高供电的可靠性和经济性，目前广泛地将许多发电厂用电力网络连接起来并联工作。这些由发电厂、配电装置、升压和降压变电站、电力线路及电能用户所组成的统一整体，称为电力系统。电力系统中由各级电压的输配电线路和变电站组成的部分称为电网。

第二节　电力系统的额定参数及负荷

一、电气设备的额定参数

用以表明电气设备在一定条件下的长期工作最佳运行状态的特征量的值称为额定参数。各类电气设备的额定参数主要有额定电压、额定电流和额定容量。

1. 额定电压

电气设备的额定电压是按长期正常工作时具有最大经济效果所规定的电压。为使电气设备实现标准化和系列化生产，国家规定了标准电压系列如表1-1所示。

表1-1　我国交流电力网和电气设备的额定电压（线间电压）　kV

用电设备额定电压与电力网额定电压	发电机额定电压	变压器额定电压		
		一次绕组		二次绕组
		接电力网	接发电机	
	0.23	0.22	0.23	0.23
	0.40	0.38	0.40	0.40
3	3.15	3	3.15	3.15及3.3
6	6.3	6	6.3	6.3及6.6
10	10.5	10	10.5	10.5及11
35		35		38.5
60		60		66
110		110		121
220		220		242
330		330		363
500		500		550
750		750		825

（1）用电设备和电力网的额定电压。我国用电设备的额定电压与电力网的额定电压是相等的。但实际中，由于输送电能时在线路和变压器等元件上产生的电压损失，会使线路上各处的电压不相等，使各点的实际电压偏离额定电压，即线路首端的电压将高出额定电压，线路末端的电压将低于额定电压。

（2）发电机额定电压。发电机总是处于电力网首端，其额定电压比电力网的高5%，即$U_{GN}=1.05U_N$。允许线路电压降10%，从而保证用电设备的工作电压均在±5%以内。

（3）变压器额定电压。变压器在电力系统中具有发电机和用电设备的双重性。变压器的一次绕组是从电网接受电能的，故相当于用电设备；其二次绕组是输出电能的，相当于发电机。因此规定变压器一次绕组的额定电压等于用电设备的额定电压。但是，当变压器的一次绕组直接与发电机的出线端相连时，其一次绕组的额定电压应与发电机额定电压相同，即$U_1=1.05U_N$。变压器的二次绕组（通常指空载电压）比同级电力网的额定电压高10%，即$U_2=1.1U_N$。但是，10kV及以下电压等级的变压器的阻抗压降在7.5%以下，若线路短，线路上压降小，其二次绕组额定电压可取$1.05U_N$。

2. 额定电流

电气设备的额定电流是指周围介质在额定环境温度时，其绝缘和载流导体及其连接的长期发热温度不超过极限值所允许长期通过的最大电流值。

我国采用的周围介质额定温度如下：

电力变压器和大部分电器（如断路器、隔离开关、互感器等）的额定周围空气温度取为40℃。

敷设在空气中的母线、电缆和绝缘导线等为25℃。

埋设地下的电力电缆的额定泥土温度为25℃。

3. 额定容量

额定容量的规定条件与额定电流相同。变压器额定容量用视在功率（kVA）表示；发电机的原动机只能提供有功功率，所以一般以有功功率（kW）表示；当其额定容量用视在功率表示时，需表明功率因数（$\cos\varphi$）。电动机也多用有功功率表示。

二、电力系统的负荷

1. 电力系统的负荷分类

电力系统的负荷是指电力系统中所有用电设备消耗功率的总和，它们又分为动力负荷（异步电动机）、电热电炉、整流设备及照明负荷等。

电力系统的综合用电负荷是指工业、农业、交通运输、市政生活等各方面消耗功率之和。

电力系统的供电负荷是指电力系统的综合用电负荷加上网损后的负荷。

电力系统的发电负荷是指供电负荷再加上发电厂厂用电负荷，即发电机应发出的功率。

2. 负荷曲线

负荷曲线是指某一段时间内负荷随时间变化的曲线。负荷曲线有以下特征：

（1）按负荷种类分为有功负荷曲线和无功负荷曲线。

（2）按时间段分为日负荷曲线和年负荷曲线。

（3）按计量地点分为个别用户、电力线路、变电站、发电厂及整个电力系统的负荷曲线。

将上述三种特征结合起来，可确立以下几种特定的负荷曲线。

（1）日负荷曲线。图1-1（a）所示为某一地区电网的日负荷曲线。图1-1（a）中P表示有功功率，Q表示无功功率，它们表示该系统在一天 24h 内负荷变化的情况。

为了便于绘制和计算，日负荷曲线常绘制成阶梯形，见图 1-1（b）。图 1-1（b）中 P_{max} 表示一天内的最大负荷，P_{min}表示一天内的最小负荷。把一天内各小时的负荷加起来再除以 24，则可得日平均负荷，记作 P_{av}。

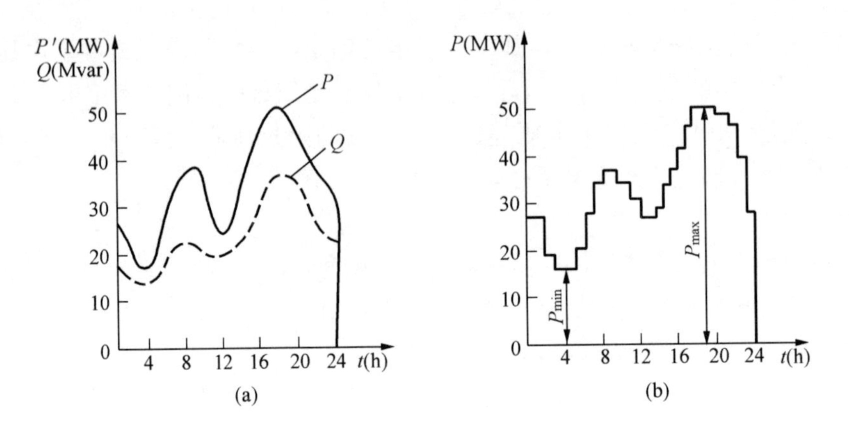

图 1-1　日负荷曲线

（a）有功及无功日负荷曲线；（b）阶梯形有功日负荷曲线

在电力系统的负荷曲线上，平均负荷以上的负荷称为尖峰负荷或峰荷；最小负荷以下的负荷称为基本负荷或基荷；基荷与峰荷之间的部分称为腰荷。通常，表示负荷曲线特征的系数为日负荷率 δ，表达式为

$$\delta = \frac{P_{av}}{P_{max}} \times 100\% \tag{1-1}$$

日负荷率越高，电能成本越低，应努力提高日负荷率。我国日负荷率为 85%～90%。日负荷曲线除了表示负荷在一日内各时间的变化外，还表示用户在一日内消耗的电能 W_d，表达式为

$$W_d = \sum_{i=1}^{24} P_i \Delta t_i \tag{1-2}$$

或

$$W_d = \int_0^{24} P \mathrm{d}t \tag{1-3}$$

很明显，这就是有功日负荷曲线下面所包围的面积。

（2）年最大负荷曲线。把一年 12 个月中的最大负荷逐月画出，连成曲线，可得年最大负荷曲线，图 1-2 所示为某电力系统的年最大负荷曲线。年最大负荷曲线表示一年内电网最大负荷的变化规律。从图 1-2 可以看出，该系统夏秋季的最大负荷较小，可安排在该季节检修机组。

（3）年持续负荷曲线。年持续负荷曲线是根据一年中负荷的大小及持续时间顺序排列组成的曲线，如图 1-3 所示。利用年持续负荷曲线，可以计算全年中电力网所输送的或用户使用的电能，即全年用电量 W_a。

$$W_a = \sum_{i=1}^{8760} P_i \Delta t_i \tag{1-4}$$

或
$$W_a = \int_0^{8760} P\mathrm{d}t \tag{1-5}$$

显然，年用电量的数值就是年持续负荷曲线下面 0～8760h 所包围的面积。

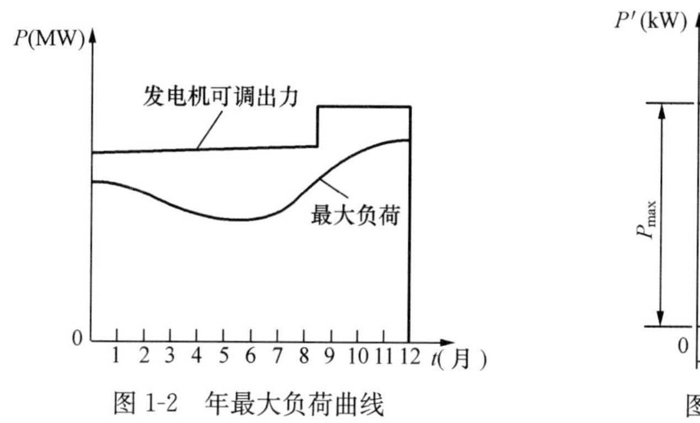

图 1-2　年最大负荷曲线

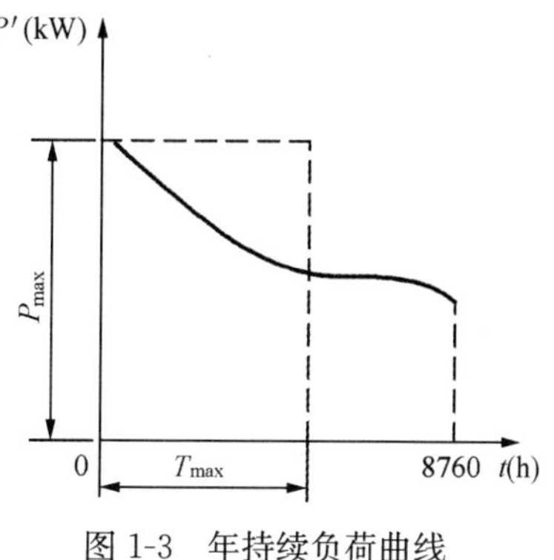

图 1-3　年持续负荷曲线

第三节　电力系统的中性点运行方式

电力系统的中性点是指三相电力系统中绕组或线圈采用星形连接的电力设备（如发电机、变压器等）各相的连接对称点和电压平衡点，其对地电位在电力系统正常运行时为零或接近于零。电力系统中性点接地是一种工作接地，保证电力设备和整个电力系统在正常及故障状态下具有适当的运行条件。

电力系统中性点接地方式有两大类：大接地电流系统。中性点直接接地或经低阻抗接地。小接地电流系统。中性点不接地、经消弧线圈或高阻抗接地。

其中采用最广泛的是中性点不接地、中性点经消弧线圈接地和中性点直接接地等三种方式。

一、中性点直接接地

优点：系统绝缘水平低。

缺点：接地电流大、供电可靠性低。

中性点直接接地的特点：

（1）它在发生一相接地故障时，非故障相对地电压不会增高，因而各相对地绝缘即可按相对地电压考虑，电网的电压越高，经济效果越大，所以在 110kV 及以上的系统，都采用中性点直接接地，如图 1-4 所示。

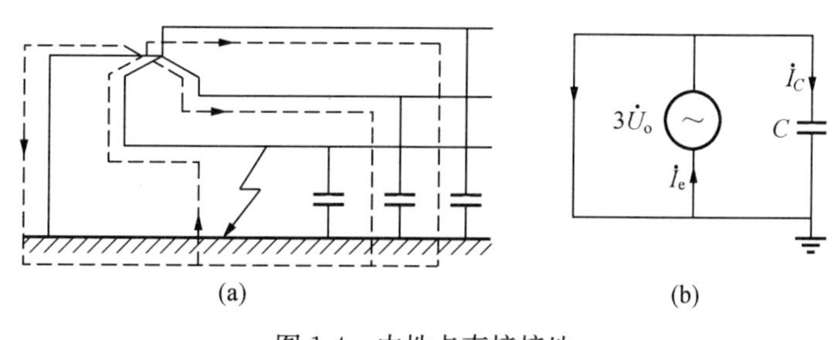

图 1-4　中性点直接接地

（a）接地示意图；（b）等效电路图

（2）在中性点直接接地系统中，当发生一相接地时，这一相直接经过接地点与接地的中性点短路，一相接地短路电流的数值最大，因而应立即使继电保护动作，将故障部分切除。

（3）在中性点不接地或经消弧线圈接地的系统中，单相接地电流往往比正常负荷电流小很多，因而要实现有选择性的接地保护就比较困难，但在中性点直接接地系统中实现就比较容易，由于接地电流较大，继电保护一般都能迅速而准确地切除故障线路，且保护装置简单，工作可靠。

二、中性点不接地

优点：可连续供电。

缺点：接地电弧不易自行熄灭、绝缘水平要求很高。

（1）在中性点不接地系统中，接在相间电压上的受电器的供电并未遭到破坏，它们可以继续运行。当中性点不接地的系统中发生一相接地时，非故障相电压升高，接在相间电压上的设备的绝缘薄弱点很可能会被击穿，而引起两相接地短路，将严重地损坏电气设备，如图 1-5 所示。

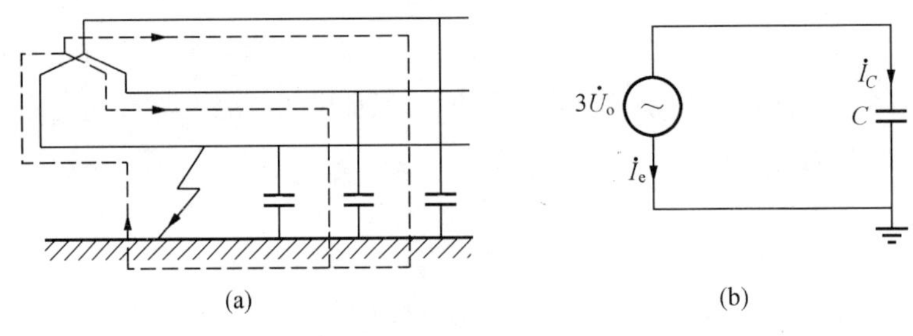

(a)　　(b)

图 1-5　中性点不接地

（a）不接地示意图；（b）等效电路图

（2）在中性点不接地系统中，当接地的电容电流较大时，在接地处引起的电弧就很难自行熄灭。在接地处还可能出现间隙电弧，即周期地熄灭重燃的电弧。由于电网是一个具有电感和电容的振荡回路，间歇电弧将引起相对地的过电压，其数值可达 2.5～$3U_N$。这种过电压会传输到与接地点有直接电连接的整个电网上，更容易引起另一相对地击穿，而形成两相接地短路。

三、中性点经消弧线圈接地（谐振接地方式）

优点：可带故障运行、补偿接地电流。

缺点：绝缘水平要求较高。

在中性点不接地电网中，单相接地故障占 80％，随着单相接地电容电流的增大，越来越多的接地故障不能自动消除，间歇性接地电弧会在系统中引起过电压，采用谐振接地（消弧线圈接地），如图 1-6 所示，消弧线圈产生的电感电流补偿了接地点电容电流，降低了故障相电压恢复速度，使接地点电弧自动熄灭，使系统自动恢复正常，发生稳定性单相接地时，很小的残余接地电流并不会造成危险，系统仍可继续供电，运行人员可在规定的时间内发现并处理故障。

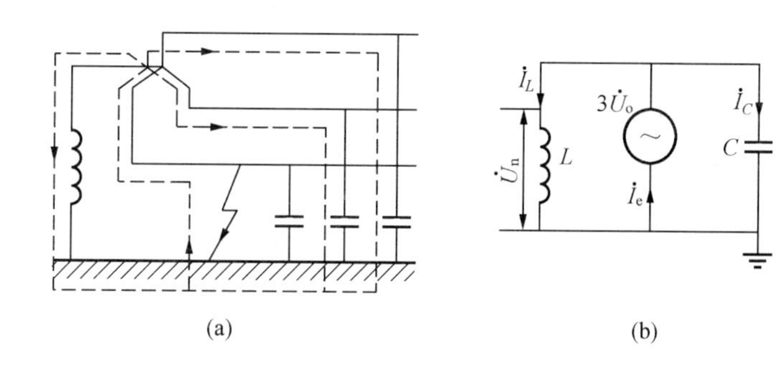

图 1-6　中性点经消弧线圈接地

(a) 接地示意图；(b) 等效电路图

四、中性点经电阻接地

中性点经电阻接地如图 1-7 所示。

优点： 永久性接地可快速切除，保护简单。

缺点： 接地电流较大，需要跳闸。

目前我国电力系统中，中性点的接地方式大体有：

(1) 对于 6～10kV 系统，由于设备绝缘水平按线电压考虑对于设备造价影响不大，为了提高供电可靠性，一般均采用中性点不接地或经消弧线圈接地的方式。

(2) 对于 110kV 及以上的系统，主要考虑降低设备绝缘水平，简化继电保护装置，一般均采用中性点直接接地的方式。并采用送电线路全线架设避雷线和装设自动重合闸装置等措施，以提高供电可靠性。

(3) 20～60kV 的系统，是一种中间情况，一般一相接地时的电容电流不大，网络不复杂，设备绝缘水平的提高或降低对于造价的影响不显著，所以一般均采用中性点经消弧线圈接地的方式。

(4) 1kV 以下的电网的中性点采用不接地方式运行。但电压为 380/220V 的系统，采用三相五线制接线的方式，零线是为了取得相电压，地线是为了安全。

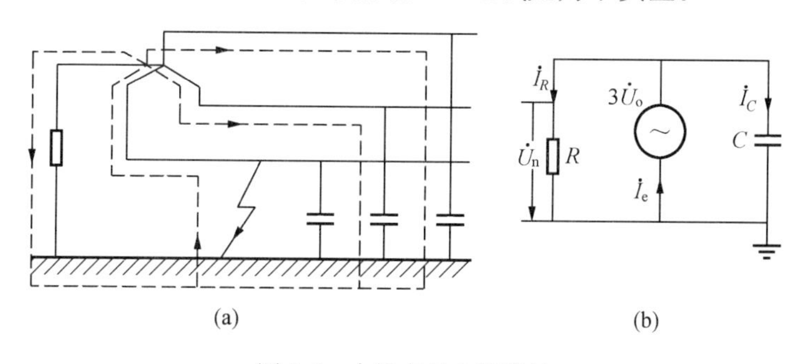

图 1-7　中性点经电阻接地

(a) 接地示意图；(b) 等效电路图

第四节　发电厂的电气主接线

在发电厂和变电站中，各种电气设备根据工作的要求和它们的作用，依一定次序连接成的一次设备电路称为电气主接线或一次接线（主电路）。电气主接线主要指发电厂、变电站、电力系统中传输电能的通路，这些通路中有发电机、变压器、母线、断路器、互感器、隔离开关、电抗器、线路等设备，是按一定顺序连接的，用以产生、汇集和分配电能的电路。它们的连接方式，具有供电可靠、运行灵活、检修方便及经济合理的特点。

一、电气主接线的基本要求

（1）电气主接线应根据系统和用户的要求，保证供电的可靠性和电能质量。电压与频率是电能质量的基本指标。在确定主接线时，应保证电能质量在允许的变动范围内。

（2）电气主接线应具有一定的灵活性，以适应电气装置的各种工作情况。要求电气主接线不但在正常工作时能保证供电，而且当接线中的一部分元件检修时，也不应对用户中断供电，并应保证进行检修工作的安全。

（3）电气主接线应尽可能简单清晰、操作方便，当电气装置的个别元件切除或接入时，所需的操作步骤最少。过于复杂的接线，会使运行人员操作困难，还可能由于误操作而造成事故。同时，电器数量的增多，也常引起事故的增多。相反，不适当的简化接线，也会引起不良的后果。

（4）经济合理，投资省、占地少，电能损失少。

（5）主接线应具有未来发展的可能性。

二、主接线的基本形式

1. 母线的作用

电气装置中引出线的数目一般要比电源数目多，而且当电力负荷减少或电气设备检修时，每一电源都有可能被切除。因此，必须使每一引出线都能从一电源获得供电，以保证供电的可靠性和工作的灵活性。最好的方法是采用母线。母线起着汇总和分配电能的作用。母线是电气装置中的重要部分，母线故障会使电气装置的工作破坏和对用户供电中断。

2. 不分段的单母线接线

不分段的单母线接线，是每个电源和引出线回路，都经过断路器和隔离开关接到一条公共母线上的接线。图 1-8 中母线保证电源Ⅱ和电源Ⅱ并列工作，同时任一条引出线都从母线上获得电能。

单母线接线的优点：接线简单清晰，操作方便，所用电气设备少，配电装置建造费用低。

单母线接线的缺点：当母线和母线隔离开关检修时，每个回路必须全部停止供电；当母线和母线隔离开关短路，当断路器母线侧绝缘套管损坏时，所有电源回路的断路器都会由继电保护动作，而自动断开，结果造成大面积停电。在正常运行时，母线故障是较少发生的。因此，不分段的单母线接线的工作可靠性和灵活性都较差。

故这种接线主要用于小容量，特别是只有一个电源的发电厂和变电站中。

3. 用断路器分段的单母线接线

为提高单母线接线的供电可靠性和灵活性，可采用断路器分段的单母线接线方式。用断路器分段的单母线接线如图 1-9 所示。分段的数目取决于电源的数目和功率、电网的接线及电气主接线的工作方式。分段的数目一般为 2～3 段，引出线在各分段上分段时，应该尽量使各个分段的功率平衡。

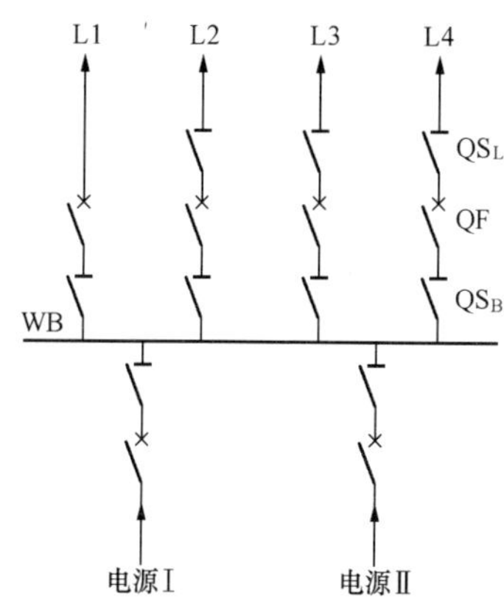

图 1-8　不分段的单母线接线

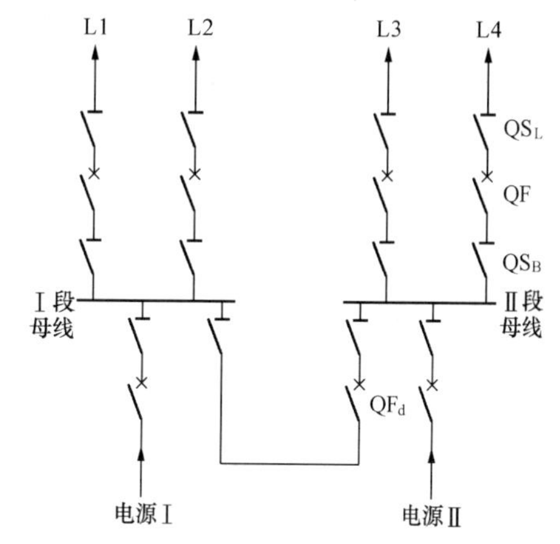

图 1-9　断路器分段的单母线接线

（1）单母线分段的作用。在用断路器分段的单母线接线中，分段断路器装有继电保护装置。正常工作时，如果分段断路器是在断开位置的，则它还应该装有备用电源自动投入装置（BZT)。当任一个电源故障时，其断路器自动断开，在 BZT 的作用下，分段断路器可以自动投入，保证全部引出线的负荷继续供电。

如果正常工作时分段断路器是接通的，任何一段母线发生故障时，在母线继电保护装置的作用下，分段断路器和连接在故障段上的电源回路断路器便自动断开，这时非故障段母线可以继续保证运行。

（2）单母线分段的优缺点。在母线发生短路故障的情况下，仅故障段停止工作，非故障段可继续工作。

对重要用户，可采用不同母线分段引出的双母线供电，以保证可靠地向主要负荷供电。

当母线的一个分段故障或检修时，必须断开该分段上的电源和全部引出线。因此，便减少系统的发电量，使部分用户供电受到限制和中断。

任一回路的断路器检修时，该回路必须停止工作。

综上所述，不论分段与不分段的单母线接线，在检修任一回路断路器的时间段内，该回路必须停止工作。这个缺点在有些情况下特别突出。如对于电压为 35kV 及以上，装有多油式断路器的回路，由于断路器检修时间较长，电压为 35kV 及以上的线路，输送的功率一般较大，当线路被切除或变电容量受到限制时，将引起系统功率分布的改变。为了克服这种接线方式的缺点，对于电压为 35kV 及以上的配电装置，当引出线较多时，广泛采用单母线分段带旁路母线的接线方式。

4. 单母线分段带旁路母线的接线

单母线分段带旁路的接线，除工作母线外，还有一组旁路母线。每段母线装设一台旁路断路器，与旁路母线连接；每一回路均装有一组旁路隔离开关，与旁路母联连接。其接线如图 1-10 所示。

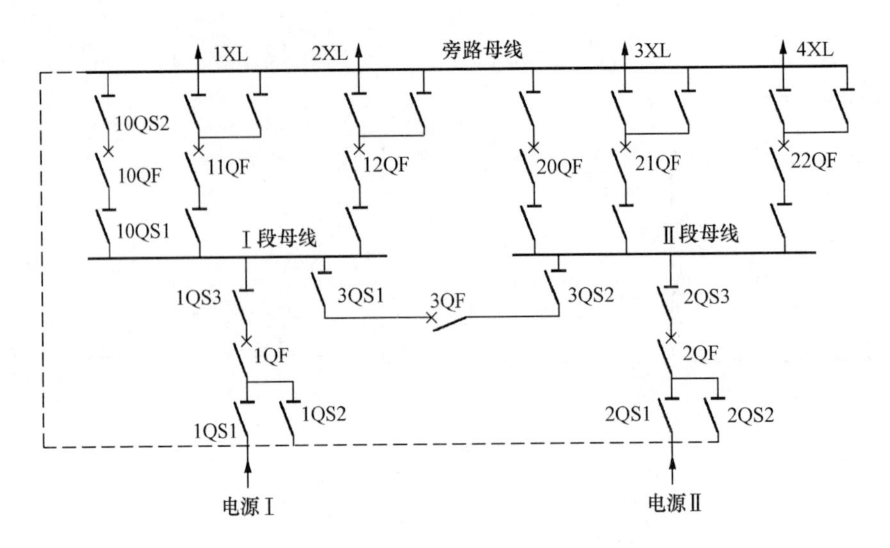

图 1-10　单母线分段带旁路母线的接线

在正常运行时，旁路断路器 10QF 和 20QF 及旁路隔离开关都是断开的。当检修引出线 1XL 的断路器 11QF 时，启用旁路断路器和两侧隔离开关，将检修线路的断路器停电检修，保证线路不间断供电。

单母线分段带旁路母线的接线，在检修任何回路的断路器时，该回路可以不停电，提高供电的可靠性。

这种接线的缺点是，接线比较复杂，建造费用高。

5．桥式接线

当只有两台主变压器和两条进线时，可以采用桥式接线。桥式接线按照连接桥的位置可分为内桥接线和外桥接线。内桥接线的连接桥设置在变压器侧，外桥接线的连接桥设置在线路侧，连接桥上亦装设断路器。其接线如图1-11所示。

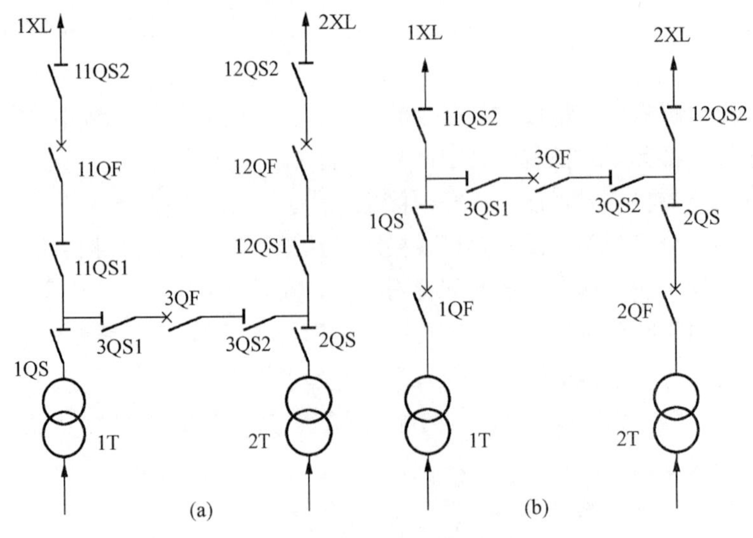

图 1-11　桥式接线

（a）内桥接线；（b）外桥接线

内桥接线的特点：两台1QF和2QF接在进线侧，投入、切除时比较方便。以这种接线方式运行时有三种典型运行方式。

（1）3QF投入：当线路发生短路故障时，仅故障线路的断路器1QF断开，2QF和3QF运行。两台主变压器仍可继续运行。当主变压器故障时，例如1T故障，1QF、3QF断开，2T运行。

（2）3QF断开作备用运行，1QF带1T运行，2QF带2T运行，即分裂运行。当线路故障，例如1XL故障，这时1QF断开，3QF自投，保证1T运行。

（3）1XL运行，2XL备用或2XL运行，1XL备用。例如1XL运行，1QF、3QF投入。2QF备用自投，两台主变压器1T、2T运行。

外桥接线的特点：它与内桥接线相反，当主变压器发生故障时，或运行中需要切除时，只断开本回路的断路器即可。如1QF断开1T，2QF断开2T，不会互相影响。

桥式接线具有工作可靠灵活，使用的电器少，装置简单、清晰和建造费用低等优点。并且它特别容易发展改造成单母线分段和双母线接线，因此，在发电厂和变电站（35～220kV）配电装置中，桥式接线得到了广泛的应用。

6. 双母线接线

双母线接线如图1-12所示，在正常运行时，只有一组母线工作，所有连接在工作母线上的母线隔离开关是接通的。另一组母线为备用母线，所有连接在备用母线上的母线隔离开关是断开的。双母线接线中的任一组母线，都可以是工作母线或备用母线。工作母线和备用母线利用母线联络断路器QFm连接起来，它平时是断开的。

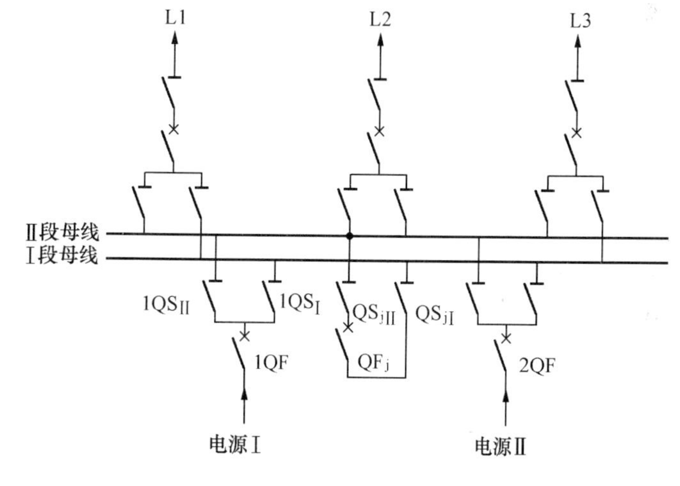

图1-12　双母线接线

7. 双母线带旁路接线

双母线带旁路接线如图1-13所示，旁路断路器可代替出线断路器工作，当出线断路器检修时，线路供电不受影响。

双母线带旁路接线正常运行时，多采用固定连接方式，即双母线同时运行的方式，此时母联断路器处于合闸位置，两组母线并列运行。并要求某些出线和电源固定连接于Ⅰ段母线上，其余出线和电源连至Ⅱ段母线上；两组母线固定连接回路的确定既要考虑供电可靠性，又要考虑负荷的平衡，尽量使母联断路器通过的电流很小。

双母线接线采用固定连接方式运行时，该装置通常设有专用的母线差动保护装置。运行中，如果一组母线发生短路故障，则母线保护装置动作跳开与该线母线连接的出线、电源和母联断路器，维持未故障母线的正常运行。然后，可按操作规程的规定将与故障母线连接的出线和电源回路切换到未故障母线上恢复送电。

8. 单元接线

单元接线是将不同性质的电力元件（发电机、变压器、线路）串联形成一个单元，然后再与其他单元并列。由于串联的电力元件不同，单元接线有如下几种形式。

(1) 发电机—变压器单元接线。发电机—变压器单元接线如图 1-14 所示。图 1-14 (a) 所示为发电机—双绕组变压器组成的单元，断路器装于主变压器高压侧作为该单元共同的操作和保护电器，在发电机和变压器之间不设断路器，可装一组隔离开关供试验和检修时隔开之用。

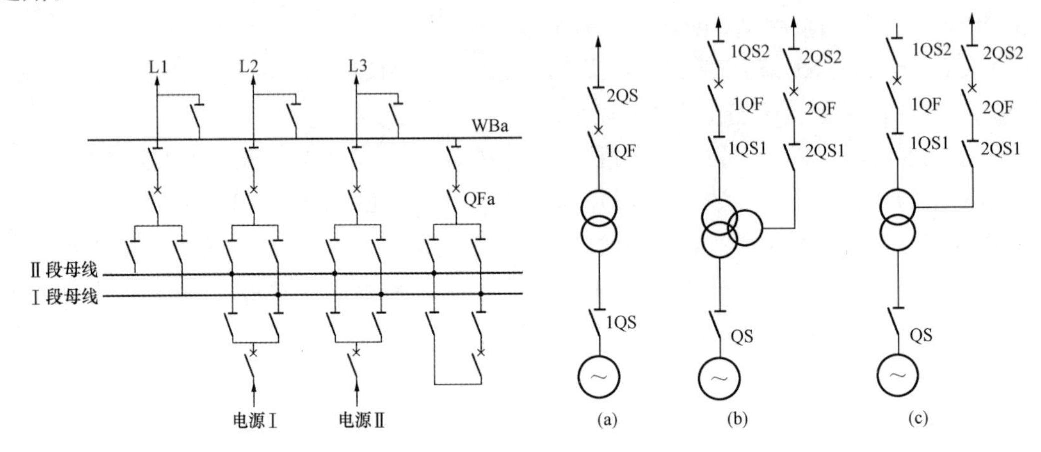

图 1-13 双母线带旁路接线

图 1-14 发电机—变压器单元接线
(a) 发电机—双绕组变压器；(b) 发电机—三绕组变压器；(c) 发电机—自耦变压器

当有两个升高电压等级，主变压器为三绕组变压器或自耦变压器时，就组成发电机—三绕组变压器（自耦变压器）单元接线，如图 1-14 (b)、(c) 所示。为了能保证发电机故障或检修时高压侧与中压侧之间的联系，应在发电机与变压器之间装设断路器；若高压侧与中压侧对侧无电源时，发电机和变压器之间的断路器也可省略。

发电机—变压器单元接线的特点：

1) 接线简单清晰，电气设备少，配电装置简单，投资少，占地面积小。

2) 不设发电机电压母线，发电机或变压器低压侧短路时，短路电流小。

3) 操作简便，降低故障的可能性，提高了工作的可靠性，继电保护简化。

4) 任一元件故障或检修时，全部线路停止运行，检修时灵活性差。

单元接线适用于机组台数不多的大、中型不带近区负荷的区域发电厂，分期投产或装机容量不等的无机端负荷的中、小型水电站。

(2) 扩大单元接线。采用两台发电机与一台变压器组成单元的接线称为扩大单元接线，如图 1-15 所示。在这种接线中，为了适应机组开停的需要，每一台发电机回路都装设断路器，并在每台发电机与变压器之间装设隔离开关，以保证停机检修的安全。装设发电机出口断路器的目的是使两台发电机可以分别投入运行或当任一台发电机需要停止运行或发生故障时，可以操作该断路器，而不影响另一台发电机与变压器的正常运行。

扩大单元接线与单元接线相比有如下特点：

1) 减小了主变压器和主变压器高压侧断路器的数量，减少了高压侧接线的回路数，从而简化了高压侧接线，节省了投资和场地。

2）任一台机组停机都不影响厂用电的供给。

3）当变压器发生故障或检修时，该单元的所有发电机都将无法运行。

扩大单元接线适用于系统有备用容量的大中型发电厂。

（3）发电机—变压器—线路单元接线。发电机—变压器—线路单元接线如图 1-16 所示。它是将发电机、变压器和线路直接串联，中间除了自用电外没有其他分支引出。这种接线实际上是上面两种接线的组合，常用于 1～2 台发电机、一回输电线路，且不带近区负荷的梯级开发的水电站，把电能送到梯级开发的联合开关站。

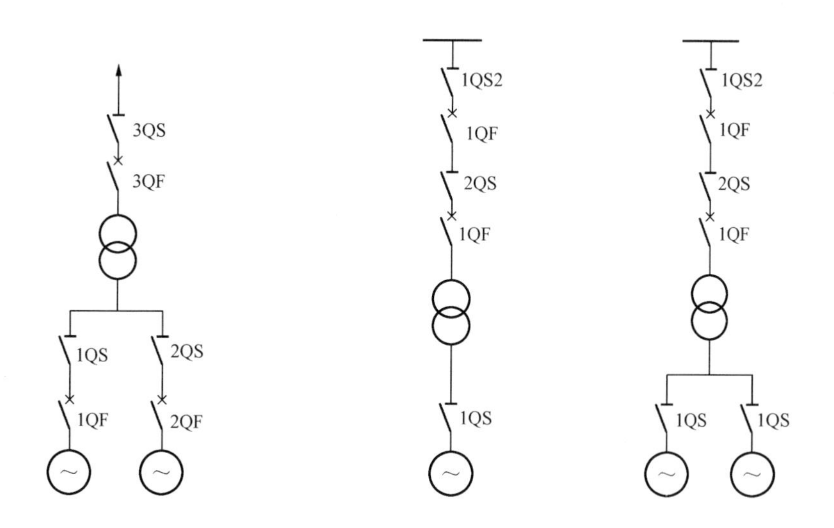

图 1-15　扩大单元接线　　图 1-16　发电机—变压器—线路单元接线

第二章

变压器的运行

第一节 变压器的基本理论

一、变压器的工作原理

变压器是利用电磁感应原理，从一个电路向另一个电路传递电能或传输信号的一种电器，是电能传递或作为信号传输的重要元件。

变压器是变换交流电压、电流和阻抗的器件，当一次绕组中通有交流电流时，铁芯（或磁芯）中便产生交流磁通，使二次绕组中感应出电压（或电流）。变压器由铁芯（或磁芯）和线圈组成，线圈有两个或两个以上的绕组，与电源相连的绕组，接受交流电能，称为一次绕组；与电源相连的绕组，送出交流电能，称为二次绕组。

一次绕组：电压相量 $\dot{U}_1$、电流相量 $\dot{I}_1$、电动势相量 $\dot{E}_1$、匝数 N_1；

二次绕组：电压相量 $\dot{U}_2$、电流相量 $\dot{I}_2$、电动势相量 $\dot{E}_2$、匝数 N_2。

同时交链一次、二次绕组的磁通量为 $\dot{\Phi}_m$，该磁通量称为主磁通。

图 2-1 所示为变压器的原理示意图，当一个正弦交流电压 $\dot{U}_1$ 加在一次绕组两端时，导线中就有交变电流 $\dot{I}_1$ 并产生交变磁通 $\dot{\Phi}_1$，它沿着铁芯穿过一次绕组和二次绕组形成闭合的磁路。在一次绕组中感应出互感电动势 $\dot{E}_1$，同时 $\dot{\Phi}_1$ 也会在二次绕组上感应出一个自感电动势 $\dot{E}_2$，$\dot{E}_1$ 的方向与所加电压 $\dot{U}_1$ 方向相反而幅度相近，从而限制了 $\dot{I}_1$ 的大小。为了保持磁通 $\dot{\Phi}_1$ 的存在就需要有一定的电能消耗，并且变压器本身也有一定的损耗，尽管此时二次绕组没接负载，一次绕组中仍有一定的电流，这个电流称为“空载电流”。

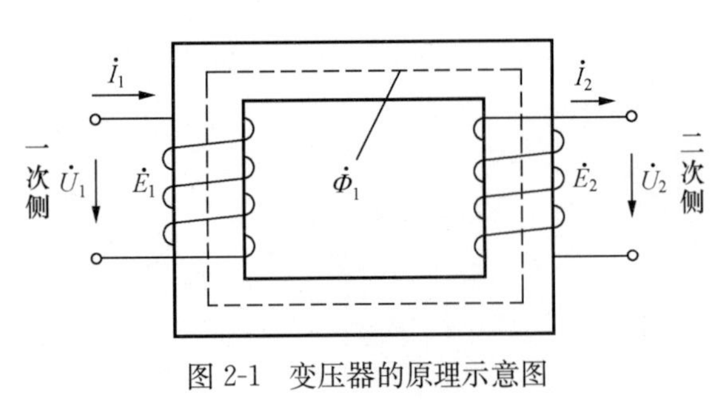

图 2-1 变压器的原理示意图

如果二次绕组接上负载，二次绕组中就产生电流 $\dot{I}_2$，并因此而产生磁通 $\dot{\Phi}_2$，$\dot{\Phi}_2$ 的方向与 $\dot{\Phi}_1$ 相反，起了互相抵消的作用，使铁芯中总的磁通量有所减少，从而使一次绕组自感电压 $\dot{E}_1$ 减少，

其结果使 $\dot{I}_1$ 增大，可见一次绕组电流与二次负载有密切关系。当二次负载电流加大时 $\dot{I}_1$ 增加，$\dot{\Phi}_1$ 也增加，并且 $\dot{\Phi}_1$ 增加部分正好补充了被 $\dot{\Phi}_2$ 所抵消的那部分磁通，以保持铁芯里总磁通量不变。如果不考虑变压器的损耗，可以认为一个理想的变压器二次负载消耗的功率也就是一次绕组从电源取得的电功率。变压器能根据需要通过改变二次绕组的圈数而改变二次电压，但是不能改变允许负载消耗的功率。

在一次绕组上加交变电压 $\dot{U}_1$，一次绕组中就有交变电流，它在铁芯中产生交变的磁通量，这个交变的磁通量既穿过一次绕组，也穿过一次绕组，在一、二次绕组中都要产生感应电动势，如果二次绕组电路是闭合的，在二次绕组中就产生交变电流，它也在铁芯中产生交变磁通量，这个交变磁通量既穿过二次绕组，也穿过一次绕组，在一、二次绕组中同样要产生感应电动势，在一、二次绕组中由于有交变电流而发生的互相感应现象，称为互感现象。互感现象是变压器工作的基础。由于互感现象，绕制一次绕组和二次绕组的导线虽然并不相连，电能却可以通过磁场从一次绕组到达二次绕组。

变压器一、二次绕组的端电压之比等于这两个绕组的匝数比，即

$$n_1/n_2 = U_1/U_2 = I_1/I_2$$

可见，变压器工作时，一次绕组和二次绕组中的电流与它们的匝数成反比。变压器的高压绕组匝数多而通过的电流小，可用较细的导线绕制；低压绕组匝数少而通过的电流大，应当用较粗的导线绕制。

二、变压器的分类和型号

1. 变压器的分类

（1）按相数分类。

单相变压器：用于单相负荷和三相变压器组。

三相变压器：用于三相系统的升、降电压。

（2）按冷却方式分类。

干式变压器：依靠空气对流进行冷却，一般用于局部照明、电子线路等小容量变压器。

油浸式变压器：依靠油作冷却介质，如油浸自冷、油浸风冷、油浸水冷、强迫油循环等。

（3）按用途分类。

电力变压器：用于输配电系统的升、降电压，联络变压器。

仪用变压器：如电压互感器、电流互感器，用于测量仪表和继电保护装置。

试验变压器：能产生高压，对电气设备进行高压试验。

特种变压器：如电炉变压器、整流变压器、调整变压器等。

（4）按绕组形式分类。

双绕组变压器：用于连接电力系统中的两个电压等级。

三绕组变压器：一般用于电力系统的区域变电站中，连接三个电压等级。

自耦变电器：用于连接不同电压的电力系统。也可作为普通的升压或降压变压

器用。

（5）按铁芯形式分类。

芯式变压器：用于高压的电力变压器。

非晶合金变压器：非晶合金铁芯变压器是用新型导磁材料，空载电流下降约80%，是目前节能效果较理想的配电变压器，特别适用于农村电网和发展中地区等负载率较低的地方。

壳式变压器：用于大电流的特殊变压器，如电炉变压器、电焊变压器；或用于电子仪器及电视、收音机等的电源变压器。

（6）按额定容量分类。

按照有关国家标准，三相或三相变压器组的额定容量分为三个标准类别。

第一类：小于3150kVA；

第二类：3150～4000kVA；

第三类：4000kVA以上。

按国内传统习惯变压器也可按其额定容量大致分为：小型变压器小于或等于1600kVA；中型变压器为1600～6300kVA；大型变压器为8000～63000kVA；特性变压器大于63 000kVA。

2. 变压器的型号

电力变压器的型号组成按《变压器类产品型号编制方法》（JB/T 3837—2010）的规定，其型号的含义如下：

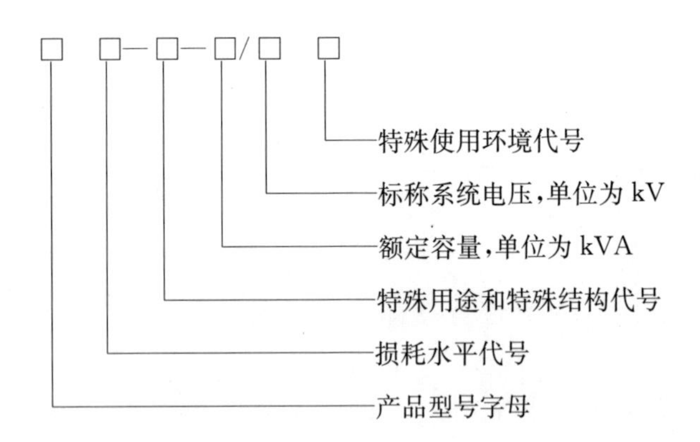

（1）产品型号。型号中的第一个方块代表产品型号，变压器型号采用汉语拼音大写字母表示，各字母的含义见表2-1。

例：变压器型号为SFPZ 9—200000/220，按照表2-1的规定，这是一台三相双绕组变压器，绕组的外绝缘介质是变压器油，风冷，强迫油循环，有载调压方式，数字9表示变压器损耗水平符合GB/T 6451—2008《油浸式电力变压器技术参数和要求》（见表2-2），变压器的容量为200 000kVA，高压电压为220kV。

（2）变压器的损耗水平。型号中的第二个方块表示变压器的损耗水平，其产品损耗水平代号见表2-2。

表 2-1　　电力变压器产品型号字母排列顺序及含义

序号	分类	含义			代表字母
1	绕组耦合方式	独立			—
		自耦			O
2	相数	单相			D
		三相			S
3	绕组外绝缘介质	变压器油			—
		空气（干式）			G
		气体			Q
		成型固体	浇注式		C
			包绕式		CR
		高燃点油			R
		植物油			W
4	绝缘耐压等级[①]	油浸式	A 级		—
			E 级		
			B 级		B
			F 级		F
			H 级		H
			绝缘系统温度 200℃		D
			绝缘系统温度 220℃		C
		干式	E 级		E
			B 级		B
			F 级		—
			H 级		H
			绝缘系统温度 200℃		D
			绝缘系统温度 220℃		C
5	冷却装置种类	自然循环冷却装置			—
		风冷却器			F
		水冷却器			S

序号	分类	含义		代表字母
6	油循环方式	自然循环		—
		强迫油循环		O
7	绕组数	双绕组		—
		三绕组		S
		分裂绕组		F
8	调压方式	无励磁调压		—
		有载调压		Z
9	线圈导线材质[②]	铜		—
		铜箔		B
		铝		L
		铝箔		LB
		铜铝复合[③]		TL
		电缆		DL
10	铁芯材质	电工钢片		—
		非晶合金		H
11	特殊用途或特殊结构[④]	密封式[⑤]		M
		启动用		Q
		防雷保护用		T
		电缆引出		L
		隔离用		G
		电容补偿用		RB
		油田动力照明		Y
		发电厂和变电站		CY
		全绝缘[⑥]		J
		同步电机起励		LC
		地下用		D
		风力发电用		F
		三相组合式[⑦]		H
		解体运输		JT
		卷绕铁芯	一般结构	R
			立体结构	RL

① “绝缘耐压等级”的字母表示应用括号括上（混合绝缘应用字母“M”连同所采用的最高绝缘耐热等级所对应的字母共同表示）。
② 如果调压线圈或调压段的导线材质为铜，其他导线材质为铝时表示铝。
③ 铜铝复合是指采用铜铝复合导线或采用铜铝复合线圈（如高压线圈或低压线圈采用铜包铝复合导线，高压线圈采用铜线、低压线圈采用铝线或低压线圈采用铜线、高压线圈采用铝线）的产品。
④ 对于同时具有两种及以上特殊结构的产品，其字母之间用“·”隔开。
⑤ 密封式只适用于标称系统电压为 35kV 及以下的产品。
⑥ 全绝缘只适用于标称系统电压为 110kV 及以上的产品。
⑦ 三相组合式只适用于标称系统电压为 110kV 及以上的三相产品。

表 2-2　　三相油浸式电力变压器损耗水平代号

<table>
<tr><th>损耗水平代号</th><th>标称系统电压（kV）</th><th>空载损耗</th><th>负载损耗</th></tr>
<tr><td>9</td><td>6、10、35、66、110、220</td><td colspan="2">符合 GB/T 6451—2008</td></tr>
<tr><td rowspan="3">10</td><td>6、10（无励磁调压配电变压器）</td><td colspan="2">符合 JB/T 3837—2010 表 B.1</td></tr>
<tr><td>6、10（有载调压配电变压器及无励磁调压电力变压器）</td><td rowspan="2">比 GB/T 6451—2008 下降 10%</td><td rowspan="2">比 GB/T 6451—2008 下降 5%</td></tr>
<tr><td>35、66、110、220</td></tr>
<tr><td rowspan="3">11</td><td>6、10（无励磁调压配电变压器）</td><td colspan="2">符合 JB/T 3837—2010 表 B.3</td></tr>
<tr><td>6、10（有载调压配电变压器及无励磁调压电力变压器）</td><td rowspan="2">比 GB/T 6451—2008 下降 20%</td><td rowspan="2">比 GB/T 6451—2008 下降 5%</td></tr>
<tr><td>35、66、110、220</td></tr>
<tr><td>12</td><td>6、10（无励磁调压配电变压器）</td><td colspan="2">符合 JB/T 3837—2010 表 B.4</td></tr>
<tr><td>13</td><td>6、10（无励磁调压配电变压器）</td><td colspan="2">符合 JB/T 3837—2010 表 B.5</td></tr>
<tr><td>15</td><td>6、10（无励磁调压配电变压器）</td><td colspan="2">符合 JB/T 10318—2002</td></tr>
</table>

三、变压器的主要技术参数

变压器在规定的使用环境和运行条件下，主要技术数据一般都标注在变压器的铭牌上。主要包括额定容量、额定电压、额定电流及其分接、额定频率、绕组联结组以及额定性能数据（阻抗电压、空载电流、空载损耗和负载损耗）和短路阻抗、相数、温升与冷却、绝缘水平。

（1）额定容量 S_N：在额定电压、额定电流下连续运行时，能输送的容量，单位一般用 VA、kVA、MVA 表示。

（2）额定电压 U_{1N}、U_{2N}：变压器长时间运行时所能承受的工作电压。为适应电网电压变化的需要，变压器高压侧都有分接抽头，通过调整高压绕组匝数来调节低压侧的输出电压。

（3）额定电流 I_{1N}、I_{2N}：是指在额定容量下，由发热条件决定的允许变压器一、二次绕组长期通过的最大电流。对于三相变压器 ，额定电流均指线电流，单位用 A 或 kA。

（4）空载损耗（kW）：当以额定频率的额定电压施加在一个绕组的端子上，其余绕组开路时所吸取的有功功率。与铁芯硅钢片性能及制造工艺、施加的电压有关。

（5）空载电流（%）：当变压器在额定电压下二次侧空载时，一次绕组中通过的电流。一般以额定电流的百分数表示。

（6）负载损耗（kW）：把变压器的二次绕组短路，在一次绕组额定分接位置上通入额定电流，此时变压器所消耗的功率。

（7）短路阻抗（%）：把变压器的二次绕组短路，在一次绕组慢慢升高电压，当二次绕组的短路电流等于额定值时，此时一次侧所施加的电压。一般以额定电压的百分数表示。

（8）相数和频率：三相开头以 S 表示，单相开头以 D 表示。中国国家标准频率为 50Hz。国外有 60Hz 的国家（如美国、朝鲜）。

（9）温升与冷却：变压器绕组或上层油温与变压器周围环境的温度之差，称为绕组或上层油面的温升。油浸式变压器绕组温升限值为 65K、油面温升为 55K。冷却方式也有多种：油浸自冷、强迫风冷，水冷，管式、片式等。

（10）绝缘水平：有绝缘等级标准。绝缘水平的表示方法举例如下：高压额定电压为35kV级、低压额定电压为10kV级的变压器绝缘水平表示为LI200AC85/LI75AC35，其中LI200表示该变压器高压雷电冲击耐受电压为200kV，工频耐受电压为85kV；低压雷电冲击耐受电压为75kV，工频耐受电压为35kV。

（11）绕组的联结组：根据变压器一、二次绕组的相位关系，把变压器绕组连接成各种不同的组合，称为绕组的联结组。

四、变压器的连接组别

1. 变压器的连接方法

在三相变压器中，常用大写字母U、V、W表示高绕组的首端，用X、Y、Z表示末端；用小写的字母u、v、w表示低压绕组的首端，用x、y、z表示其末端，星形连接的中性点用N或n表示。

通常变压器有三种连接方式：星形连接、三角形连接、曲折形连接。

星形连接：将三个绕组的末端X、Y、Z连在一起，而把它们的三个首端U、V、W引出，用Y表示，如图2-2（a）所示。

三角形连接：将一个绕组的末端与另一个绕组的首端连接，顺次构成一个闭合回路，便是三角形连接，用D表示。三角形连接可以按UX—VY—WZ的顺序连接，称为顺序三角形接法，如图2-2（b）所示；也可以按UX—WZ—VY的顺序连接，称为逆序三角形接法，如图2-2（c）所示。

曲折形连接，又称为Z形连接。某些特种变压器把变压器每相绕组分成对称的两半，将每相的上一半与另一相的下一半倒向串联组成一相绕组，再按星形进行连接，形成曲折形连接，如图2-2（d）所示。曲折形连接在三相负荷不对称时，可以降低系统中的电压不平衡，防止中性点位移，并且具有较小的零序阻抗，允许中性点接载流负荷。曲折形连接可作为多雷区配电变压器的一种接法，也可作为接地变压器的接法形成人工接地点。

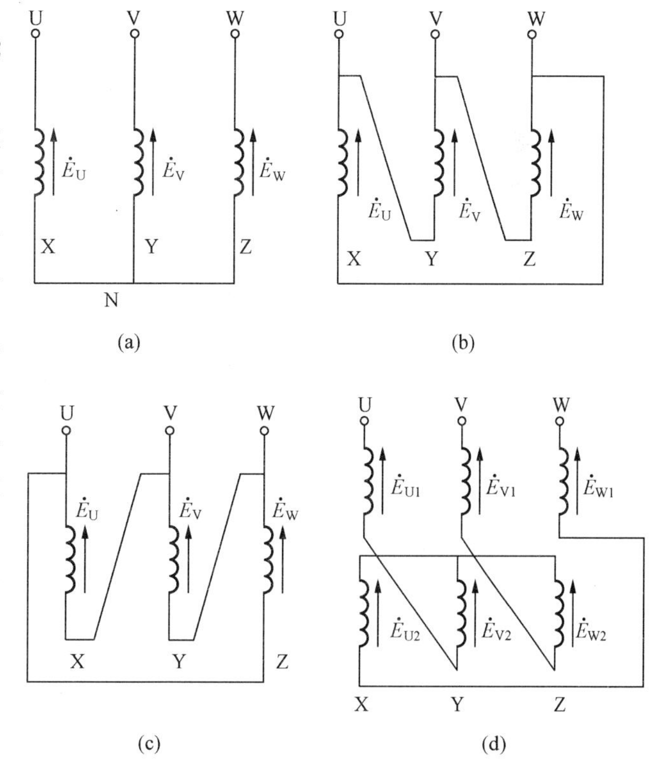

图2-2 变压器三相绕组连接方法
（a）星形连接；（b）顺序三角形连接；（c）逆序三角形连接；（d）曲折形连接

2. 变压器的接线组别

三相双绕组变压器的两侧各有三个绕组，可分别连成星形或三角形，另外，每相的一、二次绕组相别还可互换，如原来的 U 相可人为地把它改标为 V 相，V 相可改标为 W 相等，这样就使变压器一、二次绕组有多种不同的组合，因此，其一、二次侧线电动势相位关系就会有多种情况。变压器的连接组别就表示了一次绕组和二次绕组间线电动势的相位关系。分析可知，变压器一、二次电动势相位差是 30°的倍数，而时钟的时针同样有 30°的倍数关系，因此可形象地用时钟来描述变压器的接线组别，这就是“时钟表示法”，即以时钟的长针代表高压绕组电动势相量，短针代表低压绕组电动势相量，时钟的轴心为各电动势相量的起点，长针固定指向 0 点，短针所指的小时数就是其对应的连接组的组号。例如，图 2-3 所示的连接组号为 11，表示低压绕组线电动势相量滞后高压绕组线电动势相量 30°×11=330°。

变压器的接线组别变化受如下因素的影响：

（1）绕组线端、末端标号改变。

（2）相别的改变（如原来的 U 相改为 W 相，W 相改成 U 相等）。

（3）接线方式的改变，如三角形改成星形，星形改成三角形。

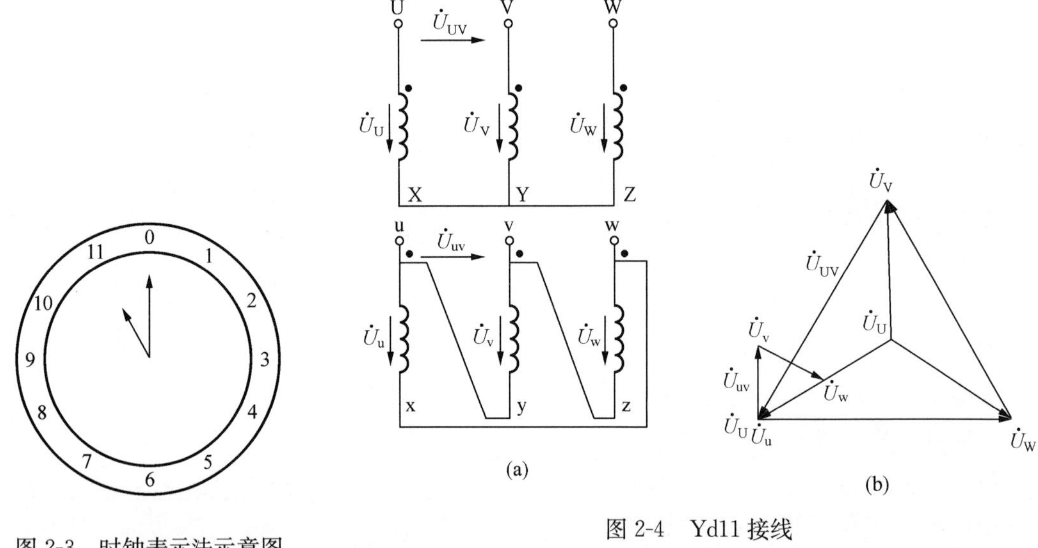

图 2-3　时钟表示法示意图

图 2-4　Yd11 接线

（a）接线图；（b）相量图

为统一制造，我国的三相双绕组变压器常用的五种标准连接组为 Yyn0、Yd11、YNd11、YNy0、Yy0，其中最常用的为前三种。Yyn0 连接组用于容量不大的配电变压器，二次侧为三相四线制，供照明和动力混合负荷，动力负荷用线电压，照明负荷用相电压。Yd11 连接组（见图 2-4）用于低压侧电压高于 400V、高压侧电压为 35kV 及以下的输配电系统，常用于降压变压器。YNd11 连接组用于高压侧要求接地的高压输电系统（110kV 及以上），其容量较大，电压也较高。电力变压器二次侧采用三角形接法是为了消除三次谐波，因为三次谐波大小相等、相位相同，在三角形绕组中形成环流，使线电压和线电流中不存在三次谐波，保证了电力系统的波形质量。YNy0 连接组用于一次侧的中性点需接地的场合。Yy0 连接组（见图 2-5）用于一般的动力负荷。我国单相双绕组变压器的标准接线组别为 Ii0。

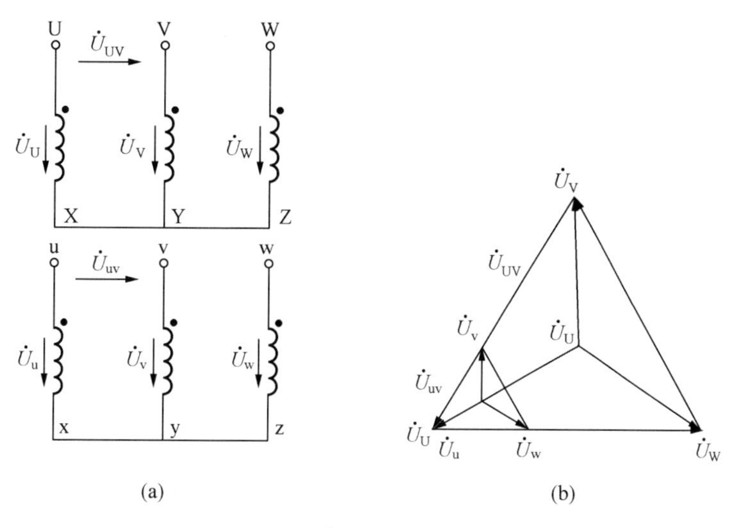

图 2-5　Yy0 接线

（a）接线图；（b）相量图

第二节　变 压 器 的 结 构

一、油浸式变压器的结构

油浸式变压器的结构见图 2-6。

（1）铁芯。铁芯是变压器最基本的组成部件之一。铁芯由导磁性能很好的硅钢片叠放组成，它形成闭合磁路（为减少涡流损失，硅钢片和螺栓均作绝缘处理），变压器的一次绕组和二次绕组都绕在铁芯上。铁芯的主要作用是导磁。

（2）绕组。绕组也是变压器的基本部件。变压器有一次绕组和二次绕组，它们是用铜线或铝线绕成圆筒形的多层绕组，绕在铁芯柱上，导线外边采用纸绝缘或纱包绝缘等。根据一、二次侧电压的高低可确定一、二次绕组匝数的多少，同时根据变压器容量的大小确定一、二次绕组的导线截面积。绕组的主要作用是产生电势，传送电流。

（3）油箱。油箱是变压器的外壳，内装铁芯和绕组并充满变压器油，使铁芯和绕组浸在油内。变压器油起绝缘盒散热作用。

（4）储油柜。当变压器油的体积随着油的温度膨胀或缩小时，储油柜起着储油及补油的作用，保证油箱内充满油，同时由于装了储油柜，使变压器油缩小了与空气的接触面，降低了变压器油的劣势速度。储油柜的侧面还装有油位计（油标管），可以监视油位的变化。

在有的变压器储油柜中，放置有一个耐油尼龙橡胶囊。囊外是油，囊内是空气，薄膜将油和空气隔离，可减缓油的劣化。

在储油柜和防爆管之间还有一个小管连通，使两处空气压力相同，油面相同，避免由于油面变化造成气体继电器误动。

（5）呼吸器。呼吸器由一铁管和玻璃容器组成，内装干燥剂（如硅胶）。储油柜内的空气随变压器油体积的膨胀或缩小而排出或吸入时，都会经过呼吸器，呼吸器内的干燥剂吸收

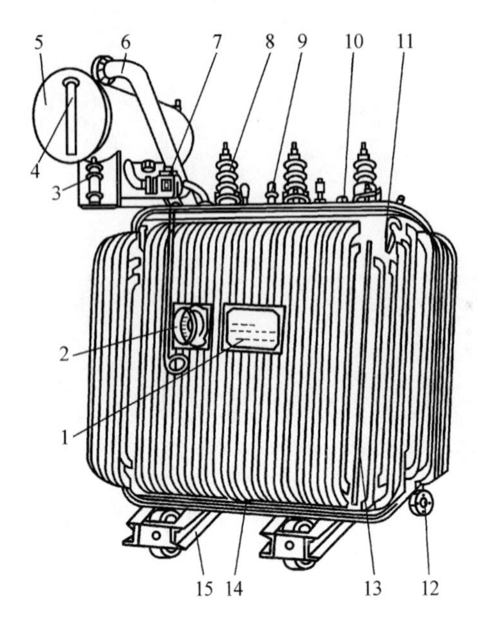

图 2-6　油浸式变压器的结构

1—铭牌；2—信号式温度计；3—吸湿器；4—油标；5—储油柜；6—安全气道；7—气体继电器；8—高压套管；9—低压套管；10—分接开关；11—油箱；12—放油阀门；13—器身；14—接地板；15—小车

空气中的水分，对空气起过滤作用，从而保持油清洁。

（6）防爆管（又称为喷油管）。防爆管一般装在变压器的顶盖上，喇叭形的管子与储油柜或大气连通，管口用薄膜封住。另一种安装方法是在防爆管下端与变压器焊接处装设连接法兰，在法兰连接处用薄膜封住管道形成气道膜式的防爆管。当变压器内部发生故障，温度升高时，油剧烈分解，产生大量气体，使油箱内压力剧增，这时防爆管薄膜破碎，油及气体由管口喷出，从而防止变压器油箱爆炸或变形。

目前中等容量的变压器已采用压力释放阀取代防爆管，它的工作原理是：当变压器内部发生故障，油箱内压力增大到一定值时，压力将弹簧活塞阀门顶开，释放出油及气体，从而防止变压器油箱爆炸或变形。

（7）散热器（又称为散热器、冷却器）。散热器的外形有瓦楞形、扇形、板形、排管形等。散热面越大，散热效果越好。当变压器上层油温与下部油温存在温差时，通过散热器形成油的对流，经散热器冷却后的油流回油箱，从而起到降低变压器温度的作用。为提高变压器油的冷却效果，可采用风冷、强迫油循环风冷和强迫油循环水冷等措施。

（8）绝缘套管。变压器的各侧绕组引出线必须采用绝缘套管，以便于连接各侧引线。套管有纯瓷、充油和电容等不同形式。

（9）分接开关（又称为切换器）。分接开关是调整电压比的装置。双绕组变压器的一次绕组及三绕组变压器的一、二次绕组一般都有 2～5 个分接头位置（3 个分接头的变压器的中间分接头为额定电压位置，相邻分接头电压相差±5%；多分接头的变压器相邻分接头之间电压相差±2.5%），操作部分安装在变压器油箱顶部，经传动杆伸入变压器油箱，可根据运行的需要并按照指示的标记来选择分接头位置。有的变压器装有有载调压装置。

（10）瓦斯保护。瓦斯保护是变压器的主要保护装置，安装在变压器的油箱和储油柜的连接管上。当变压器内部发生故障时，气体继电器上触点接信号回路（轻瓦斯保护），下触点接断路器跳闸回路（重瓦斯保护）。

（11）其他变压器附件包括温度计、热虹吸、吊装环、人孔支架等。

二、分裂变压器

1. 分裂变压器的用途

随着变压器容量的不断增大，当变压器二次侧发生短路时，短路电流数值很大，为了能有效地切除故障，必须在二次侧安装具有很大开断能力的断路器，从而增加了配电装置的投资。如果采用分裂变压器，不仅能节省占地，而且能有效地限制短路电流，降低短路容量，从而可以采用轻型断路器以降低断路器的投资和提高供电的可靠性。图 2-7 所示为某电厂高压厂用变压器采用分裂变压器的接线图。

2. 分裂变压器的结构特点

分裂变压器是一种特殊形式的电力变压器，其特点在于将普通的双绕组供电变压器的低压绕组在参数上分裂成额定容量相等的两个完全对称的绕组，这两个绕组称为分裂绕组。分裂绕组的每一部分称为绕组的一个分支，各分支之间没有电的联系，仅有微弱的磁耦合。由于两个低压分裂绕组完全对称，所以它们与高压绕组之间所具有的短路电抗相等。各分支可以单独运行，也可以在不同容量下同时运行，还可以并列运行。如果一个分支发生故障，另一个分支仍能正常运行。两个分裂绕组的容量相等，且为变压器额定容量的 1/2，或稍大于 1/2。例如，某电厂高压厂用变压器容量为 50/31.5-31.5MVA，分裂绕组的额定容量即为 31.5MVA。

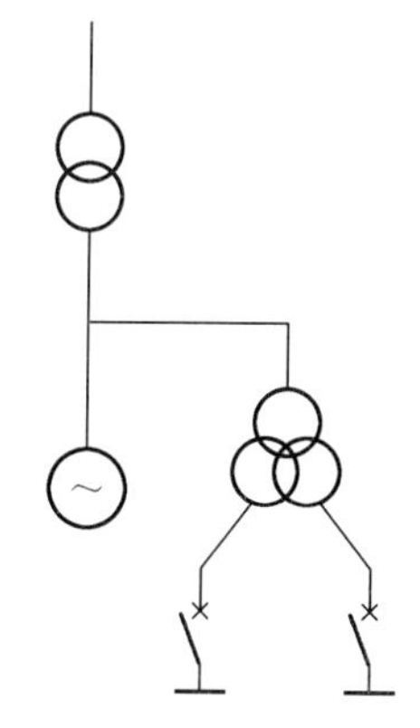

图 2-7　某电厂高压厂用变压器采用分裂变压器的接线图

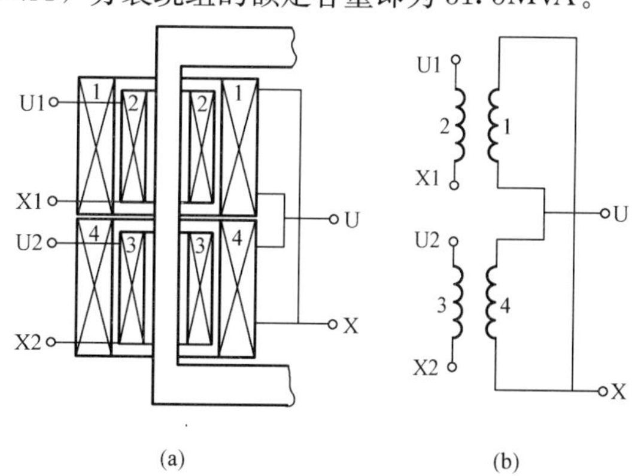

图 2-8　分裂绕组变压器径向布置结构示意图
（a）绕组排列情况；（b）原理接线图

分裂绕组变压器的结构布置形式有轴向式和径向式两种。在径向式布置中，分裂的两个低压绕组和不分裂的高压绕组都以同心圆的方式布置在同一铁芯柱上，且高压绕组布置在中间，绕组排列和原理接线如图 2-8 所示。在轴向式布置中，被分裂的两个绕组布置在同一个铁芯柱内侧的上、下部，不分裂的高压绕组也分成两个相等的并联绕组，并布置在同一铁芯柱外侧的上、下部。绕组排列和原理接线如图 2-9 所示。

两种布置的共同特点是两个低压分裂绕组在磁的方面是弱联系，这是双绕组分裂变压器与三绕组普通变压器的主要区别。

3. 分裂变压器的运行方式

（1）分裂运行。分裂绕组的一个分支对另一个分支运行，两个低压绕组之间有穿越功率。高压绕组开路，高、低压绕组间无穿越功率。这种运行方式称为分裂运行。在这种运行方式下，两个低压分裂绕组间的阻抗称为分裂阻抗，用符号 Z_f 表示。

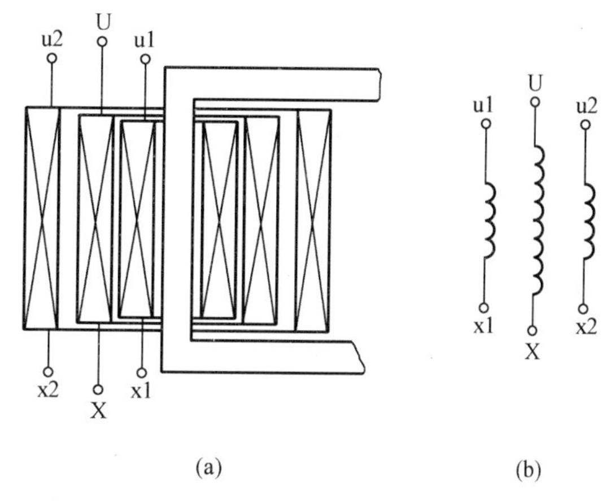

图 2-9　分裂绕组变压器轴向布置结构示意图
（a）绕组排列情况；（b）原理接线图

分裂运行时分裂阻抗的物理意义是：把一台普通双绕组变压器的低压绕组，分裂为两个独立的完全对称的绕组后，由于它们之间没有电的联系，而绕组在空间的位置又布置得使它们之间只有较弱的磁耦合，所以分裂运行时，漏磁通都有各自的路径，互相干扰很少，二次绕组所存在的等效阻抗数值比较大。

（2）穿越运行。将分裂绕组的两个分支并联起来对高压绕组运行时，这种运行方式称为穿越运行。在这种运行方式下，高、低压绕组间有穿越功率。

在穿越运行时变压器高低压绕组间的阻抗称为穿越阻抗，用符号 Z_c 表示。

穿越阻抗的物理意义是：当分裂变压器不作分裂绕组运行，而改作为普通的双绕组变压器运行时，一、二次绕组之间所存在的等效阻抗是比较小的。

（3）半穿越运行。分裂绕组一个分支对高压绕组运行时，这种运行方式称为半穿越运行。这一运行方式是分裂变压器的主要运行方式。

半穿越运行时，所具有的阻抗称为半穿越阻抗，用符号 Z_b 表示。

这种运行方式，是分裂绕组变压器设计时的主要目的。由于分裂绕组的等值阻抗与普通双绕组变压器运行时的大得多，所以半穿越阻抗 Z_b 的值也是比较大的，因此工程上它被用来有效地限制短路电流。

分裂阻抗 Z_f 与穿越阻抗 Z_c 的比值，称为分裂系数 K_f，所以

$$K_f = \frac{Z_f}{Z_c} > 1 \tag{2-1}$$

分裂系数 K_f 是分裂绕组变压器的一个基本参数，它说明该分裂变压器的分裂阻抗的特点。K_f 越大，则分裂绕组的等值阻抗也越大，其限制短路电流的效果也就越显著。K_f 的数值，在很大程度上，决定着变压器的结构和性能。

分裂绕组变压器的特点如下：

（1）分裂绕组变压器能有效地限制低压侧的短路电流，因而可选用轻型开关设备，节省投资。

（2）在降压变电站应用分裂变压器对两段母线供电时，当一段母线发生短路时，除能有效地限制短路电流外，另一段母线电压仍能保持一定的水平，不致影响供电。

（3）当分裂绕组变压器对两段低压母线供电时，若两段负荷不相等，则母线上的电压不等，损耗增大，所以分裂变压器适用于两段负荷均衡又需限制短路电流的场所。

（4）分裂变压器在制造上比较复杂，例如当低压绕组发生接地故障时，很大的电流流向一侧绕组，在分裂变压器铁芯中失去磁的平衡，在轴向上由于强大的电流产生巨大的机械应力，必须采取结实的支撑机构，因此在相同容量下，分裂绕组变压器约比普通变压器贵20%。

三、自耦变压器

一次绕组和二次绕组共用一部分绕组的变压器称为自耦变压器。自耦变压器有单相的，也有三相的；有降压自耦变压器，也有升压自耦变压器。

1. 自耦变压器的结构特点

自耦变压器的结构示意图如图2-10（a）所示。它的结构特点是在每一个铁芯柱上只有

一个绕组UX，其匝数为 N_1，而且这个绕组中的一部分（图2-10中的ux绕组，其匝数为 N_2）既属于一次侧，也属于二次侧，成为公共绕组。因此，一、二次绕组之间既有磁的联系，也有电的联系。

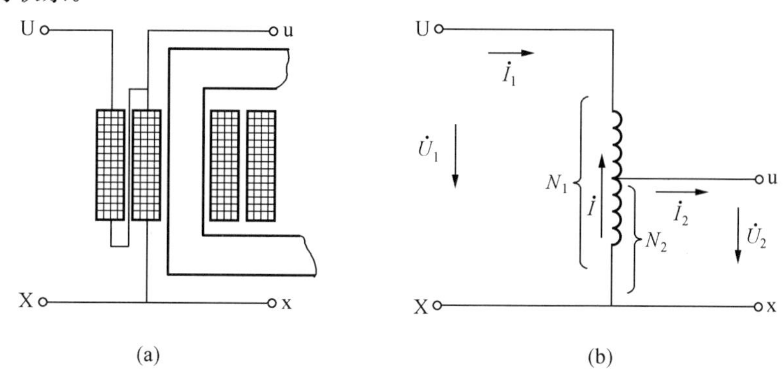

图2-10　自耦变压器

(a) 结构示意图；(b) 原理接线图

2. 自耦变压器的工作原理

自耦变压器的工作原理与双绕组变压器相同，都是利用电磁感应原理制成。如图2-10(b)所示，当绕组UX两端加上交变电压 $\dot{U}_1$ 时，铁芯中便产生交变磁通，并分别在一、二次绕组上产生感应电动势 E_1 和 E_2。

自耦变压器的变压比为

$$K_a=\frac{E_1}{E_2}=\frac{N_1}{N_2}\approx\frac{U_1}{U_2} \tag{2-2}$$

只要 $N_1\neq N_2$，就可以实现变压。适当选择 N_2，便可获得所需的输出电压 $\dot{U}_2$。

如果将交流电压 $\dot{U}_1$ 接在匝数多的UX绕组上，就成为降压自耦变压器；如果将交流电压 $\dot{U}_1$ 接在匝数少的ux绕组上，就成为升压自耦变压器。

3. 自耦变压器的电流关系

自耦变压器负载运行时，电源电压保持额定值，输出电流 $\dot{I}_2$ 由两部分组成，其中 $\dot{I}_1$ 是通过电路直接从一次侧流入二次侧的，$\dot{I}$ 是通过电磁感应从公共绕组传递到二次侧的。显然，$\dot{I}<\dot{I}_2$。如果自耦变压器与双绕组变压器输出电流相同，则自耦变压器公共绕组的导线截面积比双绕组变压器二次绕组的导线截面积小，可以节省铜的消耗。而且 K_a 越接近1，公共绕组电流 I 越小，经济效益越高。

4. 自耦变压器的容量关系

自耦变压器有两个容量，一个是变压器通过容量，另一个是绕组容量。所谓变压器通过容量就是变压器的输入容量，也等于输出容量，其值等于输入电压与输入电流的乘积，或输出电压与输出电流的乘积。当电压、电流为额定值时，即为变压器的额定容量。所谓绕组容量，就是该绕组的电压与电流的乘积，又称为电磁容量或设计容量。对于双绕组变压器，绕组容量与变压器容量相等，但自耦变压器的绕组容量与变压器容量却不相等。

自耦变压器的输出容量由电磁容量和传导容量两部分组成。电磁容量是通过电磁感应作用从一次侧传送到二次侧的容量，这部分容量与普通双绕组变压器容量一样。传导容量是通过电路的直接联系，从一次侧传递到二次侧的容量，它不需要增加绕组容量。因此，自耦变压器的绕组容量小于额定容量。双绕组变压器没有传导容量，全部输出容量都是通过电磁感应作用传递的，因而绕组容量与变压器容量相等。

5. 自耦变压器的第三绕组

自耦变压器的第三绕组都接成三角形，如图 2-11（a）所示。其作用是：

（1）消除三次谐波电压分量。

（2）减小自耦变压器的零序阻抗。

（3）用来连接发电机或调相机。

（4）用来对附近地区或厂（站）用电系统供电。

第三绕组的容量，根据其用途而有所不同。如果仅用来补偿三次谐波电流，其容量一般为自耦变压器标准容量的 1/3 左右；如果还用来连接发电机或调相机，其容量等于自耦变压器标准容量。

自耦变压器有了第三绕组后，其消耗材料、尺寸、质量和价格都有所增加，但仍比电压、变比和容量相同的普通三绕组变压器便宜，价格一般只有后者的 65％～70％。

6. 防止自耦变压器过电压

由于自耦变压器的高、中压绕组有电气连接，存在过电压从一个电压级电网向另一个电压级电网传递的可能性，因此，必须采取相应的技术措施，如图 2-11（b）所示。

（1）各侧装设避雷器，防止雷电过电压。当自耦变压器一侧断开后，如果另一侧有雷电波入侵，会在断开的一侧出现对绝缘有危害的过电压，因此，在高、中压侧的出口端都必须装设避雷器。如果低压侧有开路运行的可能性，为防止静电感应过电压，也需装设避雷器。

（2）自耦变压器的中性点接地。自耦变压器的中性点必须直接接地或经小电抗接地，以

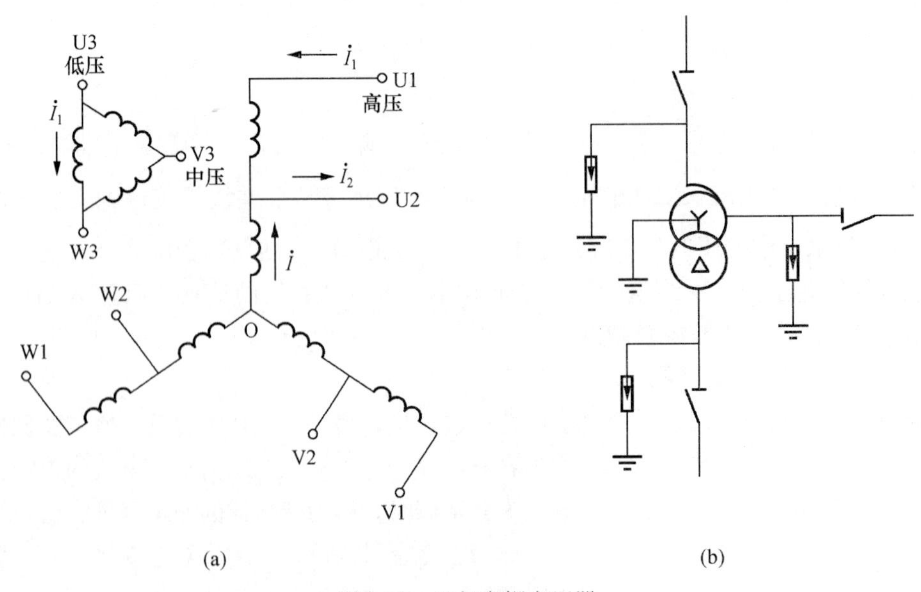

图 2-11　三相自耦变压器

（a）自耦变压器的第三绕组；（b）防止自耦变压器过电压

避免当高压侧电网发生单相接地时，在中压绕组的其他两相出现过电压。

四、干式变压器

1. 干式变压器的结构特点

树脂浇注干式变压器的铁芯部件采用了优质冷轧晶粒取向硅片叠制成45°全斜接缝的结构形式，且铁芯表面均采用具有防锈、防水、防腐、耐热和具有吸收振动、散热性能好的硅树脂橡胶涂料进行涂刷，因而保证了变压器具有低损耗、低噪声、高强度和高耐蚀性的特点。

树脂浇注干式变压器的一、二次绕组均采用铜导线绕制而成，绕组的层间、段间、端部及内、外层绝缘均采用具有较高机械强度和电气强度且耐高温的玻璃纤维填充，两者在特制的模具中经树脂真空浇注设备严格的真空干燥和脱气处理，保证了一、二次绕组在浇注过程中完全处于真空状态，因而保证了成形后的绕组不暴露于空气中。另外，绕组浇注的树脂厚度为3mm，成形后的绕组绝缘具有与铜导体相同的热膨胀系数和较高的机械强度（抗拉强度不低于150N/mm^2）。因而保证了绕组具有不龟裂、局部放电量小、机械强度高、绝缘性能好等特点。

图2-12（a）所示为树脂浇注干式变压器本体结构图。图2-12（b）所示为树脂浇注干式变压器外壳结构图。

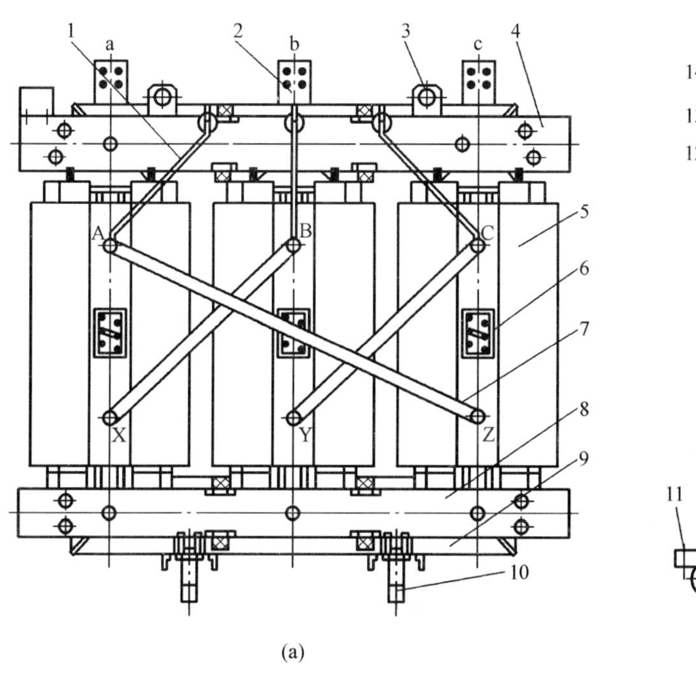

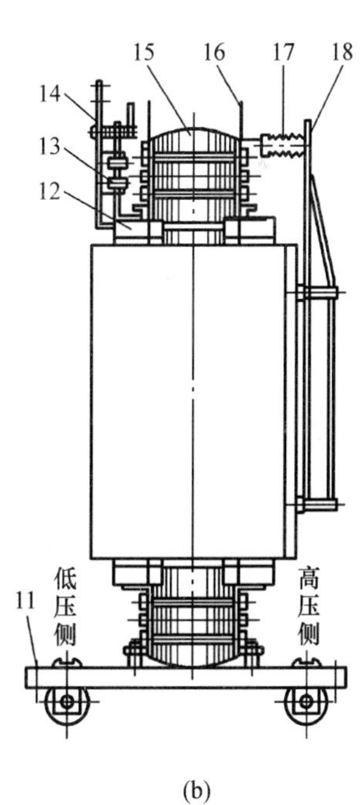

图2-12 树脂浇注干式变压器

（a）本体结构图；（b）外壳结构图

1—高压连接线；2—低压接线端子；3—吊装板；4—上夹件；5—绕组；6—高压分接接线片；7—高压连接管；8—下夹件；9—底座；10—滚轮；11—接地螺母；12—垫块；13—低压绝缘子；14—温控仪；15—铁芯；16—变压器铭牌；17—高压绝缘子；18—高压接线端子

树脂浇注干式变压器以空气作为冷却介质，以固体树脂作为绝缘介质，保证了该产品具有不可燃、不易爆、无排放、不污染环境、不需要维修等优点。可在空气相对湿度为95%条件下可靠运行。

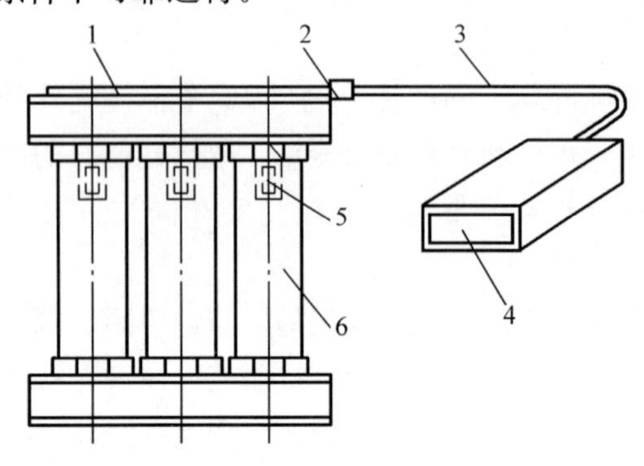

图2-13　温度传感器Pt100的安装
1—走线槽；2—接插件；3—引线电阻（小于100Ω）；4—温控仪；5—温度传感器Pt100；6—低压绕组

2. 干式变压器的温度计

干式变压器用空气冷却变压器绕组，因而需要直接测量绕组温度，为此需要在绕组内埋设温度传感器。通常将温度传感器Pt100埋设在干式变压器的低压绕组上部，并通过引线与温控仪相连，如图2-13所示。

干式变压器的温度计能根据温度的变化引起Pt100阻值的变化，通过温控器把该阻值转换成电压信号，再通过滤波、A/D等电路反映出当前的温度值，当该温度超过设定值时，发出相应的控制指令，使风机启停、报警或跳闸等。用户可通过面板按键设定具体的风机启停、报警等系统参数值，使用方便。

3. 干式变压器的运行维护

（1）运行前的检查。

1）检查所有紧固件、连接件是否松动，并重新紧固一次。

2）检查运输时拆卸的零件是否重新安装妥当，并检查变压器风道内是否有异物存在。

3）检查风机、温控仪和辅助器件是否正常运行。

4）检查铁芯和箱体是否已作永久性接地。

5）带外壳的变压器，若吊装杆与低压出线距离小于40mm，吊装完后将吊装杆拆去，并将顶部四个吊装孔盖严。

（2）运行前的试验。

1）绕组直流电阻测试。

2）检查铁芯绝缘是否良好。

3）绕组绝缘电阻测试方法见表2-3。

表2-3　干式变压器绕组绝缘电阻测试方法

电压等级（kV）	绕组绝缘电阻（MΩ）	测量方法
0.4	≥50	用2500V绝缘电阻表或高阻计测量（测试温度为10～40℃，相对湿度小于85%）
6	≥200	
10	≥300	
35	≥1000	

4）铁芯绝缘电阻测试。拆除铁芯接地片后对地的绝缘电阻大于或等于5MΩ，在接地片侧用2500V绝缘电阻表或高阻计测量（测试温度为10～40℃，相对湿度小于85%）。

在比较干燥的环境下，绝缘电阻值很容易达到，如果在比较潮湿的环境下，绝缘电阻值会有所下降，如果每1000V额定电压其绝缘电阻值不小于2MΩ（25℃、1min），即能满足运行要求。如果发生凝露现象，在进行耐压试验前必须进行干燥处理。

5）工频耐压试验，试验电压为出厂试验电压的85%。

4. 变压器的运行

（1）调整调压分接片。变压器出厂时一般调压分接片在额定挡，当用户需要调整分接片的位置时，可按产品铭牌上的高压绕组分接位置进行操作，调整时必须在断电情况下进行。调整时应注意：

1）按国家标准规定的分接范围，主要有±5%和±2×25%。

2）调整接线片时必须将三相调整到同一挡位。

3）接线片必须是出厂所带的专用接线片，不能用其他替代物。

4）接线片的连接必须紧固。

（2）温控仪的使用参见温控仪使用说明书。

（3）初次投入运行的变压器应按GB 50148—2010《电气装置安装工程电力变压器、油浸电抗器、互感器工及验收规范》的要求，进行5次额定电压下的空载冲击合闸试验。

（4）变压器投入运行后负荷宜由小到大至额定值，检查变压器有无异常声响。

（5）变压器退出运行后，一般不需要其他措施，即可重新投入运行，如果变压器在高湿度的情况下发生凝露现象，必须经过干燥处理才能重新投入运行。

5. 变压器的维护

（1）在通常情况下，干燥、清洁的场所，每年进行一次检查；其他场所，例如有灰尘或化学烟雾污染的空气，应每3个月或6个月进行一次检查，必要时采取相应措施进行处理。

（2）绕组外部、内部、端面有无积尘。

（3）绝缘子裙边内是否有积尘。

（4）绕组冷却风道内是否有积尘。

（5）铁芯表面是否有积尘。

（6）紧固件、连接件是否松动，导电部件或其他零部件有无锈蚀的痕迹。

（7）绝缘表面是否有爬电痕迹和炭化现象。

（8）以上检查项目如存在问题，应清理干净，满足运行要求。

6. 注意事项

（1）维护、检修时必须断电。

（2）变压器安装完毕投入运行前，对无外壳变压器一般应在其周围设置隔离围栏，避免意外事故发生。

（3）投入运行后禁止触摸变压器本体，以防止发生事故。

第三节 变压器的运行方式

一、变压器电压变化的允许范围

随着电力系统运行方式的改变、负荷的变动，电网电压也是变动的。因此，运行中的变压器的一次侧绕组受到的电压也是变化的。

系统的电压水平直接影响到电网供电的电能质量，对系统中每一个发电厂都规定有调压要求，保证整个系统的电压水平，如果电源电压变化超出规定范围，则电能质量就会下降，所以必须对电源电压作一定限制。电源电压过低，则电网的有功损耗会增大，电力系统的稳定性就会下降，用电设备的工作效率会降低；反之电压过高，将对变压器本身和系统运行产生不良影响。首先，会使铁损增加，温度上升；其次，由于铁芯饱和而引起励磁电流增加，无功损失增大影响变压器出力；特别是电压的增高使铁芯过饱和后，引起电动势波形的变化，产生三次谐波或更高次谐波，严重威胁变压器的绝缘，使中性点电压位移，对通信产生电磁干扰等。

因此，DL/T 572—2010《电力变压器运行规程》规定变压器电压变动范围偏差±5%范围，其额定容量可保持不变，即当电压升高5%时，额定电流降低5%；当电压降低5%时，额定电流允许升高5%。变压器电源电压最高不得超过额定电压的10%。

二、允许温度和允许温升

变压器在运行中绕组和铁芯都要发热，若温度长时间超过允许值会使绝缘渐渐失去机械强度，绝缘老化，严重时造成绝缘的电气击穿，而使变压器损坏。

变压器大都是油浸式变压器，在运行中各部分的温度是不同的，绕组的温度最高，其次是铁芯的温度，而绝缘油的温度低于绕组和铁芯的温度。变压器的上部油温又高于下部油温。所以规定油浸式变压器运行中的允许温度按上层油温来检验。上层油温的允许值应遵守制造厂的规定，对自然循环自冷、风冷的变压器最高不得超过95℃，为了防止变压器油劣化过速，上层油温不宜经常超过85℃；对强迫油循环风冷式变压器上层油温最高不得超过80℃；对强迫油循环水冷变压器上层油温最高不得超过75℃。

发电厂的主变压器、地区变压器、高压厂用变压器的上层油面最高允许温度一般为85℃，且温升一般不超过55℃。变压器运行时，重点监视绕组温度和顶层油温。

变压器超温保护配置，超过低温定值时发报警信号，当温度超过高温定值时跳闸。

三、变压器的负荷能力

变压器的负荷能力与额定容量意义不同。额定容量是变压器的铭牌容量，变压器可长时间连续按额定容量运行；负荷能力指在较短时间内能输出的功率，在不损害变压器绕组的绝缘和不降低变压器使用寿命的条件下，它可能超过额定容量。

负荷能力的大小和时间由负荷变化和环境温度的调节决定，并要充分考虑绝缘老化的条件。

1. 变压器的绝缘老化及等值老化原则

绝缘老化：指绝缘材料受到热或其他物理化学作用而逐渐失去机械强度和电气强度。

绝缘材料的老化程度由电气强度和机械强度决定。绝缘材料若失去机械强度，会变得很脆，难以承受振动或电动力作用。

变压器的绝缘老化，主要是由于温度、湿度、氧气和油中的一些分解物所引起的化学反应引起的，最主要取决于温度。绕组的温度越高，绝缘老化的速度就越快，相应的变压器的使用寿命就越短。绕组每增加6℃，老化速度就快一倍，寿命缩短一半。不同温度下的相对老化率见表2-4。

表2-4 不同温度下的相对老化率

绕组最热点温度（℃）	80	86	92	98	104	110	116	122	128	134	140
相对老化率	0.125	0.25	0.5	1.0	2.0	4.0	8.0	16.0	32.0	64.0	128.0

2. 变压器过负荷

变压器正常运行时，日负荷曲线的负荷率大多小于1。根据等值老化原则，只要使变压器在过负荷期间多损耗的寿命和在欠负荷期间少损耗的寿命能相互补偿，就可获得规定的使用年限。变压器的正常过负荷能力就是以不牺牲正常寿命为原则而制定的。即在整个时间间隔内，只要做到变压器绝缘老化率小于或等于1即可，且满足以下条件：

（1）过负荷期间，绕组最热点的温度不得超过140℃，上层油温不得超过95℃。

（2）变压器的最大过负荷不得超过额定负荷的50%。

当系统发生故障时，首要任务是设法保证不间断供电，而变压器绝缘的老化加速则是次要的，事故过负荷是以牺牲变压器的寿命为代价的。绝缘老化率允许比正常过负荷时高得多。事故过负荷也称为急救负荷，是在较短的时间内，让变压器多带一些负荷，以作应急用。为保证可靠性，在确定变压器事故过负荷的允许值时，一般事故过负荷时绕组最热点的温度也不得超过140℃，负荷电流不得超过额定值的两倍。事故过负荷允许值和允许时间由制造厂规定，或参考表2-5。

表2-5 自然油循环变压器允许的事故过负荷

允许时间（min）	120	80	45	20	10
允许的过负荷值（%）	30	45	60	75	100

对强迫油循环风冷变压器，当冷却器故障全停时，变压器允许运行10～20min，但要密切监视上层油温和绕组温度，不得超过规定值。

变压器过负荷运行时的注意事项如下：

（1）全天满负荷运行的变压器不宜过负荷运行。

（2）变压器在低负荷运行时，变压器高峰负荷所允许的过负荷情况和持续时间有严格的限制。

（3）夏季为低负荷运行，冬季可适当过负荷运行，过负荷在15%内。

（4）一般情况下，油浸自冷和油浸风冷变压器过负荷不得超过30%；强迫油循环风冷或水冷变压器过负荷不得超过20%。

（5）过负荷运行时，冷却器全部投入运行。

3. 变压器的事故过负荷

当系统发生事故时，变压器在较短时间内可能出现比正常过负荷更大的过负荷，这种事故情况下的过负荷称为事故过负荷。

（1）油浸自冷变压器的事故过负荷按表2-6执行。

表 2-6　　油浸自冷变压器的事故过负荷

过负荷倍数	环境温度（℃）				
	0	10	20	30	40
1.1	24：00	24：00	24：00	19：00	7：00
1.2	24：00	24：00	13：00	5：50	2：45
1.3	23：00	10：00	5：30	3：00	1：30
1.4	8：30	5：10	3：10	1：45	0：55
1.5	4：45	3：10	2：00	1：10	0：35
1.6	3：00	2：05	1：20	0：45	0：18
1.7	2：05	1：25	0：55	0：25	0：09
1.8	1：30	1：00	0：30	0：13	0：06
1.9	1：00	0：35	0：18	0：09	0：05
2.0	0：40	0：22	0：11	0：06	+

（2）强迫油循环风冷变压器的事故过负荷按表 2-7 执行。

表 2-7　　强迫油循环风冷变压器的事故过负荷

过负荷倍数	环境温度（℃）				
	0	10	20	30	40
1.1	24：00	24：00	24：00	14：30	5：10
1.2	24：00	21：00	8：00	3：30	1：35
1.3	11：00	5：10	2：45	1：30	0：45
1.4	3：40	2：10	1：20	0：45	0：15
1.5	1：50	1：10	0：40	0：16	0：07
1.6	1：00	0：35	0：16	0：08	0：05
1.7	0：30	0：15	0：09	0：05	+

变压器事故过负荷运行后，应将过负荷大小和持速时间做好记录。

强迫油循环风冷变压器，当冷却系统发生故障，切除全部风扇时变压器允许带额定负荷继续时间如表 2-8 所示。

表 2-8　　切除全部风扇时变压器允许带额定负荷继续时间

环境温度（℃）	0	10	20	30
时间（h）	16	10	6	4

四、变压器的绝缘电阻

变压器在新安装、检修后、长期停用或备用时，投入运行前，需测量绕组绝缘电阻。测量绝缘电阻应使用电压为 1000～2500V 的绝缘电阻表，测得的数值和测量时的温度均应记入运行日志。

在变压器运行时所测得的绝缘电阻值与安装或大修干燥后投入运行前测得的数值之比，

是判断变压器运行中绝缘状态的主要依据。测量时应尽可能在相同的温度下，使用相同的电压进行测量。

变压器低压侧和高压厂用变压器高压侧的绝缘测定应与发电机定子绕组的绝缘测定一起进行，在发电机中性点处测量时应将发电机出口三相 TV 拉开，用500V 绝缘表测量，并以发电机定子绝缘规定为准。

变压器绝缘电阻值的规定：

（1）与上次测量结果比较，不得低于 70%。

（2）500V 以下，绝缘电阻不得低于 0.5MΩ；500V 以上，每千伏不低于 1MΩ。

（3）高低压绕组对地吸收比不小于 1.3。

（4）双绕组测量项目：一次侧对地绝缘电阻、二次侧对地绝缘电阻、一次侧对二次侧绝缘电阻。

五、变压器的并列运行

1. 并列运行的条件

变压器并列运行时，通常希望它们之间无平衡电流；负荷分配与额定容量成正比，与短路阻抗成反比；负荷电流的相位相互一致。要做到上述几点，并列运行的变压器必须满足以下条件：

（1）具有相等的一、二次电压，即变比相等。

（2）额定短路电压（阻抗电压）相等。

（3）绕组联结组别相同，即要求极性相同，相位相同。

上述三个条件中，第一条和第二条往往不可能做到绝对相等，一般规定变比的偏差不得超过±0.5%，额定短路电压的偏差不得超过±10%。

2. 并列运行条件不满足时运行的危害

（1）接线组别不同。绕组联结组别不同的变压器并列运行时，同名相电压间出现相位差，在二次绕组回路中会产生很大的环流，严重时会烧毁变压器绕组。因此，变压器是不允许在同名相电压间存在相位差的情况下并列运行的。一般情况下，需采用将各相异名、始端与末端对换等方法，将不同变压器的不同联结组别化为相同的联结组别后，才能并列运行。

（2）变比不同。当变比不同时，变压器二次侧的电压不相等，并在变压器二次绕组和一次绕组的闭合回路中产生环流。当变压器有负荷时，环流叠加在负荷电流上。这时一台变压器的负荷减轻，另一台变压器的负荷则加重。所以变比不同的变压器并列运行时，有可能产生过负荷现象，如果增大后的负荷超过其额定负荷时，则必须校验其过负荷能力是否在允许范围内。

（3）短路阻抗（阻抗电压）不同。当数台变压器并列运行时，如果短路阻抗不同，负荷并不按其额定容量成比例分配。负荷分配与短路阻抗的大小成反比，短路阻抗小的变压器承担的负荷比例大，容易出现过负荷。如果改变变比，使短路阻抗大的变压器的二次电动势抬高，则可减少过负荷。这是因为对于短路阻抗较小的变压器，环流可以减轻其过负荷（因为环流的方向与负荷电流的方向相位相反），而对于短路阻抗较大的变压器，环流可以使其负荷增加。

第四节　变压器的操作

一、变压器启用前的准备工作

在变压器进行检修后，恢复送电前，运行人员应进行详细的检查，并确定变压器在完好状态。检查项目包括各级电压一次设备、变压器分接开关位置。此外，还应检查临时接地线、接地开关、遮栏和表示牌是否已拆除，全部工作票是否都已收回。然后，测定变压器绕组的绝缘电阻合格后，方可启用变压器。变压器正式投入运行前必须进行充电，这是为了检查变压器内部绝缘的薄弱点、考核变压器的机械强度以及继电保护能否躲过励磁涌流而不动作。一般对变压器充电均应在保护的高压侧进行，以便在变压器内部出现故障时，可由保护切断故障。

变压器新投入或大修后投入，操作送电前除了应遵守倒闸操作的基本要求外，还应注意以下几个问题：

（1）测量变压器绝缘电阻。通常用绝缘电阻表的2500V电压挡位，测量每一绕组对地以及每对绕组之间的吸收比R_{60}/R_{15}。若绝缘电阻R_{60}下降到前次测量结果的1/5～1/3或吸收比$R_{60}/R_{15}<1.5$时，应查明原因并加以消除。

（2）对变压器进行外部检查。安装应符合规定，检查附件、油位、分接开关位置及外壳接地线的连接。

（3）对冷却系统进行检查及试验。主要包括冷却电源切换是否正常；冷却系统断电、风机故障后，继电保护动作是否正确；断路器联动试验等。

（4）对有载调压装置进行传动。增减分接头动作应灵活；切换可靠，无连续调挡现象。

（5）仪表应齐全。继电保护接线应正确，整定值无误，连接片在规定位置。

（6）大修后对变压器进行全电压冲击合闸3次，对新投入运行的变压器进行全电压冲击合闸5次。冲击试验时其时间间隔5min，应派人在现场监视，有异常时应立即停止操作。

二、变压器的停送电

1. 变压器停送电操作的要求

（1）送电前，应将（或检查）变压器中性点接地；检查三相分接头位置应保持一致。

（2）停电后，应将变压器的重瓦斯保护由“跳闸”改为“信号”等。

2. 变压器的停送电操作原则

（1）变压器装有断路器时，分合闸必须使用断路器。

（2）变压器用断路器停电时应先停负荷侧，后停电源侧。送电时与上述过程相反。多电源的电路，按此顺序停电，可防止变压器反充电。若先停电源侧，如遇变压器内部故障，可能会造成保护误动作或拒动作，延长故障切除时间，也可能扩大停电范围，而且从电源侧逐级送电，如遇故障，也便于按送电范围检查、判断及处理。

（3）变压器如果未装设断路器，可用隔离开关切断或接通空载变压器。隔离开关切断或接通的变压器容量与电压等级如表2-9所示。

表 2-9　　隔离开关切断或接通的变压器容量与电压等级

电压等级（kV）	容　量（kVA）
10kV 以下	320
35kV	1000
110kV	3200

（4）在电源侧装隔离开关、负荷侧装断路器的电路中，送电时应先合电源侧的隔离开关，后合负荷侧的隔离开关；停电时应先拉负荷侧断路器，后拉电源侧的隔离开关。因为隔离开关只允许断合变压器的空载电流，而负荷电流则应用断路器来断合。

3. 变压器在操作中的注意事项

（1）操作过电压。操作过电压是指切除空载变压器引起的过电压。空载变压器在运行时，表现为一励磁电感，切除电感负载，会引起操作过电压。其大小主要与断路器的性能有关，如油断路器的过电压的幅值就比较低。

预防和保护措施有：装设避雷器以及装设有并联电阻的开关。这些措施都可以限制此种过电压。

（2）变压器在空载合闸时的励磁涌流问题。当铁芯中有剩磁时，若合闸瞬间剩磁的方向又和周期分量磁通的方向相反，那么由于铁芯严重饱和，变压器铁芯导磁系数减少，励磁电抗大大减少，励磁电流会大大增加，可达稳态励磁电流值的 80～100 倍，或额定电流的 6～8 倍，同时含有大量的非周期分量和高次谐波分量。为避免空载变压器合闸时，由于励磁涌流产生较大的电压波动，在其两端都有电压的情况下，一般用离负荷较远的高压侧充电，然后在低压侧并列的操作方法。

（3）变压器停送电操作时中性点一定要接地。这主要是防止在变压器操作时，由于非全相合闸或非全相分闸等产生过电压而威胁变压器绝缘。当断路器非全相并入系统时，在一相与系统相联时，由于发电机和系统的频率不同，变压器中性点又未接地，该变压器中性点对地电压将是 2 倍的相电压，未合相的电压最高可达 2.73 倍的相电压，将造成绝缘损坏事故。

（4）超高压长线路末端空载变压器的操作。由于电容效应，超高压长距离线路的末端电压会升高，空载变压器投入时，由于铁芯的严重饱和，将感应出高幅值的高次谐波电压，严重威胁变压器的绝缘。操作前要降低线路首端和将末端电站的电抗器投入，使得操作时电压在允许范围内。

第五节　变压器的运行维护

一、变压器的运行监视

通过监视变压器的仪表、保护装置及各种指示信号等可了解变压器的运行状况。

（1）监视仪表的指示，及时掌握变压器运行情况。监视仪表的抄表次数由现场规程规定。当变压器超过额定电流运行时，应作好记录。

（2）每天至少巡检一次，每周至少进行一次夜间巡视。

（3）变压器在运行中，除监视其负荷外，还应监视变压器的温度。在监视温度时应注意：上层油温或温升是否超过了规定值；在变压器负荷不变时温度是否升高；当运行情况与以前相同，油温交易前有显著升高时，应进行详细检查分析，找出油温升高的原因并设法消除。

（4）在夜间检查时，要注意绝缘套管是否有电晕放电，还要检查母线结合处是否有过热现象。

二、变压器的日常巡视内容

变压器除了正常通过仪表保护装置及各种指示信号等监视外，运行人员还要按规定的分工和周期，对变压器及其附属设备进行全面的检查维护，通过眼看、耳听、鼻嗅等方法，及时发现仪表所不能反映的问题。

（1）变压器的油温和温度计应正常，储油柜的油位应与温度相对应，各部位无渗油、漏油。

（2）套管油位应正常，套管外部无破损裂纹、无严重油污、无放电痕迹及其他异常现象。

（3）变压器音响正常。

（4）各冷却器手感温度应相近，风扇运转正常，油流继电器工作正常。

（5）呼吸器完好，干燥剂无受潮现象。

（6）引线接头、电缆、母线应无发热迹象。

（7）压力释放器、安全气道及防爆膜应完好无损。

（8）有载分接开关的分接位置及电源指示应正常现象。

（9）气体继电器内应无气体。

（10）各控制箱和二次端子箱应关严，无受潮现象。

（11）干式变压器的外部表面应无积污。

（12）变压器室的门、窗、照明应完好，房屋不漏水，温度正常。

在下列情况下应对变压器进行特殊巡视检查，增加巡视检查次数。

（1）新设备或经过检修、改造的变压器在投运 72h 内。

（2）有严重缺陷时。

（3）气象突变（如大风、大雾、大雪、冰雹、寒潮等）时。

（4）雷雨季节特别是雷雨后。

（5）高温季节、高峰负载期间。

（6）变压器急救负载运行时。

三、变压器的故障及诊断

变压器一旦发生事故就会中断供电，造成严重的经济损失。为了确保安全运行，要加强运行监视，做好日常维护工作，将事故消灭在萌芽状态。如果发生事故，要能够正确判断原因和性质，迅速、正确地处理事故，防止事故扩大。

（1）变压器运行中有下列情况之一者，应联系停电处理。

1）变压器内部声音异常但无放电声者或只有放电声。

2）变压器局部漏油，油位降到油位计指示下限。

3）上部下落物危及安全运行。

4）在正常负荷及冷却条件下，温度不正常升高。

5）引线严重发热但未熔化。

6）变压器油色变化，油质化验不合格。

7）连接引线断股。

8）安全气道发生裂纹，防爆膜破碎。

9）正常负载下，油位不正常上升。

（2）变压器运行中有下列情况之一者应立即停运，若有运行中的备用变压器，应尽可能先将其投入运行：

1）变压器声响明显增大，内部有爆裂声。

2）严重漏油或喷油，使油面下降到低于油位计的指示限度。

3）套管有严重的破损和放电现象，套管上有破损和裂纹，表面上有放电及电弧闪络，会使套管的绝缘击穿，剧烈发热，表面膨胀不均，严重时会爆炸。

4）变压器冒烟着火、爆炸或发生其他情况，对变压器构成严重威胁时。

5）当发生危及变压器安全的故障，而变压器的有关保护装置拒动时，值班人员应立即将变压器停运。

（3）变压器发生下列情况时应查明原因。

1）当变压器的油温升高超过制造厂规定时，值班人员应按以下步骤检查处理：

① 检查变压器的负载和冷却介质的温度，并与在同一负载和冷却介质温度下正常的温度核对。

② 核对温度测量装置。

③ 检查变压器冷却装置或变压器室的通风情况。若温度升高的原因是由于冷却系统的故障，且在运行中无法修理者，应将变压器停运修理；若不能立即停运修理，值班人员应按现场规程的规定调整变压器的负载至允许运行温度下的相应容量。在正常负载和冷却条件下，变压器温度不正常并不断上升，且经检查证明温度指示正确，则认为变压器发生内部故障，应立即将变压器停运。

④ 变压器在各种超额定电流方式下运行，若顶层油温超过 105℃时，应立即降低负载。

2）变压器油位因温度上升有可能高出油位指示极限，经查明不是假油位所致时，则应放油，使油位降至与当时油温相对应的高度，以免溢油。

3）铁芯多点接地而接地电流较大时，应安排检修处理。在缺陷消除前，可采取措施将电流限制在 100mA 左右，并加强监视。

4）系统发生单相接地时，应监视消弧线圈和接有消弧线圈的变压器的运行情况。

变压器运行故障处理方法见表 2-10。

表 2-10　　变压器运行故障处理方法

异常运行情况	可能原因	处理方法
变压器温升过高	（1）由于涡流，使铁芯长期过热，铁损增大，造成温升过高	停电检查
	（2）穿心螺栓绝缘破坏	
	（3）过负载运行	降低负荷，监视油温
	（4）内部有短路点，造成温升过高	停电检查
	（5）分接开关接触不良，局部放电，造成温升过高	停电处理分接开关
	（6）三相负载严重不平衡	调整三相负载
	（7）测温元件损坏，误报警	检修更换
	（8）变压器冷却条件破坏	检修冷却设备
变压器运行声音异常	（1）过负载运行，变压器发生很高而且较重的嗡嗡声	适当降低负荷
	（2）变压器内部紧固件松动、错位，因而发出强烈而不均匀的噪声	停电检修
	（3）内部接触不良，或绝缘击穿，发出放电的噼啪声	
	（4）系统短路或接地时，变压器承受很大的短路电流，会发出很大噪声	对变压器停电检查
	（5）系统发生铁磁谐振时，使变压器发出粗细不均的噪声	调整负载性质
油位不正常，油质劣化	（1）漏油	检查漏油部位，如瓷套管破裂，密封绝缘老化，散热管有沙眼
	（2）油中进入空气	取样化验检查，发现有问题时，应停电做净化处理
防爆膜破裂	变压器内部发生严重故障，产生大量气体，内部压力增大，使防爆膜破裂	停电检查，进行更换
三相电压不平衡	（1）三相负载不平衡，引起中性点位移	调整负载使三相平衡
	（2）系统发生铁磁谐振	调整负载性质
	（3）绕组局部发生匝间或层间短路	停电检修
绝缘瓷管闪络和爆炸	（1）套管内部放电	更换套管或密封垫
	（2）套管油污，有裂纹或机械损伤	
	（3）套管密封不严，漏水，使绝缘受潮	
分接开关故障	（1）分接开关接触不良，放电	停电检修
	（2）倒分接开关时，由于分头位置切换错误，引起开关烧毁	
	（3）相间绝缘距离不够，或绝缘材料性能降低，在过电压下短路	
瓦斯保护动作	（1）供油系统密封不严，将气体随油泵打入变压器中	停电检修
	（2）保护装置的二次线路发生短路故障	
	（3）变压器内部故障，使油分解产生气体，使气体继电器动作	

续表

异常运行情况	可能原因	处理方法
运行时熔丝熔断	（1）低压侧熔丝熔断主要是由于低压母线、断路器、熔断器等设备发生故障	停电检查，主要是负荷侧的设备，发现故障经处理后，更换熔丝恢复送电
	（2）当高压侧发生一相弧光接地或系统中有铁磁谐振过电压出现时，可能造成高压一相熔丝熔断；变压器内部或外部短路故障造成高压侧两相熔断	停电检查，变压器外部、引线等，并测量变压器绝缘、取油样化验，处理后方可更换熔丝

第六节　变压器的异常及事故处理

一、变压器异常处理

电力变压器在运行中一旦发生异常情况，将影响系统的正常运行以及对用户的正常供电，甚至造成大面积停电。变压器运行中的异常情况一般有以下几种。

（一）声音异常

1. 正常状态下变压器的声音

变压器属静止设备，但运行中仍然会发出轻微的连续不断的“嗡嗡”声。这种声音是运行中电气设备的一种特有现象，一般称为“噪声”。产生这种噪声的原因有：

（1）励磁电流的磁场作用使硅钢片振动。

（2）铁芯的接缝和叠层之间的电磁力作用引起振动。

（3）绕组的导线之间或绕组之间的电磁力作用引起振动。

（4）变压器上的某些零部件引起振动。

2. 变压器的声音比平时增大

若变压器的声音比平时增大，且声音均匀，可能有以下几种原因：

（1）电网发生过电压。当电网发生单相接地或产生谐振过电压时，都会使变压器的声音增大。出现这种情况时，可结合电压、电流表计的指示进行综合判断。

（2）变压器过负荷。变压器过负荷时会使其声音增大，尤其是在满负荷的情况下突然有大的动力设备投入，将会使变压器发出沉重的“嗡嗡”声。

3. 变压器有杂音

若变压器的声音比正常时增大且有明显的杂音，但电流、电压无明显异常时，则可能是内部夹件或压紧铁芯的螺钉松动，使得硅钢片振动增大所造成。

4. 变压器有放电声

若变压器内部或表面发生局部放电，声音中就会夹杂有“劈啪”放电声。发生这种情况时，若在夜间或阴雨天气下，可看到变压器套管附近有蓝色的电晕或火花，则说明瓷件污秽严重或设备线夹接触不良，若变压器的内部放电，则是不接地的部件静电放电，或是分接开关接触不良放电，这时应将变压器作进一步检测或停用。

5. 变压器有水沸腾声

若变压器的声音夹杂有水沸腾声且温度急剧变化，油位升高，则应判断为变压器绕组发生短路故障，或分接开关因接触不良引起严重过热，这时应立即停用变压器进行检查。

6. 变压器有爆裂声

若变压器声音中夹杂有不均匀的爆裂声，则是变压器内部或表面绝缘击穿，此时应立即将变压器停用检查。

7. 变压器有撞击声和摩擦声

若变压器的声音中夹杂有连续的有规律的撞击声和摩擦声，则可能是变压器外部某些零件如表计、电缆、油管等，因变压器振动造成撞击或摩擦，或外来高次谐波源所造成，应根据情况予以处理。

（二）油温异常

由于运行中的变压器内部的铁损和铜损转化为热量，热量向四周介质扩散，当发热与散热达到平衡状态时，变压器各部分的温度趋于稳定。铁损是基本不变的，而铜损随负荷变化。顶层油温表指示的是变压器顶层的油温，温升是指顶层油温与周围空气温度的差值。运行中要以监视顶层油温为准，温升是参考数字（目前对绕组热点温度还没有能直接监视的条件）。

变压器的绝缘耐热等级为A级时，绕组绝缘极限温度为105℃，对于强迫油循环的变压器，根据国际电工委员会推荐的计算方法：变压器在额定负载下运行，绕组平均温升为65℃，通常最热点温升比油平均温升约高13℃，即65+13=78（℃），如果变压器在额定负载和冷却介质温度为+20℃条件下连续运行，则绕组最热点温度为98℃，其绝缘老化率等于1（即老化寿命为20年）。因此，为了保证绝缘不过早老化，运行人员应加强变压器顶层油温的监视，规定控制在85℃以下。

若发现在同样正常条件下，油温比平时高出10℃以上，或负载不变而温度不断上升（冷却装置运行正常），则认为变压器内部出现异常。

导致温度异常的原因有：

（1）内部故障引起温度异常。变压器内部故障如绕组之间或层间短路，绕组对周围放电，内部引线接头发热；铁芯多点接地使涡流增大过热；零序不平衡电流等漏磁通形成回路而发热等因素引起变压器温度异常。发生这些情况，还将伴随着瓦斯或差动保护动作。故障严重时，还可能使防爆管或压力释放阀喷油，这时变压器应停用检查。

（2）冷却器运行不正常引起温度异常。冷却器运行不正常或发生故障，如潜油泵停运、风扇损坏、散热器管道积垢冷却效果不良、散热器阀门没有打开或散热器堵塞等因素引起温度升高。应对冷却系统进行维护或冲洗，提高冷却效果。

（三）油位异常

变压器储油柜的油位表，一般标有−30℃、+20℃、+40℃三条线，它是指变压器使用地点在最低温度和最高环境温度时对应的油面，并注明其温度。根据这三个标志可以判断是否需要加油或放油。运行中变压器温度的变化会使油的体积发生变化，从而引起油位的上下位移。

常见的油位异常如下。

1. 假油位

如变压器温度变化正常，而变压器油标管内的油位变化不正常或不变，则说明是假油位。运行中出现假油位的原因有：

（1）油标管堵塞。

（2）油枕呼吸器堵塞。

（3）防爆管通气孔堵塞。

（4）变压器储油柜内存有一定数量的空气。

2. 油面过低

油面过低应视为异常。因其低到一定限度时，会造成轻瓦斯保护动作；严重缺油时，变压器内部绕组暴露，导致绝缘下降，甚至造成因绝缘散热不良而引起损坏事故。处于备用的变压器如严重缺油，也会吸潮而使其绝缘降低。造成变压器油面过低或严重缺油的原因有：

（1）变压器严重渗油。

（2）试验人员因工作需要多次放油后未作补充。

（3）气温过低且油量不足，或储油柜容积偏小，不能满足运行要求。

（四）颜色、气味异常

变压器的许多故障常伴有过热现象，使得某些部件或局部过热，因而引起一些有关部件的颜色发生变化或产生特殊气味。

（1）引线、线卡处过热引起异常。套管接线端部紧固部分松动，或引线头线鼻子等接触面发生严重氧化，使接触处过热，颜色变暗失去光泽，表面镀层也遭到破坏。连接接头部分一般温度不宜超过 70℃，可用示温蜡片检查，一般黄色熔化为 60℃，绿色熔化为 70℃，红色熔化为 80℃，也可用红外线测温仪测量。温度很高时会发出焦臭味。

（2）套管、绝缘子有污秽或损伤严重时发生放电、闪络，并产生一种特殊的臭氧味。

（3）呼吸器硅胶一般正常干燥时为蓝色，其作用为吸附空气中进入储油柜胶袋、隔膜中的潮气，以免变压器受潮，当硅胶蓝色变为粉红色，表明受潮而且硅胶已失效，一般粉红色部分超过 2/3 时，应予更换。硅胶变色过快的原因主要有：

1）如长期天气阴雨空气湿度较大，吸湿变色过快。

2）呼吸器容量过小，如有载开关采用 0.51kg 的呼吸器，变色过快是常见现象，应更换较大容量的呼吸器。

3）硅胶玻璃罩罐有裂纹破损。

4）呼吸器下部油封罩内无油或油位太低起不到良好油封作用，使湿空气未经油封过滤而直接进入硅胶罐内。

5）呼吸器安装不良，如胶垫龟裂不合格，螺钉松动安装不密封而受潮。

（4）附件电源线或二次线的老化损伤，造成短路产生的异常气味。

（5）冷却器中电动机短路，分控制箱内接触器、热继电器过热等烧损产生焦臭味。

二、变压器事故处理

（一）变压器差动保护动作跳闸的处理

变压器差动保护的范围是变压器各侧电流互感器之间的一次电气部分，能迅速而有选择的切除保护范围内的故障，对内部不严重的匝间短路，反应不够灵敏。

1. 差动保护动作的原因

（1）主变压器内部事故，如短路或接地。

（2）主变压器外部事故，如套管闪络接地或外部相间短路。

（3）发电机外部事故，如机端电压母线短路。

（4）电流互感器二次端子松动、短路。

（5）保护装置误动作。

2. 处理过程

（1）检查厂用备用电源是否自动投入，若未投应手动投入。

（2）根据保护动作情况和运行方式，判明事故停电范围和故障范围。

（3）检查差动保护范围内的一次设备，若发现变压器有外部损伤时，未经内部检查，不允许变压器合闸送电。

（4）测量变压器绝缘。

（5）断路器跳闸时无故障征象，变压器外部系统中亦无短路，变压器又无损伤时，可将变压器投入。若正常，则应退出差动保护进行校验，而将变压器投入运行。差动保护停用时间不得超过 24h。

3. 设备外部检查

（1）变压器套管有无损伤，有无放电痕迹，本体有无因内部故障引起的异常现象。

（2）发电机出口至主变压器低压套管之间部分设备的隔离开关、导线、电流互感器、电压互感器等配电装置。

（3）发电机出口至厂用高压断路器之间及其主变压器本体、套管、高压引出线与主变压器高压断路器之间进行查找，检查有无明显的故障点。

（4）变压器的外壳是否破裂漏油。

（5）差动保护范围外有无短路故障（其他设备有无保护动作）。

4. 分析判断

（1）检查差动保护范围内一次设备有无明显的故障点。

（2）若差动保护动作的同时，瓦斯保护也动作。即使是只报出轻瓦斯信号，变压器内部故障的可能性也极大。

（3）差动保护范围外发生事故，由于保护定值整定不当，造成误动作。

（4）检查变压器及差动保护范围内的所有一次设备，没有发现任何故障迹象，无其他保护伴随动作时，可能是二次回路的问题造成误动作。

（5）保护及二次回路上有人工作，人为因素造成误动作。

5. 差保护动作处理

（1）检查变压器及差动保护范围内的所有一次设备，发现明显故障点，则应停电进行检修，试验合格后方能投运。

（2）检查变压器及差动保护范围内的所有一次设备，没有发现任何故障迹象，无其他保护伴随动作时，则应停电拉开两侧隔离开关，测量变压器绝缘电阻，无问题时试送一次，以成功恢复送电。

（3）若由于外部事故造成差动保护误动作，则对变压器测量绝缘无问题后，联系调度恢复试送一次，成功后检查误动原因，可根据调度命令先退出差动保护，由继电人员测量差动回路的电流相位，检验有无接线错误。

（4）检查变压器及差动保护范围内的所有一次设备，没有发现任何故障迹象，但同时有瓦斯动作，即使是只报出轻瓦斯信号，变压器内部故障的可能性也极大，应经内部检查并试验合格后方能投运。

（5）若人员误动保护或二次回路作业造成保护误动作，经测量绝缘合格后，联系调度送电。解除变压器差动保护，应保证重瓦斯保护和其他保护在投入条件下，变压器能运行。差动保护必须在24h内重新投入。

（二）变压器轻瓦斯保护动作的处理

1. 轻瓦斯保护动作原因

（1）变压器内部有轻微故障产生气体。

（2）外部发生穿越性短路故障。

（3）油位严重降低至气体继电器以下，使气体继电器动作。

（4）变压器内部进入空气。如变压器充油、滤油、更换硅胶、检修潜油泵等工作时，都可能进入空气。变压器新安装或大修时进了空气，修后空气未完全排出。

2. 现象

警铃响，“轻瓦斯保护动作”光字牌亮。

3. 处理方法

变压器出现轻瓦斯警报，应立即汇报有关上级，对变压器外部检查并取气体。根据检查和取气分析结果，采取相应的措施。

（1）对有备用变压器的电站，应立即切换为备用变压器运行；对无备用的变压器，可暂时运行并汇报领导，同时作好变压器跳闸的事故预想。

（2）对变压器进行外部检查。主要包括：油位、油色、油温情况，各法兰连接处、导油管等处有无冒油。

（3）若是温度下降使油面降低，应立即通知检修加油。

（4）因大量漏油致使油面降低，应立即停止变压器运行。

（5）若确证属穿越性故障所致，恢复掉牌，继续运行。

（6）瓦斯保护二次回路故障，应退出轻、重瓦斯保护出口连接片。

若检查变压器有损坏或气体继电器内有气体，不得擅自将变压器投运。通知检修人员收集气体继电器内的气体进行化验，鉴别瓦斯气体性质，根据表2-11作出相应的处理。

表2-11　　变压器瓦斯气体鉴别

气体性质	燃烧情况	故障性质	处理方法
无色、无臭	不可燃	油中进入了空气	放气后继续运行
黄色	不易燃	变压器木质故障	停止运行
淡灰色带强烈臭味	可燃	变压器内部或绝缘故障	停止运行
灰色和黑色	易燃	变压器油内故障	停止运行

（三）变压器重瓦斯保护动作的处理

1. 重瓦斯保护动作原因

（1）变压器内部故障。

（2）二次回路问题误动作。

（3）呼吸器堵塞。

（4）外部发生穿越性短路故障。

（5）变压器附近有较强的振动。

2. 现象

（1）警铃响、蜂鸣器叫，“重瓦斯保护动作”光字牌亮。

（2）断路器跳闸红灯熄灭、绿灯闪光。

（3）跳闸变压器各表计指示到零。

3. 处理方法

（1）若有备用变压器或备用电源，应立即投入，恢复供电。

（2）对变压器进行外部检查。

（3）外部检查无明显异常和故障迹象，取气检查分析（若有明显的故障迹象，不必取气）。

（4）根据保护动作情况、检查结果、气体性质、二次回路上有无工作等综合分析判断。

（5）根据判断结果采取相应的措施。

4. 变压器外部检查

（1）油温、油位、油色情况。

（2）储油柜、防爆管、呼吸器有无喷油和冒油，防爆管隔膜是否冲破。

（3）各法兰连接处、导油管等处有无冒油。

（4）盘根是否因油膨胀而变形、流油。

（5）外壳有无鼓起变形，套管有无破损、裂纹。

（6）气体继电器内有无气体。

（7）有无其他保护动作信号。

（8）压力释放阀（安全阀）动作与否（若动作应报出信号）。

（9）现场取气，检查分析气体的性质。

5. 分析判断

（1）变压器的差动、速断等其他保护，是否有信号掉牌。变压器的差动保护等，是反映电气故障的保护。瓦斯保护则反映的是非电气故障（非直接电气故障）。若变压器的差动保护等同时动作，说明变压器内部有故障。

（2）跳闸之前轻瓦斯动作与否。变压器内部故障，一般是由较轻微发展到较严重的。若重瓦斯动作跳闸前，曾先有轻瓦斯信号，则可以检查到变压器的声音等有无异常。

（3）外部检查有无发现异常和故障迹象。

（4）取气检查分析结果。若气体继电器内的气体有色、有味、可点燃（主要是可燃性），无论是外部检查时，有无明显的故障现象，有无明显的异常，都应判定为内部故障。

（5）跳闸时，表计指示有无冲击摆动，其他设备有无保护动作信号。

重瓦斯动作跳闸时，若有上述现象，且检查变压器外部无任何异常，气体继电器内充满油，无气体，重瓦斯信号掉牌能恢复。则就是属外部有穿越性短路故障，变压器通过很大短路电流，内部产生的电动力使变压器油波动很大而误动作。

（6）变压器附近跳闸时有无剧烈震动。

（7）检查直流系统对地的绝缘情况，重瓦斯保护掉牌信号能否复归，结合外部检查情况，以及前面的判断依据，判断是否属于直流多点接地或二次回路短路引起的误动。若检查变压器无任何故障现象和异常，气体继电器内充满油，无气体；没有外部短路故障；跳闸之前，无轻瓦斯信号，也没有其他保护动作掉牌；如果重瓦斯信号掉牌不能恢复，观察气体继电器的下触点未闭合，且保护出口继电器的触点仍在闭合位置，说明是二次回路短路，造成误动跳闸。与上述现象相同，且直流系统绝缘不良，有直流接地信号，则为直流多点接地，造成误动跳闸。

6. 处理方法

（1）跳闸变压器未经内部检查和试验合格，不得重新投入运行，防止扩大事故。

（2）外部检查无任何异常，取气分析无色、无味、不可燃，气体纯净无杂质，同时变压器其他保护未动作。跳闸前轻瓦斯信号报出时，变压器声音、油温、油位、油色无异常，可能属进入空气太多、析出太快，应查明进气的部位并处理（如关闭进气的冷却器、潜油泵阀门，停用进气的冷却器组等）。根据调度和主管领导的命令，试送一次，严密监视运行情况，由检修人员处理密封性不良问题。

（3）外部检查无任何故障迹象和异常，变压器其他保护未动作，取气分析，气体颜色很淡、无味、不可燃，即气体的性质不易鉴别（可疑），可能属误动作。根据调度和主管领导命令执行，拉开变压器的各侧隔离开关，摇测绝缘无问题，放出气体后试送一次，若不成功应做内部检查。

（4）外部检查无任何故障迹象和异常，气体继电器内无气体，证明确属误动跳闸。

1）若其他线路上有保护动作信号掉牌，重瓦斯掉牌信号能复归，属外部有穿越性短路引起的误动跳闸。故障线路隔离后，可以投入运行。

2）若其他线路上有保护动作信号掉牌，重瓦斯掉牌信号能复归，可能属振动过大造成的误动跳闸，可以投入运行。

3）其他线路上无保护动作信号掉牌，重瓦斯掉牌信号不能复归，若当时直流系统对地绝缘良好，无直流接地信号，可能属二次回路短路造成的误动作跳闸。若直流系统对地绝缘不良，有直流接地信号，可能是直流多点接地而造成误动作跳闸。应检查气体继电器接线盒有无进水，端子箱内二次接线有无受潮，气体继电器引出电缆有无被油严重腐蚀。

（四）变压器后备保护动作的处理

为了反应变压器外部故障而引起的过电流，且在变压器内部故障时，作为差动保护和瓦斯保护的后备，变压器装有相间短路后备保护，其保护范围延伸到母线或线路。根据变压器容量和系统短路电流水平的不同，实现的方式有过电流保护、低电压启动的过电流保护、复合电压启动的过电流保护、负序过电流保护、阻抗保护等。对有多侧电源的三绕组变压器要装设带方向性的后备保护。

变压器本体发生故障，由过电流等后备保护动作跳闸的几率很小，因此变压器差动及瓦斯等主保护未动作，而过电流等后备保护动作跳闸，一般情况下多为母线故障或线路故障越级使变压器后备保护动作跳闸。最常见的是线路故障造成越级跳闸，其次是母线故障引起越级跳闸。

变压器后备保护动作跳闸后，应根据变压器后备保护的保护范围、保护动作情况、断路器跳闸情况、设备故障情况等进行综合分析，判断引起事故的原因，然后进行相应的处理。变压器后备保护通常是分段和分时限的，其动作跳闸后，根据故障情况可以跳单侧也可以跳两侧。处理变压器后备保护动作跳闸事故时，应确定故障发生在变压器的哪一侧，然后判断引起越级跳闸的线路或母线，将故障点隔离后，恢复无故障部分的供电，最后对造成越级的原因进行分析处理，如处理有关保护拒动、断路器拒跳等问题。

下面以变压器后备保护动作使单侧断路器跳闸为例，来说明故障处理的过程。

(1) 复归音响，记录故障发生的时间、光字牌及保护动作信号，检查表计的变化情况，检查断路器的跳闸情况，检查、记录、复归光字牌及保护动作信号，注意有无其他设备保护信号发出，如果控制盘台上有断路器控制开关，复归跳闸断路器开关把手，对事故进行初步判断，并汇报调度。

(2) 若失去厂用电，检查备用电源自动投入装置是否动作，备用电源是否投入，若未动作，应手动投入，恢复厂用电。

(3) 按规定拉开失压的母线上各线路断路器，并注意有没有拉不开的断路器。若母线上接有电容器，拉开电容器断路器。

(4) 检查保护动作情况和母线及连接设备情况，判断故障范围和原因。

1) 检查跳闸侧是否有线路的保护动作，母线的分段断路器或母联断路器是否跳闸。

2) 到现场进行设备检查，检查变压器及其他差动保护范围内的设备有无异常及故障现象，跳闸侧的母线或线路是否有明显的故障现象，判断故障范围和性质。

(5) 对变压器有故障的一侧，根据情况进行处理。

1) 若跳闸侧失压母线上有线路保护动作，则一般为该线路故障而断路器拒跳引起的越级跳闸。此时应采取措施将故障隔离，例如拉开拒跳的断路器或其两侧的隔离开关，检查该母线无故障现象，对其充电正常后，恢复该母线上无故障线路的供电，然后检查分析断路器拒跳的原因。

2) 虽然该侧失压母线上各线路均无保护动作，但检查时发现该母线或连接设备上有故障及异常现象。若故障点可以用断路器或隔离开关隔离，立即隔离，然后对母线充电正常后，恢复母线上各线路的供电。若故障点不能用断路器或隔离开关隔离，则可根据具体情况采取倒运行方式等措施，例如采用双母线接线时，可将各线路倒至另一段无故障母线上继续供电，以尽量保证对用户的供电，然后对故障处进行检修。

3) 若根据检查结果和故障现象，不能确定是哪条线路越级时，可在确保该侧出线断路器均拉开的情况下，对母线试充电，若正常，再逐条试送各线路，同时密切监视线路的电流等指示，发现有短路冲击现象时，立即拉开该线路断路器，然后恢复无故障线路的供电。

若变压器后备保护动作，主保护也有反应，检查变压器本体有故障痕迹时，则不能送电，应进一步检查处理。

（五）变压器冷却系统故障的处理

强迫油循环风冷变压器发生冷却器全停故障时，根据 DL/T 572—2010《电力变压器运行规程》规定：在额定容量的负荷下，允许运行时间为 20min，若运行时间达 20min 时，变压器的上层油温未达 75℃，允许继续运行至油温升到 75℃，但时间最长不得超过 1h。

1. 冷却器组跳闸的处理

在变压器运行中，某一组冷却器跳闸时，“备用”位置的冷却器组自动投入，报出“备用冷却器投入”信号。应查明原因，故障排除后，方能重新投入。

（1）主要原因有：

1）冷却器的风扇或油泵电动机过载，热继电器动作，使冷却器组的磁力开关失磁跳闸。过载的原因可能是风扇风叶碰壳卡滞，风扇或油泵电动机轴承损坏等。

2）冷却器组或某个风扇、油泵电动机，由于缺相运行，电流增大使热继电器动作。

3）热继电器受酷热、强烈阳光照射等，温度升高（控制箱内）而误动。

4）热继电器触点因振动或污垢，产生接触不良而发热误动。

5）回路绝缘损坏，冷却器组空气小开关跳闸。

（2）冷却器组跳闸的处理方法如下：

1）首先，将故障冷却器切换开关切至“停用”位置，把自动投入的备用冷却器的切换开关切至“运行”位置。再检查是热继电器动作，还是空气开关动作跳闸，判明故障性质。

热继电器一般用作过载、缺相保护，不能保护短路故障。空气开关一般用作保护短路故障。

2）如果是空气开关跳闸，应检查回路中有无短路故障点。检查回路中的短路故障，主要检查控制箱内各元件及电动机有无问题。在处理中，若试投时再次跳闸，故障未消除，不能再次投入。

3）如果是热继电器动作，使冷却器组跳闸，可在恢复热继电器位置时，分清是潜油泵电动机或是某一只风扇电动机过载。再次短时间投入冷却器组，观察过载的风扇、油泵电动机有无异常情况，倾听其声音，判别故障。分别作如下处理：

① 若潜油泵声音异常，冷却器组不能再投入，应汇报上级，由检修人员处理。

② 各个风扇电动机中，若个别声音异常、摩擦严重、风叶碰壳、卡滞、转不动等，汇报上级，由检修人员检修电动机，对于风叶碰壳、松动、卡滞问题，处理后，可投入正常运行。

③ 整组冷却器或个别风扇电动机不启动或启动困难，应检查三相电压情况。检查各电动机上三相电压是否正常，有无缺相运行情况，控制回路熔断器是否熔断或接触不良。

④ 油泵及风扇均无异常，天气酷热时，可能为环境温度过高，阳光直接照射影响的。可将控制箱门打开通风冷却后投入。若气温不高，阳光不强烈，应检查热继电器的触点接触情况。

冷却器组过载，热继电器动作跳闸。应稍停片刻，再恢复热继电器位置。重新投入后，若再次跳闸，不得加大热继电器的动作电流，以免故障时不能动作，烧坏电动机。

⑤ 确定是热继电器损坏时，应由专业人员更换。

2. 变压器冷却器全停故障的处理

变压器运行中，冷却器全停，报出“冷却器全停”信号。故障多属于冷却电源故障及电源切换回路故障引起，冷却器全部停止工作，若不及时处理，恢复冷却器运行，可能在全停时间超过 20min 时，变压器自动跳闸，造成停电事故。

报出“冷却器全停”信号时，可以根据冷却器控制回路所报其他信号、冷却电源的电压继电器的触点位置、两个冷却电源的接触器的触点位置等来判断故障。

冷却器全停故障，有两种情况：第一种情况是“冷却器全停”、“冷却电源Ⅰ故障”、“冷却电源Ⅱ故障”三个信号都有；第二种情况是报出“冷却器全停”、“冷却电源Ⅰ（或冷却电源Ⅱ）故障”两个信号。在这两种情况下，故障的性质和范围是不同的，处理方法也是不同的。

（1）在第一种情况下的处理。“冷却器全停”、“冷却电源Ⅰ故障”、“冷却电源Ⅱ故障”三个信号都报警，说明电源切换继电器已动作，但切换不成功，冷却电源接触器触点的以下回路中，可能有故障。

1）立即确认冷却器风机是否全停，若故障发生应联系调度降低负荷，监视变压器温度。

2）立即检查两路冷却电源的熔断器有无熔断，如熔断进行更换。同时，在冷却装置总控制箱内，检查两个电源接触器各元件上，有无接地和短路现象。

3）若发现有接地、短路故障，应立即消除。投入两路冷却电源，恢复电源Ⅰ（或电源Ⅱ）的运行方式。若正常，重新投入各冷却器。

4）若检查总控制箱内未发现异常，投入电源切换开关至“电源Ⅰ”（或“电源Ⅱ”）位置，试送正常后，逐组试投各冷却器组。可以先投入原来在“备用”和“辅助”位置的冷却器组，先使变压器恢复部分冷却和油循环能力，再逐组对原来在“运行”位置的冷却器组检查有无接地、短路现象，再试投入，找出有故障的冷却器组。

5）对故障冷却器组，查明故障点，并检查其空气开关不跳闸的原因。

6）汇报上级，通知检修人员处理故障。

（2）在第二种情况下的处理。出现“冷却器全停”信号的同时，只有工作冷却电源（冷却电源Ⅰ或冷却电源Ⅱ）故障信号报警。此情况表明，备用电源电压正常，可能是电源未自动切换或切换失灵，回路中有短路故障的可能性则很小。处理这种故障，可以检查备用电源主接触器的状态，区分故障的性质和范围。

1）备用电源接触器未动作。主要原因有：电源切换控制回路的熔断器熔断或接触不良，常用辅助触点接触不良，线圈及其端子问题等。

2）备用电源接触器动作。此情况说明，电源Ⅱ电压正常，电源的切换回路也正常，可能为接触器触点未接通或机械卡滞。

3. 冷却器全停故障的处理

（1）及时汇报调度，降低负荷，密切注意变压器上层油温的变化。如果故障难以在短时间内查清并排除，冷却装置不能很快恢复运行，应作好投入备用变压器或备用电源的准备。冷却器全停的时间接近规定（20min）时，若无备用变压器或备用变压器不能带主要负荷时，如果上层油温未达 75℃（冷却器全停的变压器），可根据调度命令，暂时解除冷却器全停跳闸回路的连接片，继续处理问题，使冷却装置恢复工作。同时，严密注视上层油温变化。若变压器上层油温上升，超过75℃时或虽未超过75℃，但全停时间已达1h未能处理好，应投入备用变压器，转移负荷，故障变压器停止运行。

（2）一般情况下，冷却器工作电源失去，电源切换不成功。处理时，应尽量用备用冷却电源，恢复冷却器工作，再检查处理原工作冷却电源的问题。若仍用原工作电源恢复冷却器的工作，会因电源有故障而不能短时恢复，拖延时间。

（3）回路中有短路故障，外部检查未发现明显异常，只能更换熔断器试投一次。防止多次向故障点送电，使故障扩大，影响厂用电的安全运行。

（六）变压器运行中温度过高的处理

变压器运行中绕组通过电流而发热，变压器的热量向环境散发达到热平衡时，变压器的各部分温度应为稳定值，若在负荷不变的情况下，油温比平时高出10℃以上或温度还在不断上升时，说明变压器内部有故障。

1. 变压器内部故障的原因

（1）绕组匝间短路。变压器绕组因绝缘损坏或老化，将会出现短路环流，短路环流产生热量使变压器温度升高，严重时将烧毁变压器。变压器绕组匝间短路，短路的匝处油受热，沸腾时能听到发出“咕噜咕噜”声音，轻瓦斯频繁动作发出信号，发展到重瓦斯动作断路器跳闸。

（2）变压器缺油或散热管内阻塞。变压器油是变压器内部的主绝缘，起绝缘、散热、灭弧的作用，一旦缺油使变压器绕组绝缘受潮发生事故。缺油或散热管内阻塞，油的循环散热功能下降，导致变压器运行中温度升高。

（3）铁芯硅钢片间短路。变压器运行中由于外力损伤或绝缘老化以及穿心螺钉绝缘老化，使硅钢片间绝缘损坏，涡流增大，造成局部发热，轻者一般观察不出变压器油温上升，严重时使铁芯过热、油温上升，轻瓦斯频繁动作，油闪点下降，铁芯硅钢片间严重短路时重瓦斯动作断路器跳闸。

（4）分接开关接触不良。变压器运行中分接开关由于弹簧压力不够，触点接触小，有油膜、污秽等原因造成触点接触电阻大，触点过热（触点过热导致接触电阻增大，接触电阻增大，触点过热增高，恶性循环），温度不断上升。特别在倒分接开关后和变压器过负荷运行时容易使分接开关触点接触不良而过热。

2. 变压器外部故障原因

（1）变压器冷却循环系统故障。电力变压器除用散热管冷却散热外还有强迫风冷、水循环等散热方式，一旦冷却散热系统故障，散热条件差就会造成运行中的变压器温度过高（尤其在夏日炎热季节）。

（2）变压器室的进出风口阻塞或积尘严重。变压器的进出风口是变压器运行中空气对流的通道，一旦阻塞或积尘严重，变压器的发热条件没变而散热条件差了，就会导致变压器运行中温度过高。

3. 变压器运行中温度过高的处理

（1）变压器内部故障原因的处理方法：

1）分接开关接触不良往往可以从气体继电器轻瓦斯频繁动作来判断，并通过取油样进行化验和测量绕组的直流电阻来确定。分接开关接触不良，油闪点迅速下降，绕组直流电阻增大，确定为分接开关的触点接触不良后，应对分接开关的触点进行处理，用细砂布打磨平触点表面烧蚀部位，调整弹簧压力使触点接触牢固。

2）绕组匝间短路通过变压器内部有异常声音、气体继电器频繁动作发出信号和用电桥测量绕组的直流电阻等方法来确定，发现绕组匝间短路应进行处理，不严重者重新处理绕组匝间绝缘，严重者重新绕制绕组。

3）铁芯硅钢片间短路轻瓦斯动作，可通过听变压器声音，摇测变压器绝缘电阻，对油进行化验，作变压器空载试验等综合参数进行分析确定，若确定是铁芯硅钢片间短路时应对变压器进行大修。

4）变压器缺油应查出缺油的原因进行处理，加入经耐压试验合格的同号变压器油至合适位置（加油时参照油标管的温度线），变压器散热管堵塞，对变压器进行检修、放油、吊心、疏通散热管。

（2）变压器外部故障原因的处理方法：

1）维修好变压器冷却循环系统的故障使其能正常工作。

2）清理干净变压器室进出风口处的堵塞物和积尘。

（七）变压器运行中缺油、喷油故障的处理

变压器油具有密度小、闪点高（一般不低于13℃）、凝固点低（如10号油为＋10℃，25号油为＋25℃，45号油为－45℃）以及灰分、酸、碱、硫等杂质含量低和酸价低且稳定度高等特点，是变压器内部的主绝缘，起到绝缘、灭弧、冷却作用。一旦运行中的变压器缺油，或油面过低将使变压器的绕组暴露在空气中受潮，绕组的绝缘强度下降而造成事故。所以变压器在运行中应有足够的油量，保持油位的规定高位。

1. 变压器运行中缺油的原因

（1）油截面关闭不严，漏油。

（2）变压器作油耐压试验取油样后未及时补油。

（3）变压器大端盖及瓷套管处防油胶垫老化变形，渗漏油。

（4）变压器散热管焊接部位，焊接质量不过关渗漏油。

此外，还可能由于油位计、呼吸器、防爆管、通风孔堵塞等原因造成假油面，未及时发现缺油。

2. 变压器运行中喷油的原因

（1）交压器二次出口线短路，及二次母线总开关上闸口短路，而一次侧保护未动作造成变压器一、二次绕组电流过大，温度过高，油迅速膨胀，变压器内压力大而喷油。

（2）变压器内部一、二次绕组放电造成短路，产生电弧和很大的电动力使变压器油严重过热而分解成气体，使变压器内压力增大，造成喷油。

（3）变压器出气孔堵塞，影响变压器运行中的呼吸作用，当变压器重载运行时绕组电流大、油温度高而膨胀，造成喷油。

3. 故障的处理

（1）变压器缺油处理的方法如下：

1）关紧放油阀门使其无渗漏。

2）选择同号的变压器，作耐压试验合格后，加入油至合适位置（参照油位计的温度指标线）。

3）停电放油，更换老化的防油胶垫，更换完毕后，检查有无渗油迹象，正常后投入运行。

4）停电放油，检修变压器，将漏油散热管与箱体连接处重新焊接。

5）疏通油位计、呼吸器、防爆管和通气孔堵塞处，使其畅通无假油面。

（2）变压器喷油处理的方法如下：

1）检修好二次短路故障，调整过电流保护整定值。

2）对变压器检修，处理短路绕组或更换短路绕组。

3）疏通堵塞的出气孔。

（八）变压器运行中瓷套管发热及闪络放电故障的处理

变压器高、低压套管是变压器外部的主绝缘，变压器绕组引线由箱内引到箱外通过瓷套管作为相对地绝缘，支持固定引线与外电路连接的电气元件，若在运行中发生过热或闪络放电等故障，将影响到变压器的安全运行，应及时进行处理。

1. 故障原因

变压器运行中瓷套管发热、闪络放电有以下原因：

（1）瓷套管表面脏污。瓷套运行中附着尘土，尘土有吸湿特性，积尘严重时，污秽使瓷套管表面电阻下降，导致泄漏电流增大，使瓷套管表面发热，再使电阻下降。这样的恶性循环，在电场的作用下由电晕到闪络放电导致击穿，造成事故。

（2）瓷套管有破损裂纹。瓷套管有破损裂纹，破损处附着力大、积尘多，表面电阻下降程度大，瓷套管出现裂纹使其绝缘强度下降，裂纹中充满空气，空气的介电系数小于瓷的介电系数，空气中混有湿气，导致裂纹中的电场强度增大到一定数值时空气就被游离，造成瓷套管表面的局部放电，使瓷套管表面进一步损坏甚至击穿。此外，瓷套管裂纹中进水结冰时，还会造成胀裂使变压器渗漏油。甚至使变压器内部进水，造成短路事故。

2. 故障的处理

（1）检修变压器时擦拭干净瓷套管的表面。

（2）停电检修，更换破损、有裂纹的瓷套管，换上经耐压试验合格的瓷套管。

（九）变压器过负荷的处理

运行中的变压器过负荷时，可能出现电流指示超过额定值，有功、无功电力表指针指示增大，信号、警铃动作等。值班人员应按下述原则处理：

（1）应检查各侧电流是否超过规定值，并汇报给当值调度员。

（2）检查变压器的油位、油温是否正常，同时将冷却器全部投入运行。

（3）及时调整运行方式，如有备用变压器，应投入。及时调整负荷。

（4）如属正常过负荷，可根据正常过负荷的倍数确定允许运行时间，并加强监视油位、油温，不得超过允许值，若超过时间，则应立即减少负荷。

（5）若属事故过负荷，则过负荷的允许倍数和时间应按制造厂的规定执行。若过负荷倍数及时间超过允许值，应按规定减少变压器的负荷。

(6) 应对变压器及其有关系统进行全面检查，若发现异常，应汇报处理。

(十) 变压器的油温、油色、油位不正常的处理

1. 变压器的上层油温明显升高的处理

运行中变压器监视的温度是上层油温，通过监视上层油温来控制绕组最热点温度，以免其绝缘水平下降、老化。在正常负荷和正常冷却条件下，变压器油温较平时高出10℃以上；或变压器负荷不变，油温不断上升，如检查结果证明冷却装置良好、温度计无问题时，则认为变压器已发生内部故障（如铁芯短路及绕组匝间短路等）。此时，应立即将变压器停止运行，以防变压器事故变大。

变压器的油温是随着变压器内部油量的多少、变压器所带负荷的变化、周围环境温度随季节的变化而变化的。

2. 变压器油色不正常的处理

变压器油分为新鲜油和运行油两种，在变压器中是起绝缘的冷却作用的。新鲜油通常是亮黄色或天蓝色透明的，运行中由于油在老化时形成的沥青和污物的影响，油色会变暗，严重时可能呈棕色。炭末对油的颜色有很大的影响。

运行值班人员在巡视变压器时，发现油位计中油的颜色发生变化时，应联系取油样进行分析化验。当化验后发现油内有炭粒和水分，酸价增高，闪光点降低，绝缘强度降低时，说明油质已急剧下降，变压器内部很容易发生绕组与外壳间击穿事故，此时应尽快联系投入备用变压器，停用该故障变压器。若运行中的变压器油色逐渐恶化、油内出现炭质并有其他不正常现象时，应立即停电进行检查处理。

3. 变压器油位不正常的处理

变压器储油柜上装有油位计，上面一般表示出油温为－30、＋20℃和＋40℃时的三条油位线（或温度指示线）。根据这三条油位线可以判断是否需要加油和放油，否则将出现缺油或油面过高、有油从储油柜中溢出的现象。储油柜的容积一般为变压器容积的10%左右。如油位过高，易引起溢油，造成浪费。若油位过低，当低于变压器上盖时，会使变压器引接线部分暴露在空气中，降低绝缘强度，有可能造成内部闪络，同时由于增大了油与空气的接触面积，使油的绝缘强度迅速降低。当油位降低并遇到变压器轻负荷、停电或冬季低温等情况时，则油位会继续下降，有可能使轻瓦斯保护动作。

运行中的变压器出现油面过高或有油从储油柜中溢出时，值班人员应首先检查变压器的负荷和温度是否正常，如果负荷和温度均正常，则可以判断是因呼吸器或油标管堵塞造成的假油面（假油面除了上述两种原因外，还有因安全道通气孔堵塞和薄膜保护式储油柜在加油时未将空气排尽等造成）。此时应经当值调度员同意后，将重瓦斯保护改投信号，然后疏通呼吸器等进行处理。如因环境温度过高，储油柜溢油时，应放油处理。

值班人员如发现油位过低而油位计内看不见油位时，应设法加油。在缺油不太严重，即在夜间看不到油位，而在白天能看到油位时，则应继续加强观察后再作处理。

变压器油位过低会使轻瓦斯保护动作，严重缺油时，铁芯和绕组暴露在空气中，容易受潮，并可能造成绝缘击穿，所以应采用真空注入法对运行中的变压器进行加油。如因大量流油使油位迅速降低，低至气体继电器以下或继续下降时，应立即停用变压器。

从以上分析得知，变压器在运行中，一定要保持正常油位，所以运行人员必须经常检查

油位计的指示。在油位过高时（如夏季），应设法放油，在油位过低时（如冬季），应设法加油，以维持正常油位，确保变压器的安全运行。

变压器缺油的原因有以下几种：

（1）变压器长期渗油或大量漏油。

（2）气温过低，储油柜的储油量不足。

（3）储油柜的容量小，不能满足运行要求。

（4）修试变压器时，放油后没有及时补油。

还应注意的是，变压器套管油位受气温的影响变化较大，当满油和缺油时，应放油或加油。

（十一）变压器着火事故的处理

1. 着火的处理

变压器着火时，首先应将与之连接的断路器、隔离开关拉开，并将冷却系统停止运行并断开其电源。处理变压器着火，必须迅速果断，分秒必争，特别是初起的小火，尽可能迅速而果断地处理，将火扑灭。

对装有水自动灭火装置的变压器，应先启动高压水泵，并将水压提高到0.7～0.9MPa，再打开电动喷雾阀门喷雾灭火。扑灭变压器着火时，最好使用1211灭火器，其次是使用二氧化碳、四氯化碳泡沫、干粉灭火器及沙子灭火。如果流出的油也着了火，则可用泡沫灭火器灭火，必要时应报火警。如果变压器油溢出并在变压器箱盖上着火，则应打开变压器下部的油阀放油，使油面低于着火处，并向变压器的外壳浇水，使油冷却而不易燃烧。如果变压器外壳炸裂并着火时，必须将变压器内所有的油都放到储油坑或储油槽中。如果是变压器内部故障引起着火时，则不能放油，以防变压器发生严重爆炸。这是应该引起运行人员充分注意并进行分析、判断和果断处理的。

2. 防范措施

（1）变压器着火事故大部分是由本体电气故障引起的，作好变压器的清扫维修和定期试验是十分重要的措施。如发现缺陷应及时处理，使绝缘经常处于良好状态，不致产生绝缘油点燃起火的电弧。

（2）变压器各侧断路器应定期校验，动作应灵活可靠；变压器配置的各类保护应定期检查，保持完好。这样，即使变压器发生故障，也能正确动作，切断电源，缩短电弧燃烧时间。在变压器内部发生放电故障时，主变压器的重瓦斯保护和差动保护能迅速使断路器跳闸，将电弧燃烧时间限制得最短，使在油温还不太高时，就将电弧熄灭。

（3）定期对变压器油作气相色谱分析，发现乙炔或氢烃含量超过标准时应分析原因，甚至进行吊心检查找出问题所在。在重瓦斯保护动作跳闸后不能盲目强送，以免事故扩大，发生爆炸和着火。

（4）变压器周围应有可靠的灭火装置。

（5）应采用真空注油的方法对变压器加油，以排除气泡。油质应化验合格，并作好记录。

（6）变压器投入运行后，重瓦斯保护应接入跳闸回路，并应采取措施防止误动作。当发现轻瓦斯告警信号时，要及时取油样判明气体性质，并检查原因及时排除故障。

（7）对变压器渗漏油的故障要及时加以处理。

（8）加强对变压器的巡回检查，发现问题及时联系处理。

（9）重视安全教育，进行事故预想，提高安全意识。

（十二）变压器的有载调压分接开关故障的处理

1. 有载调压分接开关故障的原因

变压器有载调压分接开关为自动调压装置，它不需要停电操作，使用方便，简单安全，调整电压幅值小，保持电压稳定性好，调整二次电压值接近额定电压值。若维护不当将发生故障，影响变压器的安全运行。有载调压分接开关故障的原因有以下几种：

（1）有载调压分接开关辅助触点的过渡电阻在切换过程中被击穿烧断，在电阻的断口处产生闪络放电，造成触点间的电弧拉长，电弧的高温将油剧烈分散发出“吱吱”的异常声音。

（2）有载调压分接开关由于箱体密封不严而进水或湿潮积集的凝结水以及油老化绝缘强度下降等原因，造成相间闪络放电，烧毁引线及触点。

（3）分接开关的机械传动部分损坏、滚轮卡阻，切换挡位时不到位，切换在过渡的位置上，造成相间短路而烧毁分接开关的触点。

（4）有载调压分接开关的油箱与变压器油箱结合部不严密，导致分接开关的油箱与变压器的油箱相互连通，使两个油位计指示的油位相同，造成分接开关的油位计指示出现假油面，使分接开关油箱内缺油，威胁分接开关运行安全而造成相间闪络放电及相间短路事故烧毁引线及触点。

2. 故障的处理

（1）判断分接开关触点接触不良的方法可根据变压器的三相电压、电流、异常声音来初步确定，再用电桥测量变压器一次绕组的直流电阻，与上次测量值进行比较，对变压器油进行化验等方法来进一步的确认分接开关的故障。

（2）用细砂布打磨平分接开关触点被烧毁的部分。更换损坏的导线、触点，调整弹簧压力。

（3）维修机械部分损坏或卡阻的滚轮，使其动作灵活、准确到位。

（4）更换烧毁的过渡电阻、触点，修好烧毁的引线，化验不合格的变压器油，应更换油号相符的油，经试验合格的变压器加油到合适位置。

（5）紧固严分接开关的密封部位，查找出假油面的原因，将分接开关与变压器油箱连接部分紧固牢靠，杜绝连通入防止造成分接开关假油位。

3. 典型故障处理

（1）室内外分接位置显示不一致的处理。

室内外分接位置显示不一致的原因常反映在机构箱内位置信号发送器动静触点接触不良、接触位置发生偏差、插头与电缆焊接不良等几个方面引起，应针对不同情况加以处理。

（2）开关连动的处理。

正常情况下，装置调压时，发出一个指令只进行一级分接升或降的变换。发生开关连动故障后，就是发出一个调压指令后，连续转动几个分接头，甚至达到极限位置。连动原因有以下几方面：

1）交流接触器铁芯剩磁的影响，使触点粘住或触点间烧毛，当断电后接触器铁芯不能马上分离，造成调压机构动作。改进的方法是可选用质量好的接触器，临时处理时可在动静触点接触面用砂布打磨和用汽油清洗。

2）限位开关处的上下凸轮片调整不当，绿区红色标志不在窗口中心。因此上下凸轮片的调整必须以绿区红色标志停在窗口中央为准。调时松开凸轮上的紧固螺钉，用于转动凸轮，反复试转几次，以调好为准。

3）行程开关小轴下面有一个弹簧，它的作用是当凸轮转动后，弹簧绷紧储能；当行程开关上的滚轮快速掉到凹处，就可切断操作电源。当弹簧疲劳过度失去弹性后，行程开关不能马上切断电源，就会造成连动。因此弹簧失去弹性，需更换新弹簧，如有轻微变形可互换调整，使其恢复弹性。

4）电动机所带的变速箱出口处有一牛皮碗，在电动机短路制动后，由于惯性作用，轴会继续旋转，用它来刹车阻尼。当牛皮碗上粘有油渍，摩擦力降低，惯性使行程开关触点接通，也可造成连动。因此需定期用汽油清洗牛皮碗。

（3）有载调压开关拒动的处理。

1）两个方向均拒动。造成升降两个方向均不能调压的原因是公共线路部分出现故障，常见的原因有：① 无三相电源，空气开关跳闸或转换开关未合上（SYXZ 型）；②三相电源缺相不能启动电动机；③无操作电源，或电压值不对（如中性点位移）；④联锁开关因弹簧片未复位而造成闭锁开关触点未能接通。如检查以上四项均正常但不能运转，可认为是控制电路没构成回路，一般情况下是零线开路。此时可用两种方法进行验证：一种是用另外一条绝缘线代替零线在机构箱上直接接地，进行调压试验，如运转正常，则可判断为零线开路。另一种方法是用改锥等工具直接强迫主回路接触器吸合，如能运转亦可说明是零线回路开路。此时应查找端子排接线头至主控室回路是否有熔丝熔断、导线断头、零件拆除等情况，并加以处理。

2）一个方向可以运转、另一方向拒动。可以排除主回路及操作回路公共部分故障，应在拒动操作回路上检查。一般情况下是由于极限开关动作没有复位、拒动回路接触器烧毁或方向记忆凸轮开关位移的原因等使拒动回路形不成通路，应逐一查找消除故障。

（4）油位异常的处理。

有载调压变压器本体油箱里面的油和调压装置箱里的油，两者是相互隔离的。所以，它们的储油柜也分成相互隔离的两部分：一部分和变压器本体油箱相通，另一部分和调压装置的油箱相通。

正常运行中，变压器本体油箱中的油和调压装置油箱中的油，是绝对不能相混合的。因为，有载调压分接开关经常带负荷调压，分接开关在动作过程中，会产生电弧，使油质劣化。两个油箱中的油如果相混，会使变压器本体中的油质变坏，绝缘降低，影响变压器的安全运行。

正常运行中，变压器本体的油位比调压装置的油位高因此要求两个油箱、储油柜之间的密封必须良好。如果发现两部分油位呈相互接近的趋势，或两者已保持相平，应立即汇报，取油样作色谱分析，以防止内部密封不良，造成两个油箱中的油相混合。

（5）限位开关失灵的处理。

有载分接开关换挡操作的极限位置由限位开关控制，设有机械和电气闭锁两道保护。当操作在极限位置时应能进行可靠地闭锁。否则，将会因过电压而烧坏过渡电阻或分接开关触点，甚至会出现绝缘筒崩裂等恶性事故。

（6）分接开关慢动的处理。

分接开关是专门承担切换负载电流的开关，它的动作是通过快速机构按一定程序快速完成的。如果分接开关慢动，将有可能烧坏过渡电阻，导致分接开关顶盖冒烟，分接开关的气体断电器动作；若分接开关在某个位置上停下来而结束调挡，再调挡时很可能造成选择器触点拉弧，变压器主体的继电器动作。

分接开关慢动时，从电流表上可发现指针向下降的方向大幅度摆动。

若发现分接开关慢动，应停止下一次调挡，并把变压器停下来进行检修。

（7）分接开关在某个位置被卡死的处理。

分接开关在某个位置被卡死，常会出现导电回路不变、负载电流不变的情况。此时，运行人员应停止换挡操作，将变压器停下来进行检查。如继续换挡，会造成选择器拉弧，电流向零方向指示。如果是单相有载分接开关，还将伴随有单相运行的“嗡嗡”声，变压器主体的气体继电器动作。

（8）调压操作时变压器输出电压不变的处理。

在正常情况下，调压时应采用电动操作。每操作调压按钮一次，只许调节一个挡位。操作时，当调压指示灯亮，应立即松开按钮返回。同时应注意电压表、电流表的指示，注意挡位指示变化情况。这样可以及时发现异常，便于处理。一个挡次调整完毕，应稍停 1min 左右，方可再调至下一个挡次。

1）操作时，变压器输出电压不变化，调压指示灯亮，分接开关挡位指示也不变化。这种状态属电动机空转，而操动机构未动作时的情况。

处理方法：此情况多发生在有检修工作后，忘记把水平蜗轮上的连接套装上，使电动机空转。也可能是频繁地多次调压操作，传动部分的连接插销脱落。将连接套或插销装好即可继续操作。

2）操作时，变压器输出电压不变化，调压指示灯不亮，分接开关的挡位指示也不变化。这种状态属无操作电源或控制回路不通时的情况。

处理方法：

① 先检查调压装置的熔断器是否熔断或接触不良，或自动空气开关跳闸。若无问题，更换或合上自动空气开关后，可继续调压操作。

② 无上述问题，应再次操作，观察接触器动作与否，以判定故障。

③ 若接触器动作，电动机不转，可能是接触器接触不良、卡滞，也可能是电动机的问题。测量电动机接线端子上的电压若不正常，说明是接触器的问题；反之，说明是电动机的问题。在这种情况下，若不能自行处理，应汇报上级，由专业人员处理。

④ 若接触器不动作，变压器输出电压不通，应汇报上级，由专业人员检查处理。

3）操作时，变压器输出电压不变化，调压指示灯亮，分接开关的挡位指示已变化。这种情况说明操作机械已动作，可能是过死点机构（快速机构）的问题，选择开关已经动作，但是切换开关未动作。此时应切记，千万不可再次按下调压按钮。否则，选择开关因拉弧会烧毁。

处理方法：应迅速用手柄手动操作，将机构先恢复到原来的挡位上。汇报调度和上级，按调度和主管领导的命令执行。同时应仔细倾听调压装置内部有无异音。若有异音，将故障变压器停电检修；若无异音，应由专业人员取油样，作色谱分析。

第三章

高压断路器的运行

第一节　高压断路器的概述

一、高压断路器的概念和用途

1. 高压断路器的概念

高压断路器（或称为高压开关）是变电站主要的电力控制设备，具有灭弧特性，当系统正常运行时，它能切断和接通线路及各种电气设备的空载和负载电流；当系统发生故障时，它和继电保护配合，能迅速切断故障电流，以防止扩大事故范围。一般在3kV及以上电力系统中使用。

2. 高压断路器的用途

（1）控制作用。

（2）保护作用。

（3）安全隔离作用。

二、对高压断路器的要求

1. 开断、关合功能

（1）能快速可靠的开断、关合各种负载线路和短路故障，且能满足断路器的重合闸要求。

（2）能可靠的开断、关合其他电力元件，且不引起过电压。

2. 电气性能

（1）载流能力。

（2）绝缘性能。

（3）机械性能。

三、高压断路器的型号含义和技术参数

1. 型号含义

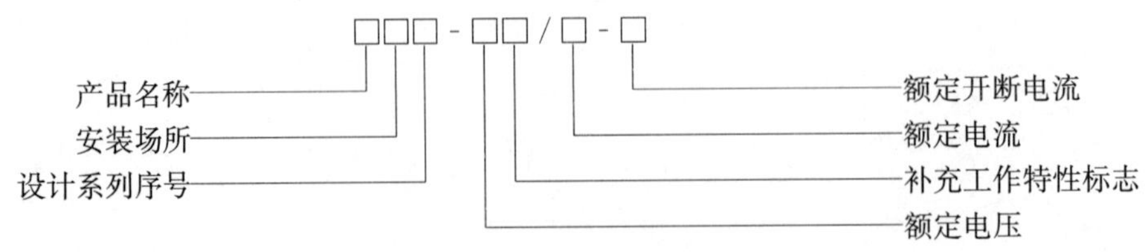

（1）产品名称：S—少油断路器；D—多油断路器；K—空气断路器；L—SF_6 断路器；Z—真空断路器；Q—产气断路器；C—磁吹断路器。

（2）安装场所：N—户内；W—户外。

（3）设计系列序号：以数字1，2，3…表示。

（4）额定电压，单位为kV。

（5）补充工作特性标志：G—改进型；C—手车式；F—分相操作。

（6）额定电流，单位为A。

（7）额定开断电流，单位为kA。

2. 技术参数

（1）额定电压（标称电压）。额定电压是表征断路器绝缘强度的参数，是断路器在规定的正常使用条件下允许长期工作的电压。

（2）额定电流。额定电流是表征断路器通过长期电流能力的参数，即断路器在规定环境温度和额定条件下，允许连续长期通过的最大电流。

（3）额定开断电流。额定开断电流是表征断路器开断能力的参数。在额定电压下，断路器能开断而不影响其继续正常工作的最大电流。

（4）动稳定电流。动稳定电流是表征断路器在短路冲击电流的作用下，承受短路电流电动力效应的能力。它是指断路器在合闸状态下或关合瞬间，允许通过的电流最大峰值。

（5）额定关合电流。额定关合电流是表征断路器关合电流能力的参数。断路器能够可靠关合的电流最大峰值，称为额定关合电流。

（6）热稳定电流。热稳定电流是表征断路器通过短时电流能力的参数，它也反映断路器承受短路电流热效应的能力。它是指断路器处于合闸状态下，在一定的持续时间内，所允许通过电流的最大周期分量有效值。

（7）热稳定电流的持续时间。热稳定电流的持续时间为2s，需要大于2s时，推荐4s。

（8）合闸时间。合闸时间是表征断路器操作性能的参数，是指断路器从接到合闸命令（操动机构合闸线圈接通）到主触点接触这段时间。

（9）分闸时间。分闸时间是表征断路器操作性能的参数，包括固有分闸时间和熄弧时间。固有分闸时间是指断路器从接到分闸命令（操动机构分闸线圈接通）到触点分离这段时间。熄弧时间是指从触点分离到各相电弧熄灭这段时间。分闸时间也称为全分闸时间。

（10）分闸不同期性。分闸不同期性是指分闸的各相间或同一相各断口间的触点分离瞬间的时间差异。

（11）合闸不同期性。合闸不同期性是指合闸的各相间或同一相各断口间的触点接触瞬间的时间差异。

（12）无电流间隔时间。无电流间隔时间是指断路器在自动重合闸过程中，从断路器跳闸，各相电弧熄灭的瞬间起，到断路器重新闭合时重合相通过电流的瞬间为止的那一段时间。

（13）重合闸时间。重合闸时间是指断路器从分闸起始瞬间起，到所有相的动静触点都接触瞬间为止的那段时间。重合闸动作时间一般为0.3s或0.5s。

四、断路器的操作方式

（1）主控制室远方操作。

（2）就地操作。

（3）遥控操作。

（4）断路器本身保护设备、重合闸设备动作，发跳、合闸命令至操作插件，引起断路器进行跳、合闸操作。

（5）母差、低频减载等其他保护设备及自动装置动作，引起断路器跳闸。

（6）电动操作。

（7）储能操作。

（8）手动操作。

第二节　高压断路器的分类

（1）按灭弧介质或灭弧原理分为油断路器、压缩空气断路器、SF_6 断路器、真空断路器、磁吹断路器和固体产气断路器。

（2）按照控制、保护对象分为发电机断路器、输变电断路器、配电断路器和特殊用途断路器。

（3）按电压等级分为中压断路器、高压断路器和超高压断路器。

（4）按安装地点分为户内式和户外式。

（5）按安装方式分为落地式、支持式和悬臂式。

（6）按其灭弧能量的来源可分为自能式和外能式，利用电弧自身能量熄灭电弧的方式称为自能式，利用其他能量熄灭电弧的方式称为外能式。

一、油断路器

1. 油断路器的分类

为使其结构简单，大多数油断路器都采用自能式灭弧。油断路器按其油量多少和油的作用可分为多油断路器和少油断路器两大类。

多油断路器的油量多，油既作为灭弧介质，又作为动、静触点间的绝缘介质和带电导体对地（外壳）的绝缘介质，由于其用油量多，钢材耗量大，体积庞大，检修困难，造成爆炸和火灾的危险性大。

少油断路器带有用瓷或环氧树脂玻璃等制成的绝缘油箱，油箱中的油只用来作为灭弧介质和触点开断后弧隙的绝缘介质，不用做对地绝缘，油的用量要少得多，对地绝缘主要采用固态绝缘体，如支柱绝缘子、环氧树脂浇铸件等。少油断路器的优点是体积小，质量轻，油及钢材用量较少，成本低，结构简单，制造方便，易于维护，且人们的运行经验丰富。其主要缺点是不适宜于多次重合闸，因油少易劣化和凝冻，需要一套油处理装置。

2. 少油断路器的结构

按安装地点的不同，少油断路器可分为户内式与户外式两种。我国生产的 20kV 及以下的少油断路器为户内式，35kV 及以上的则多为户外式，35kV 的少油断路器有时也采用户内式。在我国少油断路器仍有应用，但有被其他类型断路器取代的趋势。

少油断路器在结构上最常见的有悬壁式和落地式两种类型。例如在 10kV 电压等级中使用的 SN10-10 型少油断路器就属于悬壁式结构，如图 3-1 所示。它采用三相分箱结构，三相油箱并行排列，三相灭弧室分别装在由环氧玻璃布卷成的三个绝缘筒中，既节省了钢材，又减少了涡流损耗。底架由角钢和钢板焊接而成，用于支撑油箱和传动部分。绝缘子将油箱固定在底架上。传动部分将操动机构的动力传给油箱中的动触点，以完成断路器的分、合闸操作。

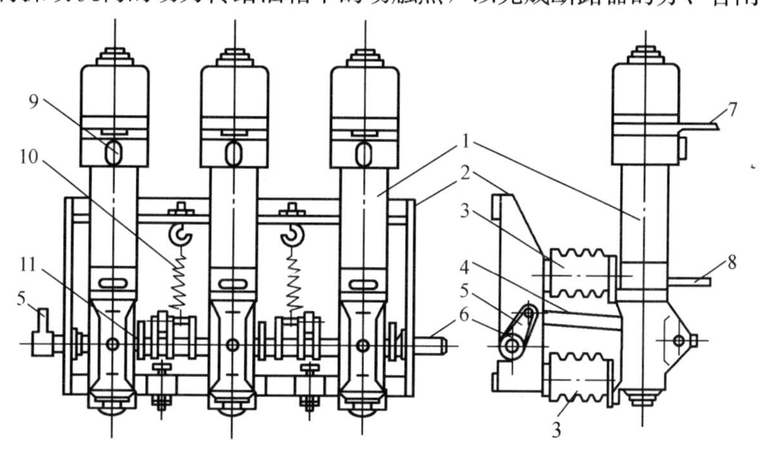

图 3-1 SN10-10 型少油断路器的结构示意图

1—油箱；2—底架；3—绝缘子；4—传动拉杆；5—拐臂；6—传动主轴；
7—上接线板；8—下接线板；9—油标；10—分闸弹簧；11—合闸缓冲器

落地式结构适用于额定电流和额定开断电流较大的少油断路器，例如电压等级较高的户外式少油断路器大都采用落地式结构。图 3-2 所示为 110kV 电压等级使用的落地式少油断路器结构示意图。每相断路器由两个结构完全相同的灭弧室串联（每个灭弧室的工作电压为 63kV）对称地布置成 V 形，中间是机构箱。机构箱与灭弧室安放在支持绝缘子上，支持绝缘子内装有提升杆，提升杆上下运动，通过机构箱中的直线运动机构，带动两个灭弧室内的动触点完成分、合闸操作。这种结构的特点是零部件通用性强，生产维修比较方便，灭弧室研制工作量小，便于向更高电压等级发展，只要增加对地绝缘的支持绝缘子数和串联的灭弧单元个数，就可把断路器的额定电压提高。这种把相同形式的灭弧室（每个灭弧室为一个断口）串联的结构，称为多断口串联的积木式结构，如图 3-3 所示。

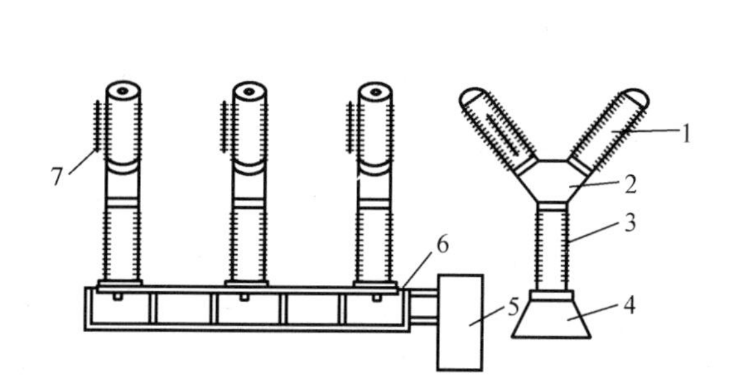

图 3-2 110kV 电压等级使用的落地式少油断路器结构示意图

1—灭弧室；2—机构箱；3—支持绝缘子；4—底架；
5—操动机构；6—水平拉杆；7—均压电容

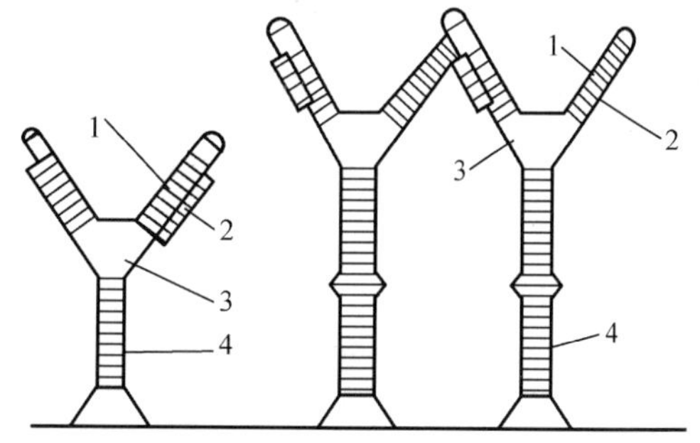

图 3-3 断路器的积木式结构示意图

1—通用灭弧单元；2—均压电容；
3—机构箱；4—支持绝缘子

对多断口断路器，为了使每个灭弧室在开断位置时的电压及开断过程中的恢复电压分配均匀，要对每个断口并联一个容量较大的电容。当断路器向更高电压等级发展时，串联灭弧室太多，不仅均压问题不好解决，而且安装调试也带来很多困难。为了减串联灭弧室的数量，应设法提高每个灭弧室的工作电压。如每个灭弧室的工作电压为 63kV，220kV 的 SW6 系列少油断路器每相需要四个这样的灭弧室串联；如每个灭弧室的工作电压为 126kV，220kV 的 SW7 系列少油断路器每相只需要两个这样的灭弧室串联。灭弧室的电压提高后，对触点的分、合闸速度，断路器的机械性能等提出了更高的要求。一般高电压等级的少油断路器的结构细而高，稳定性较差。

二、压缩空气断路器

压缩空气断路器利用高压的压缩空气作为灭弧介质和触点断开后的弧隙绝缘介质，并兼作操动机构的能源。压缩空气的静态绝缘强度随着压力的提高可以超过油、真空及其他一些气体介质。通常压缩空气断路器的气体工作压力为 3～4MPa。压缩空气断路器常带有储气筒，储气筒通过管道与空压室相通。其操动机构普遍采用气动操动机构，而且机构与本体合为一体。

压缩空气断路器的灭弧过程，是在特定的喷口中完成的，利用喷口使气流产生高速度，进行吹弧从而使电弧熄灭。断路器开断电路时，压缩空气产生的高速气流不仅带走了弧隙中大量的热量，从而降低弧隙温度，抑制热游离的发展，而且直接带走了弧隙中的大量正负离子，以新鲜的高压空气充入触点间隙，从而使间隙介质强度很快得到恢复，所以压缩空气断路器相比于油断路器开断能力强、动作迅速、开断时间较短，而且在自动重合闸中不会降低开断能力。

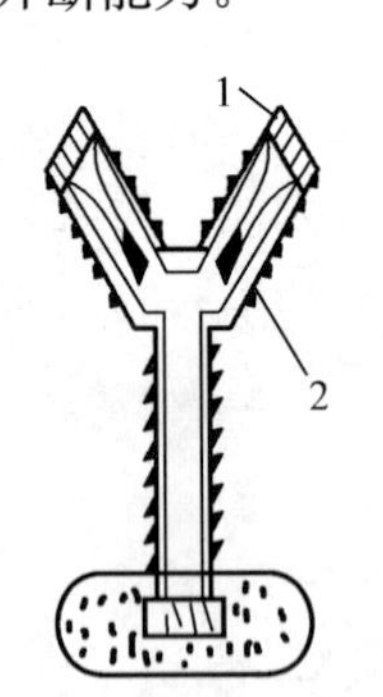

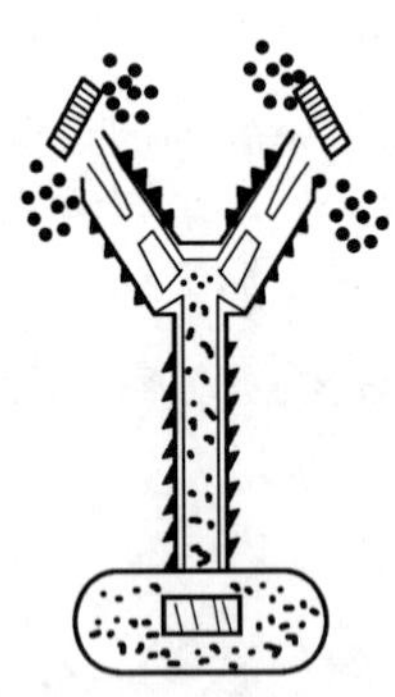
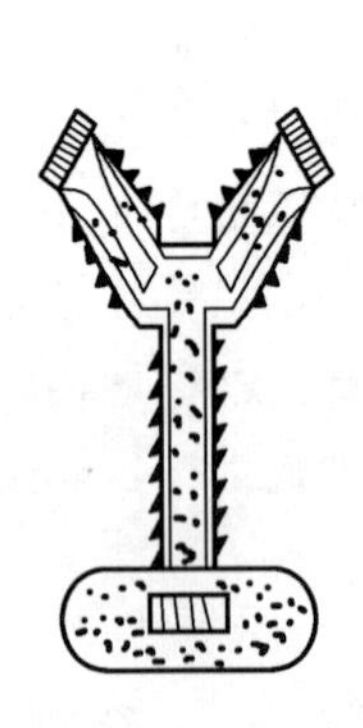

图 3-4　分闸充气式结构示意图

1—排气阀；2—灭弧室

根据灭弧室获得吹弧气压方式的不同，压缩空气断路器可分为分闸充气式、瞬时充气式、常充气式和恒压式等几类。分闸充气式断路器在合闸状态下灭弧室不充气，只有在分闸灭弧后灭弧室内才充气，如图 3-4 所示。瞬时充气式断路器只有在分闸的瞬间使压缩空气吹向灭弧室以熄灭电弧，其他时间内灭弧室均不充气，如图 3-5 所示，这种断路器在分闸的瞬间，喷口处的气压低，气流不稳定，因此开断能力较差。常充气式断路器，在分闸与合闸状态下灭弧室都是充气的，性能比分闸充气式和瞬时充气式要好。恒压式断路器增加了一个高压辅助储气罐，在分闸过程中通过该辅助储气罐能够补充气体，使气体压力保持恒定，从而提高了断路器的灭弧性能。

压缩空气断路器的优点是性能稳定，开断能力强且不受重合闸的影响，动作迅速，燃弧时间短，触点燃损轻，检修周期长，无毒，防爆防火，体积和质量较小（操动机构与断路器合为一体）。但其结构比较复杂，工艺和材料要求高，有色金属消耗量大，操作噪声大，需

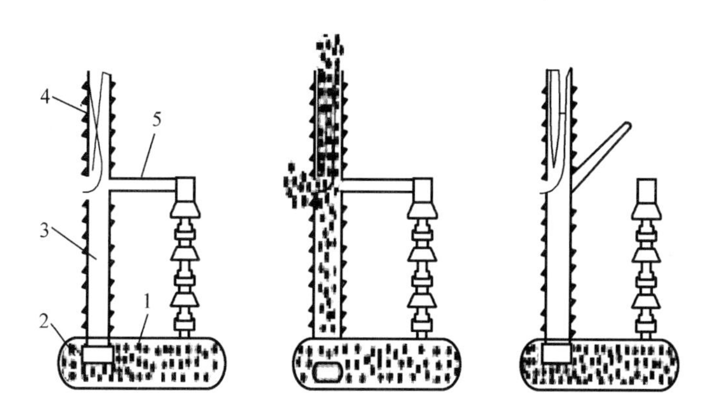

图 3-5 瞬时充气式结构示意图

1—储气筒；2—主气脚；3—导气管；4—灭弧室；5—外隔离开关

要一套压缩空气装置（包括空气压缩机、储气筒、管道等）作为气源，有时还需要特殊的干燥设备，增加了投资及运行和维护工作量。

三、SF_6 断路器

SF_6 断路器利用六氟化硫（SF_6）气体作为灭弧介质和绝缘介质的一种断路器。由于这种气体的优异特性，使这种断路器单断口在电压和电流参数方面大大高于压缩空气断路器和少油断路器，并且不需要高的气压和相当多的串联断口数。

1. SF_6 特性

SF_6 气体比空气重 5.135 倍，在气压为 10^5Pa 时，其沸点为－60℃。在 150℃以下时，SF_6 有良好的化学惰性，不与断路器中常用的金属、塑料及其他材料发生化学作用。在大功率电弧引起的高温下分解成各种不同成分时，电弧熄灭后的极短时间内又会重新合成。SF_6 中没有碳元素，没有空气存在，可避免触点氧化。SF_6 的介电强度很高，且随压力的增高而增长。SF_6 的介电强度可达到或超过常用的绝缘油。SF_6 灭弧性能好，在一个简单开断的灭弧室中，其灭弧能力比空气大 100 倍。在 SF_6 中，当电弧电流接近零时，仅在直径很小的弧柱心上有很高的温度，而其周围是非导电层。这样，电流过零后，电弧间隙介电强度将很快恢复。

2. SF_6 断路器的结构原理

（1）结构原理图如图 3-6 所示。

（2）基本组成。有三个垂直绝缘子单元，每一单元有一个气吹式灭弧室；液压操动机构（弹簧操动机构）及其单相控制设备；一个支架及支持结构。每个灭弧室通过与三个灭弧室共连的管子填充 SF_6 气体。

（3）灭弧单元。

1）灭弧室分类。

① 双压式灭弧室。它的灭弧室有两个压力系统，一个压力为 0.3～0.6MPa 的压力系统（主要用于内部的绝缘），另一个压力为 1.4～1.6MPa 的高压系统（用于灭弧）。

② 单压式灭弧室。单压式灭弧室又称为压气式灭弧室，它只有一个气压系统，即常态时只有单一的 SF_6 气体。灭弧室的可动部分带有压气装置，分闸过程中，压气缸与触点同

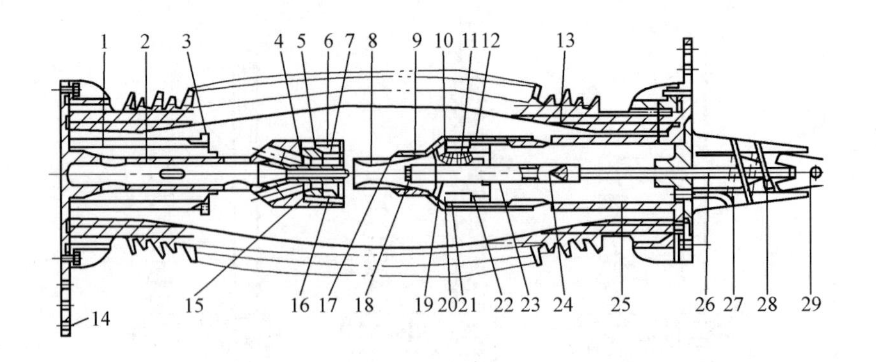

图 3-6　SF_6 断路器结构原理图

1—分子筛筐；2—静弧触点座；3—夹板；4—静弧触点；5—垫圈；6—触指；7—触指弹簧；8—喷管；9—护套；10—阀挡环；11—滑动触点；12—压气缸；13—鼓形瓷套；14—接线端子；15、22—触座；16—均压罩；17—压圈；18—动弧触点；19—阀片；20—阀座；21—挡圈；23—动触点；24、29—接头；25—缸体；26—拉杆；27—导轨；28—充气接头

时运动，将压气室内的气体压缩。触点分离后，电弧即受到高速气流吹动而熄灭。目前一般采用单压式，而双压式的结构工艺复杂，现已被淘汰。

2）灭弧原理。SF_6 断路器一般是利用几个到十几个大气压的 SF_6 气体，在喷口中形成高速气流来熄灭电弧。利用预先储存在断路器中的高压 SF_6 气体，在灭弧室中形成高速气流强烈地吹袭电弧，使灭弧室冷却。当电弧在高速气流中燃烧时，弧熄中的热量将及时地被带走，电弧在气流的作用下迅速移动，热发射和金属蒸气大大减少，特别是在电流接近零和过零时，弧熄温度将迅速下降，电弧直径明显减小。当电流过零后，在强烈的气流作用下，弧熄温度迅速降到热游离温度以下，弧熄中的残余物被消除，并由新鲜压缩的 SF_6 气体取代，电弧熄灭。

3. SF_6 断路器的分类

SF_6 断路器的结构按其对地绝缘方式的不同分为落地罐式和绝缘子支柱式两种。

（1）落地罐式。落地罐式 SF_6 断路器结构如图 3-7 所示。这类断路器对地绝缘方式的特点是触点和灭弧室装在充有 SF_6 气体并接地的金属罐中，高压带电部分对罐体的绝缘主要靠 SF_6 气体。引出线靠绝缘瓷套管引出，可以在套管上装设电流互感器，在使用时不需要再配专用的电流互感器。其优点是重心低，抗震性能好，灭弧断口间电场较好，断流容量大结构稳固，外绝缘部件少，可以加装电流互感器，还可以与隔离开关、接地开关、避雷器等融为一体，组成复合式电器，可用于多地震地区以及高原和环境污秽地区。其缺点是金属材料消耗多，用气量大，制造困难，价格较高。

（2）绝缘子支柱式。绝缘子支柱式 SF_6 断路器结构如图 3-8 所示，其高压带电部分与接地部分的绝缘是由支持绝缘子承担的，灭弧室安装在支持绝缘子的上部，并密封在绝缘套内，可布置成单柱型、T 型或 Y 型，一般每个灭弧绝缘套内装一个断口。支持绝缘子的下端与操动机构相连，通过支持绝缘子内的绝缘拉杆带动触点完成断路器的分、合闸操作。随着额定电压的提高，支持绝缘子的高度及串联灭弧室的个数也随增加。绝缘子支柱式 SF_6 断路器气体容积较落地罐式 SF_6 断路器小，用气量也小，组合性强，容易向高电压等级发展，耐压水平高，结构简单，价格适宜，但由于结构上的特点，电流互感器没有办法安装在断路器本体上，只能单独装在它自己的绝缘支柱上，而且这种结构的断路器抗震性能欠佳。

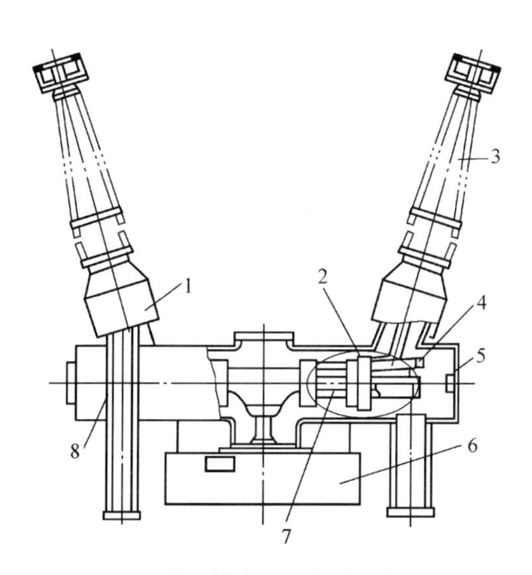

图 3-7　落地罐式 SF_6 断路器结构图

1—套管式电流互感器；2—灭弧室；3—套管；4—合闸电阻；5—吸附剂；6—操动机构箱；7—并联电容器；8—罐体

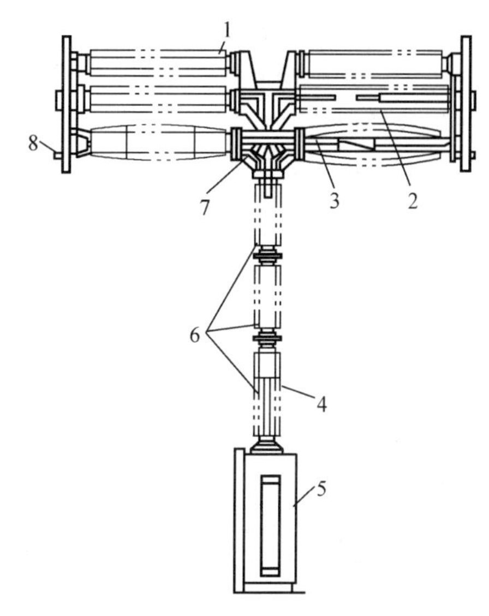

图 3-8　绝缘子支柱式 SF_6 断路器结构图

1—均压电容器；2—合闸电阻；3—灭弧室；4—绝缘拉杆；5—操动机构箱；6—支持绝缘子；7—联杆箱；8—接线端子

四、真空断路器

真空断路器利用真空度约为 10^{-4}Pa（运行中不低于 10^{-2}Pa）的高真空作为内绝缘和灭弧介质。当灭弧室内被抽成 10^{-4}Pa 的高真空时，其绝缘强度要比绝缘油、气压为 10^{5}Pa 的 SF_6 和空气的绝缘强度高很多。所以，真空击穿产生电弧，是由触点蒸发出来的金属蒸气形成的。

1. 真空断路器的基本结构

（1）支架。是用来安装各功能组件的架体。

（2）真空灭弧室。是用来实现电路的关合与开断功能的熄弧元件。

（3）导电回路。导电回路与灭弧室的动触点及静触点连接构成电流通道。

（4）传动机构。把操动机构的运动传输至灭弧室，实现灭弧室的合、分闸操作。

（5）绝缘支持件。绝缘支持件将各功能元件架接起来，以满足断路器的绝缘要求。

（6）操动机构。断路器合、分的动力驱动装置。

按真空断路器本体的支撑方式，真空断路器可分为悬挂式和落地式两种最基本的结构，此外还有综合式和支架式等结构。

悬挂式结构的断路器，宜用于手车式开关柜，其操动机构与高压导体距离远，使得操作安全及检修方便。这种结构的缺点是传动效率不高；绝缘子受弯曲力作用；总体深度尺寸大，耗材多，质量重；操作时振动大。一般户内电压等级较低的真空断路器常采用悬挂式结构，如图 3-9 所示。

落地式结构的断路器将真空灭弧室安装在上方，用绝缘支持件支持，操动机构设置在底座下方，上下两部分由传动机构通过绝缘杆连接起来，如图 3-10 所示。

综合式结构是以悬挂式为基础，吸收了落地式在灭弧室支撑或传动机构方面的某些优点而派生出的一种结构形式，也宜用于手车式开关柜。

支架式结构把真空断路器本体全部封闭于金属箱中，再将整个真空断路器放在支架上。这种结构附装电容式套管和电流互感器比较方便，多用于户外真空断路器。

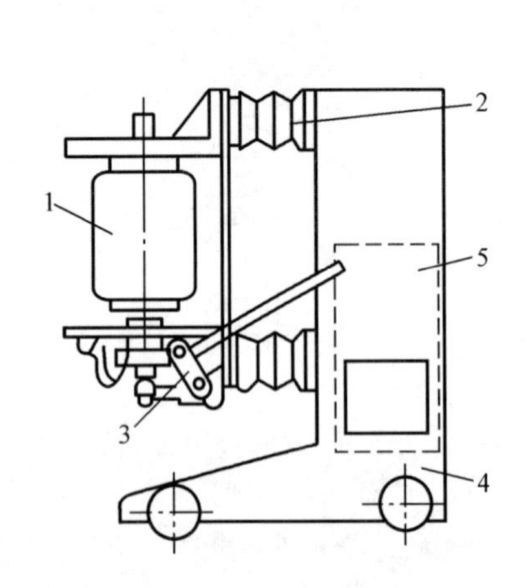

图 3-9　悬挂式真空断路器结构示意图

1—真空灭弧室；2—绝缘子；3—传动机构；

4—基座；5—操动机构

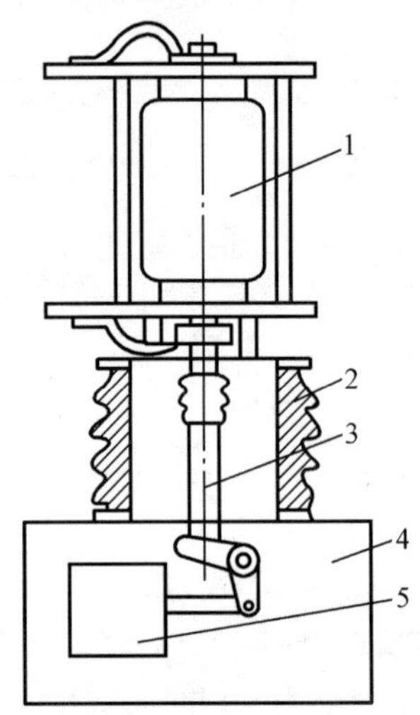

图 3-10　落地式真空断路器结构示意图

1—真空灭弧室；2—绝缘支撑；

3—传动机构；4—基座；5—操动机构

2. 真空灭弧室

真空断路器的灭弧完全靠真空灭弧室，因此真空灭弧室是真空断路器中最重要的部件，其结构如图 3-11 所示。真空灭弧室的结构很像一个大型的真空电子管，其外壳由玻璃或陶瓷等制成。静触点固定在静导电杆上，穿过静端盖并与之焊成一体。动触点固定在动导电杆的一端，动导电杆在中部与波纹管的一个端子焊在一起，波纹管的另一端口与动端盖的中孔焊接，动导电杆从中孔穿出外壳。波纹管在轴向上允许的弹性变形范围内可以伸缩，动触点运动时波纹管还起到密封的作用，因而这种结构既能实现在灭弧室外带动动触点作分合运动，又能保证真空的密封性。在动、静触点和波纹管周围还装有屏蔽罩，起保护、冷却等作用。

（1）外壳。整个外壳通常由绝缘材料和金属组成。对外壳的要求首先是气密封要好；其次是要有一定的机械强度；最后是要有良好的绝缘性能。

（2）波纹管。波纹管既要保证灭弧室完全密封，又要在灭弧室外部操动时使触点作分合运动，允许伸缩量决定了灭弧室所能获得的触点最大开距。

（3）屏蔽罩。触点周围的屏蔽罩主要是用来吸附燃弧时触点上蒸发的金属蒸气，防止绝缘外壳因金属蒸气的污染而引起绝缘强度降低和绝缘破坏，同时，也有利于熄弧后弧隙介质强度的迅速恢复。在波纹管外面用屏蔽罩，可使波纹管免遭金属蒸气的烧损。

（4）导电系统。静导电杆、静跑弧面、静触点、动触点、动跑弧面、动导电杆构成了灭弧室的导电系统。其中静导电杆、静跑弧面、静触点合称为静电极，动触点、动跑弧面、动导电杆合称为动电极，由真空灭弧室组装成的真空断路器合闸时，操动机构通过动导电杆的运动，使两触点闭合，完成了电路的接通。

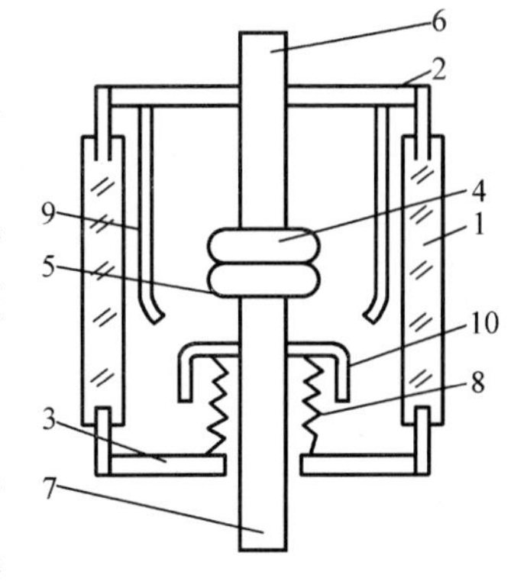

图 3-11　真空灭弧室结构示意图

1—绝缘筒；2—静端盖；3—动端盖；4—静触点；5—动触点；6—静导电杆；7—动导电杆；8—波纹骨；9—主屏蔽罩；10—波纹管屏蔽罩

（5）触点。触点结构对灭弧室的开断能力有很大影响。采用不同的结构触点产生的灭弧效果有所不同，早期采用简单的圆柱形触点，结构虽简单，但开断能力不能满足断路器的要求，仅能开断 10kA 以下电流。目前，常采用的有螺旋槽型结构触点、带斜槽杯状结构触点和纵磁场杯状结构触点三种，其中以采用纵磁场杯状结构触点为主。

3. 灭弧原理

真空灭弧室是用密封在真空中的一对触点来实现电力电路的接通与分断功能的一种电真空器件，是利用高真空作绝缘介质。当其断开一定数值的电流时，动、静触点在分离的瞬间，电流收缩到触点刚分离的某一点或某几点上，表现为电极间电阻剧烈增大和温度迅速提高，直至发生电极金属的蒸发，同时形成极高的电场强度，导致剧烈的场致发射和间隙的击穿，产生了真空电弧。当工作电流接近零时，同时触点间距的增大，真空电弧的等离子体很快向四周扩散，电弧电流过零后，触点间隙的介质迅速由导电体变为绝缘体，于是电流被分断，开断结束。

第三节　高压断路器的操作

一、高压断路器操作的基本要求

（1）一般情况下断路器不允许带电手动合闸。如特殊需要时，应迅速果断，使操动机构连续通过整个行程，此时合闸信号灯应发亮。

（2）远方操作断路器时，应使控制开关（或按钮）进行到相应的信号灯亮为止，不得快速操作后很快就返回，那样将使操作失灵。

（3）高压断路器操作后，应检查与其相关的信号，如红绿灯、光示牌的变化，测量表计的指示。装有三相电流表的设备，应检查三相表计，但不能以信号灯或测量仪表指示为准来判断断路器是否确已操作完毕，应到现场检查断路器的机械位置以判断断路器分合的正确性，避免由于断路器假分假合造成误操作事故。

（4）在下列情况下，须将断路器的操作电源切断。

1）检修断路器或在二次回路或保护装置上作业时。

2）倒母线过程中，须将母联断路器操作电源切断。

3）检查断路器开闭位置及操作隔离开关前。

4）继电保护故障。

5）油断路器无油。

6）液压、气压操动机构的储能装置的压力降至允许值以下时。

断开操作电源的办法是取下（拉开）操作回路中的操作熔丝（自动空气开关）。

（5）设备停电操作前，对终端线路应先检查负荷是否为零。对并列运行的线路，在一条线路停役前应考虑有关整定值的调整，并注意在该线路拉开后另一线路是否过负荷。如有疑问应问清调度后再操作。断路器合闸前必须检查有关继电保护是否已按规定投入。

（6）操作断路器停电时，应先拉开负荷侧后拉开电源侧，送电时顺序相反。

（7）如装有母差保护时。当断路器检修或二次回路工作后，断路器投入运行前应先停用母差保护再合上断路器，充电正常后才能投上母差保护（有负荷电流时必须测量母差不平衡电流，并应为正常）。

（8）高压断路器操作时出现非全相的处理方法如下：

1）合闸时出现非全相合闸，首先要恢复其全相运行（一般两相合一相未合，应再合一次，如仍合不上则将合上的两相断开；如一相合两相未合，则将合上的一相断开），然后再作处理。

2）分闸时出现非全相分闸，应立即设法将未分闸相断开。如断不开，应利用母联或旁路进行倒换操作，之后通过隔离开关将故障断路器隔离。

（9）断路器累计分闸或切断故障电流次数（或规定切断故障电流累计值）达到规定时，应停电检修。还要特别注意当断路器跳闸次数只剩有一次时，应停用重合闸，以免故障重合时造成跳闸引起断路器损坏。

二、高压断路器的操作

1. 合闸送电前的检查

（1）在合闸送电前要收回发出的所有工作票，现场清洁无遗留工具，拆除临时接地线，并全面检查断路器。

（2）检查断路器两侧的隔离开关都处于断开位置。

（3）断路器的三相均处在断开位置，分、合机械指示器均处于“分”的位置，油位、油色都正常，并无渗漏油现象。

（4）操动机构应清洁完整，连杆、拉杆绝缘子、弹簧及油缓冲器等亦应完整无损，断路器手动跳闸脱扣机构应完整灵活。油断路器的套管应清洁、无裂纹及放电痕迹。

（5）断路器的继电保护及自动装置是否处于使用位置，以便发生情况时能切除故障。

（6）经仔细检查，确认无误后，应对断路器进行一次断、合闸试验，使动作准确灵活，方可投入运行。

（7）断路器的接地装置应紧固不松动，断路器周围的照明及围栏良好。

上述各项准备工作完成后，即可合闸送电。

2. 停电操作步骤

（1）核对断路器的名称和编号无误后，将操作手柄逆时针方向旋转90°至“预备分闸”位置。

（2）待红灯闪光，将操作手柄逆时针方向旋转45°至“分闸”位置，在手脱离操作手柄后，使手柄自动顺时针方向返回45°，这时红灯熄灭，绿灯亮，检查三相电流指示为零，表明断路器已断开。

（3）现场检查断路器的分、合闸机械指示器的指示，确认断路器三相已处于断开位置。

（4）先拉开负荷侧隔离开关，后拉开电源侧隔离开关。

（5）取下（拉开）操作熔断器（自动空气开关）。

3. 送电操作步骤

（1）检查断路器分、合闸机械指示器的指示，确认断路器三相处于断开状态。

（2）先合上电源侧隔离开关，再合上负荷则隔离开关。

（3）装上（合上）操作熔断器（自动空气开关）。

（4）核对断路器名称和编号无误后，将操作手柄顺时针方向旋转90°至“预备合闸”位置。

（5）待绿色指示灯闪光，将操作手柄顺时针方向旋转45°至“合闸”位置，在手脱离操作手柄后，使手柄自动逆时针方向返回45°，这时绿灯熄灭，红灯亮，检查三相电流指示平衡，表明断路器已合闸送电。

4. 操作时的注意事项

（1）拉、合闸操作时，动作都要果断、迅速，把操作手柄扳至终点位置，使确定断路器断开后，方可拉开相应的隔离开关。

（2）合闸时，要注意观察有关指示仪表，若故障还没有排除，应立即切断线路。

（3）若系统的最大短路容量超过分断容量时，一旦发生短路，断路器可能爆炸，则应在分、合闸操作前考虑分断容量能否满足要求，如不能满足时应降低短路容量。

（4）操作隔离开关时，必须先确认断路器已经断开，并在断路器的操作手柄悬挂“禁止合闸，有人工作！”的标示牌后，才能操作隔离开关。

（5）在合闸送电前，检查与控制有关的继电保护和自动装置是否处于使用位置，一旦发生事故，能正确动作切除故障。

（6）合闸时，要监视有关表计指示情况，特别是电压表和电流表，如有事故预兆，立即切除。合闸后，检查各相电流、电压是否平衡，若发现异常现象，应及时处理。

（7）空气断路器当气压降低时，灭弧能力将随之降低，在分闸时有可能会造成爆炸。因此应禁止分闸，采取措施防止分开断路器。

三、高压断路器操作异常的处理

断路器操作时，如不能进行分合闸，说明分合闸回路有问题。这时应首先检查分合闸指示灯，分闸前红灯应亮，合闸前绿灯应亮。如灯不亮则应检查指示灯是否损坏，若未损坏则说明分合闸回路中断。如灯亮而不能分合闸，则可能是由于分闸时控制开关③④触点或合闸时①②触点未接通而引起的。具体故障点常用测对地电压法来查找。

（1）如图3-12所示，当断路器不能分闸时，如红灯亮，测B点对地电压为负电压，这时将SA放至分闸位置，并测③、④触点，如为正电压，而B点仍为负电压，则可判断为④点至B点连线不通（一般为线头松动等）；如测④点为负电压，则可判断为SA③、④触点接触不良或损坏。如红灯不亮，这时测 A 点为正电压，C 点为负电压，则为灯泡断；如 C 点为正电压，D 点为负电压，则为电阻断；如 D 点为正电压，B 点为负电压，则 KCF 或电阻坏；如 D 点为正电压，B 点为正电压，则可能为断路器位置触点、跳闸线圈、KCF 中电流线圈等元件有损坏或连线不通、接触不良等，可依次进行查找。

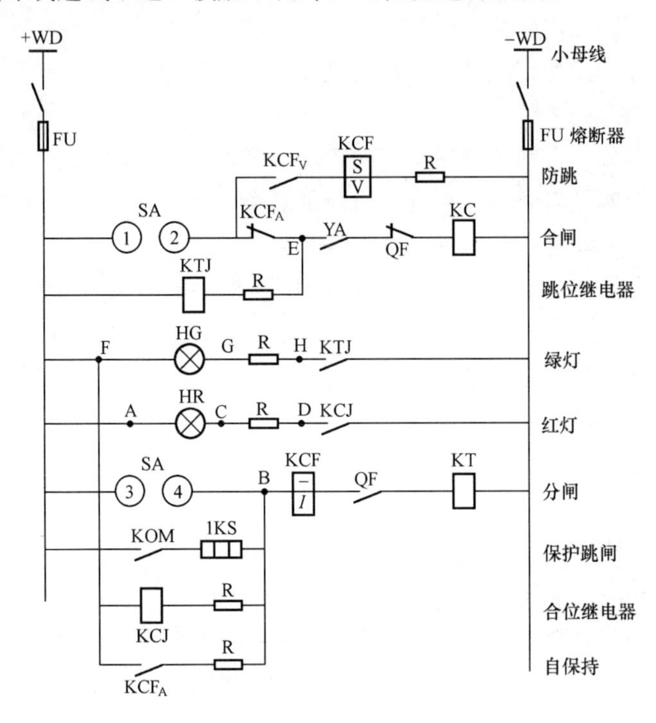

图 3-12　断路器控制回路图

（2）当断路器不能合闸时，如绿灯亮，测 E 点对地为负电压，将 SA 放置合闸位置，测①、②触点如为正电压，而 E 点仍为负电压，则可判断为 KCF 动断触点损坏或接触不良，如②点为负电压则判断为 SA①、②触点接触不良或损坏。如绿灯不亮，F 点为正电压，G 点为负电压，则绿灯断；G 点为正电压，H 点为负电压，则电阻断；如 H 点为正电压，E 点为负电压，则 KC 或电阻坏；如 E 点也为正电压，则可能是断路器位置触点、合闸线圈有损坏或断路器未储能，可依次查找。

（3）当断路器在分闸后位置时，发现红、绿灯均不亮，但断路器实际位置在合闸状态，则表示由于断路器操动机构原因不能分闸。这时由于防跳继电器 KCF 动合触点闭合，使 KCF 自保而跳闸线圈常通电。为防止烧坏跳闸线圈，运行人员应立即断开断路器控制电源，使 KCF 失磁而返回。

四、高压断路器的防跳回路

在运行中，有时由于控制开关原因或自动装置触点原因，在断路器合闸后，启动回路触点未断开，合闸命令一直存在，此时，如果继电保护动作，断路器跳闸，但由于合闸脉冲一直存在，则会在断路器跳闸后重新合闸，如果线路故障为永久性故障，保护将再次将断路器跳开，持续存在的合闸脉冲将会使断路器再次合闸，如此将会发生多次的

“跳—合”现象，此种现象被称为“跳跃”。断路器的多次跳跃，会使断路器毁坏，造成事故扩大。因此，必须对操作回路进行改进，防止“跳跃”发生。增加了中间继电器，称为跳跃闭锁继电器 KCF。它有两个线圈，一个是电流启动线圈，串联于跳闸回路中，这个线圈的额定电流应根据跳闸线圈的动作电流来选取，并要求其灵敏度高于跳闸线圈的灵敏度，以保证在跳闸操作时它能可靠地启动；另一个线圈为电压自保持线圈，经过自身的动合触点并联于合闸线圈回路中，在合闸回路中还串联接入了一个防跳闭锁继电器的动断触点，如图 3-12 所示。

工作原理如下：如图 3-12 所示，当利用控制开关合闸或自动装置合闸以后，若合闸触点未断开，当线路发生故障时，保护出口继电器 KOM 闭合，将跳闸回路接通，使断路器跳闸，同时跳闸电流也流过防跳继电器 KCF 的电流启动线圈，使 KCF 启动，其动断触点断开合闸回路，动合触点接通 KCF 电压线圈，此时如果合闸脉冲未解除、控制开关未复归，则 KCF 的电压线圈通过 SA①、②触点实现自保持，长期断开合闸回路，使断路器不能再次合闸。只有合闸脉冲解除，KCF 的电压自保持线圈断电后，才能恢复至正常状态。

第四节　油断路器的运行及故障的处理

一、油断路器运行中的检查

（一）巡视检查周期

一般要求在每班内巡视检查一次，在高峰负荷时间内、恶劣天气时均需增加巡视次数。在断路器故障跳闸后，应对它立即进行特殊巡查，以决定是否检修，并作好记录。

（二）巡视检查内容

油断路器在运行时，主要应注意检查其是否符合产品说明书的要求及运行规程的规定。此外，在运行中具体还应注意检查以下方面。

1. 外部检查

巡视检查和运行监视时，检查下列部位：

（1）检查瓷套管的污损，冬季检查积雪情况。由于瓷套管的污损会引起电晕放电，小雨、浓雾、雪融化时容易发生闪络事故，所以应加注意。发现瓷套管有破损、龟裂时应检查损伤程度，决定是否可以继续使用。

（2）检查二次接线有无异常过热，异常过热时多数会产生变色或有异常气味。

（3）检查分合闸位置指示灯。灯泡是否断丝，指示灯的玻璃罩有否破损。

（4）检查油面的位置、油的颜色，油面的位置显著低于正常位置时应停电并补充油，油的颜色明显碳化或变色时应进行详细检查。

（5）检查压力表的读数是否符合规定值，如果不符合规定值时应该检查是减压阀不正常，还是压力表不正常。

（6）检查操动机构箱有无雨水侵入、尘埃附着情况、线圈是否不正常等。

（7）检查有无漏油或漏气。断路器发生漏气、漏油的部位和原因分别见表 3-1、表 3-2。

表 3-1　　断路器发生漏气的部位和原因

漏 气 部 位	漏 气 原 因
阀门的连接部位，阀座	螺栓密封部位的密封不完善，因密封件使用多年而老化
法兰连接面	密封件老化
单向阀，电磁阀	阀座的密封件失去弹性，因积水而动作不灵活
空气管道接头	装配不完善，墙面变形，因振动而松动
管道	紧固处未夹紧，因振动而松动

表 3-2　　断路器发生漏油的部位和原因

漏 油 部 位	漏 油 原 因
油箱焊接部位	因焊接部位有气泡等微小缺陷，经长时间后而发生漏油
管道、接头、密封滑动部分	装配不完善，振动、密封件失去弹性
阀门类的连接部分，阀座	螺栓、法兰的密封不完善，有损伤、磨损或嵌入杂物
油位计	因密封件使用多年而老化，玻璃制品耐气候性不好
油箱的入孔部分	因密封件使用多年而老化
法兰部分	密封件老化，瓷套管破损，浇注连接部分有裂纹
油缓冲器	由于使用多年而磨损，裂缝增大，隔油构件破损

2. 高压断路器的特殊巡视检查

在发生高压断路器突然跳闸和天气突然变化后，运行人员要对断路器进行下列特殊巡视。

（1）在天气骤然变化时，应注意检查断路器油位的变化情况，油箱有无渗、漏油现象；机构箱保温是否良好；大雪天，应注意观察户外断路器各接头处的落雪是否立即融化，套管上是否堆满积雪，有无放电现象；浓雾天及阴雨天，应检查套管有无放电现象，放电是否严重；大风天，应检查套管引线有无剧烈摆动现象，断路器本体上是否挂有其他物，机构箱是否被风刮开或未关严。

（2）在发生事故时，断路器通过很大的短路电流，使断路器分闸；短路电流会引起各触点发热，如电弧较大，可能引起触点烧损，并出现油质碳化等异常现象；另外，短路电流通过时，会产生很大的电动力，可能使断路器各部件机械性能损坏。这时对于油断路器应重点检查有无喷油、冒烟现象，油色、油位是否正常；同时还应检查断路器各部件有无变形，各接头有无松动及过热现象。

（3）检查操作箱门，应关好，断路器在分闸状态时绿灯应亮，在合闸状态时红灯应亮，断路器的实际位置与机械指示器及红绿灯指示应相符。

（4）对于液压（气压）式操动机构，压力表的指示应在规定的范围（液压式还应检查传动杆行程和液压油位的位置），外部通道应无漏油、漏气现象，电动机电源回路应完好，油泵启动次数应在规定的范围内。

（5）电磁式操动机构应检查直流合闸母线电压，其值应符合要求。当合闸线圈通电流时，其端子的电压应不低于额定电压的80%，最高不得高于额定电压的110%。分、合闸线圈及合闸接触器线圈应完好，无冒烟和异味。

(6) 弹簧式操动机构应检查其弹簧状况，当其在分闸状态时，分闸弹簧应储能。

(7) 根据环境气温，投退机构箱中的加热器或干燥灯。

二、油断路器运行中故障时的操作

(1) 运行中的高压断路器，发现下列之一故障时，禁止断开，以免发生爆炸事故。

1) 高压断路器消弧室破裂或触点熔化。

2) 油断路器油质炭化。

3) 油断路器无油或严重缺油。

4) SNl、SN2等型少油断路器两相绝缘拉杆断裂。

发现以上现象时，应认为高压断路器已不能安全分闸，故应立即断开断路器操作电源，这样远方就不可能使断路器断开，即使断路器所带设备故障，保护装置动作也不会使其分闸。同时，值班人员应在机械跳闸装置上或操作箱上悬挂“禁止操作”的警告牌。然后按下述原则进行处理：

1) 若是双母线上的某一断路器故障，应进行倒换母线的操作，用母联断路器串代或用旁路断路器代替，将故障断路器停电然后再拉开断路器两侧的隔离开关。

2) 若为单母线上断路器故障，应按调度命令转移负荷，然后将故障断路器所连接的母线瞬时停电，拉开该断路器，再恢复上一级断路器的运行。

3) 若母联断路器发生故障，则应倒换运行方式，改为单母线运行，然后停用母联断路器。

4) 将故障断路器停电，恢复运行方式。

(2) 运行人员巡视时，若发现下列异常现象，应立即采取果断措施，首先做好使断路器不能自动或远方重新合闸的措施，然后远方迅速拉开断路器，并将其停电。

1) 断路器起火（应注意断路器灭弧室完好，否则不得用本断路器拉开）。

2) 断路器套管炸裂。

3) 断路器套管穿心螺钉熔断或熔化。

4) 发生需要立即拉开断路器的人身事故。

5) 少油断路器油标管中无油或严重缺油。

6) 少油断路器在跳闸时严重喷油。严重喷油是不正常的，应查明原因，妥善处理现场并补入适量的油之后，再考虑投入运行。

7) 瓷绝缘严重闪络放电。带电导体沿固定它的瓷绝缘（绝缘子、瓷套管）的表面放电，这种状态持续下去后果不堪设想，必须及时停电维修。

8) 支持绝缘子断裂。遇有这种情况，处于分闸状态的断路器应进行维修，再送电运行；处于合闸状态的断路器，首先要采取措施，防止自动跳闸，再进行维修。

9) 少油断路器内部有异常声响。分闸位置的放电，会使断路器切断电流不彻底，再拉开断路器两侧的隔离开关产生电弧，造成危险。断路器处于合闸位置时，发现油箱内有异常声响，则是由于动、静触点接触不良而发出声音。

10）连接点严重过热。严重过热，是由于接触不良引起的，严重时的电弧足以造成相间弧光短路或对地短路，导致严重后果。

遇有上述情况必须停电处理，不得再继续运行。

三、油断路器严重缺油的处理

正常运行中运行人员应经常监视断路器的油位，检查有无发热情况。如果断路器有渗漏油、严重缺油或发热故障时，应当迅速联系处理，尽可能防止严重事故的发生。

（一）严重缺油的危害

油断路器严重缺油，引起油面过低，在开断负荷电流和故障电流时，弧光冲出油面，游离气体混入空气中发生燃烧，甚至可能爆炸。另外，绝缘暴露在空气中极易受潮。

运行中的油断路器，油位计内油面低于限值，应及时汇报，联系停电加油。否则，当气温骤降时油面会更低，可能会使断路器不能安全地断开电路。

（二）故障判断和正确观察油面的方法

1. 故障判断

油断路器在运行中缺油，是否已严重影响到灭弧性能，应根据情况作出判断。在冬季，气温很低时户外油断路器的油面看不到，而当温度上升时又能看到很低的油面。这时油断路器并不是无灭弧能力，但应尽快联系加油。若发现油位计内看不到油面，同时又有明显的漏油现象时，则可判断确实是严重缺油，已不能保证可靠灭弧，不能安全地断开电路。

2. 正确观察油面的方法

正常巡回检查油断路器时，要有正确的观察方法。油位计的安装位置比较高时，不容易看清油面。另外受强烈的光线、昏暗光线、油位计油垢或油泥灰尘、油位计内结露等因素的影响，都可能导致看不清油面。因此，正确观察油位计中油面的方法有：

（1）与相邻设备的同类型油位计指示进行比较。

（2）站在不同的地点，从多个角度观察比较。

（3）光线较暗时，使用手电筒照明。

（4）利用温差大的两次观察结果，进行比较。

（三）处理方法

（1）立即断开缺油断路器的操作电源，并在其操作把手上挂“禁止分闸”牌。

（2）设法带电加油（设备条件许可，漏油又不是很严重，且能带电处理时）。

（3）不能带电加油的断路器，可以经倒运行方式，将缺油的断路器停电加油。方法有：

1）双母线接线，可以将缺油的断路器经倒闸操作，倒至单独在一段母线上，与母联断路器串联运行。用母联断路器断开电路，将缺油的断路器停电加油并处理漏油缺陷。

2）有旁路母线的接线，可经倒闸操作，使缺油的断路器与旁路母线断路器并联，停电处理漏油并加油。

3）不能带电加油，又无法倒运行方式者，应汇报调度和上级，将缺油的断路器负荷全部转移。缺油的断路器只能断开与隔离开关许可条件相同的空载线路设备。如电容电流小于5A的35kV及以下的架空线路，空载电流小于2A的变压器。否则，只能在不带电情况下断开电路。

4）严重缺油的断路器，如果不能带电加油，又不能经倒运行方式停电，并且不具备空载电流的条件时，只有在上一级电源断开后，在不带电情况下，断开缺油的断路器。及时恢复正常的运行方式，再对缺油的断路器停电处理。

四、断路器瓷绝缘闪络或断裂的处理

（一）瓷绝缘闪络的原因及处理

瓷绝缘表面脏污，易吸收空气中的潮气使绝缘性能下降，于是瓷绝缘出现了闪络现象。如果瓷绝缘表面有裂纹，裂纹中就有积尘，也容易造成闪络放电。还有一个原因，就是过电压运行，不管什么原因造成的过电压，都可能导致有关的瓷绝缘产生闪络放电现象。

解决瓷绝缘闪络放电的办法是进行定期清扫。对于有闪络的瓷绝缘，应立刻安排停电更换。

（二）瓷绝缘断裂的原因及处理

（1）瓷绝缘内在质量差，承受电压时发生击穿，击穿点过热引起瓷绝缘炸裂。

（2）瓷绝缘在保管、运输、安装、检修过程中，曾遭受外力损伤，在运行中受到震动，产生裂纹并进一步发展，最后形成断裂。

（3）在发生短路故障时，短路电流产生很大的电动力，使载流导体剧烈运动，甚至扭曲变形，从而使固定它们的瓷绝缘被拉断或切断。

（4）操作用的绝缘子，由于分、合闸缓冲器未调好或失灵，或由于分、合闸行程未调好而断裂。

对于断裂的瓷绝缘应停电进行更换，并且查明具体原因，采取措施，防止类似事故。

五、连接端子过热的处理

连接端子是指电器及电气设备之间以及它们与母线或电缆之间的电气连接部位。

连接端子过热，是由于在连接处接触电阻过大所致，在连接处发热所消耗的功率与流经连接端子的电流的平方成正比，还与接触电阻的大小成正比。

造成接触电阻过大的具体原因有：

（1）连接压力不够。连接螺栓未拧紧或逐渐松动；连接螺栓直径小；连接螺栓数量少；未使用合适的垫片。

（2）接触面积小。接触面脏污或有氧化层；接触面凹凸不平；连接面错位。

（3）铜、铝接头未处理好，有电化腐蚀现象。

连接点过热可通过观察来确定。运行中过热的连接点，会失去金属光泽；导体上连接点附近涂的相色漆颜色加深；可通过示温蜡片来监视，一般60℃蜡片为黄色，70℃蜡片为绿色，80℃蜡片为红色。这些蜡片的实际熔化温度要以实测结果为准，或用红外测温仪定期检查。

遇有连接过热现象，应停电检修。检修时要确定过热的原因，并在重新连接时针对原因采取相应的改进措施。

如因过负荷而引起连接点过热，则应降低负荷或加大连接面积。

六、断路器运行中发热的处理

（一）发热原因

断路器运行中发热的主要原因有：①过负荷；②触点接触不良；③接触电阻增大而造成发热。

在断路器内部，触点表面烧伤及氧化造成接触不良，接触行程不够使接触面积减小、接触压力不够，触点压紧弹簧变形、弹簧失效等，都会导致接触电阻增大而发热。

（二）发热的危害

断路器内部发热，使油温过高，油质氧化。油氧化后，绝缘强度降低，灭弧能力差。断路器发热严重时，灭弧室内压力增大，易引起冒油。内部发热，使绝缘老化，弹簧退火失效，触点氧化加剧，使发热更严重。油断路器长期工作时的最大允许发热温度和允许温升如表 3-3 所示。

表 3-3　　油断路器长期工作时的最大允许发热温度和允许温升

<table>
<tr><th colspan="3" rowspan="2">名　称</th><th colspan="2">最大允许发热温度（℃）</th><th colspan="2">环境温度+40℃以下允许温升（℃）</th></tr>
<tr><th>空气中</th><th>油中</th><th>空气中</th><th>油中</th></tr>
<tr><td colspan="2" rowspan="4">与绝缘材料接触金属及绝缘材料制成，不同绝缘等级</td><td>Y</td><td>85</td><td>—</td><td>45</td><td>—</td></tr>
<tr><td>A</td><td>100</td><td>90</td><td>60</td><td>50</td></tr>
<tr><td>E</td><td>110</td><td>90</td><td>70</td><td>50</td></tr>
<tr><td>B、F、H、C</td><td>110</td><td>90</td><td>70</td><td>50</td></tr>
<tr><td rowspan="6">不与绝缘材料接触金属</td><td rowspan="4">需要考虑发热对机械强度有影响的</td><td>钢、铸铁</td><td>110</td><td>90</td><td>70</td><td>50</td></tr>
<tr><td>铜镀银</td><td>120</td><td>90</td><td>80</td><td>50</td></tr>
<tr><td>铜</td><td>110</td><td>90</td><td>70</td><td>50</td></tr>
<tr><td>铝</td><td>100</td><td>90</td><td>60</td><td>50</td></tr>
<tr><td rowspan="2">不需要考虑发热对机械强度有影响的</td><td>铝</td><td>135</td><td>90</td><td>90</td><td>50</td></tr>
<tr><td>铜或铜镀银</td><td>145</td><td>90</td><td>105</td><td>50</td></tr>
<tr><td rowspan="8">接触连接</td><td rowspan="4">用螺栓、螺纹、铆钉及其他形式紧固的</td><td>铜镀银</td><td>105</td><td>90</td><td>65</td><td>50</td></tr>
<tr><td>铜或铝镀锡</td><td>90</td><td>90</td><td>50</td><td>50</td></tr>
<tr><td>铜镀银（>50μm）</td><td>120</td><td>90</td><td>80</td><td>50</td></tr>
<tr><td>铜或铝无镀层</td><td>80</td><td>85</td><td>40</td><td>45</td></tr>
<tr><td rowspan="4">用弹簧压紧的</td><td>铜或铜合金镀银</td><td>105</td><td>90</td><td>65</td><td>50</td></tr>
<tr><td>铜或铝合金无镀层</td><td>75</td><td>80</td><td>35</td><td>40</td></tr>
<tr><td>铜或铅合金无镀层</td><td>75</td><td>80</td><td>35</td><td>40</td></tr>
<tr><td>银或银合金镀铜（>50μm）</td><td>120</td><td>90</td><td>80</td><td>50</td></tr>
<tr><td colspan="2">铜编织线</td><td></td><td>85</td><td>80</td><td>45</td><td>40</td></tr>
<tr><td colspan="2" rowspan="2">最上层变压器油</td><td>作为灭弧介质</td><td>—</td><td>80</td><td>—</td><td>40</td></tr>
<tr><td>只作为绝缘介质</td><td>—</td><td>90</td><td>—</td><td></td></tr>
</table>

（三）判断及处理

运行中的断路器，如发现油箱外部变色，油面异常升高，有焦糊气味，油色和声音异常等现象，可以判断为温度过高。对于多油式断路器，可以从其油箱表面温度直接检查出发热的现象。

发现断路器温度过高，应汇报调度，设法降低负荷，使温度下降。若温度不下降，发热现象继续恶化，或发现内部有响声、油面异常升高以致冒油、油色变暗，应立即转移负荷，将故障断路器停电，作内部检查。

七、油断路器火灾事故的处理

油断路器着火，是发电厂内较严重的设备事故。灭火之前，应首先断开电源，事故处理时，若人员不够，应召集非当值人员协助处理，并汇报调度和有关上级。

为了防止开关着火事故的发生，平时应做好各项维护工作。经常保持瓷质部分的清洁，严格落实防污闪措施，认真做好设备检修后的质量验收把关工作。当油断路器的遮断容量不足时，合理地安排运行方式，使母线上的短路容量减小，适当延长遮断容量不足的油断路器的重合闸动作时间或退出重合闸装置，经常使断路器油面保持在允许范围内等。

（一）着火的原因

（1）断路器外部绝缘污秽或受潮，造成对地或相间闪络。

（2）油面过高，油箱内缓冲空间小，事故跳闸时内部压力过大，使断路器喷油起火。

（3）跳、合闸速度缓慢，内部卡滞。

（4）遮断容量不够、油质劣化，事故跳闸时喷油或不能灭弧。

（5）断路器进水受潮，绝缘击穿或闪络。

（6）油面过低，事故跳闸时，弧光冲出油面。

（7）断路器内部接触不良，严重发热。

（8）断路器开关柜内电缆爆炸起火。

（二）油断路器爆炸的原因

（1）断路器的分闸速度对开关性能影响极大。

（2）断路器的合闸速度也是一个重要性参数，所有少油断路器都必须满足规定的合闸要求，刚合速度即断路器在合闸过程中，动静触点刚接触瞬间的瞬时速度。刚合速度低，在合闸过程中会延长预击穿的时间而使触点熔焊。同时，在关合短路电流时就有可能关不到底，使分闸弹簧没有得到应有的压缩，致使重合闸不成功。触点再分闸时，因弹簧力量不够而达不到规定的刚分速度，从而使断路器的开断能力降低，严重时将引起断路器爆炸。

（3）断路器切断容量不够，在故障时便不能切断电弧。

（4）操动机构调整不当、部件失灵，空气断路器漏气或气源故障等使断路器动作缓慢，形成慢合慢分或合闸后接触不良，引起非同期并列或者电弧不能及时切断和熄灭口在油箱内产生过多的可燃气体，便可能引起爆炸和燃烧。

（5）断路器的燃弧距离，对断路器的开断能力也有重大影响。

（6）由于维护不当，造成断路器不能开断故障电流，而导致断路器爆炸。

（7）操作不当或误操作导致断路器爆炸。

1）运行人员违反操作规程，不认真执行操作票制度，造成带地线合断路器、非同期并列等恶性误操作。事故处理时误将断路器多次合向故障点，强大的故障电流将引起油断路器爆炸着火。

2）操作中思想不集中，操作不果断，断路器合闸过程中，发现有不正常现象，仍进行合闸或多次强送，影响断路器的关合性能，均会引起断路器爆炸着火。

3）因断路器手动机构的快速脱扣装置失灵，可能在关合较小短路电流的情况下，就发生爆炸。无快速脱扣装置或快速脱扣装置失灵的断路器，在手动或就地电动合闸送电预击穿以后，如出现突然停顿或抖动现象，则可能延长预击穿时间，甚至出现长时间的燃弧，而引起断路器爆炸。

（8）断路器油箱盖与油箱体密封不严，油箱进水，绝缘部件受潮，套管损伤或密封不良，套管脏污，油箱顶部油污过多，都可导致闪络或引起断路器着火爆炸。

（9）断路器连接部分发热、闪弧，引起弧光接地过电压，使其相间或对地短路，甚至爆炸着火。

（10）操作电源故障、操作电源电压降低、熔断器熔断、辅助触点接触不良或切换不到位，引起断路器故障时拒动，引起断路器爆炸。

（11）断路器内部绝缘强度降低引起爆炸事故经常发生。

（12）小动物或金属杂物跨接或单相接地，引起闪弧、过电压、相间短路，使断路器爆炸。

（13）未按标准进行反相开断、开断非对称故障、开断异相接地、切合空载线路、切合空载电缆、切合电容器组、切合电感电流、并联开断等试验。在这些特殊方式下，断路器不能满足要求，易发生爆炸。

（三）油断路器爆炸着火的处理

发生了断路器着火事故，应沉着、冷静，迅速果断地将故障与带电部分隔离，切断着火断路器的各侧电源，然后灭火。如果火势较大，应当把可能波及的设备、直接连接的设备与电源隔离。若断路器着火时，已造成母线失压事故，应先将故障隔离，进行灭火，同时对于火势波及不到的无故障部分恢复供电（若人员够时，灭火和上述操作可同时进行）。

（1）如果是6～10kV高压室内的断路器着火，应根据控制室内所报信号、表计指示、高压室内的事故位置（如着火、冒烟的地方和方位）、设备运行情况、事故跳闸情况等，判断清楚故障性质和范围。断路器着火，多发生在事故跳闸时，具体是哪一断路器跳闸及着火，并不能立即看清楚，应作出以下判断：

1）故障段母线有无电压，是否已造成母线事故。以母线电压表指示情况、保护动作情况、断路器跳闸情况为依据。若母线电压表无指示，电源进线和分段断路器跳闸，说明该段母线已失压。着火的断路器，应在失压的母线范围内。

2）故障断路器是否已在断开位置，保护动作与否。

在隔离故障时，若火势和烟气不大，未造成母线停电时，只要在灭火时能保证安全距离，可以只将故障断路器与电源隔离，而不需将母线停电，如果火势和烟气较大，灭火时难以保持安全距离，为了保证人身安全，防止事故扩大，可以将故障断路器所在的一段母线停电后再灭火。在隔离故障操作及灭火时，母线若不停电，对于人身的安全很不利。

（2）故障断路器与电源隔离后，应使用绝缘灭火介质的灭火器进行灭火。如干粉灭火器、1211灭火器、二氧化碳灭火器等。室外断路器灭火时，如果断路器内的油流出（特别是多油断路器），会引起火灾蔓延，应当用砂子和土来压盖淌出的油火。在扑灭火灾时，重要的是防止火势危及临近带电设备。

（3）在高压室内灭火，应注意打开各个房门排气散烟。为了防止人员中毒或窒息，进入高压室内进行检查、操作和灭火时，必须戴上防毒面具（或用口罩、湿毛巾）。在灭火时，如果发现火势危及机构箱、端子箱内的二次线时，应尽可能设法切断其二次回路的电源。将火灾扑灭以后，及时向调度汇报有关情况。对于已造成停电的无故障部分，应尽快恢复供电。高压室内的断路器灭火以后，应继续通风排烟。在母线恢复送电以前，应先检查母线的绝缘有无问题。

八、油断路器及操动机构故障的处理

1. 油断路器常见故障的处理

油断路器常见故障的处理方法见表3-4。

表3-4　油断路器常见故障的处理方法

故障类型	故障原因	预防及处理办法
短路故障	（1）拉杆活动，造成接触不良，或拉杆断裂碰在带电部分上（少油）。	（1）经常检查拉杆的销轴是否有掉出及断裂现象。
	（2）油漏干，没采取措施即停电。	（2）带电充油或断开上一级断路器，无电源再断开此断路器。
	（3）消弧室不佳。	（3）检修时发现消弧室有问题要及时处理。
	（4）接地线或短路线未拆除。	（4）把地线挂在明处，在送电之前必须全部检查或测定绝缘。
	（5）油箱内掉进东西（多油）。	（5）在检修断路器时，使用的工具等心中有数，用完要清点。
	（6）油变质或有水分。	（6）要定期试验油，耐压不合格即要更换和过滤。
	（7）多相接地造成的。	（7）参考接地故障的预防处理办法。
	（8）小动物爬上断路器的引出、入口导电杆处（多油指没加套的套管绝缘不好）。	（8）引出、入口要加绝缘套管。
	（9）在室外由于下雨、下雪造成绝缘不佳或漏进雨水。	（9）加强巡视检查。
	（10）遮断容量不够。	（10）设计选择时不要发生错误或不符合要求。
	（11）导体部分连接松动冒火	（11）接触要严、螺钉要上紧
接地故障	（1）拉杆活动，触点碰到箱壁上（多油）。	（1）检查时，发现固定拉杆螺钉或顶丝松，要上紧。
	（2）引出、入口导杆绝缘不佳（多油）。	（2）定期作好强防性试验及测定。
	（3）支持绝缘不佳（少油）。	（3）同（2）。
	（4）接地金属片折断。	（4）注意断路器再合闸，跳闸时不要使软铜片受压、打压及过于拉紧（行程不要太大）。
	（5）拉式绝缘子绝缘不佳。	（5）同（2）。
	（6）地线忘拆除	（6）把地线挂在明处，在送电之前必须全部检查或测定绝缘

续表

故障类型	故 障 原 因	预 防 及 处 理 办 法
严重过热	(1) 静触点的引出导电杆垫了铁垫圈（指载流部分）造成涡流发热（少油）。 (2) 动触点插入深度不够或接触面接触不良。 (3) 螺钉松动，弹簧压力不足	(1) 检修时要注意通过载流导体不准垫铁垫圈。 (2) 检修时调整接触深度要符合要求，而接触时要两面平行压紧，三相同期。 (3) 检修时要达到质量标准
掉　　相	(1) 销轴窜出，拉杆、传动杆或动触点的绝缘拉杆（多油）断裂。 (2) 拉式绝缘子断裂（少油）。 (3) 导电杆上部调整同期螺钉，脱扣或衔接部分太小（少油）	(1) 检修时销轴开销都要穿上，注意是否有被切断的，缓冲器调整要合适，拉杆调整要合适，防止拉杆过短，受力过大。 (2) 拉式绝缘子中心调整在跳、合闸任何一位置时，拉式绝缘子、导电杆、静触点均在一条直线上，行程调整适当。 (3) 调整同期或接触深度时，不要光调上部连接螺母（在拉式绝缘子下部），衔接部分不得小于20mm
漏　　油	(1) 由于过热，下部密封垫烧焦，油标或放油阀有问题。 (2) 垫耐油胶皮垫，上紧时力过大，超过胶皮弹性，或用牛皮垫浸漆，漆没干就注油。 (3) 胶皮垫失去了弹性。 (4) 剩余行程不合标准（少油）。 (5) 焊接质量差，有砂眼等	(1) 加强检查，发现问题及时处理，检查油标、放油阀等，要将它清洗干净再装，密封要严。 (2) 上紧时要把耐油胶皮压缩到1/3或2/5，牛皮垫浸漆，漆干后再注油。 (3) 订好计划按时检修。 (4) 剩余行程要保证合乎标准。 (5) 补焊
火灾事故	(1) 接触层上面的油层薄或过厚。 (2) 有较大的短路电流，或在线路上有电冲击时形成的强烈电弧	(1) 检修时注油要合乎标准，发现油多或油少的现象及时处理。绝缘油不合格就要更换。 (2) 断开上一级断路器

2. 弹簧储能操动机构常见故障的处理

采用弹簧储能操动机构的断路器在运行中，发出弹簧未储能信号时，运行人员应迅速检查交流回路及电动机是否有故障。若电动机有故障时，应手动将弹簧储能；若交流电动机无故障而且弹簧已拉紧（储能），是二次回路误发信号；若是弹簧锁住机构有故障，且不能处理时，应汇报调度，申请停电检修处理。弹簧操动机构常见故障的处理方法见表3-5。

表3-5　　弹簧操动机构常见故障的处理方法

常见故障		故 障 原 因	处 理 方 法
拒　合	(1) 合闸铁芯和机构已动作	(1) 主轴与拐臂连接用的圆锥销被切断。 (2) 合闸弹簧疲劳。 (3) 脱扣联板动作后不复归或复归缓慢。 (4) 脱扣机构未锁住	(1) 更换新销钉。 (2) 更换新弹簧。 (3) 检查脱扣联板弹簧有无失效，机构主轴有无窜动。 (4) 调整半轴与扇形板的搭接量

续表

常见故障		故　障　原　因	处　理　方　法
拒　合	（2）铁芯动作，但顶不动机构	（1）合闸铁芯顶杆顶偏。 （2）机构不灵活。 （3）电动机储能回路未储能。 （4）驱动棘爪与棘轮间卡死	（1）调整连板到顶杆中间。 （2）检查机构联动部分。 （3）检查储能电动机行程开关及其回路是否正常。 （4）调整电动机凸轮到最高升程后，调整棘爪与棘轮间隙至 0.5mm，不卡死为宜
	（3）合闸铁芯不能动作	（1）失去电源。 （2）合闸回路不通。 （3）铁芯卡滞	检查原因并予以消除
	（4）合闸跳跃	扇形板与半轴搭接太少	适当调整，使其正常
拒　分	（1）分闸铁芯已经动作	（1）分闸拐臂与主轴销钉切断。 （2）分闸弹簧疲劳。 （3）扇形板与半轴搭接太多	（1）更换新销钉。 （2）更换新弹簧。 （3）适当调整使其正常
	（2）分闸铁芯不动作	（1）分闸回路不通。 （2）分闸铁芯卡滞。 （3）失去电源	检查原因并予以消除
分、合速度不够		（1）分合闸弹簧疲劳。 （2）机构运行不正常。 （3）本体内部卡滞	（1）更换新弹簧。 （2）检查原因并予以消除。 （3）解体检查

3. 电磁操动机构常见故障的处理

电磁操动机构常见故障的处理方法见表 3-6。

电磁机构，若合闸失灵，应检查处理，包括操作电压低、合闸电路断路，合闸接触器低电压动作值不合格或接触不良、断路器辅助转换触点配合不当、合闸铁芯卡涩等；若分闸失灵，应检查处理，包括操作电压低、分闸电路断路、分闸铁芯卡涩等。无论分闸或合闸失灵，当运行人员不能处理时，均应申请调度，设法使断路器停用、启用旁路断路器代替、转移负荷等。

表 3-6　　电磁操动机构常见故障的处理方法

常见现象	故　障　原　因	处　理　方　法
机构合不上	（1）辅助开关合闸触点接触不良或触点束予切换。 （2）定位螺钉变形或松动影响活动轴和定轴三点的位置，使合闸失灵。 （3）分闸后，合闸滚轮未复位，故造成铁芯空合。 （4）分闸铁芯顶杆弯曲或铜套变形使铁芯卡住不能复位。 （5）合闸操作回路断线。 （6）合闸铁芯顶杆太短（或折断），滚轮顶不到位。 （7）合闸接触器线圈断线或其触点被卡住不能复位。 （8）合闸电压太低或合闸线圈电阻大、功率低	（1）检查和修理静触点的弹性，并调整触点，使切换灵活。 （2）拧紧定位螺钉，调整死点位置。 （3）找出滚轮复归不好的原因进行处理。 （4）取下铁芯、铜套修理。 （5）检查合闸操作回路中的熔断器、触点和合闸线圈，找出原因并处理。 （6）在合闸铁芯底部加橡皮垫。 （7）内部断线应更换，检查复位弹簧的弹性及触点与灭弧罩之间是否留 1mm 间隙。 （8）检查和调整电源电压，使其不低于额定电压的 80%；检查线圈的直流电阻，如不合格应更换

续表

常见现象	故　障　原　因	处　理　方　法
机械跳不开	（1）辅助开关分闸触点接触不良或触点未予以切换。 （2）调整不当，定位螺钉太低使中间死点太低。 （3）分闸铁芯卡涩。 （4）分闸铁芯顶杆折断或脱落。 （5）分闸直流操作回路断线	（1）检查和修理静触点的弹性，并调整触点使其切换灵活。 （2）调定位螺钉，与固定轴的连线长为1～1.5mm。 （3）拆下铁芯清洗，将铜套整圆，磨光铁芯。 （4）检查、更换或紧固铁芯顶杆。 （5）检查熔断器、分闸线圈，找出原因并进行处理
重合闸不成功	（1）杠杆系统复归速度太慢。 （2）重合闸时间整定得太短	（1）清扫并涂以浓度小的润滑油。 （2）整定重合闸时间，使其大于杠杆系统的复归

4．液压操动机构常见故障的处理

液压操动机构常见故障的处理方法见表3-7。

表3-7　　液压操动机构常见故障的处理方法

故　障	原　　因	处　理　方　法	备　注
液压系统外部泄漏	低压触点外密封泄漏	拆下检查，更换触点或密封圈	抢修
	高压触点外密封泄漏	拆下检查，更换触点或密封圈	小修
	滤油器泄漏	修理或更换	
	油箱底部泄漏	修理或更换密封圈	
	放油阀泄漏	修理或更换密封圈	抢修
	工作缸活塞杆Yx（Y）型密封圈损坏	更换密封圈	
	压力继电器活塞杆处Y型密封圈损坏	更换密封圈	
	吸油管老化、损坏	更换吸油管	小修
	油泵外壳泄漏	修理或更换泵壳和密封圈	
	其他固定密封环	更换密封圈	
液压系统内部泄漏	控制阀阀线损坏	修理后研磨或更换	视泄漏情况严重与否，确定处理措施
	阀线上有金属屑或印痕	修理后研磨或更换	
	动活塞密封圈损坏	更换密封圈	
	放油阀关闭不严	重新研磨或更换零件	
	高压区通向低压区密封圈损坏	更换密封圈	
	安全阀关闭不严	重新研磨或更换零件	
拒合与拒分	辅助开关转换不良	更换辅助开关或修理触点	抢修
	电磁铁线圈引线断或接触不良	更换线圈或重新焊	
	一级阀顶杆弯曲、卡死	更换零件，重新研磨	
	油压过低，电动闭锁	检查压力异常原因后修复	
	合闸阀保持回路大量泄漏	检查单向阀及保持油路	
	分闸球网未关闭	修理阀线，更换钢球	
	保持油路不通，合后又分	单向阀关闭不严，调整合闸电磁铁行程	
	工作缸拉毛、卡死	修理或更换零件	
	传动系统卡死	修理或更换零件	

续表

故　障	原　　因	处　理　方　法	备　　注
油泵长时间打不上油压	放油阀或控制阀关闭不严或合闸二级阀处于半分半合状态	修理或更换密封圈，或堵住合闸二级阀排油孔，操作分闸，使其返回	抢修
	油面过低	查明原因后加油	
	油泵低压侧有气体（或漏气）	排尽气体（若漏气，则拧紧接头）	
	吸油和压扁，进油不通畅	重新安装，不准压扁	
	柱塞配合太松，泄漏过大	更换零件	
	吸油阀泄漏	重新研磨或更换零件	
	安全阀关闭不严	修理或更换零件	
油压过低	控制电动机启动触点坏	检查、修理微动开关及接触器	抢修
	蓄压筒漏氮气	检查筒壁和Y型密封圈	
油压过高	控制电动机停止触点坏	检查、修理微动开关及接触器	抢修
	控制电动机的接触器误动作	清除接触器上污物、油垢	
	蓄压筒氮气侧进油	检查筒壁粗糙度及Y型密封圈	
油泵发热伴有响声	柱塞拉毛、咬死	更换零件	抢修
	柱塞配合太紧而“胀死”	重新研磨	
	吸油管内无油或气泡甚多	加油、排气	小修
分、合闸速度过低（高）	蓄压筒预压力偏低（高）	检查原因，修理蓄压筒	小修
	节流孔太小（大）	适当扩大（缩小）	
	环境温度影响	当低温时，应投入加热器	
动作时间过长	齿轮泵漏油、缝隙太大	检修或更换齿轮	小修
	一级阀顶杆空程太小	调整至规定值	
	管道内有气	应放气	
	一级阀顶杆有卡住现象	修正或更换零件	
低电压（$20\%U_N$），易脱扣	分闸电磁铁反力太小	适当加强反力（如增加弹簧力）	有时与动作时间矛盾，则应调节空程至两者均满足为止
		适当减小电磁铁空程	
电触点压力表失灵	因断路器操作时机械振动及液压冲击	增加阻尼小孔或针阀	
速度特性曲线有突变和弹跳	缓冲太弱（到终点反弹严重）	重新调整	
	缓冲特性太强（突变或中途反弹）		

第五节　高压断路器运行中故障的处理

一、高压断路器合闸失灵的处理

高压断路器合闸失灵是常见的故障之一。值班人员若处理不当，往往会拖延送电时间。因此，应迅速根据合闸操作过程中出现的异常现象，初步判断故障范围和原因，进行必要的故障排除工作，及时恢复送电。必要时或故障不能在短时间内排除时，可以先经倒运行方式的方法恢复供电（如倒旁路母线等），再检查处理问题。

1. 处理步骤

高压断路器合闸失灵，一般有以下四个方面的原因：

(1) 操作不当。

(2) 合闸时，线路上有故障，保护后加速动作跳闸。

(3) 操作、合闸电源问题或电气二次回路故障。

(4) 高压断路器本体传动部分和操动机构的机械故障。

处理断路器的合闸失灵故障，必须善于区分故障范围，方法如下：

(1) 先判定是否属于故障线路，保护后加速动作跳闸。对于没有保护后加速动作信号的线路断路器，操作时，如合于故障线路（特别是线路上有工作，工作完毕送电）时，断路器跳闸时无任何保护动作信号，若认为是合闸失灵，再次操作合闸，会引起严重事故。只要在操作时，能按规程要求的要领进行操作，同时注意表针的指示情况，就能正确判断区分。区分的依据有：合闸操作时，有无短路电流引起的表计指示冲击摆动；有无照明灯突然变暗、电压表指示突然下降。若有上述现象，应立即停止操作，汇报调度，查明情况。

(2) 判明是否属于操作不当。应当检查有无漏装合闸电源，控制断路器（操作把手）是否复位过快或未恢复到位，有无漏投同期并列装置（装有并列装置者），检查是否按自动投入装置的有关要求操作（装有自动投入装置者）等，如果是操作不当，可立即纠正，再继续操作。

合闸操作时，如果并列装置的投入位置不对，也会合不上闸。例如：联络线路上不带电，如并列装置投在“同期”位置上，而没有改投到“手动”位置，因为线路上没有电压，合闸回路不能接通（同期继电器触点不闭合），就合不上断路器。

(3) 检查操作、合闸电源电压是否过高或者过低，检查操作、合闸电源是否熔断或接触不良。对于弹簧操动机构，应检查弹簧的储能情况。如果有上述问题，应调整处理正常后即可合闸送电。

直流电压过低或过高，合闸都会不可靠。电压过低，使合闸接触器及合闸线圈因电磁力过小，而使合闸不可靠。电压过高，对于电磁操动机构和弹簧操动机构，它们的机械动作可能因冲击反作用力过大，使机构不能保持住而合不上。

检查合闸熔断器是否良好时，最好使用万用表，在熔断器的两端分别测量正、负极之间的电压，以便于在检查时，能发现合闸电源总熔断器是否熔断。

(4) 如果以上情况都正常，应当根据合闸操作时，红、绿灯指示的变化情况，合闸电流表指示有无摆动，合闸接触器和合闸铁芯动作与否，来判明故障范围。判断故障范围，主要区分是电气二次回路故障，还是操动机构机械故障。缩小查找范围，直至查明并排除故障。

（5）如果在短时间内能够查明并自行排除故障，应当采取相应的措施，排除故障后合闸送电。

（6）如果在短时间内不能查明故障，或者故障不能自行处理，可以先将负荷倒至备用电源带，或将负荷倒至旁路母线带以后，再检查处理故障。对于一般情况，或断路器的问题较大时，经处理完毕才能合闸送电。

如果检查出的故障不能自行处理，或未能查明原因，应汇报调度和上级，通知检修人员检查处理。

应当注意，检查处理断路器操动机构的问题时，应拉开其两侧的隔离开关。

2. 判别故障范围和查找故障

断路器合闸失灵时，应首先区分故障范围，分清是电气二次回路故障，还是断路器和操动机构的机械故障，再进一步缩小范围，查明故障原因并排除。

区分电气二次回路故障、操动机构的机械故障的依据有：

（1）对于远方操作、控制的断路器，可以在合闸操作时，观察红、绿灯的指示及闪光变化情况及合闸电流表指示有无摆动。

（2）对于就地操作、控制的断路器，可以在合闸操作时，观察红、绿灯的指示及闪光变化情况及合闸接触器和合闸铁芯是否动作，并观察断路器动作情况。

如果在操作之前，绿灯亮。操作时，把控制断路器扭到“预合”位置时，绿灯闪光，则说明操作回路是通的，但不能证明控制断路器的触点是否良好。

合闸操作时，如果合闸电流表有一定摆动，则说明合闸接触器（电磁机构）或合闸铁芯（弹簧机构）已经动作。如果在合闸操作时，合闸电流表有较大的摆动，则说明电磁机构的合闸铁芯已经动作。上述情况说明，属电气二次回路问题的可能性很小（也有断路器的辅助触点打开过早的可能）。

对于电磁机构，合闸接触器不动作；对于弹簧机构，合闸铁芯不动作，都说明是操作回路不通。

如果电磁机构的合闸接触器已经动作，而合闸铁芯不动作。这种现象说明是无合闸电源。

以上所述是区分故障的一般方法，实际工作中，应当根据现场实际情况灵活运用。现将区分故障范围、查找故障的具体的方法，按不同的现象分析如下：

（1）控制开关扭到“合闸”位置，红、绿灯指示不发生变化（绿灯仍闪光），合闸电流表指示无摆动，说明操动机构没有动作，问题主要是电气二次回路不通。

1）合闸熔断器熔断或接触不良。

2）合闸母线电压太低。

3）合闸操作回路元件接触不良。如控制断路器的触点、断路器的动断辅助触点、防跳继电器动断触点、弹簧机构的“储能闭锁”辅助触点等元件接触不良，都会使合闸操作回路不通。

4）操作回路中端子松动，合闸接触器（电磁机构）或合闸线圈（弹簧）断线。

5）联络线的合闸回路，同期继电器触点不通，同期转换开关接触不良。

对于二次回路的不通故障，可以使用万用表来查找故障。利用“测电压降法”以及“测对地电位法”，都可以查出故障。

（2）控制开关扭到“合闸”位置，绿灯灭，红灯不亮；控制开关返回到“合后”位置，红、绿灯都不亮。如果同时报出有事故音响信号，说明断路器没有合上，可能是在操作时，操作电源跳开或接触不良，应查明原因。如果是事故音响信号没有报出，合闸电流表有摆动，应检查断路器是否已经合上，检查红灯灯泡、灯具是否良好，检查操作电源是否良好、线路有无负荷电流。如果断路器已经合上，红灯灯泡、灯具、操作电源若良好，应检查断路器的动合辅助触点是否接触不良。

（3）控制开关扭到“合闸”位置，绿灯灭后复亮（或者闪光），合闸电流表有摆动。主要有两个方面的问题：

1）合闸电源电压过低，合闸硅整流容量过小，以致操动机构未能把断路器提升杆提起，传动机构动作未完成。调整合闸电源电压正常后，可以合闸送电。

2）操动机构调整不当。如合闸铁芯超程或缓冲间隙不够、合闸铁芯顶杆调整不当。这种故障，一般应由检修人员处理。

（4）控制断路器扭到“合闸”位置时有摆动，绿灯灭，红灯亮以后又灭，绿灯闪光，合闸电流表有摆动。此情况说明，断路器曾在合闸位置，因机构的机械故障，维持机构未能使断路器保持在合闸位置。主要问题有：

1）合闸支架坡度大或没有复位。

2）脱扣机构扣入尺寸不够、四连板机构未过死点、弹簧机构分闸跳扣尺寸不合格、合闸顶块扣入尺寸过小。

3）合闸电流、电压过高。

（5）电磁操动机构在合闸时断路器“跳跃”，多属断路器动断辅助触点打开过早；或是传动试验时，合闸次数过多，使合闸线圈过热。

根据以上分析，可以再次操作，看合闸接触器、合闸铁芯是否动作，查明故障（就地控制的断路器，可以直接用此方法）。

（1）合闸接触器（电磁机构）、合闸线圈（弹簧机构）不动作，属二次回路不通。可以使用仪表测量的方法，查出回路中的断线点。

（2）合闸接触器已动作（电磁机构），但合闸铁芯和机构未动作。原因有：合闸熔断器熔断或接触不良，无合闸电源。合闸接触器触点接触不良或被灭弧罩卡住。

（3）合闸铁芯已动作，若机构动作但仍合不上，一般为机械问题。若机构不动作，问题可能是合闸铁芯顶杆尺寸短、行程不够。

二、高压断路器跳闸失灵的处理

断路器跳闸失灵，在发生事故时会越级跳闸，造成母线失压，使事故扩大，甚至使系统瓦解。并且由于依靠上一级电源的后备保护动作跳闸，既扩大了停电范围，又延长了切除故障的时间，严重地破坏了系统的稳定性，加大了设备的损坏程度。

断路器跳闸失灵，分以下几种情况：

(1) 运行中发生了事故，保护拒动或保护动作但断路器拒跳。

(2) 运行监视中发现异常，断路器可能拒跳。

(3) 正常操作时，断路器断不开。

处理时应根据不同的情况，采取不同的措施。

(一) 发生事故时断路器拒跳的处理

发生事故时断路器拒跳，说明已经发生了母线失压事故。应将拒跳断路器隔离之后，先使母线恢复运行，恢复送电，恢复系统之间的联络，然后检查处理断路器拒跳的原因。

因为拒跳断路器的线路上有故障，短时间内不能送电，所以应尽量使拒跳断路器保持原状，便于事故调查和分析。应当汇报上级，由有关人员共同检查，运行人员应配合检查。把发生事故时的保护及自动装置运作情况、表计指示、状态状况、事故录波情况等有关象征，详细作好记录，为事故调查分析提供准确的依据。查故障原因时，最好给保护的测量元件加模拟故障量，作传动试验，如通一次电流等，查明断路器不跳闸的原因。

检查断路器拒跳的原因，可根据有无保护动作信号掉牌，断路器位置指示灯指示，用控制开关断开断路器时所出现的现象等，判断故障范围。

(1) 无保护动作信号掉牌，手动断开断路器之前红灯亮，能用控制开关操作分闸。此情况多为保护拒动。如电压互感器二次开路、短路或接线有误，保护的整定值不当，保护回路断线，电压回路断线等。可以通过作保护传动（加模拟故障量、通一次电流等）试验，验证和查明原因。同时，还应检查其保护的投入位置是否正确。

(2) 无保护动作信号掉牌，手动断开断路器之前红灯不亮，用控制开关操作仍可能拒跳。可能是操作熔断器熔断或接触不良，跳闸回路断线。因为，一般 35kV 及以下线路的保护回路中，信号继电器在保护出口回路，并且与控制回路中的跳闸回路串联。跳闸回路不通时，保护动作断路器拒跳，同时信号继电器也不会动作。在此情况下，会有“控制回路断线”信号（有此信号时）报出。

(3) 有保护信号掉牌，手动断开断路器前红灯亮，用控制断路器操作能分闸。可能是保护出口回路问题。

(4) 有保护信号掉牌，手动断开断路器时，断路器拒动。若红灯不亮，属跳闸回路不通；若操作前红灯亮，可能是操动机构的机械问题。

(二) 运行中发现二次回路问题将引起跳闸失灵的处理

正常运行中，发现断路器的位置指示灯不亮，报出“控制回路断线”信号、“保护直流断线”信号、交流“电压回路断线”信号，都可能在发生事故时不跳闸。应当及时采取相应的措施处理，防止扩大事故。把越级跳闸事故的苗头，消灭在萌芽状态。

对于没有“控制回路断线”信号的断路器，运行人员必须经常注意，检查断路器的位置指示灯。正常运行中，若红灯亮，表示断路器在合闸位置且跳闸回路正常。

1. 发现红灯不亮

发现红灯不亮时，应检查灯泡是否烧坏，检查灯具是否完好，检查操作熔断器是否熔断或接触不良。若有上述问题，应更换处理，若无上述问题，应检查跳闸回路有无断线或接触不良。

在检查、测量和处理时，应注意防止断路器误跳闸。

2. 报出“控制回路断线”信号

先检查操作电源熔断器是否熔断或接触不良，再检查跳闸回路有无断线或接触不良。

3. 报出交流“电压回路断线”信号

报出交流电压回路断线信号时，应退出可能误动的保护及自动装置。检查电压切换回路是否正常，如母线侧隔离开关的辅助触点、电压切换继电器有无接触不良或断线之处，检查端子排上的交流电压端子有无接触不良等。

4. 根据检查结果采取相应的措施

(1) 可以在短时间内自行处理的，应采取相应的措施处理。如更换熔断的熔断器，使接触松动的熔断器座、端子接触良好，临时短接隔离开关的辅助触点等。

(2) 短时间内难以查明原因，不能自行处理的，汇报调度和有关上级，由检修人员检查处理。运行人员应采取措施，防止发生事故时越级跳闸。

1) 将拒跳的断路器经倒闸操作，倒至单独在一段母线上，与母联断路器串联（双母线接线）运行。用母联的保护代替拒跳断路器的保护，退出拒跳断路器的保护后处理二次回路问题。

2) 双电源的，倒负荷以后，停电检查处理。

3) 有旁路母线的，将负荷倒旁路母线以后，拒跳断路器停电检查处理。

4) 如果不能倒运行方式，应转移负荷以后停电检查处理，或者按主管领导的命令执行，拒跳的断路器停电操作时，如果电动操作断不开，可以用手打跳闸铁芯或脱扣机构的方法，将断路器断开。

(三) 操作时断路器拒跳的处理

操作时断路器断不开，为了防止越级跳闸的事故发生，应汇报调度，迅速采取措施，简明地判断清楚故障范围，及时将断路器停电处理。

1. 处理程序

(1) 检查操作电源熔断器是否熔断或接触不良，直流母线电压是否正常。若有问题，更换处理正常后断开断路器。

(2) 上述情况正常，可以再分闸操作一次，同时注意红、绿灯的变化，并由专人同时观察跳闸铁芯的动作情况，判别区分故障。

如果在操作之前红灯亮，控制断路器扭到“预跳”位置时红灯闪光，操作时跳闸铁芯动作，都说明跳闸回路正常。反之为跳闸回路不通。跳闸铁芯动作但断路器不跳闸，属操动机构和断路器本体有问题。

(3) 判明故障范围以后，应汇报调度，尽快以手打跳闸铁芯或脱扣机构，断开断路器，处理故障。

(4) 如果以手打跳闸铁芯或脱扣机构，仍断不开断路器，应设法将断路器停电处理。如果检查操动机构，问题是可以在较短时间内处理的，处理后断开断路器。如四连板机构过“死点”太多、脱扣机构扣入尺寸过大等。

(5) 无法将断路器断开时，可以采取如下措施，将拒跳断路器停电检修。

1) 对于双母线接线，可以把拒跳断路器倒至单独在一段母线上，与母联断路器串联运行。用母联断路器断开电路，再拉开拒跳断路器的两侧隔离开关，停电检修。

2）有旁路母线的接线，可以经倒运行方式，使拒跳断路器与旁路母线断路器并联以后，取下旁路母线断路器的操作电源熔断器（防止拉隔离开关时，旁路母线断路器跳闸，造成带负荷拉隔离开关事故），拉开拒跳断路器两侧的隔离开关，再装上旁路母线断路器的操作电源熔断器。断开旁路母线断路器，拒跳断路器停电检修。

3）利用本厂一次系统主接线的特点，采用其他倒运行方式的方法，将拒跳的断路器停电检修。

4）在无法倒运行方式的情况下，对于35kV及以下的电容电流小于5A的架空线路、励磁电流小于2A的变压器，可以把负荷全部转移以后，用隔离开关拉开其空载电流，拒跳断路器停电检修。不具备用隔离开关拉空载电流条件的，只能在不带电的条件下，拉开故障断路器两侧的隔离开关，停电检修（其他部分先恢复供电）。

2. 检查处理拒跳的原因

根据前面所讲的分析判断的依据，查找拒跳原因的方法如下：

（1）跳闸铁芯不动作，将控制断路器扭到“预跳”位置，红灯不闪光，说明跳闸回路不通。可以在断开断路器操作的同时，测量其跳闸线圈两端有无电压。

1）若测量无电压或很低。原因有：操作熔断器熔断或接触不良，控制开关触点接触不良，跳闸回路中其他元件（断路器的动合辅助触点、回路中的连接端子等）接触不良。

2）跳闸线圈两端电压正常。说明跳闸回路其他元件正常，原因可能有：跳闸线圈断线或两串联线圈极性接反，跳闸铁芯卡涩或脱落。

（2）跳闸铁芯已经动作，脱扣机构不脱扣。原因有：

1）脱扣机构扣入太深、啮合太紧，四连板机构过“死点”太多。

2）跳闸铁芯行程不够。跳闸线圈剩磁大，使铁芯未复位，顶杆冲力不足。也可能是跳闸线圈有层间短路。

3）机构防跳保安螺钉未退出，分闸锁钩扣入太多（CD_6型机构）等。

（3）跳闸铁芯已经动作，机构虽脱扣但仍不分闸。主要原因有：

1）操动、传动、提升机构卡涩，摩擦力增大。

2）机构轴销窜动或缺少润滑。

3）断路器的分闸力太小（有关的弹簧拉伸或压缩尺寸小，弹簧变质）。

4）断路器动静触点熔焊、卡涩。

三、高压断路器误跳闸的处理

断路器误跳闸是指一次电路中未发生故障，因某些原因误跳闸。主要原因有三大类：人员误动、操动机构自行脱扣、电气二次回路的问题。

对于断路器误跳闸，应首先分清性质，正确判断故障。根据设备上及二次回路上有无工作、有无保护动作信号掉牌、表计指示情况、所报信号、有无短路电流引起的冲击等综合分析判断，及时汇报调度。

（一）人员误动使断路器误跳闸的处理

人员误动使断路器误跳闸，有以下几种情况：

（1）走错设备间隔，误动二次元件，误触动同盘上的其他回路元件，误碰设备某些部位等。

(2) 二次回路上有工作，防护安全措施不完善，防护措施不可靠。如忘记断开保护联跳其他断路器的回路；二次回路上带电工作时，不小心造成的失误等。

人为的原因使断路器误跳闸，造成非全相运行的，可根据调度命令立即合上。

人为的原因使断路器三相误跳闸，对于一般的线路及无非同期并列可能的，可以立即合闸。对于联络线，应注意投入同期并列装置，检查同期合闸。无同期并列装置的，在确无非同期并列的可能时，方能合闸。

(二) 操动机构自行脱扣的处理

判断依据：警报响（有保护出口继电器报事故信号的，自行脱扣不报事故音响），断路器跳闸，绿灯闪光，无保护动作信号掉牌。跳闸的线路上、系统中没有发生短路（或接地短路）的冲击摆动现象，照明灯也无突然变暗，电压表指示无突然下降，只有跳闸时的负荷电流（或潮流）波动。对于联络线，跳闸以后，如果线路上有电，则更能证明属误跳闸。

这种原因造成的误跳闸，一般情况下，重合闸会动作。若重合成功，则不允许再检查处理操作机构的问题。应汇报调度和上级，待以后停电检查处理。

1. 主要原因

(1) 电磁机构的合闸保持支架的坡度过大。弹簧机构的合闸保持顶块，与斧形连板的扣合尺寸过小，使合闸保持不可靠。

(2) 脱扣机构扣入尺寸不够。四连板机构过“死点”尺寸不够等。

(3) 弹簧机构的分闸跳扣扣合面过小、扣合角度不符合要求，机构箱门上的跳闸按钮顶杆过长。

由于操动机构存在上述问题，运行中遇有振动，就有可能自行脱扣而误跳闸。

2. 处理方法

(1) 拉开误跳断路器的两侧隔离开关，检查上述原因（合上断路器检查）。首先，应进行检查判断。在检查时，可以观察操动机构各重点部位的状态，便于发现问题。同时，还要在保护盘上，观察各继电器所处位置有无异常，以便于区分是否属二次回路问题。操动机构自行脱扣，很多情况下能再次合上，保护盘上各继电器位置无异常。而因二次回路的问题造成的误跳闸，一般不能再合上（属防跳跃继电器的问题时，可以合上），可以发现各继电器的位置不正常情况。

(2) 根据调度命令，将负荷倒至备用电源供电。

(3) 无备用电源的，将负荷倒至经旁路母线供电。

(4) 无备用电源，又不能倒运行方式时，检查处理完毕再送电或根据调度命令执行。

对于操动机构的故障，不能自行处理时，应由检修人员进行。操动机构经过重新调整时，必须测量其动作电压合格，方可合闸送电。

(三) 二次回路问题造成断路器误跳闸的处理

二次回路问题使断路器误跳闸，情况比较复杂，处理时，应根据有无保护动作掉牌，采用不同的措施。

1. 无保护动作信号掉牌

(1) 主要原因如下：

1）直流回路多点接地。

2）二次回路中某些元件性能不良。例如防跳跃继电器的弹簧不良，受震动时触点闭合并会自保持，断路器误跳闸，红灯灯具烧坏，灯具短路使跳闸线圈两端电压增大。

3）二次回路短路。如电缆、端子因受潮或腐蚀而使绝缘损坏，小动物等引起短路，使断路器误跳闸。

（2）处理方法如下：

1）拉开误跳断路器的两侧隔离开关，进行检查判断。这种情况，除直流接地原因以外，与操动机构自行脱扣误跳闸相比，外表现象无多大的差别。但是通过检查操动机构、二次设备各元件的状态，还是可以区分的。只有受振动原因造成的误跳闸，不易区分。二次回路上的故障，除直流接地外，一般无明显的特征，不太容易发现，并且不容易在短时间内排除故障。应向调度和上级汇报。

2）有备用电源时，根据调度命令，对负荷采用备用电源供电。

3）无备用电源，但可以倒运行方式的，通过旁路母线对负荷供电。

4）无备用电源，又不能倒运行方式时，停电检查，处理完毕再进电或根据调度命令执行。

检查二次回路故障时，运行人员一般只进行外部的检查。短时间难以查明时，应汇报上级，由专业人员检查处理。

2. 有保护动作信号掉牌

因为继电保护误动跳闸，有保护信号掉牌，故应判断是否确属于误动，并汇报调度。判断依据有：虽有保护掉牌信号，当时系统中有无发生短路、接地时的冲击，电压有无下降，照明灯有无突然变暗，设备本身有无通过短路电流的迹象。检查保护投退位置是否正确，保护范围内有无故障，保护范围外有无故障，保护回路有无工作，与调度联系了解的情况等。若联络线上有电，更能证明属误动跳闸。保护误动作的原因有：

（1）保护整定值不符合要求。

处理方法：汇报调度。如果是保护范围以外有故障，隔离故障之后恢复供电，如果属负荷过大，应将保护改投大定值或减负荷以后恢复供电，保护整定值符合要求之后，才能增加负荷。

（2）保护回路上有工作，安全措施不完善。如未断开应该拆开的接线端子，未断开有关联跳连接片，工作中误碰、误触及误接线等，使断路器误动作跳闸。

处理方法：停止在保护及二次回路上的工作，拉开其试验电源。根据二次回路上有人工作，而在电网中，并无发生故障时的电流、电压冲击摆动，照明灯无突然变暗情况，判定属误动时，按有关规定纠正、完善有关安全措施后恢复供电。送电时，对于联络线，应注意防止非同期并列。

（3）电压互感器二次断线，断线闭锁不可靠的保护误动作。这种情况，一般会报出交流电压回路断线信号。如果电压互感器的一、二次熔断器熔断，则电压表指示不正常。跳闸时，没有短路故障引起的冲击摆动。

处理方法：迅速使电压互感器的二次电压恢复正常，重新合闸送电，恢复系统间的并列。注意对于联络线，应经并列装置合闸。电压互感器二次电压不能立即恢复正常时，应把负荷倒至备用电源带，使误跳闸断路器停电，进行问题的处理。若无备用电源时：

1）将负荷倒至旁路母线带。

2）无旁路母线的，先解除误动作的保护，把误跳闸断路器倒至单独在一段母线上，与母联断路器一起（双母线接线，且母联的保护，能保护所串线路时）运行。

3）无上述条件的，如果误跳断路器配有其他保护装置，又必须紧急送电时，可根据调度令，退出误动的保护，恢复供电。

4）保护装置工作后，接线错误未被发现，在外故障、负荷增大或有波动时误动作。如差动保护、零序保护、高频保护等，电流互感器二次接线有误，带负荷测相量时又未发现，运行中就会误动作。二次回路工作中留下隐患，在运行中误动作等。

这种情况，除了外部有故障以外，二次回路中的问题，一般不容易直接发现，短时间内难以排除。

处理方法：汇报调度，经综合分析判断，判定属误动作以后，将负荷倒备用电源带，将误跳闸断路器停电，进行二次回路问题的处理。若无备用电源，应经倒运行方式的方法先恢复供电，其具体方法和前一种故障处理的1）～3）项相同。

（四）处理断路器误跳闸故障时的注意事项

（1）及时、准确地记录所出现的信号和特征。汇报调度以便听从指挥，便于在互通情况中判断故障。

（2）对于可以立即恢复运行的，应根据调度命令，按下列情况恢复合闸送电。

1）对于单电源送电线路，可以立即合闸送电。

2）对于单回联络线，需检查线路上无电压后合闸送电（同期并列装置应投于“手动”位置）。

3）对于联络线，当线路上有电时，必须经并列装置合闸（并列装置应投于“同期”位置）或在无非同期并列的可能时合闸。

（3）无论是什么原因造成的误跳闸，凡是重合闸动作，重合成功时，不许再对误跳闸断路器的操作机构、保护装置、二次回路进行检查处理缺陷，以免再次误跳闸。应分析原因，观察情况，汇报调度和上级，待命处理。

第六节　SF_6 断路器的运行及故障的处理

一、SF_6 断路器的巡视检查

（1）检查 SF_6 气体压力是否保持在额定电压，如压力下降即表明有漏气现象，应及时查出泄漏位置并进行消除，否则将危及人身及设备安全。

（2）检查外部瓷件有无破损、裂纹和严重污秽现象。

（3）检查接触端子有无发热现象，如有即应停电退出，进行消除后方可继续运行。

（4）在投入前应检查操动机构是否灵活，分、合闸指示及红绿灯信号是否正确。

（5）运行中应严格防止潮气进入断路器内部，以免由于电弧产生的氟化物和硫化物与水作用对断路器结构材料产生腐蚀。

SF_6 断路器巡视检查的项目见表 3-8。

表 3-8　SF_6 断路器巡视检查的项目

检查项目	检查内容及技术要求	备　注
外观检查	操作次数指示器，分、合闸指示灯的指示应正常	与设备运行状态一致
	有无异常响声或气味发出	
	接头是否有过热而变色	采用红外测温仪检测
	瓷套管有无爆裂、损坏或沾污情况	
	接地的支架外壳有无损伤或锈蚀	
操作装置和控制屏	压力表（SF_6 气体压缩空气）的指示是否正常	透过对操作箱和对控制屏的观察检查
	空气压缩机操作仪表指示是否正常	通过正面观察检查
空气泄漏	空气系统是否有漏气的声响	通过听、看等方法检查
排水	对气罐与管道进行排水	

二、SF_6 断路器故障的处理

（一）户外 SF_6 断路器气压降低的处理

利用 SF_6 气体密度继电器（气体温度补偿压力断路器）监视气体压力的变化。当 SF_6 气压下降至第一报警值时，密度继电器动作，报出补气压力信号。当 SF_6 气压下降至第二报警值时，密度继电器动作，报出闭锁压力信号，同时把断路器的跳合闸回路断开，实现分、合闸闭锁。

纯净的 SF_6 气体，是无色、无味、无毒、化学性很稳定的气体。在断路器内的 SF_6 气体经电弧分解（特别是有潮气）后，会产生许多有毒的、具有腐蚀性的气体和固体分解物。这些产物，不仅影响到设备的性能，而且危及运行、检修人员的安全。处理漏气故障时，必须注意采取防护措施。

运行中发生 SF_6 气体泄漏，嗅到有强烈刺激性的气味，工作人员必须穿戴防护用具。包括工作手套、工作鞋、护目镜、密封式工作服、防毒面具等，应根据工作条件来使用。还应注意，工作现场不许抽烟。工作中若发生流泪、流鼻涕、咽喉中的热辣感、发音嘶哑、头晕以及胸闷、恶心、颈部不适等中毒症状，应迅速离开现场，到空气新鲜处休息，必要时，应经医生治疗。

1. 密度继电器动作发出补气压力信号

(1) 及时检查压力表指示，检查信号报警是否正确，是否漏气。运行中，在同一温度下，相邻两次的压力记录，相差 $(0.1\sim0.3)\times10^4$ Pa 时，可能有漏气，有条件的可用检漏仪器检查。

检查的时候，如感觉有刺激性气味、自感不适，应立即离开现均 10m 以外。必须穿戴防护用具才能接近设备。

(2) 如果检查没有漏气现象，属于长时间运行中气压正常下降。应汇报上级，由专业人员带电补气。补气以后，继续监视气压。

(3) 如果检查有漏气现象，应汇报调度，及时转移负荷或倒运行方式，将故障断路器停

电（此时 SF_6 气压尚可保证灭弧）检查。

2. 密度继电器动作发出闭锁压力信号

SF_6 气体闭锁压力信号报出，气体压力下降较多，就说明有漏气现象。断路器跳合闸回路已被闭锁。一般情况下，报出闭锁压力信号之前，应先报出补气压力信号，检查有漏气现象，应迅速采取措施。

(1) 先拉开断路器的操作电源，以防止万一闭锁不可靠，断路器跳闸时不能灭弧。

(2) 汇报调度和有关上级。

(3) 尽快用专用闭锁工具，将断路器的传动机构卡死。此时，可以再装上操作熔断器，在有故障时，断路器的失灵保护启动回路仍可以起作用。

(4) 立即转移负荷，利用倒运行方式的方法，将故障断路器停电，进行处理漏气并补气。

(5) 无法倒运行方式时，应将负荷转移。断路器只能在不带电情况下断开，然后停电检修。

大量 SF_6 气体泄漏，运行人员在设备附近检查、操作、布置安全措施以后，应将防护用具清洗干净，人员要洗手或洗澡。在进行上述工作、操作、检查和清洗防护用具时，必须有监护人在场。

（二）SF_6 断路器微水超标的处理

SF_6 断路器中 SF_6 气体水分含量过高，不仅使 SF_6 气体放电或产生热分离，而且有可能与 SF_6 气体中低氟化物反应产生氢氟酸，影响设备的绝缘和灭弧能力，同时，在气温降到0℃左右时，SF_6 气体中的水蒸气气压超过此温度的饱和蒸汽压，则会变成凝结水，附在绝缘物表面，使绝缘物表面绝缘能力下降，从而导致内部沿面闪络造成事故。

1. 产生微水超标的原因

(1) SF_6 气体存放方法不当，出厂时带有水分。

(2) 断路器器壁和固体绝缘材料析出水分。

(3) 工艺不当，充气时气瓶未倒立，管路、接口不干燥，装配时暴露时间过长。

(4) 环境温度高，空气湿度大。

(5) 人为因素，如工艺掌握不熟练，责任心不强等。

2. 微水超标的检测

(1) 含量标准。部颁规定一般断路器中 SF_6 气体微水含量的体积分数不得超过 15×10^{-4}，运行中的 SF_6 断路器不得超过 3×10^{-4}（20℃时）。

(2) 检测周期。一般情况下，应每年检测一次。断路器无渗漏，可 2 年检查一次。如发现断路器漏气过多，则应在对断路器补气前，检查水分的含量。

(3) 检测方法。用管路将断路器内的 SF_6 气体经减压和流量调节阀接入微水测定仪上。一般应调节流量为 100mL/min。流量不准将影响测量结果，连接管道和减压、调节阀应进行干燥。

3. 处理方法

(1) 固体绝缘材料及内壁析出水分。在工作缸上法兰盘处加装一套分子筛和更新三连箱分子筛，以随时吸收析出的水分。

（2）充气、补气时接口管路带入水分。在使用前用合格的高纯氮气冲管路及接口，以带走接口及管路水分。

（3）人员责任心不强，对微水超标的危害性认识不清。讲解微水超标对设备、人身的危害，以杜绝人为失误。

第七节　真空断路器的运行及故障的处理

一、真空断路器的运行

真空断路器装置以基本上不需要维修的真空断路器管为主体组装而成，它的操动机构由于动作行程短，结构简单，零部件也少，因而故障少，而其他断路器的操动机构与之相比故障很多。另一方面，真空断路器装置维修也方便，可以说是理想的断路器装置。不过，除掉一部分杆上真空负荷断路器外，真空断路器装置不是完全不需维修的，适当的检查和维修可以充分发挥它的优势性。

1. 真空断路器检查的类型

真空断路器的检查可以分为巡视检查、定期检查和临时检查。

（1）巡视检查。在巡视检查整套设备过程中，从外部监视处于使用状态下的真空断路器有无异常。

（2）定期检查。为了使真空断路器经常保持良好状态，可靠地接通、开断负荷电流，开断故障电流、合闸送电等功能，应该按计划将真空断路器停役进行检修。根据检修内容可分为小修和大修两类。

（3）临时检修。遇到下述情况，对认为有必要进行检修的部位临时进行检修。

1）通常运行状态下认为有异常现象时。

2）在巡视检查、定期检查中发现有异常现象时。

3）开断过几次事故电流后。

4）完成了预定次数的开断负荷电流和无负荷的分、合闸后。

2. 检查时的注意事项

检查真空断路器时必须注意下列各项：

（1）对运行状态下真空断路器进行外观检查时，要防止不小心进入危险区域内，同时还必须断开真空断路器的主回路和控制回路，并将主回路接地后才可以开始检修。

（2）真空断路器中采用电动的弹簧操动机构时，一定要松开合闸弹簧后才可以开始检修。

（3）必须充分注意勿使真空断路器管的绝缘壳体、法兰的焊接部分和排气管的压接部分碰触硬物而损坏。

（4）真空断路器管外表面沾污时，要用汽油之类的溶剂擦拭干净。

（5）进行检修操作时，不得麻痹疏忽，掉落工具。

（6）不允许用湿手、脏手触摸真空断路器。

（7）必须注意：松动的螺栓、螺母之类的零件要完全拧紧；弹簧挡圈之类的零件用过之后，禁止再使用。

(8) 检查工作结束时，一定要查清有没有遗忘使用过的工具和器材。

3. 真空断路器检查的具体内容

真空断路器运行中巡视检查的项目见表3-9。

表3-9　　真空断路器运行中巡视检查的项目

项　目	检 查 项 目	备　注
外部检查	核实分、合指示或指示灯是否正确	巡视检查时一旦发现不正常现象，应该立刻停用真空断路器，查明原因
	检查动作次数计数器的读数	
	有无不正常声音、臭味等	
	接线端子有无过热变色	
	线圈有无过热变色	
	有无部件损伤、碎片脱落、附着异物	

4. 定期检修

定期检修是在真空断路器停役后进行的，其目的是核实、保持或修复到其原有的功能。以下将真空断路器分为真空断路器管、高压带电部分、操动机构部分和控制组件来叙述各个部分的检查要点。

(1) 高压带电部分。所谓高压带电部分是指把真空断路器管的静导电杆和动导电回路端子以接通电路的部分，由支持绝缘子、绝缘套管等绝缘元件支架在真空断路器的框架上。通常，真空断路器管的静导电杆固定连接在主回路母线上，而动导电杆是通过软连接或滑动触点之类与可动侧的主回路母线相连接。

真空断路器处于运行状态时，高压带电部分经常被加上电压，故检查的要点是主回路对地之间、不同相的端子之间必须保持可靠的绝缘，同时保证高压带电部分在额定电流下正常工作。因此，检查的主要项目集中到测定绝缘电阻和接触电阻两项。

(2) 操动机构部分。真空断路器的操动机构同常用的油断路器的操动机构基本上无多大差别，但是前者的动作行程短、动作的冲击力也小、结构可靠性高、维修检查方便。

真空断路器的操动机构一般多采用电磁操动机构和电动的弹簧操动机构。前者用合闸电磁铁操作合闸，后者先用电动机使合闸弹簧储能，再释放这种能量来进行合闸操作。上述两种操动机构随制造厂不同而略有差异。对比这两种操动机构可知，电动的弹簧操动机构要比电磁操动机构复杂，仅这一点在维修时也要注意。

真空断路器的操动机构在平时保持在静止的状态，但一旦接到动作指令，必须按规定的分、合闸特性可靠地动作，因为真空断路器绝对不允许有误动作或动作不可靠。为此，在定期检查时，一定要进行真空断路器的分、合闸操作，以确保其动作可靠，这是极为重要的。为了使操动机构经常能良好地动作，必须检查机构部分的润滑状态，根据情况进行清理、注油。

(3) 控制组件。用电来操作真空断路器分、合闸时所不可缺少的控制元件，例如辅助开关、控制继电器、电源开关、端子排等，一般是装配成一个控制组件。由于电磁操动机构与电动的弹簧操作机构的合闸电流大小不同，故两者所用的控制元件也有一部分不相同。也有把微动断路器等元件安装在机构内各个部位上的情况。

定期检查时，一定要检查这些控制元件，对操作频度高的真空断路器最好检查各触点的接触电阻。

二、常见故障的处理

1. 真空断路器的真空度下降

真空断路器是利用真空的高介质强度灭弧。真空度必须保证在0.0133Pa以上，才能可靠的运行。若低于此真空度，则不能灭弧。由于现场测量真空度非常困难，因此一般均以检查其承受耐压的情况为鉴别真空度是否下降的依据。正常巡视检查要注意屏蔽罩的颜色，应无异常变化。特别在注意断路器分闸时的弧光颜色，真空度正常情况下弧光呈微蓝色，若真空度降低则变为橙红色。这时应及时更换真空灭弧室。造成真空断路器真空度降低的原因主要有：

(1) 使用材料气密情况不良。

(2) 金属波纹管密封质量不良。

(3) 在调试过程中，行程超过波纹管的范围，或超程过大，受冲击力太大造成。

运行经验表明，真空断路器在运行中除出现真空灭弧室漏气外，还容易发生接触电阻增大，机构卡滞，分、合闸线圈烧毁等故障。

2. 接触电阻增大的处理

(1) 原因。真空灭弧室的触点接触面在经过多次开断电流后逐渐被电磨损，导致接触电阻增大，这对开断性能和导电性能都会产生不利的影响。因此规程规定要测量导电回路电阻，并建议测量值不大于1.2倍的出厂值。

(2) 处理方法。对接触电阻明显增大的，除要进行触点调节外，还应检测真空灭弧室的真空度，必要时更换相应的灭弧室。

应当指出，调节触点时要注意触点的弹跳。为寻求一个动态的平衡点，应对触点进行反复调整和测试，直到满足要求为止。

1) 测量真空断路器触点弹跳时间的方法如下：

①采用记录型示波器，将合闸过程中触点接触信号记录下来。接触信号上的锯齿状脉冲线条长度就是触点弹跳时间。

②采用断路器特性测试仪测量触点合闸弹跳时间。

2) 如果测得的触点合闸弹跳时间大于规定值，可从下列几方面采取措施：

①适当增大触点弹簧的初压力。

② 调整传动机构，利用机构在合闸位置超过主动臂死点时传动比很小的特点，将机构向靠近死区方向调整；可减小触点合闸弹跳。

3. 操动机构故障的处理

(1) 跳跃现象。采用直流电磁铁操动机构的真空断路器机构在运行时，有时会发出现机构合闸线圈通电后，合闸铁芯没有达到合闸终点位置，轴没能被支架托住而返回，使断路器分闸。此时合闸信号又未切除，合闸线圈再次得电，铁芯又马上合闸。合闸后又导致分闸，如此循环。这种急速的连续分合闸，称为“跳跃”现象。发生“跳跃”现象的原因及处理方法如下：

1）掣子是否有卡滞现象，或掣子与环间隙未达到 2mm±0.5mm 要求，若超出此要求时，应卸下底座，取出铁芯，调整铁芯顶杆高度，使其达到间隙要求。

2）合闸线圈被辅助开关过早切断合闸电源，此时应调整辅助开关拉杆长度，使断路器可靠合闸。

（2）弹簧操动机构常见故障及处理方法。在调整扇形板与半轴扣接量的过程中，常见故障及处理方法如下：

1）半轴自行复位困难。其原因是半轴复位弹簧软。处理方法是换复位弹簧，保证其质量。

2）合、分闸信号给出后，半轴不动作。其原因是推板角度不适，有松动，半轴转动不灵活。

处理方法是旋紧推板螺钉，调整推板角度，在半轴的转动部位加润滑油。

3）机构与断路器连接后，扇形板不能复位到正常位置。其原因是机构输出轴分闸位置不正确。处理方法是调整机构与断路器之间的拉杆长度来调整机构输出轴的分闸位置。

（3）在调整微动开关的过程中，常见的故障及处理方法如下：

1）机构合闸弹簧储能不到位。

2）机构电动机不断电。

其原因是微动开关安装位量不合适。前者为微动行程开关偏下致使合闸弹簧尚未储能完毕，微动行程开关触点已经转换，切断了电动机电源；后者为微动行程开关偏上，致使合闸弹簧储能完毕后，微动开关触点还没有得到转换，电动机仍处于工作状态。处理方法是可通过调整微动开关上下位置来实现电动机准确断电。

第四章

互感器的运行

互感器是进行电压、电流变换的设备，是一次系统和二次系统之间最重要的联络元件。它分为电压互感器（TV）和电流互感器（TA）两大类。电压互感器将一次回路中的高电压变换为二次回路中的标准低电压（一般电压互感器二次绕组额定电压为100V或$100/\sqrt{3}$V），电流互感器将一次回路中的大电流变换为二次回路中的标准小电流（一般电流互感器二次绕组额定电流为5A或1A）。有的直接把电流互感器和电压互感器组合在一起，形成组合式互感器。

互感器主要作用如下：

（1）电压互感器的二次额定电压或电流互感器的二次额定电流是一定的，有利于测量仪表和继电器等二次设备的标准化。

（2）由于互感器的一、二次绕组之间有足够的绝缘强度，使低压二次设备与高压一次系统在电气方面隔离，对二次设备进行维护时，不需中断一次系统的运行，二次设备出现故障也不会影响到一次侧，提高了一次系统和二次系统的安全性和可靠性。而且互感器的二次侧采取了保护接地措施，可以防止当互感器一、二次绕组间的绝缘损坏时在二次侧产生危险的高电压，确保二次设备及工作人员在接触测量仪表和继电器时的安全。

（3）经过互感器变换后，二次回路中电压低、电流小，使得仪表和继电器等二次设备小型化，结构轻巧，价格便宜，并且可用小截面电缆来连接二次设备，使得二次回路接线简单、经济，便于实现远距离测量控制和标准化组屏。

（4）通过互感器的适当接线，还可以取得零序电流、零序电压，供保护和自动装置使用。

第一节　电流互感器

一、电流互感器的工作原理

电力系统广泛采用电磁式电流互感器，作原理与变压器相似。在正常条件下使用时，其一次绕组串联在被测回路中，二次绕组经某些负荷而闭合，二次电流与一次电流成正比。原理电路如图4-1所示。其特点如下：

（1）一次绕组与被测电路串联，匝数很少，流过的电流I_1是被测电路的负荷电流，与二次侧电流I_2无关。

（2）二次绕组与测量仪表和保护装置的电流线圈串联，匝数通常是一次绕组的很多倍，

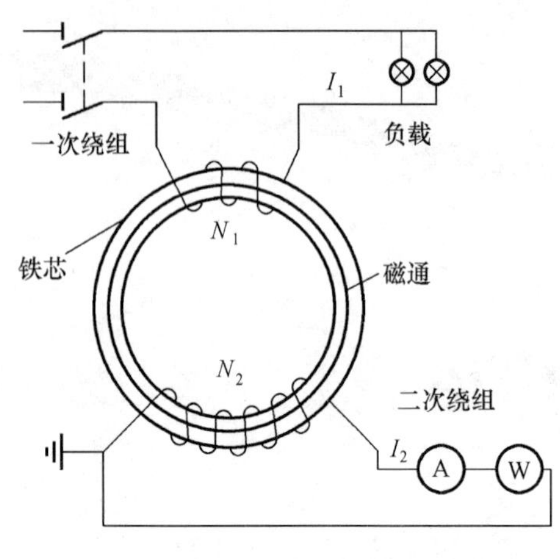

图 4-1　电流互感器的原理电路

且 I_2 的大小与 I_1 成正比。

（3）测量仪表和保护装置的电流线圈阻抗很小，电流互感器近似于短路状态运行。正常情况下，允许电流互感器短路运行，但不允许开路运行。

二、电流互感器的主要参数

（1）额定电压。额定电压是指电流互感器在铭牌上标识的工作时的线电压有效值。它表示了一次绕组的绝缘水平。

（2）额定一次电流。额定一次电流是指电流互感器在铭牌上标识的长期工作时允许通过一次绕组的最大电流。

（3）额定二次电流。额定二次电流是指电流互感器在铭牌上标识的工作时通过二次绕组的标准电流。我国电流互感器的额定二次电流为 5A 或 1A。采用 1A 的电流互感器的二次绕组匝数比采用 5A 的要多，内阻大，励磁电流小，价格稍贵，但因为二次流过的电流小，所以可以降低电缆中的功率损耗。电流互感器的额定二次电流的具体选用需根据变电站的实际情况，经过技术经济比较来确定。一般来说，对于 220kV 及以下电压等级的容量较小的变电站，常采用额定二次电流为 5A 的电流互感器，而对于 220kV 及以上电压等级的大容量变电站，常采用额定二次电流为 1A 的电流互感器。

（4）额定容量。额定容量是指电流互感器在额定二次电流和额定二次阻抗下运行时，二次绕组的输出容量（$S_{2N}=I_{2N}^2Z_{2N}$），其标准值为 5、10、15、20、25、30、40、50、60、80、100VA 等，因为电流互感器的额定二次电流为标准值，故额定容量也常用额定二次阻抗来表示。由于电流互感器的电流误差和相位差随着二次负荷和二次绕组的阻抗的增大而增大，故同一台电流互感器使用在不同准确级时，会有不同的额定容量。例如 LM2-10-3000/5-0.5 型电流互感器在 0.5 级下工作时，额定二次阻抗为 1.6Ω，在 1 级下工作时，额定二次阻抗为 2.4Ω。为保证电流互感器能在要求的准确级下运行，其二次负荷不应大于允许值。

（5）电流比。电流比为一次电流与二次电流之比。电流互感器有实际值电流比和额定电流比两个术语。实际值电流比是指实际的一次电流与实际的二次电流之比，额定电流比是指额定一次电流与额定二次电流之比。

（6）额定动稳定电流。额定动稳定电流是指在二次绕组短路时，电流互感器能够承受的最大一次电流的峰值，电流互感器应能承受住该峰值电流产生的电动力而无电气的或机械的损伤，且不影响其以后的正常工作。额定动稳定电流表示了电流互感器抗短路电流机械作用的能力。

（7）额定连续热电流。额定连续热电流是指二次绕组带额定负荷时，一次绕组连续通过而不使电流互感器各部分的温升超过规定值的电流。通常额定一次电流即为额定连续热电流，但在某些特殊情况下，额定连续热电流大于额定一次电流，例如为额定一次电流的 1.2 倍或 1.5 倍等。

（8）额定短时热电流。额定短时热电流是指在二次绕组短路时，电流互感器在短时间内能够承受而不会受损的最大一次电流的有效值，在这段时间内电流互感器的导电部分的温度不超过允许的温度，没有损伤，不影响电流互感器的继续工作。它表示了电流互感器抗短路电流热作用的能力，此时不仅需要知道流过互感器电流的大小，还要知道其通过的时间，这个时间取决于安装电流互感器的电网参数，我国通常取1s，也可根据需要延长。

三、电流互感器的分类和型号

（一）电流互感器的分类

（1）根据用途的不同，电流互感器可分为：

1）测量用电流互感器。

2）保护用电流互感器。

（2）按安装方式，电流互感器可分为：

1）贯穿式电流互感器。

2）套管式电流互感器。

3）支柱式电流互感器。

4）母线式电流互感器。

（3）按二次绕组所在位置，可分为：

1）正立式电流互感器。

2）倒立式电流互感器。

（4）按一次绕组匝数，电流互感器可分为：

1）单匝式电流互感器。

2）多匝式。

（5）根据绝缘介质的不同，电流互感器可分为：

1）油浸式电流互感器。大多为户外型，常用于35kV及以上电压等级。

2）浇注式电流互感器。多用于35kV及以下的电流互感器。

3）干式电流互感器。常用于0.5kV及以下的低压户内型电流互感器。

4）SF_6气体绝缘电流互感器。SF_6气体绝缘电流互感器的主绝缘由性能优良的SF_6气体构成，它又有两种形式：一种与GIS配套使用；另一种可独立使用。

（6）按电流比，电流互感器可分为：

1）单电流比的电流互感器。这种电流互感器一、二次绕组匝数固定，电流比不能改变，只能实现一种电流比变换。

2）多电流比的电流互感器。它通过改变电流互感器绕组的匝数等方法，可得到不同的电流比。

（7）根据使用条件的不同，电流互感器可分为：

1）户内式电流互感器。10kV及以下电压等级的电流互感器多制成户内式。

2）户外式电流互感器。35kV及以上电压等级的电流互感器多制成户外式。

（8）按电流变换原理，电流互感器可分为：

1）传统的电磁式电流互感器。

2）新型的电流互感器，如光学电流互感器、无线电式电流互感器等。

（二）电流互感器的型号

电流互感器的型号以汉语拼音字母表示，组成如下：

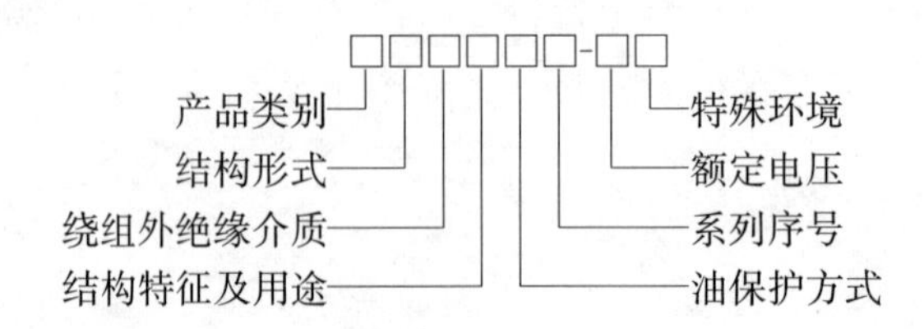

（1）产品类别，符号为L，表示电流互感器。

（2）结构形式，用下列字母表示：R—套管式；Z—支柱式；Q—绕线式；F—贯穿式（多匝）；D—贯穿式（单匝）；M—母线式；K—开合式；V—倒立式；A—链型；电容式不表示。

（3）绕组外绝缘介质，用下列字母表示：G—干式；C—瓷；Q—气体；Z—浇注绝缘；K—绝缘壳；油浸式不表示。

（4）结构特征及用途，B—带保护级。

（5）油保护方式，N—不带金属膨胀器；带金属膨胀器不表示。

（6）系列序号，用数字表示。

（7）额定电压，单位为kV。

（8）特殊环境，用下列字母表示：GY—高原地区用；W—污秽地区用；TA—干热带地区用；TH—潮热带地区用。

例如，LMZ-10型表示母线式、浇注绝缘、10kV电流互感器。

四、电流互感器的结构

电流互感器型式很多，其结构主要由一次绕组、二次绕组、铁芯、绝缘等几部分组成。电流互感器结构示意图如图4-2所示。

在同一回路中，往往需要很多电流互感器供给测量和保护用，高压电流互感器常由多个没有磁联系的独立铁芯和二次绕组与共同的一次绕组组成同一电流比、多二次绕组的结构，如图4-2（c）所示。对于110kV及以上的电流互感器，为了适应一次电流的变化和减少产品规格，常将一次绕组分成几组，通过切换来改变绕组的串、并联，以获得2～3种变流比。

（1）单匝式电流互感器。单匝式电流互感器结构简单、尺寸小、价格低，内部电动力不

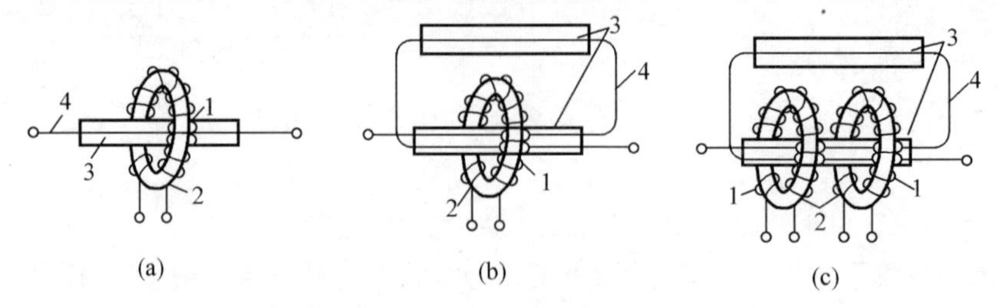

图4-2　电流互感器结构示意图

（a）单匝式；（b）复匝式；（c）具有两个铁芯的复匝式

1—二次绕组；2—铁芯；3—绝缘；4—一次绕组

大，热稳定性能好，靠一次绕组的导体截面来保证。缺点是一次电流较小时，一次安匝 I_1N_1 与励磁安匝 I_0N_1 相差较小，故误差较大，因此仅用于额定电流为400A以上的电路。

LDZ1-10型环氧树脂浇注绝缘单匝式电流互感器外形如图4-3所示。

(2) 复匝式电流互感器。由于单匝式电流互感器准确级较低，或在一定的准确级下其二次绕组功率不大，以致增加互感器数目，所以，在很多情况下需要采用复匝式电流互感器。复匝式电流互感器可用于一次额定电流为各种数值的电路。

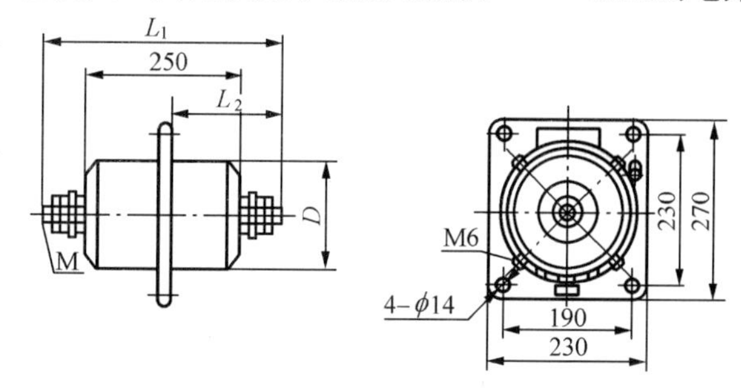

图4-3 LDZ1-10型环氧树脂浇注绝缘单匝式电流互感器外形

LCW-110型户外油浸式瓷绝缘8字形绕组电流互感器结构如图4-4所示。由于这种8字形绕组电场分布不均匀，故用于30～110kV电压级，一般有2～3个铁芯。

LCLWD3-220型户外瓷箱式电容型绝缘U字形绕组电流互感器结构如图4-5所示。由于这类电流互感器具有用油量少、瓷套直径小、质量小、电场分布均匀、绝缘利用率高和便于实现机械化包扎等优点，在220kV及以上电压级中得到广泛的应用。

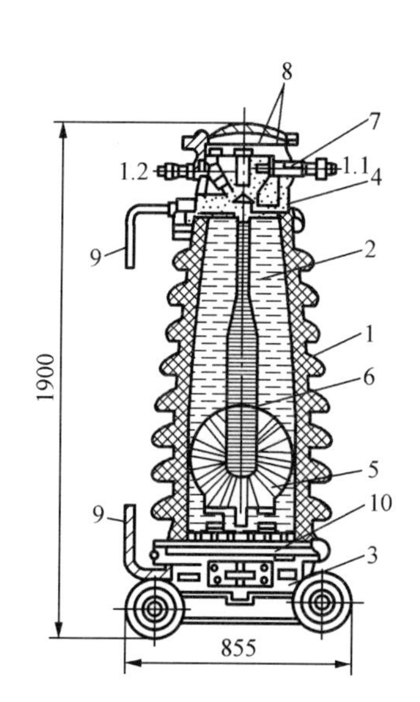

图4-4 LCW-110型户外油浸式瓷绝缘8字形绕组电流互感器结构

1—瓷外壳；2—变压器油；3—小车；4—扩张器；5—环形铁芯及二次绕组；6—次绕组；7—瓷套管；8—一次绕组换接器；9—放电间隙；10—二次绕组引出路

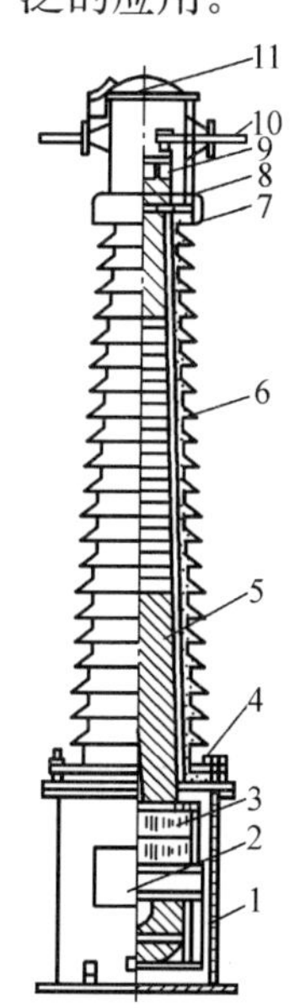

图4-5 LCLWD3-220型户外瓷箱式电容型绝缘U字形绕组电流互感器结构

1—油箱；2—二次接线盒；3—环形铁芯及二次绕组；4—压圈式卡接装置；5—U形一次绕组；6—瓷套；7—均压护罩；8—储油柜；9—一次绕组切换装置；10—一次出线端子；11—呼吸器

五、电流互感器的接线

1. 电流互感器的极性

电流互感器的接线应遵守串联原则，即一次绕组应和被测电路串联，而二次绕组则和负载串联，其二次侧接测量仪表、继电器及各种自动装置的电流线圈。某些仪表（如功率表、电能表、功率因数表等）和继电器（如差动继电器、功率继电器等）的动作原理与电流的方向有关，因此要求接入电流互感器后，在这些仪表和继电器中仍能保持原来确定的电流方向。为了做到这一点，在电流互感器的一次侧端子和二次侧端子加以特殊标志，以表明它的极性。电流互感器的极性表示了它的一次绕组和二次绕组间电流方向的关系。若一次侧端子用L1、L2表示，二次侧端子用K1、K2表示。当一次侧电流从L1流向L2时，二次侧电流从K1流出经过电流互感器二次负荷回到K2，此时我们称L1和K1、L2和K2分别是同极性端，用符号“*”或“·”标识，如图4-6所示。同极性端在任一瞬间对绕组的另一端同时为高电位或低电位，电流互感器接线时应保证极性连接正确。

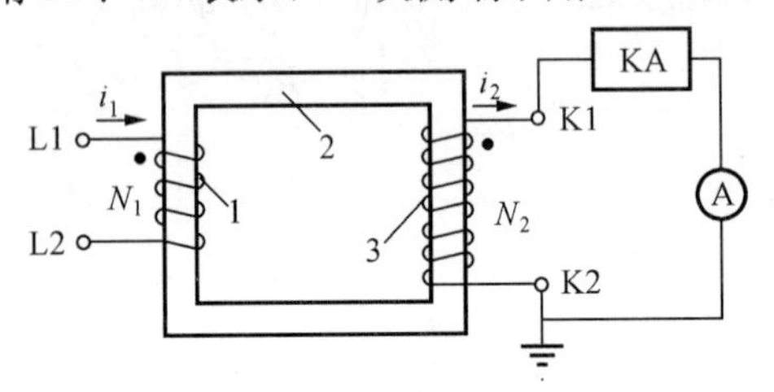

图4-6　电流互感器同极性端

1——一次绕组；2—铁芯；3—二次绕组

2. 电流互感器的接线方式

用于测量回路的电流互感器接线，应视测量表计回路的具体要求及电流互感器的配置情况来确定。用于继电保护的电流互感器接线，则应按保护所要求的有关故障类型及保护灵敏系数的条件来确定。

电流互感器的接线方式常用的有以下几种：

（1）一个电流互感器组成的单相式接线。如图4-7（a）所示，电流互感器可接在任意一相上。这种接线主要用于测量三相对称负载的相电流。

（2）两个电流互感器组成的不完全星形接线。如图4-7（b）所示，两个电流互感器分别接在两相。这种接线方式可以测量三相电流、有功功率、无功功率、电能等，能反应相间故障，但没有装电流互感器的那一相发生单相接地故障时保护不会动作，因此不能完全反应接

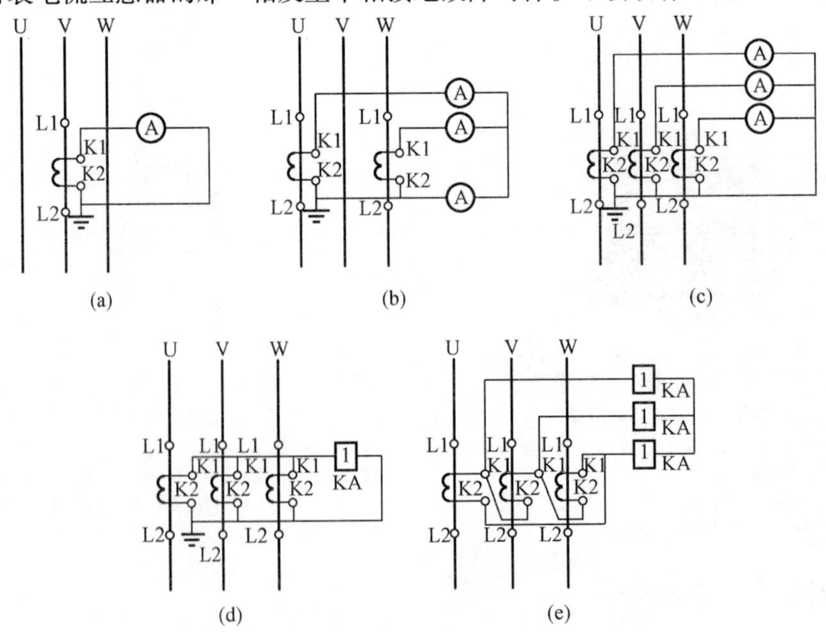

图4-7　电流互感器的接线

（a）单相式接线；（b）不完全星形接线；（c）完全星形接线；（d）零序接线；（e）三角形接线

地故障，故广泛应用于中性点不直接接地系统中的测量和保护回路。

(3) 三个电流互感器组成的完全星形接线。如图 4-7 (c) 所示，三个电流互感器分别接在三相上，二次绕组按星形连接。这种接线可以测量三相电流、有功功率、无功功率、电能等，能反应各种相间及接地故障，常用于 110～500kV 中性点直接接地系统。

(4) 零序接线。如图 4-7 (d) 所示，由三个同型号的电流互感器的同极性端子并联后引出，其二次侧公共线流过的电流为三相电流之和。这种接线可以反应零序电流，通常用于零序保护中。

(5) 三角形接线。如图 4-7 (e) 所示，电流互感器二次绕组按三角形连接。在 Yd11 接线的变压器的差动保护电流回路中，为了改变星形侧电流的相位，需将变压器星形侧电流互感器按这种方式接线。测量表计电流回路一般不采用这种接线方式。随着微机保护的普及，可在微机保护内部通过软件实现电流相位和数值的补偿，因此可以不再要求变压器星形侧的电流互感器的二次侧接成三角形。

第二节　电流互感器的运行

电流互感器向测量、保护、自动装置等二次设备提供一次设备的信息，它的安全运行不仅关系着设备本身，还直接影响着电网的安全可靠运行，因此必须做好互感器的运行维护工作，保证其安全运行。

一、运行中电流互感器的注意事项

(1) 电流互感器的二次线圈在运行中不允许开路，因为出现开路时，将使二次电流消失，这时，全部一次电流都成为励磁电流，使铁芯中的磁感应强度急剧增加，其有功损耗增加很多，因而引起铁芯和绕组绝缘过热，甚至造成互感器的损坏。此外，由于磁通很大，在二次线圈中感应产生一个很大的电动势，这个电动势在故障电流作用下，可达数千伏，因此，无论对工作人员还是对二次回路的绝缘都是很危险的，在运行中格外当心。

(2) 保证电流互感器二次侧一点可靠接地。为了防止一、二次绕组绝缘击穿时高压窜入二次侧，危及设备和人员的安全，电流互感器二次侧要进行保安接地。但要注意电流互感器二次回路只允许一点接地，因为若有两个接地点，则会引起分流，使测量误差增大或影响保护动作的正确性。

(3) 电流互感器应在规定的技术参数范围内运行。其二次绕组所接负荷应在限定的负荷之内，负荷一般应保持在额定二次负荷的 25%～100%。

(4) 电流互感器不能长期超过允许的容量运行，否则，不但会因铁芯饱和使误差增大，而且会使铁芯和二次绕组过热，绝缘老化加快，甚至造成损坏，因此发现电流互感器过负荷时应设法转移负荷。

(5) 电流互感器串接在一次设备的回路中，不能像电压互感器那样可以单独退出运行。当电流互感器发生了必须退出运行的异常或故障，则对应的一次设备亦必须同时退出运行。

(6) 油浸式电流互感器，应装设油位计和吸湿器，以监视油位和减少油受空气中的水分及杂质影响。

二、电流互感器的运行

电流互感器投入运行后，运行人员应定期对电流互感器进行巡视检查，通过眼观、耳听、鼻嗅、手摸等方法，检查其运行是否正常，是否有异常或故障。

1. 运行前的巡视检查

(1) 套管有无裂纹、破损现象。

(2) 浇注式电流互感器的外观应清洁，检查其油位是否正常，油色是否正常，无渗漏油现象。

(3) 引线和线卡子及二次回路各连接部分应接触良好，不得松弛。

(4) 外壳及二次回路一点接地良好，接地线应紧固可靠。

(5) 按电气试验规程，进行全面试验合格。

2. 运行中的巡视检查

(1) 各接头有无过热及打火现象，螺栓有无松动，有无异常气味。

(2) 瓷套管是否清洁，有无缺损、裂纹和放电现象，声音是否正常。

(3) 对于充油电流互感器应检查油位是否正常，有无渗漏油现象。

(4) 电流表的三相指示值是否在允许范围之内，电流互感器有无过负荷运行。

(5) 二次线圈有无开路，接地线是否良好，有无松动和断裂现象。

(6) 定期校验电流互感器的绝缘情况，如定期放油，化验油质是否符合要求。

除了正常巡视外，电流互感器在刚投入运行、夏季高温、高峰负荷、有缺陷和大风、雨、雾、雪等天气异常时，需进行特殊巡视。

3. 运行中的监视

(1) 当发现运行中的电流互感器冒烟、膨胀器急剧变形（如金属膨胀器明显鼓起）时，应迅速（如通过电动操作等）切断有关电源。

(2) 电流互感器一次端部引线的接头部位要保证接触良好，并有足够的接触面积，以防止接触不良，产生过热现象。

(3) 加强对电流互感器的密封检查，对老化的胶垫与隔膜应及时更换。

第三节　电流互感器的操作

电流互感器的启、停用，一般是在被测量电路的断路器断开后进行的，以防止电流互感器的二次侧开路。但在被测电路的断路器不允许断开时，只能在带电情况下进行。

在停电情况下，停用电流互感器时，应将纵向连接端子板取下，并用取下的端子板，将标有“进”侧的端子横向短接。在启用电流互感器时，应将横向短接端子板取下，用取下的端子板，将电流互感器纵向端子接通。

在运行中，停用电流互感器时，应将标有“进”侧的端子，先用备用端子板横向短路，然后取下纵向端子板。在启用电流互感器时，应用备用端子板将纵向端子接通，然后取下横向端子板。

在电流互感器启、停用中，应注意在取下端子板时是否出现火花，如发现有火花，应立即将端子板装上并旋紧后，再查明原因。另外，工作人员应站在橡胶绝缘垫上，身体不得碰到接地物体。

第四节　电流互感器故障的处理

一、电流互感器事故的处理

（一）电流互感器的故障

（1）过热现象。原因可能是负荷过大、主导流端子接触不良、内部故障、二次回路开路等。

（2）内部有臭味、冒烟。

（3）内部有放电声或引线外壳之间有火花放电现象。干式电流互感器外壳开裂。

（4）内部声音异常。电流互感器二次阻抗很小，正常工作在近于短路状态，一般应无声音。电流互感器的故障，伴有异常声或其他现象，原因有：铁芯松动，发出不随一次负荷变化的“嗡嗡”声（长时保持）；某些离开叠层的硅钢片，在空负荷（或轻负荷）时，会有一定的嗡嗡声（负荷增大即消失）；二次开路，因磁饱和及磁通的非正弦性，使硅钢片振荡且振荡不均匀，发出较大的噪声。

（5）充油式电流互感器严重漏油。

（6）外绝缘破裂放电。

电流互感器在运行中，发生有上述现象，应进行检查判断，若经鉴定不属于二次回路开路故障，而是本体故障，应转移负荷停电处理。若声音异常但较微小，可不立即停电，应汇报调度和有关上级，来安排计划停电检修。在停电前，应加强监视。

（二）故障原因

1. 制造工艺不良

（1）绝缘工艺不良。

（2）绝缘干燥和脱气处理不彻底。

2. 密封不良、进水受潮

这种原因占的比例较大，在检查中常发现互感器油中有水，端盖内壁积有水锈，绝缘纸明显受潮等。漏水的部位主要在顶部螺孔和隔膜老化开裂的地方。有的电流互感器没有胶囊和呼吸器，为全密封型，但有的不能保证全密封性，进水后就积存在头部，水积多了就会流进去。

3. 安装、检修和运行人员过失

常见的过失有引线接头松动、注油工艺不良、二次线圈开路、电容末屏接地不良等。由于这些过失常导致局部过热或放电，使色谱分析结果异常。

（三）故障的处理

1. 进行预防性试验

规程规定，电流互感器的预防性试验项目有：绕组及末屏的绝缘电阻的测量、介质损耗因数 $\tan\delta$ 的测量和油中溶解气体的色谱分析等。

2. 局部放电测量

常规绝缘试验不能检出电流互感器的局部放电型缺陷，而进行局部放电测量能灵敏地检出该类缺陷，所以规程规定，电流互感器在大修后或必要时应进行局部放电测量。

二、电流互感器二次开路故障的处理

电流互感器二次回路在任何时候都不允许开路运行。

电流互感器二次电流的大小取决于一次电流。二次电流产生的磁动势是平衡一次电流的磁动势的。若二次开路，其阻抗无限大，二次电流等于零，其磁动势也等于零，就不能去平衡一次电流产生的磁动势。一次电流就将全部作用于励磁，使铁芯严重饱和。由于磁饱和，交变磁通的正弦波变为梯形波，在磁通迅速变化的瞬间，二次线圈上将感应出很高的电压(因感应电动势与磁通变化率成正比)，其峰值可达几千伏，甚至上万伏。这么高的电压作用在二次线圈和二次回路上，严重地威胁人身安全，威胁仪表、继电器等二次设备的安全。

电流互感器二次开路，由于磁饱和，使铁损增大而严重发热。线圈的绝缘会因过热而被烧坏。还会在铁芯上产生剩磁，使互感器误差增大。另外，电流互感器二次开路，二次电流等于零，仪表指正不正常，保护可能误动或拒动，保护还可能因无电流而不能反映故障，对于差动保护和零序电流保护等，则可能因开路时产生不平衡电流而误动作。

（一）故障原因

(1) 电流回路中的试验端子连接片，由于连接片胶木头过长，旋转端子金属片未压在连接片的金属片上，而误压在胶木套上，致使开路。

(2) 交流电流回路中的试验接线端子，由于结构和质量上的缺陷，在运行中，发生螺杆与铜板螺孔接触不良，造成开路。

(3) 检修工作中失误。如忘记将继电器内部接头接好，验收时未能发现此问题。

(4) 二次线端子接头压接不紧，回路中电流很大时，发热烧断或氧化过度造成开路。

(5) 室外端子箱、接线盒进水，端子螺钉和垫片锈蚀过重，造成开路。

（二）电流互感器的开路故障检查

电流互感器二次开路故障，可以从以下现象进行检查和判断。

(1) 回路仪表指示异常（降低或为零）。如开路，会使三相电流表指示不一致、功率表指示降低、计量表计（电度表）不转或转速缓慢。如果表计指示时有时无，可能是处于半开路（接触不良）状态。

(2) 电流互感器本体有无严重发热，有无异味、变色、冒烟等现象。此现象在负荷小时也不明显。开路时，由于磁饱和严重，铁芯过热，使外壳温度升高，导致内部绝缘受热有异味，严重时会冒烟烧坏。

(3) 巡视检查电流互感器二次电路端子、元件线头等有无放电、打火现象。开路时，由于电流互感器二次产生高电压，可能使互感器二次接线柱、二次回路元件线头、接线端子等处放电打火，严重时使绝缘击穿。

(4) 电流互感器本体有无噪声、振动等不均匀的异音。此现象在负荷小时不明显。开路后，因磁通密度增加和磁通的非正弦性，硅钢片振动力很大，响声不均匀，产生较大的噪声。

(5) 仪表、继电器等冒烟烧坏。此情况可以及时发现。

(6) 继电保护发生误动作或拒绝动作。此情况可在误跳闸后或越级跳闸事故发生后，检查原因时发现并处理。

以上现象，是检查发现和判断开路故障的一些依据。正常运行中，一次负荷不大，二次无工作，且不是测量用电流回路开路时，一般不容易发现。运行人员可根据上述现象及经验，检查发现电流互感器二次开路故障，以便及时采取措施。

(三) 电流互感器二次开路故障的处理

检查处理电流互感器二次开路故障，应注意安全，尽量减小一次负荷电流，以降低二次回路的电压。应戴绝缘手套，使用绝缘良好的工具，尽量站在绝缘垫上。同时应注意使用符合实际的图纸，认准接线位置。

电流互感器二次开路，一般不太容易发现。巡视检查时，互感器本体无明显特征时，会长时处于开路状态。因此，巡视设备应细听、细看，维护工作中应不放过微小的异常。

(1) 发现电流互感器二次开路，应先分清故障属哪一组电流回路、开路的相别、对保护有无影响。汇报调度，解除可能误动的保护。

(2) 尽量减少一次负荷电流。若电流互感器严重损伤，应转移负荷，停电检查处理（尽量采用倒运行方式，使用户不停电）。

(3) 尽快设法在就近的试验端子上，将电流互感器二次短路，再检查处理开路点。短接时，使用良好的短接线，并按图纸进行。

(4) 若短接时发现有火花，说明短接有效。故障点在短接点以下的回路中，可进一步查找。

(5) 若短接时没有火花，可能是短接无效。故障点可能在短接点以前的回路中，可以逐点向前变换短接点，缩小范围。

(6) 在故障范围内，应检查容易发生故障的端子及元件，检查回路有工作时触动过的部位。

(7) 对检查出的故障，能自行处理的，如接线端子等外部元件松动、接触不良等，可立即处理，然后投入所退出的保护。若开路故障点在互感器本体的接线端子上，应停电处理。

三、电流互感器遇特殊情况时的处理

(1) 内部有放电响声或引线与外壳间有火花放电。

(2) 温度超过允许值及过热引起冒烟或发出臭味。

(3) 主绝缘发生击穿，造成单相接地故障。

(4) 充油式电流互感器产生渗油或漏油。

(5) 一次或二次绕组的匝间发生短路。

(6) 一次侧接线处松动，严重过热。

(7) 瓷质部分严重破损，影响爬距。

(8) 瓷质表面有污闪，痕迹严重。

当发现上述故障时，严重的应立即切断电源，然后汇报上级进行处理。

第五节　电压互感器

一、电磁式电压互感器

1. 电磁式电压互感器的原理和误差

电磁式电压互感器的原理与变压器相似，类似于一台小容量的变压器，其基本结构主要由绕组、铁芯和绝缘等部分构成。它的一次绕组匝数很多，并联在一次电路中，二次绕组匝数很少，并联接入高阻抗的电压表和继电器等的电压线圈，故负荷阻抗很大，正常工作时通过的二次电流很小，其二次侧接近于空载状态。电压互感器的原理接线图见图4-8。

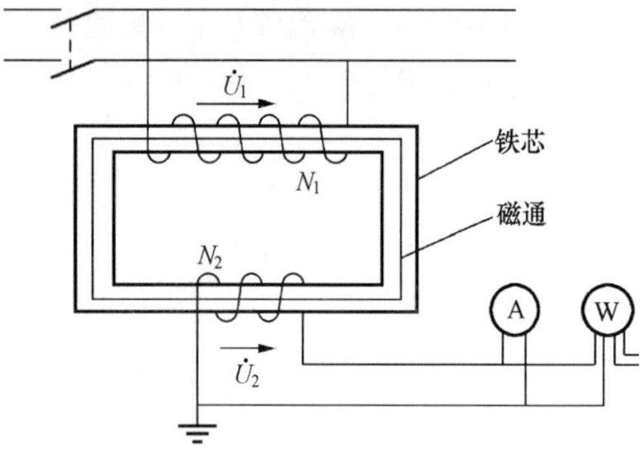

图4-8　电压互感器的原理接线图

电压互感器的二次电压主要取决于一次电压。其一次侧额定电压$\dot{U}_{1N}$与二次侧额定电压$\dot{U}_{2N}$之比称为电压互感器的额定电压比，用K_u表示。

$$K_u = \frac{U_{1N}}{U_{2N}} \approx \frac{N_1}{N_2} \tag{4-1}$$

由于电磁式电压互感器存在着励磁电流和内阻抗，使二次电压乘上电压比后与一次电压大小不相等，相位也出现偏移，也就是说电压互感器的测量结果出现了误差。通常电压互感器的误差分为电压误差和相位差。

（1）电压误差。电压误差是指二次电压的测量值与电压互感器额定电压比相乘所得的乘积与实际一次电压值之差，并以实际一次电压值的百分数表示，即

$$f_u = \frac{K_u U_2 - U_1}{U_1} \times 100\% \tag{4-2}$$

由于一、二次绕组阻抗的压降，使电压误差通常是一个负值。

（2）相位差。相位差为旋转180°的二次电压相量与一次电压相量之间的夹角，通常以（′）分表示。

电压互感器的误差不但与电压互感器的励磁电流和内阻抗等内部参数有关，还与一次电压、二次负荷和功率因数等运行参数有关。当电压互感器运行的一次电压偏离额定电压太远，励磁电流会随着发生变化，电压互感器的误差也会随之改变。除了一次电压，二次负荷及功率因数也会影响误差的大小。当所带二次负荷过多时，二次电流增大，在电压互感器绕组上电压降增大，使误差增大，因此，要保证电压互感器的误差不超过规定值，应将其二次负荷限制在相应的范围内。二次负荷的功率因数过大或过小时，除影响电压误差外，还会影响相位差。为了减小电压互感器的误差，一方面要尽可能减小绕组阻抗和铁芯的励磁电流，例如采用高磁导率的冷轧硅钢片等做铁芯，合理设计绕组结构，适当加大导线截面积，采取

措施使绕组间磁耦合尽可能紧密，以降低绕组的电阻和漏磁电抗等；另一方面可以对误差进行补偿，如通过适当减少一次绕组的匝数来补偿负的电压误差。

2. 电压互感器的准确级与容量

（1）电压互感器的准确级。电压互感器的准确级与电流互感器的准确级的含义一样，代表在一定工况下的误差允许值。测量用电压互感器准确级以在规定的一次电压、二次负荷和功率因数等条件下的最大允许误差的百分数来标称，标准准确级有0.1、0.2、0.5、1、3共五级。保护用电压互感器的准确级以5%额定电压到与额定电压因数K相对应的电压范围内的最大电压误差的百分数来标称，标准准确级有3P和6P，字母“P”表示为保护用电压互感器。额定电压因数K是指在规定的时间内能满足电压互感器温升及准确级要求的最大一次电压与额定一次电压之比。额定电压因数是保证在系统发生单相接地故障时，接地保护用电压互感器能够正常工作，不会因过励磁、过电压、过热而损坏的重要技术参数。在大接地电流系统，额定电压因数为1.2时可连续运行，为1.5时可运行30s；在小接地电流系统，额定电压因数为1.2时可连续运行，为1.9时可运行8h。

电压互感器的准确级及各准确级下的误差限值见表4-1，表中负荷的功率因数为0.8（滞后）。

表4-1　电压互感器的准确级及各准确级下的误差限值

准确级	误差限值		允许一次电压变化范围	保证误差的二次负荷变化范围
	电压误差（±%）	相位差［±（′）］		
0.1	0.1	5	$(0.8\sim1.2)\ U_{1N}$	$(0.25\sim1)\ S_{2N}$
0.2	0.2	10		
0.5	0.5	20		
1	1.0	40		
3	3.0	不规定		
3P	3.0	120	$(0.05\sim1)\ U_{1N}$	
6P	6.0	240		

注　U_{1N}为电压互感器的一次额定电压；S_{2N}为电压互感器的二次额定负荷。

（2）电压互感器的容量。电压互感器的误差与二次负荷有关，因此同一个电压互感器对应于不同的准确级，有不同的额定容量。通常所说的电压互感器的额定容量是指最高准确级下的额定容量。当在某一特定的准确级下测量时，电压互感器的二次负荷不应该超过该准确级规定的容量，否则准确级将下降，误差满足不了要求。电压互感器按照在最高工作电压长期工作的允许发热条件，还规定了最大（极限）容量。

只有供给对误差无严格要求的仪表和继电器或信号灯之类的负载时，才允许将电压互感器用于最大容量。

二、电压互感器的分类和型号

1. 电压互感器的分类

（1）电压互感器根据相数的不同，可分为单相电压互感器和三相电压互感器，三相电压互感器又包括三相三柱式和三相五柱式。三相电压互感器常在35kV以下电压等级使用，35kV及以上电压等级一般采用单相电压互感器。

（2）电压互感器按安装地点可分为户内式电压互感器和户外式电压互感器。35kV 以下电压等级多使用户内式，35kV 及以上电压等级多使用户外式，35kV 电压互感器既有户内式也有户外式。

（3）电压互感器按绕组数可分为双绕组电压互感器和多绕组电压互感器。多绕组电压互感器带有多个二次绕组，最常见的是具有一个接测量仪表和保护的基本二次绕组以及一个输出零序电压的开口三角形绕组。双绕组的只有 35kV 及以下电压等级使用，多绕组的任意电压等级都有使用。

（4）电压互感器按绝缘介质可分为干式、浇注式、油浸式和气体绝缘。干式电压互感器多用于 6kV 及以下的低压户内式电压互感器。浇注式电压互感器常用于 3～35kV 及以下的低压互感器。油浸式电压互感器常用于 220kV 及以下电压等级。气体绝缘电压互感器由 SF_6 气体作主绝缘，多用于高压产品。

（5）电压互感器按工作原理可分为电磁式、电容式、光学电压互感器。电磁式电压互感器多在 220kV 及以下电压等级使用，根据磁路结构的不同，有单级式和串级式两种结构形式。电容式电压互感器在 110～500kV 电压等级均有采用，尤其在 330～500kV 电压等级中大都采用电容式电压互感器。光学电压互感器通过光电变换原理实现电压测量。

2. 电压互感器的型号

电压互感器的型号以汉语拼音字母表示，组成如下：

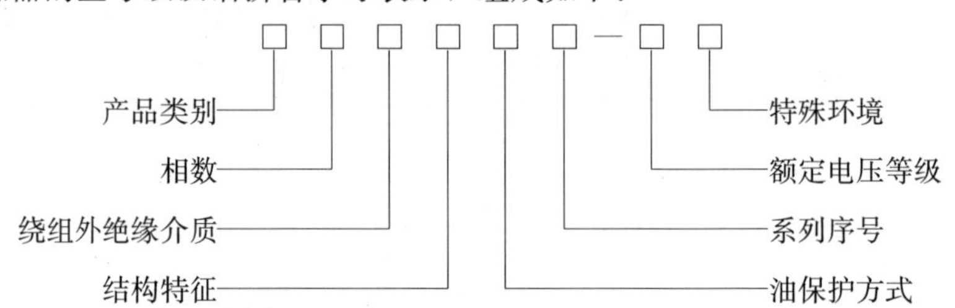

（1）产品类别，符号为 J，表示电压互感器。

（2）相数，S—三相；D—单相。

（3）绕组外绝缘介质，用下列字母表示：G—干式；Q—气体绝缘，Z—浇注绝缘；油浸式不表示。

（4）结构特征，用下列字母表示：X—带零序电压绕组；B—三柱带补偿绕组；W—五柱三绕组。

C 一串级式带零序电压绕组；F—测量和保护分开的二次绕组。

（5）油保护方式，N—不带金属膨胀器；带金属膨胀器不表示。

（6）系列序号，用数字表示。

（7）额定电压，单位为 kV。

（8）特殊环境，用下列字母表示：GY—高原地区用；W—污秽地区用；TA—干热带地区用；TH—潮热带地区用。

例如，JDX-110 型表示单相、油浸式、带零序电压绕组的 110kV 电压互感器。

三、电压互感器的结构

电压互感器形式很多，其结构主要由一次绕组、二次绕组、铁芯、绝缘等几部分组成。

(1) 浇注式。JDZ-10 型浇注式单相电压互感器的结构如图 4-9 所示。其铁芯为三柱式，二次绕组为同心圆筒式，连同引出线用环氧树脂浇注成整体，并固定在底板上；铁芯外露，为半封闭式结构。

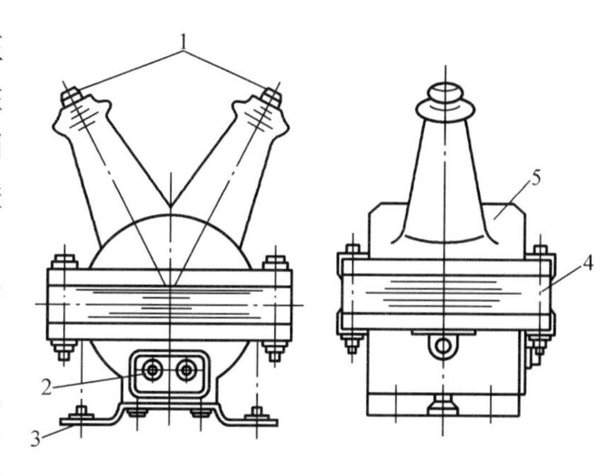

图 4-9　JDZ-10 型浇注式单相电压互感器的结构
1—一次绕组引出端；2—二次绕组引出端；
3—接地螺栓；4—铁芯；5—浇注体

(2) 油浸式。油浸式电压互感器又分为普通式和串级式。

1) 普通式。所谓普通式就是二次绕组与一次绕组完全相互耦合，与普通变压器一样。JSJW-10 型油浸式三相五柱式电压互感器的原理接线和结构图如图 4-10 所示。铁芯的中间三柱分别套入三相绕组，两边柱作为单相接地时零序磁通的通路；一、二次绕组均为 YN 接线，第三绕组为开口三角形接线。

2) 串级式。所谓串级式就是一次绕组由匝数相等的几个绕组元件串联而成，最下面一个元件接地，二次绕组只与最下面一个元件耦合。JCC-220 型串级式电压互感器的原理接线和结构图如图 4-11 所示。当二次绕组开路时，各级铁芯的磁通相同，一次绕组的电位分布均匀，每个绕组元件的边缘线匝对铁芯的电位差都是 $U_{ph}/4$（U_{ph}为相电压）；当二次绕组接通负荷时，由于负荷电流的去磁作用，使末级铁芯的磁通小于前级铁芯的磁通，从而使各元件的感抗不等，电压分布不均匀，准确度下降。为避免这一现象，在两铁芯相邻的铁芯柱上，绕有匝数相等的连耦绕组（绕向相同，反向对接）。这样，当每个铁芯的磁通不等时，连耦绕组中出现电势差，从而出现电流，使磁通较小的铁芯增磁，磁通较大的铁芯去磁，达到各级铁芯的磁通大致相等和各绕组元件电压分布均匀的目的。因此，这种串级式结构，其

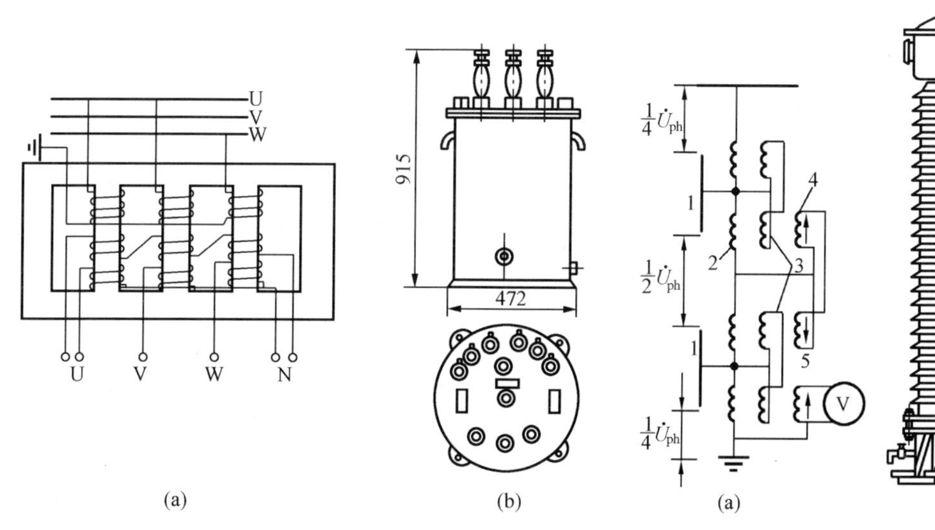

图 4-10　JSJW-10 型油浸式三相五柱式电压互感器原理接线和结构图
(a) 原理接线图；(b) 外形结构图

图 4-11　JCC-220 型串级式电压互感器的原理接线和结构图
1—铁芯；2—一次绕组；3—平衡绕组；
4—连耦绕组；5—二次绕组

每个绕组元件对铁芯的绝缘只需按 $U_{ph}/4$ 设计，比普通式（需按 U_{ph} 设计）大大节约绝缘材料和降低造价。在同一铁芯的上、下柱上还有平衡绕组（绕向相同，反向对接），借平衡绕组内的电流，使两柱上的安匝数分别平衡。

四、电容式电压互感器

随着电力系统电压等级的增高，电磁式电压互感器的体积越来越大，成本随之增高，因此，研制出了电容式电压互感器。电容式电压互感器供 110kV 及以上系统用，而且目前我国对 330kV 及以上电压等级只生产电容式电压互感器。

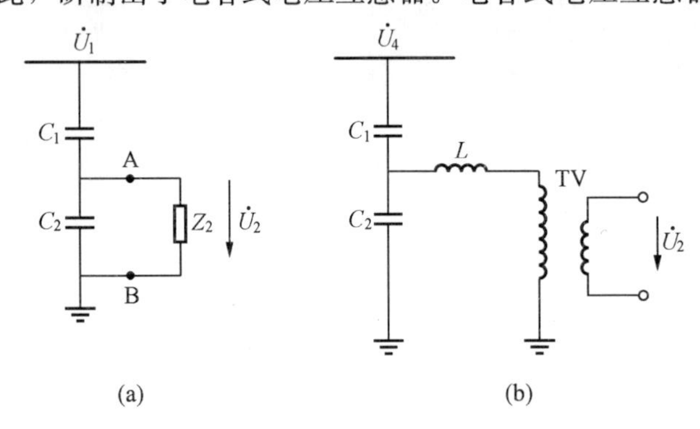

图 4-12　电容式电压互感器的工作原理

(a) 电容分压原理；

(b) 经中压电压互感器 TV 降压补偿

1. 电容式电压互感器的工作原理

电容式电压互感器的工作原理如图 4-12 所示。在被测电网的相和地之间接有主电容 C_1 和分压电容 C_2，U_1 为电网相电压，Z_2 表示仪表、继电器等电压线圈负荷。C_2 上的电压为

$$\dot{U}_1=\dot{U}_{C2}=\frac{C_1\dot{U}_1}{C_1+C_2}=K\dot{U}_1 \tag{4-3}$$

其中 $K=\dfrac{C_1}{C_1+C_2}$ 称为分压比。由于 $\dot{U}_2$ 与一次电压 $\dot{U}_1$ 成比例变化，故可用 $\dot{U}_2$ 代表 $\dot{U}_1$，即可测量出电网的相对地电压。

实际上由于电容器有损耗，因此会有误差产生。为了减小误差，可以减小分压电容的输出电流，故将分压电容经中压电磁式电压互感器 TV 降压补偿后与测量仪表相连接。

2. 电容式电压互感器的结构

电容式电压瓦感器的结构类型包括单柱叠装型和分装型。

(1) 单柱叠装型。TYD220 系列单柱叠装型电容式电压互感器的结构如图 4-13 所示。

(2) 分装型。TYD220 系列分装型电容式电压互感器的结构如图 4-14 所示。

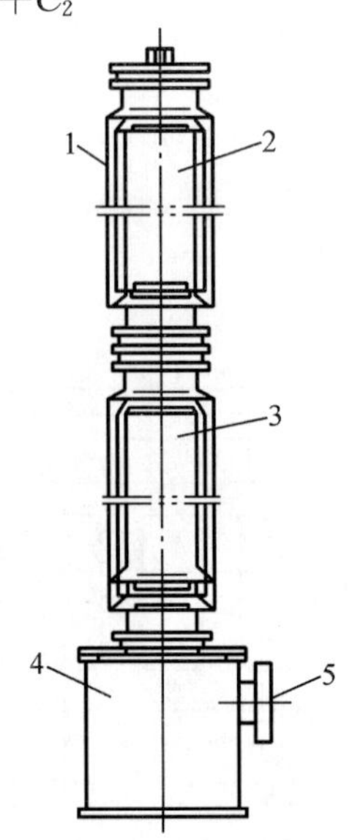

图 4-13　TYD220 系列单柱叠装型电容式电压互感器的结构

1—瓷套；2—上节电容分压器；3—下节电容分压器；4—电磁单元装置；5—二次出线盒

五、电压互感器的接线

电压互感器一次绕组的额定电压必须与实际承受的电压相符，由于电压互感器接入电网方式的不同，在同一电压等级中，电压互感器一次绕组的额定电压也不尽相同；电压互感器二次绕组的额定电压应能使所接表计承受 100V 电压，根据测量目的的不同，其二次侧额定电压也不相同。

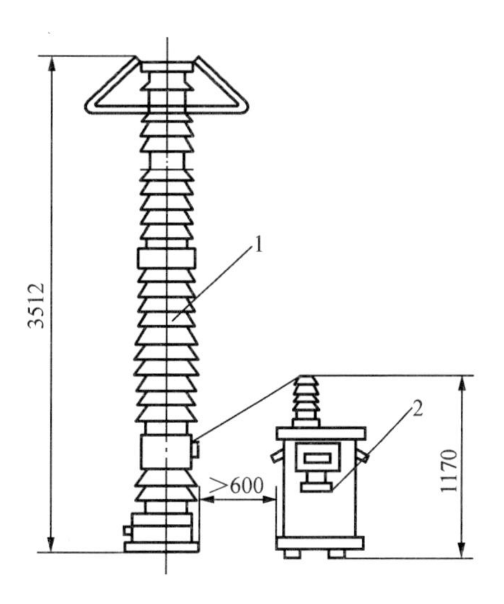

图 4-14　TYD220 系列分装型电容式电压互感器的结构
1—瓷套及电容分压器；
2—中压互感器及补偿电抗器

1. 单相接线

一台单相电压互感器接线如图 4-15（a）所示。

（1）接于一相和地之间，用来测量相对地电压，用于 110～220kV 中性点直接接地系统，其 $U_{N1}=U_{NS}/\sqrt{3}$（U_{NS}为所接系统的标称电压），$U_{N2}=100V$。

（2）接于两相之间，用来测量线电压，用于 3～35kV 小接地电流系统，其 $U_{N1}=U_{NS}$，$U_{N2}=100V$。

2. 不完全星形（也称 V 形）接线

两台单相电压互感器不完全星形接线如图 4-15（b）所示，用来测量线电压，但不能测量相对地电压，广泛用于 3～20kV 小电流接地系统，其 $U_{N1}=U_{NS}$，$U_{N2}=100V$。

3. 星星开口三角形（YNynd）接线

一台三相三绕组或三台单相三绕组电压互感器，采用“YNynd”接线时，其一、二次绕组均接成星形，且中性点均接地；三相的辅助二次绕组接成开口三角形。主二次绕组可测量各相对地电

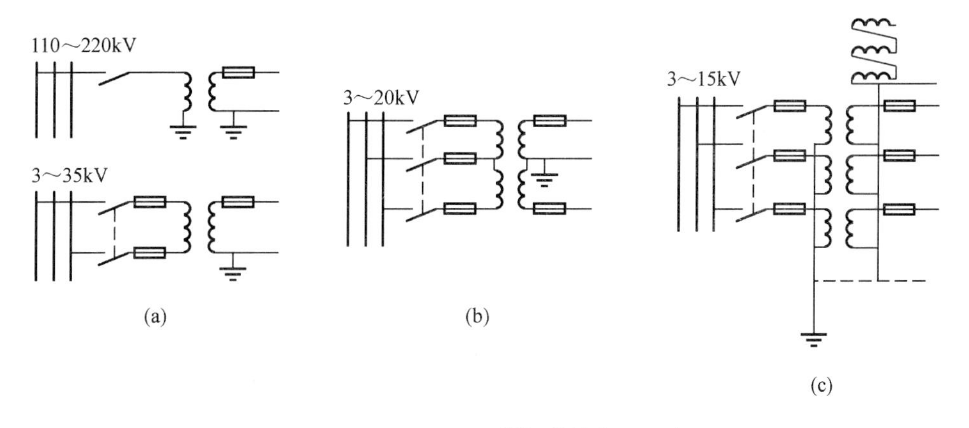

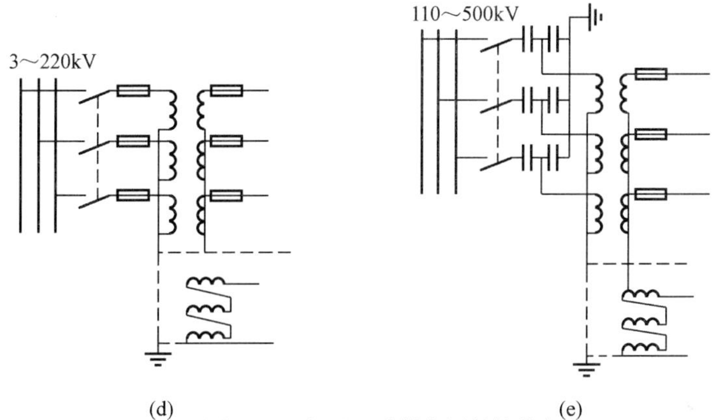

图 4-15　电压互感器常用的接线方式
（a）一台单相电压互感器接线；（b）两台单相电压互感器不完全星形接线；
（c）一台三相五柱式电压互感器 YNynd 接线；（d）三台单相二绕组电压互感器 YNynd 接线；
（e）三台单相三绕组电容式电压互感器 YNynd 接线

压和线电压，辅助二次绕组供小电流接地系统绝缘监察装置或大电流接地系统的接地保护用。

(1) 一台三相五柱式电压互感器 Ynynd 接线如图 4-15 (c) 所示，广泛用于 3～15kV 系统中，其 $U_{N1}=U_{NS}$，$U_{N2}=100V$；每相辅助二次绕组的额定电压 $U_{N1}=100/3V$。

(2) 三台单相二绕组电压互感器 YNynd 接线如图 4-15 (d) 所示，广泛用于 3～220kV 系统中，其 $U_{N2}=U_{NS}/\sqrt{3}$，$U_{N1}=100/\sqrt{3}V$。当用于小接地电流系统中时，$U_{N1}=100/3V$ 当用于大接地电流系统中时，$U_{N1}=100V$。

(3) 三台单相三绕组电容式电压互感器 YNynd 接线如图 4-15 (e) 所示，广泛用于 110kV 及以上，特别是 330kV 及以上系统中，其 $U_{N1}=U_{NS}/\sqrt{3}$，$U_{N1}=100/\sqrt{3}V$，$U_{N1}=100V$。

一般 3～35kV 电压互感器经隔离开关和熔断器接入高压电网；在 110kV 及以上配电装置中，考虑到互感器及配电装置可靠性较高，且高压熔断器制造比较困难，价格昂贵，因此电压互感器只经过隔离开关与电网连接；在 380～500V 低压配电装置中，电压互感器可以直接经熔断器与电网连接，而不用隔离开关。

第六节　电压互感器的运行

一、运行中的注意事项

(1) 启用电压互感器时，应检查绝缘是否良好，定相是否正确，外观、油位是否正常，接头是否清洁。

(2) 停用电压互感器时，应先退出相关保护和自动装置，断开二次侧自动空气开关，或取下二次侧熔断器，再拉开一次侧隔离开关，防止反充电。

(3) 电压互感器在运行时二次侧不能短路。在正常运行时，电压互感器二次侧接近于空载状态，电流很小，若二次回路短路，二次回路的阻抗将变得很小，会出现很大的短路电流，将损坏互感器和危及人身安全。因此，需在电压互感器的二次侧装设熔断器或自动空气开关等元件作为二次侧的短路保护，当二次侧发生故障时，能快速熔断或断开，以保证电压互感器不受损害。一般情况下，对于 35kV 及以下的电压互感器，可以在基本二次绕组各相装设快速熔断器作为短路保护，对于 110kV 及以上的电压互感器，则在基本二次绕组各相装设自动空气开关，作为短路保护。

(4) 保证电压互感器二次侧一点可靠接地。电压互感器二次侧的保安接地方式有经中性点接地和 V 相接地两种。

(5) 电压互感器的二次负荷不应超过该准确级规定的容量，对电容式电压互感器，除了要保证二次负荷在允许范围内，还要保证其在允许的频率和温度范围内运行，电压互感器的运行容量不应超过铭牌规定的额定容量长期运行，在任何情况下都不能超过极限容量运行。

(6) 电压互感器允许的最高运行电压及时间，应遵守有关标准规定。一般在大接地电流系统中，允许在 1.5 倍额定电压下运行 30s，在小接地电流系统中，允许在 1.9 倍额定电压下运行 8h。

（7）在运行中，若需要在电压互感器本体工作，此时不仅需要把一次侧断开，而且二次侧要有明显的断开点，以防由于某种原因使二次绕组与其他交流电压回路连接，在一次侧感应出高电压，危及设备和人身安全。

（8）新装电压互感器以及电压互感器大修后，或其二次回路变动后，投入运行前应定相。

二、电压互感器的巡视检查

一般每天一次至每周一次的巡视检查，能够发现问题，及时处理，防止隐患发展成为重大的事故。因此巡视检查是一项十分重要的工作内容。

（1）外观检查。检查电压互感器外观是否完整无损，有无掉漆、锈蚀等现象，瓷套等外绝缘有无污秽、破损、裂纹、放电等现象。对于不同结构的设备，其检查部位不同。

（2）声音异常。检查电压互感器内部声音是否正常，有无放电、剧烈电磁振动声等异音。若听见内部有“噼啪”、“嗞嗞”的放电声或很大的噪声，则需停用电压互感器。

（3）检查电压互感器高压侧和低压侧熔断器是否完好，有无熔断或接触不良等现象。若低压熔断器熔断，可立即更换。若高压熔断器熔断，则查明原因，拉开高压侧隔离开关并取下低压熔断器，再更换高压熔断器。如果高压熔断器连续多次熔断，则可能是高压绕组有故障，需停用。

（4）异常气味。检查电压互感器有无焦臭等异味，是否有冒烟、着火等现象。若有则需停用。

（5）检查电压互感器一次侧引线接头连接是否良好，有无松动、过热等现象。

（6）检查电压互感器二次回路的电缆及导线有无腐蚀、损伤，二次接线有无短路现象。

（7）检查电压互感器的二次侧和外壳接地是否良好，接地线是否有腐蚀、断线等现象，接地端子是否松动。

（8）检查电压互感器密封是否良好。

（9）检查电压互感器端子箱是否清洁，有无受潮。

（10）对油浸式电压互感器，检查其油位、油色是否正常，有无渗、漏油现象。若渗、漏油现象不太严重，且油位在能正常运行的允许范围内，则可选择合适的时间处理；若严重漏油或油位已低至不能保证正常运行时，应停用电压互感器。

（11）对电容式电压互感器，检查分压电容器低压端于是否与载波装置连接或直接接地，电磁单元各部分是否正常，有无渗漏油等现象，阻尼器是否正常。

（12）对浇注式电压互感器，检查其外绝缘有无腐蚀、龟裂、放电等现象，是否受潮。

（13）对 SF_6 气体绝缘电压互感器，检查气体压力或密度是否在规定值之内，各处的密封是否良好，防爆膜是否正常，补气信号动作是否正常。若发现压力降低到规定值而没有补气，应及时补气。若因气体严重泄漏等原因使压力降到很低时，则应停用。

与电流互感器一样，除了正常巡视外，在刚投产、夏季高温、高峰负荷、有缺陷和大风、雨、雾、雪等天气异常时，对电压互感器需进行特殊巡视。

第七节　电压互感器的操作

一、电压互感器送电前的准备工作

（1）电压互感器在送电前，应测量其绝缘电阻，低压侧绝缘电阻不得低于1kΩ，高压侧绝缘电阻每千伏不低于1MΩ方为合格。

（2）定相，即确定相位的正确性。如果高压侧相位正确，低压侧接错，则会破坏同期的准确性。此外，在倒母线时，还会使两台电压互感器短时并列，产生很大的环流，造成低压熔断器熔断，引起保护装置电源中断，严重时会烧坏电压互感器的二次线圈。

（3）电压互感器送电前的检查：①检查绝缘子应清洁、完整，无损坏及裂纹；②检查油位应正常，油色透明不发黑且无渗油、漏油现象；③检查低压电路的电缆及导线应完好，且无短路现象；④检查电压互感器外壳应清洁，无渗油、漏油现象，二次线圈接地应牢固良好。

二、电压互感器的操作

（1）值班人员在准备工作结束后，可进行送电操作，安装上高、低压侧熔断器，合上其出口隔离开关，使电压互感器投入运行，然后投入电压互感器所带的继电保护及自动装置。

（2）电压互感器的并列运行在双母线制中，每组母线接一台电压互感器。若由于负载需要，两台电压互感器在低压侧并列运行，此时，应先检查母联断路器是否合上，如未合上，则合上后，再进行低压侧的并列。否则，由于高压侧电压不平衡，低压侧电路内产生较大的环流，容易引起低压熔断器熔断，致使保护装置失去电源。

（3）电压互感器的停用。在双母线制中（在其他接线方式中，电压互感器随同母线一起停用），如一台电压互感器出口隔离开关、电压互感器本体或电压互感器低压侧电阻需要检修时，则须停用电压互感器，其操作程序如下：

1）先停用电压互感器所带的保护及自动装置，如装有自动切换装置或手动切换装置时，其所带的保护及自动装置可不停用。

2）拉开低压侧自动空气开关或取下低压熔断器，以防止反充电，使高压侧带电。

3）拉开电压互感器出口隔离开关，取下高压侧熔断器。

4）进行验电，用电压等级合适而且合格的验电器，在电压互感器进线各相分别验电。验明无电后，装设好接地线，悬挂标示牌，经过工作许可手续，便可进行检修工作。

第八节　电压互感器故障的处理

一、电压互感器的故障

（1）电压互感器内或引线出口处有严重喷油、漏油或流胶现象。此现象可能属内部故障，因过热而引起的。

（2）套管严重破裂放电，套管、引线与外壳之间有火花放电。

（3）内部有放电“噼啪”响声或其他噪声。可能是由于内部短路、接地、夹紧螺钉松动而引起的，主要是内部绝缘破坏。

（4）内部发热，温度过高。电压互感器内部匝间、层间短路或接地时，高压熔断器可能不熔断，引起过热甚至可能会冒烟起火。

（5）严重漏油至看不到油面。

（6）高压熔断器连续熔断两次（内部的故障可能很大）。

（7）内部发出焦臭、冒烟、着火。此情况说明内部发热严重，绝缘已烧坏。

电压互感器出现故障后，应首先考虑的问题，是防止继电保护（如距离保护等）和自动装置（如自动投入装置）误动作。应退出可能误动的保护及自动装置，然后停用有故障的电压互感器。同时还要注意，若发现电压互感器高压侧绝缘损坏，有严重的内部故障（如着火、冒烟等），若高压侧未装熔断器，或者高压熔断器不带限流电阻的，不能用隔离开关直接拉开故障电压互感器，应用断路器切除故障。若用隔离开关隔离故障，可能在断开故障电流时，引起母线短路、设备损坏或人身事故。如果是故障高压熔断器已熔断，或是高压熔断器带有合格的限流电阻时，则可根据现场规程规定，利用隔离开关拉开有故障的电压互感器。

对于不能用隔离开关隔离的故障电压互感器，应根据本站实际接线相的运行方式，若时间允许，尽量不中断供电，用倒运行方式的方法，用断路器切除故障电压互感器。例如双母线接线可经倒运行方式，用母联断路器切除故障。

发现电压互感器有上述严重故障，其处理程序和一般方法为：

（1）退出可能误动的保护及自动装置，断开故障电压互感器二次开关（或拔掉二次熔断器）。

（2）电压互感器三相或故障相的高压熔断器已熔断时，可以拉开隔离开关隔离故障。

（3）高压熔断器未熔断，高压侧绝缘未损坏的故障（如漏油至看不到油面、内部发热等故障），可以拉开隔离开关，隔离故障。

（4）高压熔断器未熔断，所装高压熔断器上有合格的限流电阻时，可以根据现场规程规定，拉开隔离开关，隔离严重故障的电压互感器。

（5）高压熔断器未熔断，电压互感器故障严重，高压侧绝缘已损坏。高压熔断器无限流电阻的，只能用断路器切除故障。应尽量利用倒运行方式的方法隔离故障，否则，只能在不带电情况下拉开隔离开关，然后恢复供电。

（6）故障隔离后，可经倒闸操作，一次母线并列后，合上电压互感器二次联络，重新投入所退出的保护及自动装置。

以上故障出现后，应停电处理。

二、电压互感器回路断线故障的处理

1. 电压互感器回路断线的判断

“电压互感器回路断线”光字牌亮，警铃响，有功功率表指示失常，电压表指示为零或三相电压不一致，电能表停走或走慢，低电压继电器动作等，这些现象都有可能是由于电压互感器一、二次回路接头松动、断线，电压切换回路辅助触点及电压切换开关接触不良所引起的，或者是由于电压互感器过负荷运行、二次回路发生短路、一次回路相间短路铁磁谐振及熔断器日久磨损等原因引起一、二次熔断器熔断。除上述现象外，还可能发出“接地”信号，绝缘监视电压表指示值比正常值偏低，而正常相监视电压表上的指示是正常的，这时可判定一次侧熔断器熔断。

2. 电压互感器回路断线的处理

(1) 将该电压互感器所带的保护与自动装置停用，停用的目的是防止保护误动作。

(2) 在检查一、二次侧熔断器时，应做好安全措施，以保证人身安全，如果是一次侧熔断器熔断，应拉开电压互感器出口隔离开关，取下二次侧熔断器，并验放电后戴上绝缘手套，更换一次侧熔断器。同时检查在一次侧熔断器熔断前是否有不正常现象出现，并测量电压互感器的绝缘，确认良好后方可送电。如果是二次侧熔断器熔断，应立即更换，若数次熔断，则不可再调换，应查明原因，如一时处理不好，则应考虑调整有关设备的运行方式。

三、电压互感器二次回路短路故障的处理

1. 电压互感器二次回路短路的原因

电压互感器由于二次回路导线受潮、腐蚀及损伤而发生一相接地时，可能发展成二相接地短路。其次是电压互感器内部存在的金属短路，也会造成电压互感器二次回路短路。当电压互感器二次回路短路时，一次侧熔断器不会熔断，但此时电压互感器内部有异声，将二次侧熔断器取下后异声不停止，其他现象与断线现象相同。在二次回路短路后，其阻抗减小，通过二次回路的电流增大，导致二次侧熔断器熔断影响表计指示，引起保护误动作，还会烧坏电压互感器二次绕组。

2. 电压互感器二次回路发生短路的处理

(1) 双母线系统中的任一故障电压互感器，可利用母联断路器切断故障电压互感器，将其停用。

(2) 对其他电路中的电压互感器，发生二次回路短路时，如果一次侧熔断器未熔断，则可拉开其一次侧隔离开关，将故障电压互感器停用，但要考虑在拉开隔离开关时所产生弧光的危害性。

四、非直接接地系统中电磁式电压互感器可能引起的铁磁谐振故障的处理

1. 铁磁谐振的原因

电压互感器一次侧接成星形且中性点直接接地时各相绕组的电感 L 与对地分布电容 C 并联组成一个独立的 LC 振荡回路，可视为电源的三相对称负载。当电网遭受突然冲击时，会造成三相对地负载不平衡。当 L 与 C 的数值恰达到电感和电容并联谐振条件，而三相回路的谐振频率等于电网的电源频率时，电网中性点位移电压急剧上升，发生过电压，幅值可达 1.5～2.5 倍的最高运行电压，过电压可持续几百毫秒。

2. 铁磁谐振的危害

(1) 电压互感器开口三角形输出端出现一定电压，发出虚假接地信号。

(2) 电压互感器一次侧出现过电流，可能使熔断器熔断，甚至烧毁电压互感器。

(3) 高压电网可能引起绝缘子闪络或避雷器爆破事故。

3. 铁磁谐振消除的方法

(1) 选用励磁特性较好的电磁式电压互感器或改用电容式电压互感器。

(2) 在电磁式电压互感器二次侧开口三角形上加装阻尼电阻，如10kV三相五柱式电压互感器，可并联50～60Ω、容量为500W的电阻。

(3) 若电网中性点位移电压较大，则在开口三角形输出端连接的过电压继电器动作时，将一个电阻瞬间接入电压互感器一次侧中性点与大地之间，经1min左右再自动断开。

(4) 选择消弧线圈安装位置时，应尽量避免由于电网运行方式的改变而使部分电网失去消弧线圈。

五、虚幻接地现象及虚实接地的判别

(一) 虚幻接地现象

中性点不接地或经消弧线圈接地的电网属于小电流接地系统，在这种系统中绝大多数电网是采用交流绝缘监视装置对接地故障进行监测。只要电网三相对地电压不对称而使中性点发生位移，且位移电压达到动作整定值，装置就会无选择地显示及反映。运行经验表明，除单相接地外，造成中性点发生位移的原因很多，如铁磁谐振、负荷严重不对称等。这种由于非接地原因，导致绝缘监视装置发出“接地”信号的现象，通常称为虚幻接地现象。

(二) 虚实接地现象的判别与处理

1. 单相接地

表4-2列出了判断接地故障相的主要方法。

表4-2　判断接地故障相的主要方法

运行条件	接地故障相
中性点不接地	按正序，对地电压最高相的下一相
中性点经消弧线圈接地（欠补偿）	
中性点经消弧线圈接地（过补偿）	按正序，对地电压最高相的上一相

如某中性点不接地的10kV电网，单相接地时3只相电压表的指示为U相5.58kV，V相4.83kV，W相7.23kV。此时，对地电压最高相为W相，所以可以判断接地故障相为下一相，即U相。

判断接地故障相的辅助方法如表4-3所示。

表4-3　判断接地故障相的辅助方法

判断条件		接地故障相
$U_{min}<0.823U_{ph}$		指示U_{min}表所在相
$U_{min}\geq 0.823U_{ph}$	$U_{max}/U_{min}>1.732$	指示U_{min}表所示相无法判断
	$U_{max}/U_{min}=1.732$	指示U_{mod}表所示相
	$U_{max}/U_{min}<1.732$	

注　U_{max}、U_{mod}、U_{min}分别表示指示值最大、中间、最小的电压表指示值。

以上两种方法同时采用，可更准确迅速地判断出故障相。

2. 断线

断线主要是指导线断落、熔断器一相或两相熔断等。它有单相断线和两相断线两种，应该指出，线路单相或两相断线时，如果断线相对地电容减小不多，反映到电压互感器开口三角上电压达不到继电器的动作值时，不会发信号，但三相对地电压仍有差别。

3. 铁磁谐振

发生基频（50Hz）谐振时，一相对地电压降低，两相对地电压升高且超过线电压；发生1/2分频谐振时，三相对地电压都会升高，表针低频摆动，但过电压较小；发生高频（如150Hz）谐振时，三相对地电压都升高，且过电压很大。这些特点可以和断线故障相区别。

4. 电压互感器高压熔丝熔断

致使接地保护动作，发出“虚幻接地”信号。若电压互感器高压熔丝熔断两相时，非熔相电压表指示不变，熔断的两相相电压很小或接近于零，在开口三角上的电压也可能使接地保护动作发出“虚幻接地”信号。利用非熔断相对地电压不变的特点就可以和上述其他故障相区别。

5. 电网三相对地电容不对称

当电网三相电源电压不平衡，而绝缘又未被破坏的情况下，由于C_U、C_V、C_W不相等也可产生零序电压，而在三相对地电容不平衡到某一程度时，就会引起接地保护动作。即出现“虚幻接地”现象。

常见的情况有：

（1）架空导线不对称排列所造成。

（2）使用RW型跌落开关控制长线路时，由于开关的不同时性，造成三相对地电容短时间内极度不平衡，导致装置短时出现虚幻接地信号，这一情况与断线类似。

（3）在中性点经消弧线圈接地的电网中，由于线路换位不好或线路某一相绝缘下降，引起中性点位移，导致接地保护动作发出“虚幻接地”信号。

6. 雷电感应过电压

由于中性点不接地电网中的雷电感应过电压三相基本相同，将使电压互感器开口三角绕组出现含有低频分量的电压或过电压，使接地保护动作，发出暂短的“虚幻接地”信号。

表4-3列出各种主要故障的特点，供比较时参考。

表4-3　各种主要故障的特点

故障类型	各相电压的特点	故障相判别	开口三角绕组电压值（V）及现象
单相完全接地	一相电压为零，两相升高为线电压	电压为零的相为接地相	100 电压指示稳定
单相不完全接地	一相电压降低但不到零，两相升高但不相等，其中一相可略高于线电压	电压降低相为接地相	<100
	一相电压升高不超过线电压，两相电压降低，但不相等	中性点不接地的电网，升高相的下一相为接地相	电压指示不稳定
单相断线	一相电压升高不超过$1.5U_{ph}$，两相电压降低且相等，不低于$0.866U_{ph}$	电压升高相为断线相	<100
两相断线	一相电压降低但大于零，两相电压升高且相等，不超过线电压	电压升高的两相为断线相	<100

续表

故障类型	各相电压的特点	故障相判别	开口三角绕组电压值（V）及现象
基频谐振	一相电压降低，两相电压升高超过线电压		＞100
分频谐振	三相电压升高，过电压不大，电压表指针有抖动现象		＞100 或＜100
高频谐振	三相电压同时升高，过电压较大		＞100
电压互感器一相高压熔断器熔断	两相电压表指示为相电压，一相电压表降低	电压降低相为熔断相	33.3 电压指示稳定
电压互感器两相高压熔断器熔断	一相电压表指示为相电压，两相电压表降低	电压降低的两相为熔断相	
电网三相对地电容不对称	三相电压各不相同，最低相大于零		＜100 电压指示稳定
雷电感应过电压			暂短信号

六、电压互感器一、二次侧熔断器熔断后的检查处理

1. 电压互感器一、二次侧一相熔断器熔断后电压表指示值的反映

运行中的电压互感器发生一相熔断器熔断后，电压表指示值的具体变化与互感器的接线方式以及二次回路所接的设备状况都有关系，不能一概用定量的方法来说明，而只能概括地定性为：当一相熔断器熔断后，与熔断相有关的相电压表及线电压表的指示值接近正常。

在10kV中性点不接地系统中，采用有绝缘监视的三相五柱式电压互感器时。当高压侧发生一相熔断器熔断时，由于其他未熔断的两相正常相电压相位相差120°，合成结果出现零序电压，在铁芯中产生零序磁通，在零序磁通的作用下，二次开口三角会出现一个33V左右的零序电压，而接在开口三角端头的电压继电器一般规定整定值为25～40V，因此有可能启动，而发出“接地”警报信号。在这里应当说明，当电压互感器高压侧某相熔断器熔断后，其余未熔断的两相电压相量，为什么还能保持120°相位差（即中性点不发生位移），当电压互感器高压侧一相熔断器熔断后，熔断相电压为零，其余未熔断两相电压是线电压，每个线圈的端电压应该是1/2线电压值。这个结论在不考虑系统电网对地电容的前提下可以认为是正确的。但是实际上，在高压配电系统中，各相对地电容及其所通过的电容电流是客观存在和不可忽视的。

各相的对地电容是和电压互感器的一次绕组并联。由于电压互感器的感抗相当大，故对地电容所构成的 X_C 远远小于感抗，那么负载中性点电位的变化，即加在电压互感器一次绕组的电压对称度，主要取决于容抗。因为容抗三相基本是对称的，所以电压互感器绕组的端

电压也是对称的。因此，熔断器未熔断两相的相电压，仍基本保持正常相电压且两相电压保持 120°的相位差（中性点不发生位移）。

此外，当电压互感器一次侧（高压侧）一相熔断器熔断后，由于熔断相与非熔断相之间的磁路还是畅通的，非熔断两相的合成磁通可以通过熔断相的铁芯和边柱铁芯构成磁路，结果，在熔断相的二次绕组中，感应出一定量的电动势（通常在 0～60％的相电压之间），这就是为什么当一次侧一相熔断器熔断后，二次侧电压表的指示值不为零的原因。

2. 运行中电压互感器熔断器熔断后的处理

（1）运行中的电压互感器当熔断器熔断时，应首先用仪表（如万用表）检查二次侧（低压侧）熔断器是否熔断。通常可将万用表挡位开关置于交流电压挡（量限置于 0～250V），测量每个熔断器管的两端有无电压以判断熔断器是否完好。如果二次侧熔断器无熔断现象，那么故障一般发生在一次侧（高压侧）。

（2）二次侧熔断器熔断后，应更换符合规格的熔断器试送电。如果再次发生熔断，说明二次回路有短路故障，应进一步查找和排除短路故障。

（3）高压熔断器熔断的处理及更换时的安全注意事项，10kV 及以下的电压互感器运行中发生高压熔断器熔断故障，应首先拉开电压互感器高压侧隔离开关，为防止互感器反送电，应取下二次侧低压熔断器，经验电证明无电后，仔细查看一次引线侧及瓷套有无明显故障点（如短路、瓷套管破裂、漏油等），有无喷油现象以及异常气味等，必要时，应摇测绝缘电阻。在确认无异常情况下，可以戴高压绝缘手套或使用高压绝缘夹钳进行更换高压熔断器的工作。更换合格熔断器后，再试送电，如再次熔断则应考虑互感器内部是否有故障，要进一步检查试验。

更换高压熔断器时的安全注意事项如下：

1）应有专人监护，工作中注意保持与带电部分的安全距离，防止发生人身触电事故。

2）停用电压互感器时应事先取得有关负责人的许可，应考虑到对继电保护、自动装置和表计的影响，必要时将有关保护装置与自动装置暂时停用，以防止误动作。

3）更换熔断器时必须采用符合标准的熔断器，不能用普通熔断器代替，否则电压互感器一旦发生故障，由于普通熔断器不能限制短路电流和熄灭电弧，很可能烧毁设备和造成大面积停电事故。

七、母线电压互感器回路二次自动空气开关跳闸的处理

1. 故障现象

（1）母线电压表、有功功率表、无功功率表（包括母线上的主变压器及出线有功功率表、无功功率表）指示到 0，电流表有读数。

（2）“主变压器电压回路断线”、“母差交流电压回路断线”、“振荡闭锁电压失去”等光示牌亮。

（3）故障录波器动作。

2. 故障处理

（1）向调度汇报。

（2）停用该母线上失去电压后或恢复电压时容易造成误动的保护装置出口连接片，例如

距离保护等。

（3）停用录波器（可能造成再启动）。

（4）了解是否有可能是继电保护人员或其他人员在电压互感器二次回路上工作时误碰造成的短路。

（5）不准用母线电压互感器二次并列开关将双母线上的电压互感器二次回路并列，防止引起事故扩大。试送二次自动空气开关，若不成功应汇报主管部门派继电保护人员处理。

3．处理故障的注意事项

（1）双母线上的电压互感器的二次并列开关应经常断开。如为双母线接线时，只有当母联断路器合上改为非自动以后，才能并列电压互感器的二次回路。应在母联断路器改自动以前，拉开电压互感器的二次并列小开关。

（2）操作过程还应注意防止因电压互感器二次并列时对另一冷备用母线的倒充电，而使正常运行的电压互感器的二次开关跳闸。

（3）电能表专用二次开关一相跳闸，将会使电能表转慢，很不容易发现，只有当月底结算电量平衡时才会发现。

（4）操作母线隔离开关后还应注意隔离开关辅助触点的切换情况。当发生切换不正常情况时，应立即停止操作，检查原因，待处理后才能继续操作。

第五章

隔离开关的运行

第一节　隔离开关的概述

隔离开关是一种结构比较简单的开关电器，其使用量大，操作频繁，是电力系统中重要的开关电器之一。它的操动机构驱动本体闸刀进行分、合，分闸后形成明显的电路断开点。隔离开关与断路器最根本的区别在于它没有专用的灭弧装置，因此不能用来开断负荷电流或短路电流，否则在高电压作用下，触点间产生的电弧很难自行熄灭，可能烧毁设备，危及人身安全，造成带负荷拉隔离开关的严重事故。一般隔离开关只能在电路断开的情况下进行分、合闸操作，或接通及断开符合规定的小电流电路。

一、隔离开关的作用

在电力系统中，隔离开关的作用主要是：

(1) 隔离电压。在无电流的电路上用隔离开关分断电路，形成明显的断口，将停电设备与带电部分隔离，构成明显可见的空气绝缘间隙，保证人身、设备安全。

(2) 切合小电流。靠断口分开时将电弧拉长以及电弧在空气中的自然去游离作用，隔离开关具有一定的切合小电流的能力。隔离开关一般可用来进行以下操作：

1) 在无接地示警指示时，拉开或合上电压互感器。

2) 在无雷击时，拉开或合上避雷器。

3) 接通或切断空载母线和空载状态的低压电抗器等。

4) 接通或切断励磁电流不超过 2A 的空载变压器。

5) 接通或切断电容电流不超过 5A 的空载线路。

6) 接通或切断变压器中性点的接地线，当中性点有消弧线圈时，只有在系统无故障时才可进行。

7) 接通或切断值不大的环流。

(3) 切换电路，改变一次系统的运行方式。常用隔离开关配合断路器，协同操作来完成，如在带旁路母线的主接线中，进行代替的操作等。

二、隔离开关的分类和型号

1. 隔离开关的分类

隔离开关的分类方式如下：

（1）按其绝缘支柱的数目的不同可分为单柱式、双柱式和三柱式等。

（2）按照其附设的接地开关数量的不同可分为无接地开关、带一把接地开关和带两把接地开关（两侧各一个接地开关）。

（3）按其闸刀操动机构的不同可分为手动式、电动式、气动式和液压式。

（4）按其产品组装极数的不同可分为单极式（每极单装于一个底座上）和三极式（装于同一底座上）。

（5）按其闸刀运行方式的不同可分为水平旋转式、垂直旋转式、摆动式等。

（6）按其使用特性的不同可分为一般用、快分用和变压器中性点接地用等。

（7）按其使用地点的不同可分为户内式和户外式。35kV 及以下电压等级的隔离开关多采用户内式，35kV 以上电压等级的隔离开关多采用户外式。

2. 隔离开关的型号

隔离开关的型号含义如下：

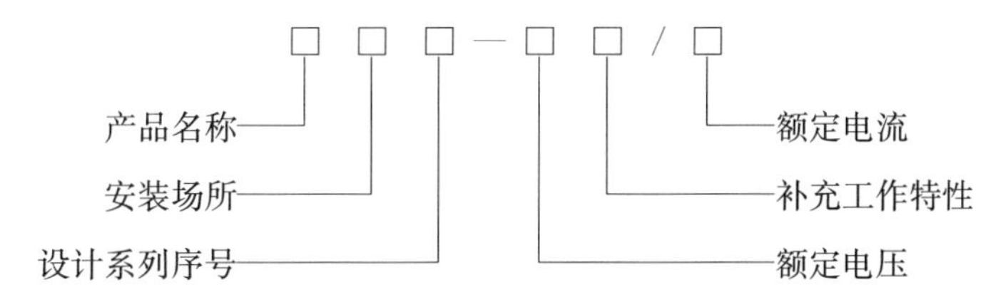

（1）产品名称，G 表示隔离开关，J 表示接地开关。

（2）安装场所，N 表示户内式，W 表示户外式。

（3）设计系列序号，用数字表示。

（4）额定电压，单位为 kV。

（5）补充工作特性，D 表示带接地开关，G 表示改进型，K 表示快分型，T 表示统一设计，W 表示防污型。

（6）额定电流，单位为 A。

例如：GN2-35/600 型表示额定电压为 35kV、额定电流为 600A、序列号为 2 的户内式隔离开关。

三、隔离开关的结构

1. 隔离开关的基本结构

隔离开关主要由绝缘部分、导电部分、支持底座或框架、传动机构和操动机构等几部分组成。

（1）绝缘部分。隔离开关的绝缘主要有两种，一是对地绝缘，二是断口绝缘。对地绝缘一般是由支柱绝缘子和操作绝缘子等构成。它们通常采用瓷质绝缘子，有的也采用环氧树脂或环氧玻璃布板等作绝缘材料。具有明显可见的间隙断口的绝缘，通常以空气为绝缘介质。隔离开关断开后，断口间的击穿电压必须大于相对地之间的击穿电压，这样当电路中发生危险的过电压时首先是相对地发生放电，从而避免触点间的断口先被击穿，保证检修人员的安全。

（2）导电部分。导电部分通过支持绝缘子固定在底座上，用于关合和断开电路，主要包括由操作绝缘子带动而转动的闸刀（动触点或导电杆）、固定在底座上的静触点和用来连接母线或设备的接线端。对电压等级较高的隔离开关，由于对地距离较高，为了便于母线和电气设备的检修，隔离开关还带有接地开关，用其来代替接地线，而且还要在两者之间装设机械闭锁装置，以保证操作顺序的正确性。

（3）支持底座或框架。底座常用螺钉固定在构架或墙体上。

（4）传动机构和操动机构。操动机构通过传动装置控制闸刀分、合。传动机构接受操动机构的操作力，用拐臂、连杆、轴齿轮、操作绝缘子等传给触点实现分、合闸。可根据运行需要，采取三相联动或分相操作方式。

2. 户内式隔离开关的典型结构

户内式隔离开关无需破冰措施，可安装在户内钢支架或墙上，其操动机构也可以安装在支架或墙上，如图5-1所示。

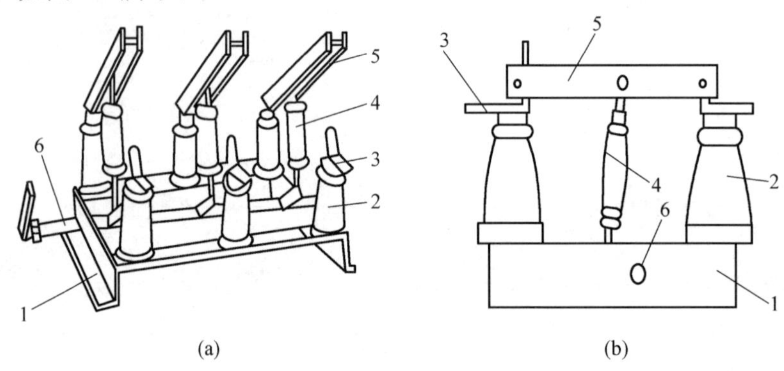

图5-1 户内式隔离开关的典型结构

（a）三相外形；（b）单相结构

1—底座；2—支柱绝缘子；3—静触点；4—转动绝缘子；5—闸刀；6—转轴

3. 户外式隔离开关的典型结构

户外式隔离开关的工作条件比户内式恶劣，绝缘和机械强度的要求较高，以保证在冰、雨、风、灰尘、严寒和酷热等条件下可靠的工作。当电压等级较高时，隔离开关要带接地开关。因为隔离开关可能在触点结冰时操作，有些要安装破冰结构。

常用的户外式隔离开关的结构有双柱式、单柱式和三柱式等。

（1）双柱式。GW4型隔离开关为典型的双柱式结构，如图5-2所示。在进行分闸操作时，操动机构带动两侧的支持瓷柱旋转，使导电杆在水平面上转动，触点分离，形成明显的断开点，电路断开。此时如需将接地开关合上，可操作接地开关的操动机构使接地开关和其静触点接触。合闸时的过程与分闸时相反。

除了GW4型这种结构外，还有一种外部呈V形的双柱式结构，如图5-3所示，其动作原理与GW4型相似。

（2）单柱式。GW6型隔离开关为典型的单柱式结构，如图5-4所示。其外形呈剪刀形，三极由三个单极组成。每个单级由于只有一个支持瓷柱，故称为单柱式。静触点固定在架空硬母线或悬挂在架空软母线上。动触点固定在导电支架上。在操动机构的作用下，操作瓷柱转动，通过传动装置使导电支架像剪刀一样向上或向下运动，从而使动触点夹住或释放装在母线上的静触点，实现合闸或分闸。

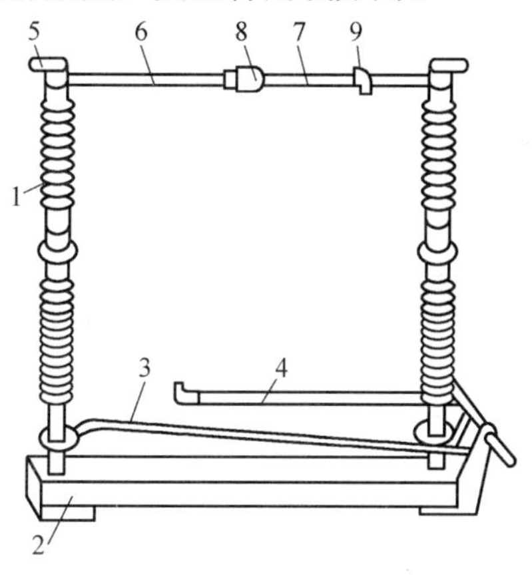

图 5-2　GW4 型隔离开关结构示意图

1—支持瓷柱；2—底座；3—曲柄连杆机构；4—接地开关；5—接线座；6、7—导线杆；8—防雨罩；9—接地开关的静触点

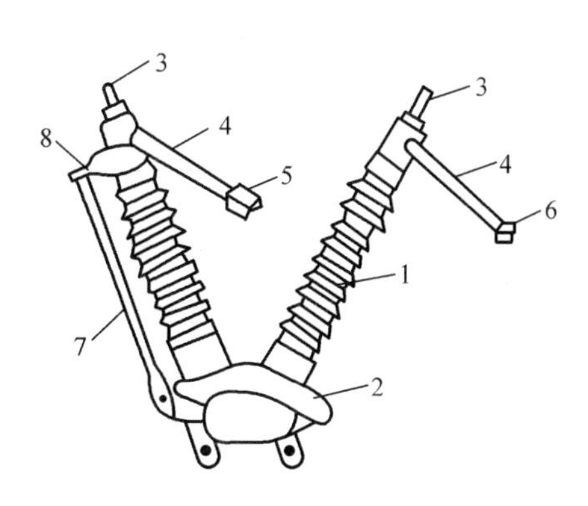

图 5-3　GW5 型隔离开关结构示意图

1—支持瓷柱；2—机构箱；3—接线端子；4—导电杆；5、6—触点；7—接地开关；8—接地开关的静触点

（3）三柱式。GW7 型隔离开关由三个独立的单极组成，如图 5-5 所示。每极的底座上有三个支持瓷柱，两边的支持瓷柱固定在支架，其上端装有静触点，中间的支持瓷柱安装在轴上，并装有导电杆。当分闸或合闸时，随着主轴的旋转中间的支持瓷柱带动导电杆在水平面上转动，使导电杆两端的动触点插入或离开静触点，完成分、合闸操作。

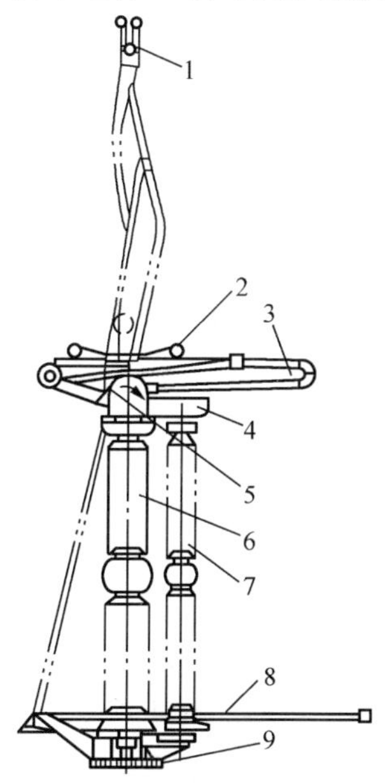

图 5-4　GW6 型单柱式隔离开关结构示意图

1—静触点；2—动触点；3—导电支架；4—传动机构；5—接线板；6—支持瓷柱；8—操作瓷柱；8—接地开关；9—底座

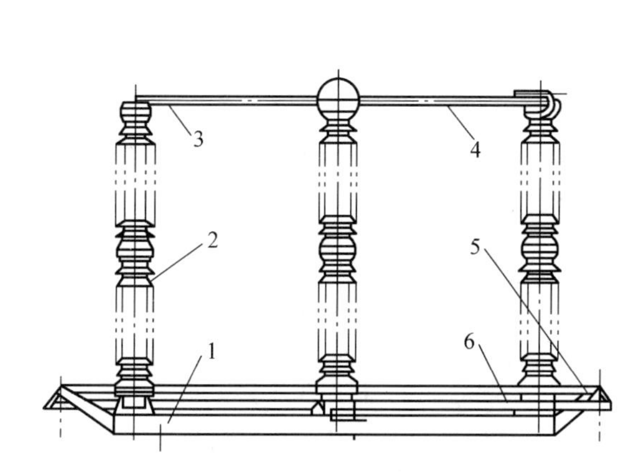

图 5-5　GW7 型三柱式隔离开关结构示意图

1—底座；2—支持瓷柱；3—静触点；4—导电杆；5—接地开关；6—拉杆

四、隔离开关的操动机构

通过操动机构来操作隔离开关可提高工作的安全性，并使隔离开关的操作方便省力，还可实现隔离开关操动机构与断路器操动机构之间的相互闭锁，以防止误操作。

隔离开关的操动机构，可分为手力式和动力式两类。手力式操动机构主要有杠杆操动机构和涡轮操动机构。手力式操动机构的结构简单，维护工作量少。动力式操动机构主要有电动操作机构、压缩空气操动机构和液压操动机构等。动力式操动机构的结构复杂、维护工作量大，但可以实现远方操作和自动控制，主要适用于户内重型隔离开关和 110kV 及以上的隔离开关。

第二节　隔离开关的闭锁装置

为保证正确的操作顺序，隔离开关与断路器以及接地开关之间要安装防误闭锁装置。发电厂常用的防误闭锁装置有机械闭锁、电气闭锁、电磁闭锁、电脑闭锁（电脑模拟盘）等。通过防误闭锁装置达到五防的要求，即防止误拉、合断路器，防止带负荷拉、合隔离开关，防止带接地开关或接地线合闸，防止带电合接地开关或挂接地线，防止误入带电间隔。

一、机械闭锁

机械闭锁靠机械结构的制约，当一个元件操作后另一个元件就不能操作，从而达到闭锁的目的。它的闭锁部件与操作部件是同步动作，无需使用钥匙等辅助操作，能够随操作顺序正确进行自动解锁，在发生误操作时自动闭锁，阻止误操作的进行。机械闭锁常用在带有接地开关的隔离开关上，用来实现隔离开关和本处的接地开关之间的闭锁。机械闭锁不能实现隔离开关和断路器及其他隔离开关或接地开关进行闭锁。

二、电气闭锁

电气闭锁是利用闭锁条件中有关断路器、隔离开关等设备的辅助触点，接通或断开电气操作电源而达到闭锁的目的。它适用于采用电动、液压、气动操动机构的隔离开关和接地开关之间的闭锁以及断路器和隔离开关之间的闭锁，可用于任何接线方式，即使在复杂的接线中，使用也比较方便，如图 5-6 所示。

三、电磁闭锁

电磁闭锁的主要元件是电磁锁和电磁钥匙。它利用断路器、隔离开关、设备网门等设备的辅助触点，接通或断开隔离开关或设备网门电磁锁电源，从而达到闭锁的目的。

对采用手动操动的隔离开关、接地开关，设电磁锁闭锁回路。

（1）电磁锁的构造及工作原理。电磁锁的构造及工作原理如图 5-7 所示。其构造包括电锁Ⅰ和电钥匙Ⅱ两部分。电锁固定在隔离开关的操动机构上，其插座 3 与作为闭锁条件的设备（如图中 QF）的辅助触点串联后接至电源；电钥匙上有插头 4、线圈 5、电磁铁 6。在电钥匙未带电时，电锁的锁芯 1 在弹簧 2 的压力下销入操作手柄Ⅲ的小孔内，使手柄不能实施

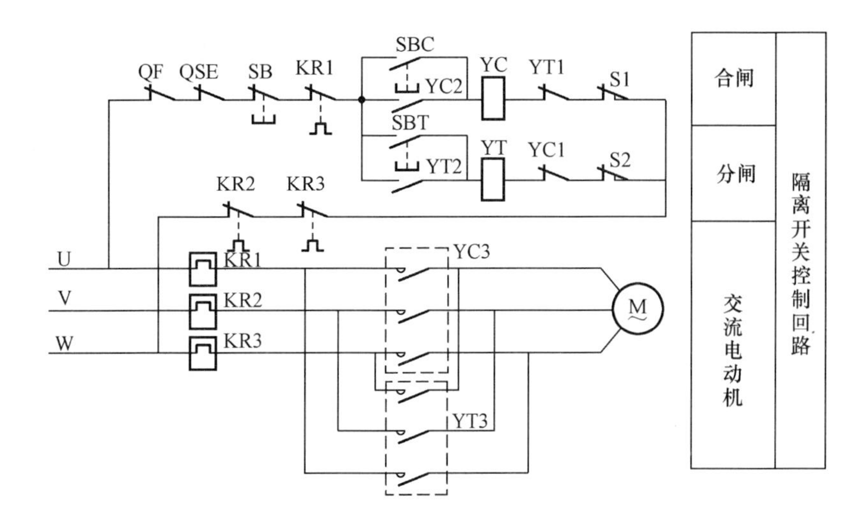

图 5-6　CJ5 型电动操作隔离开关的控制回路图

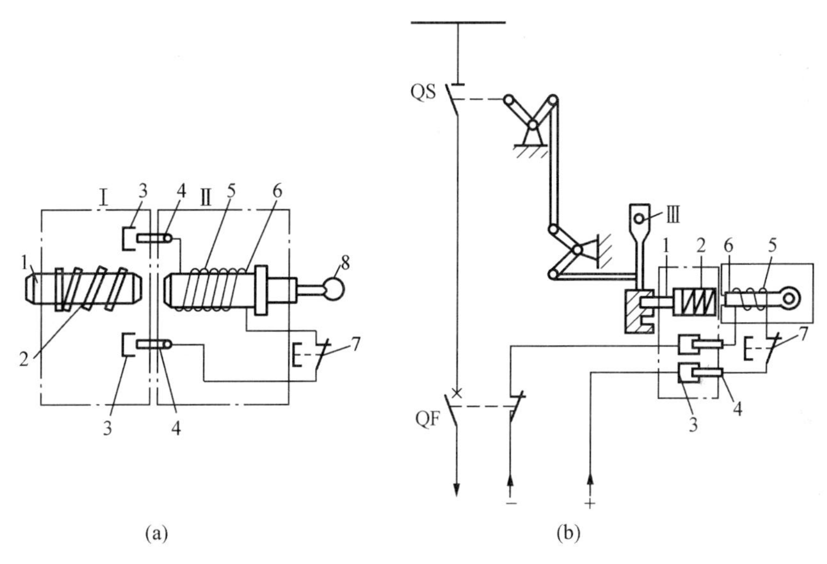

图 5-7　电磁锁的构造及工作原理

（a）电磁锁的构造；（b）电磁锁的工作原理

1—锁芯；2—弹簧；3—插座；4—插头；5—线圈；6—电磁铁；7—按钮开关；8—钥匙环；

QS—隔离开关；QF—断路器；Ⅰ—电锁；Ⅱ—电钥匙；Ⅲ—隔离开关操作手柄

操作。

1）QF 在跳闸位置时，QS 可以操作。这时 QF 在插座电路中的动断辅助触点闭合，插座 3 上有电压，当将电钥匙的插头 4 插入插座中时，线圈 5 便有电流流过并产生磁场，在电磁力的作用下，锁芯被吸出，电锁被打开，操作手柄Ⅲ可自由转动，QS 进行分、合闸操作。操作完成后，按下按钮开关 7 使之断开，线圈失电，锁芯弹入将手柄锁住。

2）QF 在合闸位置时，QS 不能操作。这时 QF 的动断辅助触点断开，插座 3 上无电压，即使将电钥匙的插头 4 插入插座中，电锁也不能打开，因此 QS 不能进行分、合闸操作。

（2）电磁锁闭锁回路实例。单母线系统的隔离开关闭锁接线如图 5-8 所示，其中 YA1、

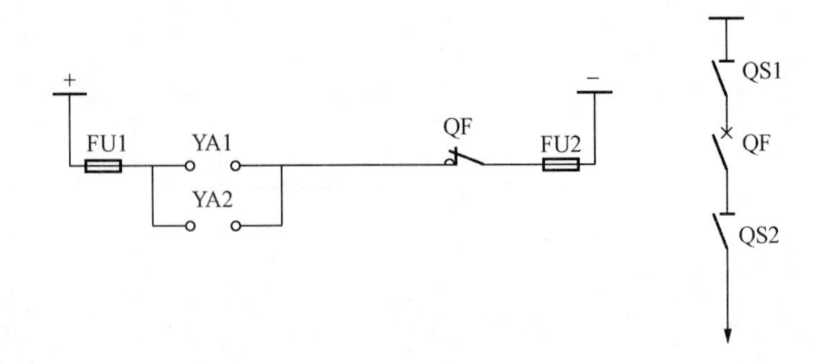

图 5-8　单母线隔离开关闭锁接线图

YA1、YAZ—电磁锁；QF—断路器及其辅助触点；

QS1、QS2—隔离开关；FU1、FU2—熔断器

YAZ 分别为对应于隔离开关 QS1、QS2 的电磁锁，实际为电磁锁的插座。只有断路器 QF 在跳闸位置时，插座 YA1、YA2 才有电压，电钥匙插入后方可开启电磁锁，QS1、QS2 才能操作。反之，若断路器在合闸位置，QS1、QS2 不能操作而被闭锁。

四、微机防误操作闭锁装置

随着微机技术的发展和广泛应用，出现了专门为防止电气误操作事故而设计的微机防误操作装置。它利用微机采集、分析信息，发出控制命令，适合于各种接线方式。通常微机防误操作装置由智能模拟屏、电脑钥匙、电编码锁、机械编码锁等组成。智能模拟屏对操作人员的模拟操作进行监控，进行五防逻辑分析，获取操作信息（可打印操作票），并通过通信接口将操作信息传给电脑钥匙。电脑钥匙对操作人员的实际操作进行监控，给出提示信息，当操作正确时打开电编码锁和机械编码锁，解除闭锁，允许操作，否则发出报警。微机防误操作闭锁装置闭锁功能强，设备可靠性高，操作简单、直观、方便，能够进行语音提示，支持与综合自动化系统接口，可实现无人值班的在线监控操作及远方操作等各种方式下对一次设备的强制闭锁以及设备状态的资源共享，具有自身故障检测等功能。

在水电厂中，机械闭锁、电气闭锁、微机防误操作闭锁装置三者综合应用比较广泛，充分起到了闭锁作用，防止误操作的发生。

第三节　隔离开关的运行操作

隔离开关的主要功能是当断路器断开电路后，有隔离开关的断开使有电与无电部分形成明显的断开点。虽然断路器的外部有“分、合”指示器，但不能保证它的指示与触点的实际位置一致，所以用隔离开关把有电与无电部分明显断开是非常必要的。此外，隔离开关具有一定的自然灭弧能力，常用来投入或断开电压互感器和避雷器等电流很小的设备，或用在一个断路器与几个设备的连接处，使断路器经过隔离开关的倒换更为灵活方便。

一、隔离开关操作的规定

（1）隔离开关操作前应检查断路器、相应的接地开关确已拉开并分闸到位，确认送电范

围内接地线已拆除。

（2）隔离开关电动操动机构的操作电压应在额定电压的85%～110%之间。

（3）手动分隔离开关应迅速、果断，但合闸终了时不可用力过猛。合闸后应检查动、静触点是否合闸到位，接触是否良好。

（4）手动分隔离开关开始时，应慢而谨慎；当动触点刚离开静触点时，应迅速。拉开后检查动、静触点的断开情况。

（5）隔离开关在操作过程中，如有卡滞、动触点不能插入静触点、合闸不到位等现象时，应停止操作，待缺陷消除后再继续进行。

（6）在操作隔离开关过程中，要特别注意若绝缘子有断裂等异常时应迅速撤离现场防止人身受伤。

（7）电动操作的隔离开关正常运行时，其操作电源应断开。

（8）禁止使用隔离开关进行下列操作：①带负荷分、合操作；②配电线路的停送电操作③雷电时拉合避雷器；④系统有接地（中性点不接地系统）或电压互感器内部故障时拉合电压互感器；⑤系统有接地时拉合消弧线圈。

二、隔离开关操作中的注意事项

（1）停电操作必须按照断路器——负荷侧隔离开关——电源侧隔离开关的顺序依次进行，送电操作应按与上述相反的顺序进行。严禁带负荷拉合隔离开关。

（2）发生误合隔离开关，在合闸时产生电弧也不准将隔离开关再拉开。发生误拉隔离开关，在闸口刚脱开时，应立即合上隔离开关，避免事故扩大。如果隔离开关已全部拉开，则不允许将误拉的隔离开关再合上。

（3）拉、合隔离开关后，应到现场检查其实际位置，以免因控制回路（指远方操作的）或传动机构故障，出现拒分、拒合现象。同时应检查隔离开关触点位置是否符合规定要求，以防止出现不到位现象，例如合闸时检查三相同期且接触良好，分闸时检查断口张开角度或拉开距离符合要求。

（4）操作中如果发现隔离开关支持绝缘子严重破损、隔离开关传动杆严重损坏等严重缺陷时，不准对其进行操作。

（5）隔离开关操动机构的定位销，操作后一定要销牢，防止滑脱引起带负荷切合电路或带地线合闸。

（6）隔离开关、接地开关和断路器之间安装有防误操作的电气、电磁和机械装置，倒闸操作时，一定要按顺序进行。如果闭锁装置失灵或隔离开关和接地开关不能正常操作时，必须严格按闭锁要求的条件，检查相应的断路器、隔离开关的位置状态，核对无误后才能解除闭锁进行操作。禁止随意解锁进行操作。

（7）隔离开关操作时所发出的声音，可用来判断是否误操作及可能发生的问题。如何判断声音是否正常，可参考以下几个方面的内容：

1）拉合隔离开关时，如果一侧有电，另一侧无电，则一般声音较响。两侧均无电，则在合隔离开关时，一般无声音，如果有轻微声音，则一般是由感应电引起，例如当线路送电合上线路隔离开关时，有轻微声音，如果断路器带有断口电容，则声音相对大一点。当隔离开关拉开后，两侧均无电，一般也无声音。

2）若倒母线时，隔离开关合、拉一般均无声音，如果隔离开关和母联断路器距离较远且操作后环流变化较大，则一般由于母线压降产生压差而发出轻微声音，如果声音较响或比平常响，则应检查母联断路器是否断开。

3）用隔离开关拉开空载母线或空载充电母线，由于电容电流较大，一般声音较响。

4）线路由运行转检修时，当拉开线路隔离开关时，一般声音较轻，如果声音较响，则应认真检验线路是否带电，以免在装设接地线时，发生事故。

三、隔离开关的运行

隔离开关在发电厂中数量最多，其导电部分连接点多，传动部件多，动触点行程大，触点长期暴露在空气中，容易发生氧化和脏污。为了保证隔离开关的正常运行和操作，应按规定进行巡回检查，在巡回检查时应对以下项目进行检查：

（1）隔离开关的支持绝缘子应清洁完好，无放电声响或异常声音。

（2）触点、接头接触应良好，无螺丝断裂和或松动现象，无严重发热和变形现象。

（3）引线应无松动、无严重摆动和烧伤断股现象，均压环应牢固且不偏斜。

（4）隔离开关本体、连杆和转轴等机械部分应无变形，各部件连接良好，位置正确。

（5）隔离开关带电部分应无杂物。

（6）操动机构箱、端子箱和辅助接头盒应关闭且密封良好，能防雨、防潮。

（7）熔断器、热耦继电器、二次接线、端子连接、加热器应完好。

（8）隔离开关的防误闭锁装置应良好，电磁锁、机械锁无损坏现象。

（9）定期用红外线测温仪检测隔离开关触点、接头的温度。一般用变色漆或示温片进行监视（黄、绿、红三种示温片，熔化时分别代表60、70、80℃）。

四、隔离开关运行中故障的处理

在隔离开关的运行和操作中，易发生接头和触点过热、电动操作失灵、合闸不到位等异常情况。对此，要求运行人员能够正确地分析、判断及处理。

1. 隔离开关电动操作失灵

在操作隔离开关时电动失灵拒合或拒分时，首先检查操作有无差错，然后检查电源回路是否完好，熔断器是否熔断或松动，电气闭锁回路是否正常，接触器是否动作。

2. 隔离开关不能合闸到位或三相不同期

隔离开关如果在操作时，不能完全合到位，接触不良，运行中会发热。出现隔离开关合不到位、三相不同期时，应拉开重合，反复合几次。如果电动不到位时可手动进行合闸。对于无法完全合到位，可戴绝缘手套，使用绝缘棒将闸刀三相触点顶到位。必要时，应申请停电处理。

3. 隔离开关在运行中过热的处理

隔离开关在运行中发热，主要是负荷过重、触点接触不良、操作时没有完全合好所引起。接触部位发热，使接触电阻增大，氧化加剧，发展下去可能会造成严重事故。

发现隔离开关的触点、接头有发热现象，应立即汇报调度，设法减小或转移负荷，加强监视。严重过热的应停电处理，根据不同的接线方式，分别采取相应的措施。

（1）双母线接线。如果某一母线侧隔离开关发热，可将该线路经倒闸操作，倒至另一段母线上运行。汇报调度和上级，母线能停电时，将负荷转移以后，发热的隔离开关停电检修。若有旁路母线时，可把负荷倒旁路母线带。

（2）单母线接线。如果母线侧隔离开关发热，母线短时间内无法停电，必须降低负荷，并加强监视。应尽量把负荷倒备用电源带，如果有旁路母线，也可以把负荷倒旁路母线带。母线可以停电时，再停电检修发热的隔离开关。

（3）如果是负荷侧（线路侧）隔离开关运行中发热，其处理方法与单母线接线时基本相同。应尽快安排停电检修，维持运行期间，应减小负荷并加强监视。

对于高压室内的发热隔离开关，在维持运行期间，除了减小负荷，并加强监视外，还要采取通风降温措施。

4. 隔离开关触点熔焊变形、绝缘子破裂和严重放电

隔离开关发生触点熔焊变形、绝缘子破裂和严重放电情况，应立即申请停电处理，在停电处理前应加强监视。隔离开关的常见故障处理方法见表 5-1。

表 5-1　　隔离开关的常见故障处理方法

故障现象	原因	处理方法
接触部分过热	（1）由于夹紧弹簧松弛。 （2）接触部分表面氧化造成，由于热的作用氧化更加严重，造成恶性循环	减小负荷，加强监视，如热量不断增加，停电后检修
绝缘子表面闪络和松动	（1）表面脏污。 （2）胶合剂发生不应有的膨胀或收缩	（1）冲洗绝缘子。 （2）更换新的绝缘子
隔离开关刀片弯曲	由于刀片之间电动力的方向交替变化	检查刀片两端接触部分的中心线是否重合，如不重合，则需移动刀片或调整固定瓷柱的位置
固定触点夹片松动	刀片与固定触点接触面太小，电流集中通过接触面后又分散，使夹片产生斥力	接触面，增大接触压力
隔离开关拉不开	（1）冰雪冻结。 （2）传动机构和闸刀转动轴处生锈或接触处熔焊	（1）轻摇机构手柄，但应注意变形变位。 （2）停电处理
误拉隔离开关	（1）刚拉开时出现弧光及响声。 （2）发现该隔离开关不应切开而误操作者	（1）发现错误在切断弧光前，可迅速将闸刀合上。 （2）如已完全切开，禁止再合
隔离开关误合闸	（1）由于误操作将不应合闸的隔离开关合上。 （2）将隔离开关合上接有短路线的回路。 （3）将隔离开关合上而连接了两个不同期的系统	（1）无论何种情况即使系统短路或振荡时，均不允许把误合的隔离开关拉开。 （2）可用断路器断开流过误合闸的电流，然后方可拉开闸刀

第六章

消弧线圈的运行

第一节　消弧线圈的原理

一、消弧线圈的基本原理

在中性点不接地系统中发生单相金属性接地故障时，非接地相的对地电压将上升为线电压，中性点电压将升高为相电压。故障点的电流为非故障相容性电流之和，此接地电流的大小与系统电压、线路长度等有关。当接地电流较大时，可能产生间歇性电弧，引起相对地的操作过电压，损坏绝缘，并导致两相接地短路。为减少接地电流，使接地点电弧容易熄灭，电力系统的中性点就应采用经消弧线圈的接地方式。

所谓经消弧线圈接地，就是在变压器或发电机的中性点与大地之间接入一个电抗线圈，如图 6-1 所示。

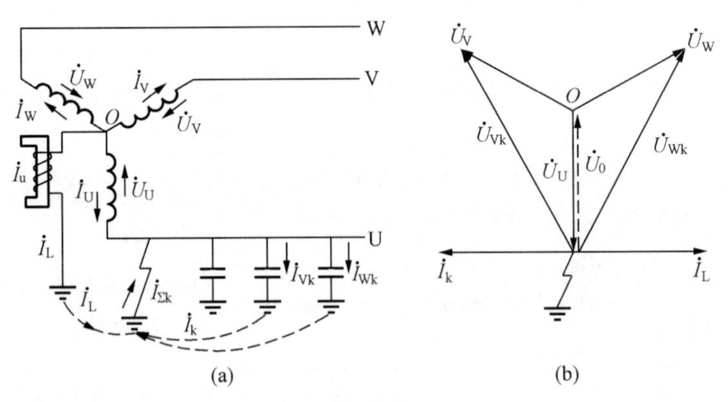

图 6-1　中性点经消弧线圈接地时的单相接地情况

(a) 电流部分；(b) 电流电压相量图

正常情况下中性点与地同电位，消弧线圈上没有电流流过。当发生单相接地故障时，中性点电压升高，在该电压作用下，消弧线圈上将会产生感性电流，与流过故障点的容性电流方向相反。如果适当选择电感线圈的电感大小（匝数），消弧线圈的感性电流与非故障相的容性电流就可以基本相互抵消，使接地点的容性电流限制在允许范围内，有利于接地电弧的熄灭。

消弧线圈有以下三种补偿方式：

(1) 全补偿。全补偿方式下，消弧线圈的电感电流等于接地点的电容电流，接地点的接地电流为零。从灭弧的角度来说，全补偿最好，但从电工理论的原理可知，此时正好满足串联谐振条件。当系统因操作等原因使三相系统平衡被破坏时，中性点对地将出现一个电压偏移，而且即使在正常运行时，中性点的电位也不会一直为零，则在中性点电位的作用下就可能发生串联谐振，使中性点和各相对地产生一个很高的过电压，危及电网绝缘。因此不能采用全补偿方式。

（2）过补偿。过补偿方式下，消弧线圈的电感电流大于接地点的电容电流，接地点流过较小的感性电流。这种方式可以避免串联谐振过电压，同时保留了系统进一步发展的裕度。电网大都采用此种补偿方式。

（3）欠补偿。欠补偿方式下，消弧线圈的电感电流小于接地点的电容电流，接地点流有未被补偿的较小的容性电流。在欠补偿的情况下，当系统运行方式改变时，例如电网有一条线路跳闸（此时对地电容相应减小）时，或当线路非全相运行（此时电网一相或两相对地电容减小）时，或频率降低时，或中性点电位偶然升高，使消弧线圈饱和而导致电感值自动变小时，仍然存在发生谐振的可能性，所以一般情况下不采用欠补偿方式，只有在消弧线圈容量不足，不能满足过补偿运行要求时，才采用欠补偿运行方式，且操作必须遵守有关的规定。

二、消弧线圈的结构和接线

消弧线圈的结构和双柱单相变压器相似，但其内部是一个带有间隙的铁芯，如图 6-2 所示。铁芯间隙的存在可防止铁芯饱和，使线圈的电感在一定范围内基本恒定，中性点电压和通过消弧线圈的电流将呈线性关系，保证消弧线圈起到应有的补偿作用。铁芯由很多铁饼叠装而成，间隙沿着整个铁芯分布，间隙中填着绝缘垫板。铁芯外面绕有绕组，绕组的接地侧留有若干分接头，通过调整分接头位置可以改变补偿电流的大小。铁芯和绕组都放在充满绝缘油的油箱中。消弧线圈的外壳上装有储油柜和温度计，大容量消弧线圈还设有散热器、呼吸器及气体继电器等。

消弧线圈的原理接线如图 6-3 所示。它一般经隔离开关接于规定的变压器或发电机中性

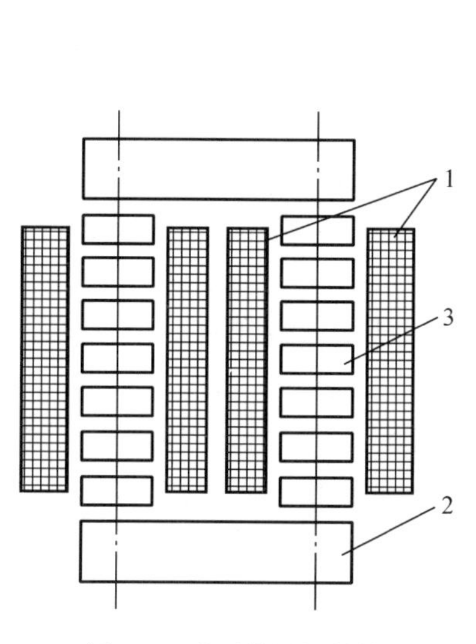

图 6-2　消弧线圈的结构

1—绕组；2—铁轭；3—有间隙的铁芯

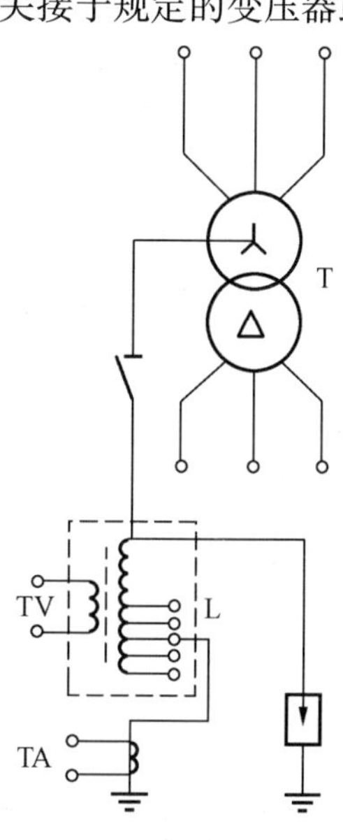

图 6-3　消弧线圈原理接线图

点与地之间，并装有电压互感器和电流互感器，互感器的二次侧装有电压表和电流表，分别用来测量系统单相接地时消弧线圈的端电压和补偿电流，电压互感器二次侧还装有电压继电器，当有故障时，电压继电器动作，启动中间继电器，一方面使中央预告信号动作，另一方面使消弧线圈屏上的信号灯亮。为了防止过电压损坏消弧线圈，在消弧线圈旁还接有避雷器。

因为系统中容性电流的大小随着系统运行方式的变化而变化，消弧线圈的补偿电流也应随系统运行方式的变化而作相应的调整。过去消弧线圈是靠调节线圈的分接头改变其电感的大小，从而改变流过故障点的电流。要改变分接头，必须先让消弧线圈退出运行，然后或者根据人们的运行经验，或者根据实测电网对地的电容电流的数值，来确定其匝数的多少。

第二节　消弧线圈的运行原则

一、消弧线圈运行的要求

(1) 电网在正常运行时，消弧线圈应按调度要求投入。当系统发生单相接地时，应加强对消弧线圈的上层油温的监视，其最高值不得超过 95℃，消弧线圈连续运行时间一般不宜超过 2h，否则应切除故障线路。

(2) 三相线路不平衡运行时，中性点对地电压和额定相电压的比值，称为不平衡度。电网在正常运行时，不对称度应不超过 1.5%。长时间中性点位移电压不允许超过额定电压的 15%。在操作过程中不允许超过额定相电压的 30%。

(3) 当消弧线圈的端电压超过相电压的 15%时，且消弧线圈已经动作，则应按接地故障处理。寻找接地点。

(4) 电网在正常运行时，消弧线圈必须投入运行。

(5) 不许将两台变压器的中性点同时并于一台消弧线圈上运行（包括切换操作时），当需要切换消弧线圈时，应先拉后合。

(6) 在电网中有操作或有接地故障时，不得停用消弧线圈。

(7) 改变消弧线圈运行台数时，应相应改变继续运行中的消弧线圈分接头，以得到合适的补偿电流。

(8) 消弧线圈产生内部异响及放电声、套管严重破坏或闪络、瓦斯保护动作等异常现象时，应经上级同意并确认无接地故障的情况下，先停变压器，然后在拉开消弧线圈的隔离开关，禁止用隔离开关停用有故障的消弧线圈。

(9) 当系统中有接地故障时，不允许操作消弧线圈的隔离开关，否则可能会产生弧光短路事故。

(10) 正常投入消弧线圈，先投入变压器，再投入消弧线圈。停用时，只需拉开消弧线圈的隔离开关即可，若变压器与所带的消弧线圈一起停电，则应拉开消弧线圈的隔离开关后，再停变压器。

二、消弧线圈运行中的事项

(1) 消弧线圈的投入或切除由调度决定，不得私自处理；调整分接头的工作，应在消弧线圈退出系统后进行，调整结束后再投入系统。

(2) 在正常情况下，禁止将消弧线圈同时运行在两台变压器的中性点，当消弧线圈由一台变压器切换到另一台变压器上时，必须先把它断开，然后再切换。

(3) 严禁在系统发生事故的情况下用隔离开关投入或断开消弧线圈，因为如果那样就会在接地开关上产生弧光造成短路或其他事故。

(4) 当在运行中发现消弧线圈有下列情况时：

1) 防爆门破裂且向外喷油。

2) 严重漏油，油面计已看不到油位，而且有异音或放电声响。

3) 套管严重放电或接地。

4) 着火冒烟。

此时说明消弧线圈内部已出现严重故障，必须立即停掉消弧线圈。但是，如果与此同时存在着系统接地事故，则不可拉开接地开关，应作如下处理：

1) 若有备用变压器，则立即投入备用变压器，停止工作变压器，断开消弧线圈。

2) 若有并联工作变压器，在考虑另一台变压器过负荷的情况下，将带消弧线圈变压器切除，断开消弧线圈，再恢复并列运行。

如无上述条件，可采用停机或停主变压器的方式停用消弧线圈，拉开消弧线圈的隔离开关后，再将发电机或变压器重新并入系统。也可以联系调度切除接地线路，然后再断开消弧线圈的隔离开关。

三、消弧线圈运行中的检查

(1) 上层油温及油位是否正常，油色是否发黑。

(2) 套管、隔离开关、绝缘子是否清洁完整，有无破损和裂纹。

(3) 油箱各处是否清洁，有无渗漏现象。

(4) 各部分引线是否牢固，外壳接地和中性点接地是否良好。

(5) 注意消弧线圈的声音；正常运行时应无声音，系统出现接地时有“嗡嗡”声，但应无杂音。

(6) 隔离开关旁的接地指示灯及信号装置是否正常。

(7) 消弧线圈储油柜的呼吸器内吸潮剂有无变色。

(8) 气体继电器玻璃窗是否清洁，有无渗油现象。

(9) 消弧线圈温度表应完好，上层油温不超过 85℃（极限值为 95℃）。

(10) 消弧线圈在运行中应无杂音，表计指示值应正确。

(11) 消弧线圈的隔离开关开合应良好，回路接线应正确。

(12) 定期检查瓦斯保护的情况，如有空气，应将它放尽。

(13) 检查消弧线圈的电压及补偿电流，并定时记录，确认其是否在允许的范围之内。

第三节　消弧线圈的操作

一、消弧线圈的操作要求

(1) 改换消弧线圈分接头前，必须拉开消弧线圈的隔离开关，将消弧线圈停电。因为尽管消弧线圈接于变压器（或发电机）的中性点上，但正常运行中，中性点电压不一定是零，这是由于电网三相电容电流不完全相等，而使其中性点在正常运行时也会出现对地电压的缘故此外，在改换分接头的瞬间，电网有可能发生接地故障，这时分接开关将会遭受到电弧烧灼，引起消弧线圈烧坏。为了保证人身及设备的安全，所以必须在消弧线圈停电后，才允许改换分接头的位置。

(2) 改换消弧线圈分接开关完毕，应用万能表测量消弧线圈导通良好，然后合上隔离开关，使其投入运行。

(3) 当电网采用过补偿方式运行时，在线路送电前，应改换分接头位置，以增加消弧线圈电感电流，使其适合线路增加后的过补偿度，然后再送电，线路停电时的操作顺序相反。

(4) 当电网采用欠补偿方式运行时，应先将线路送电，再提高分接头的位置，停电时相反。

(5) 当系统发生单相接地时，线路通过的地区有雷雨时，中性点位移电压超过50%的定相电压或接地电流极限值超过表6-1数值时，禁止用隔离开关投入和切除消弧线圈。

表6-1　接地电流极限值

额定电压(kV)	3～6	10	35	60	110
接地电流极限值(A)	30	20	10	5	3

(6) 在正常情况下消弧线圈接于变压器或发电机中性点上，但在中性点上电压不一定是零，这是由电力系统三相不完全对称的原因所致。

(7) 若运行中的变压器与它所带的消弧线圈一起停电时，应先拉开消弧线圈的隔离开关，再停用变压器；送电时相反。

(8) 在正常情况下，禁止将消弧线圈同时运行在两台变压器的中性点，当消弧线圈由一台变压器切换到另一台变压器上时，必须先把它断开，然后再切换。

(9) 35kV系统发生单相接地时，要加强对消弧线圈的温度或允许时间（最高不超过95℃或2h）及声音的监视，若发生异声或放电声、冒烟、着火等内部故障现象，应立即联系拉开消弧线圈的电源断路器。

二、消弧线圈的操作程序

在消弧线圈检修结束后，应收回工作票，拆除安全措施，然后进行检查。其检查内容与变压器相同。如果检查结果良好，在得到启用消弧线圈命令后，便可填写好操作票，准备操作，将其投入运行。

1. 投入操作程序

(1) 启用连接消弧线圈的主变压器。

（2）检查消弧线圈的分接头确在需要工作的位置上。

（3）操作人员根据接地信号灯的指示情况，证明电网内确无接地存在时，合上消弧线圈的隔离开关。

（4）检查仪表与信号装置应工作正常，补偿电流表指示在规定值内。

2. 消弧线圈的停用操作

在消弧线圈检修或改换分接头时，需要停用消弧线圈。在电网正常运行时停用消弧线圈，只需拉开消弧线圈的隔离开关即可。若消弧线圈本身有故障，则应先拉开连接消弧线圈的变压器两侧的断路器，然后再拉开消弧线圈的隔离开关。

3. 消弧线圈调整分接头的操作

当网络运行方式改变，如补偿网络的线路长度增减、电网中某一消弧线圈因检修而退出运行或网络分成几部分时，将会引起电容电流的改变。此时，应考虑选择新的调谐值，对消弧线圈进行分接头的调整，使其补偿值适应运行方式改变后的情况。发电厂或变电站的值班员在接到关于更改调谐值的命令后，应填写好操作票，准备操作。

消弧线圈分接头的调整操作，必须在消弧线圈停用后进行。因为在改换分接开关接头位置的瞬间，有可能发生接地短路，这时，分接开关将不可避免地遭受到电弧闪络，引起整个线圈的短接而烧坏。为了防止此类故障的发生，以及保证人身安全，必须在消弧线圈的隔离开关断开的情况下，才允许改换分接头的位置。其具体操作程序如下：

（1）拉开消弧线圈的隔离开关。

（2）在隔离开关下端装设临时接地线。

（3）将分接头调整至需要位置，并左右转动，使之接触良好。

（4）拆除隔离开关下端临时接地线。

（5）用万用表测量，检查其分接头接触良好，如万用表指针不到零位，则说明接触不良，万用表指针到零位，说明接触良好，然后合上消弧线圈的隔离开关，使消弧线圈投入运行。

在调整消弧线圈分接头位置时，应注意：

（1）使用过补偿时，增加线路长度，应先调整分接头，使之适合线路增加后的过补偿度，然后投入线路；减少线路长度，应先将线路断开，然后再调整分接头，使之适合线路减少后的补偿度。

（2）使用欠补偿时，增加线路长度，应先投入线路后，再调整分接头；减少线路长度，应先调整分接头后，再停线路。

（3）在系统中存在接地时决不可调整消弧线圈的分接头位置。因为将消弧线圈断开，即使时间很短，也会将系统变为中性点不接地方式运行。

第四节　消弧线圈故障的处理

一、消弧线圈异常的处理

（1）运行中的消弧线圈一旦发生下列异常情况，应立即通过高压断路器、隔离开关切除或采取主变压器停用方式加以切除。

1）消弧线圈着火或冒烟。

2）套管破裂放电或接地。

3）防爆门破裂且向外喷油。

4）严重漏油，油位计不见油位，且响声异常或有放电声。

（2）消弧线圈有下列故障应立即停用。

1）温度或温升超过极限值。

2）接地引线折断或接触不良。

3）分接开关接触不良。

4）隔离开关严重接触不良或根本不接触。

（3）若发现消弧线圈因运行时间过长，绝缘老化而引起内部着火，且电流表指针摆动时应立即停用消弧线圈——断开变压器各侧的断路器，再用隔离开关切除该消弧线圈，然后用电气灭火装置或砂进行灭火。

（4）在系统存在接地故障的情况下，不得停用消弧线圈，且应严格对其上层油温加强监视，其值最高不得超过95℃，并迅速寻找和处理单相接地故障，应注意允许单相接地故障运行时间不得超过2h，否则应将故障线路断开，停用消弧线圈。

二、消弧线圈动作故障的处理

当电网内发生单相接地、串联谐振及中性点位移电压超过整定值时，消弧线圈动作，此时，消弧线圈动作光字牌亮及警铃响，中性点位移电压表及补偿电流表指示值增大，消弧线圈本体指示灯亮；若为单相接地故障，则绝缘监视电压表指示接地相电压为零，未接地两相电压升至线电压。当发生上述故障时，值班人员应进行如下处理：

（1）确认消弧线圈信号动作正确无误后，值班人员应立即将接地相别、接地性质（永久性的、瞬间性的及间歇性的）、仪表指示值。继电保护和信号装置及消弧线圈的运行情况向电网值班调度员汇报，并要求将接地故障尽快消除。

（2）派人巡视母线、配电设备、消弧线圈所连接的变压器。若接地故障持续15min未消除，应立即派人检查消弧线圈本体，上层油温应正常，应无冒烟喷油现象，套管应无放电痕迹，接头应无发热现象，并每隔20min检查一次。若上层油温超过95℃，持续运行时间超过规定值时，应联系停用消弧线圈。

（3）在消弧线圈动作时间内，不得对其隔离开关进行任何操作。

（4）电网发生单相接地时，消弧线圈可继续运行2h，以便运行人员采取措施，查出故障点并及时处理。

（5）如消弧线圈本身发生故障，应先断开连接消弧线圈的主变压器，然后拉开消弧线圈的隔离开关。

（6）值班人员应监视各种仪表指示值的变动情况，并作好详细记录。

三、在欠补偿运行时产生串联谐振过电压故障的处理

消弧线圈在欠补偿运行时，由于线路发生一相导线断线、两个导线同一处断线、线路故障跳闸或断路器三相触点动作不同步，均可能产生串联谐振过电压。

在故障时，消弧线圈动作光字牌亮及警铃响，中性点位移电压表及补偿电流表指示值增大并甩到尽头，消弧线圈本体指示灯亮，绝缘监视电压表各相指示值升高且不同，消弧线圈铁芯发出强烈的“吱吱”声，上层油温急剧上升。

当发生上述故障时，值班人员应先向电网值班调度员报告，并建议按下列方法之一进行处理：

(1) 降低总负荷，停用连接消弧线圈的主变压器。

(2) 将发电厂或变电站与系统解列。

在停用连接消弧线圈的主变压器后，拉开消弧线圈的隔离开关，停用消弧线圈。

四、消弧线圈的故障停用

有下列故障现象之一者，应停用消弧线圈。

(1) 消弧线圈温度和温升超过极限值。

(2) 消弧线圈从储油柜向外喷油。

(3) 消弧线圈因漏油而使油面骤然降低，油位指示器内看不见油位。

(4) 消弧线圈本体有强烈而不均匀的噪声和内部有火花放电声。

(5) 调整消弧线圈的分接头位置后，发现分接开关接触不良。

(6) 消弧线圈着火。

五、装设消弧线圈的系统中接地故障点的寻找

在装设消弧线圈的系统中，当单相接地时，其他两相对地电压将升高到相电压的$\sqrt{3}$倍，这对系统的安全威胁很大，存在着使另一相绝缘击穿，发展成为两相接地短路的可能性。为此，值班人员应迅速寻找接地点，及时消除。

接地故障点的寻找应在发电厂值长或系统值班调度员的领导下进行，其寻找方法如下：

(1) 如发电厂接地自动选择装置已启动，应检查其选择情况。若自动选择已选出某一馈电线，应联系停用。

(2) 利用并联电路，转移负荷及电源，观察接地是否变化。

(3) 若该系统未装设接地选择装置或接地自动装置未选出时，可采用分割系统法，缩小接地选择范围。

(4) 当选出某一部分系统有接地故障时，应强送一次。

(5) 利用倒换备用母线运行的方法，顺序鉴定电源设备（发电机、变压器等）、母线隔离开关、母线及电压互感器等元件是否接地。

(6) 选出故障设备后，将其停电，恢复系统的正常运行。

第七章

绝缘子、套管的运行

第一节 绝缘子的基本要求

绝缘子是一种起电绝缘和机械固定作用的绝缘部件，对它有三个基本要求：

(1) 有足够的电气绝缘强度。

(2) 能承受一定的外力机械负荷。

(3) 能经受不利的环境和天气条件的变化。

一、绝缘子的电气性能

绝缘子主要作外绝缘部件，其电气性能通常用连通两电极的沿绝缘子外部表面空气的放电电压——闪络电压来衡量。

根据工作条件的不同，闪络电压可分为以下几种：

(1) 干闪电压。清洁、干燥绝缘子的闪络电压，它是户内绝缘子的主要电气性能。干闪电压还可分为工频干闪电压、操作冲击干闪电压和雷电冲击干闪电压等三种。

(2) 湿闪电压。洁净的绝缘子在淋雨情况下的闪络电压，它是户外绝缘子的主要电气性能指标，根据作用电压的不同，湿闪电压也可分为工频湿闪电压、操作冲击湿闪电压和雷电冲击湿闪电压。在雷电冲击电压的作用下，绝缘子的干、湿闪电压基本相同；工频电压下，干、湿闪电压相差较大，而在操作冲击电压下，绝缘子的干、湿闪电压也有区别，但不如工频电压下那样显著。

(3) 污闪电压。表面脏污的绝缘子在受潮情况下的闪络电压。污闪电压比干闪电压和湿闪电压都低，一般用泄漏距离来衡量绝缘子在污秽和受潮条件下的绝缘能力。

有些绝缘子，电极间的绝缘可能被击穿，这样会造成不可恢复的绝缘损坏。在进行绝缘子设计时，一般要求绝缘子的击穿电压比干闪电压高。通常，电瓷产品的击穿电压为1.2～1.6倍的工频干耐受电压。

另外，在运行中，绝缘子的电晕造成高频干扰，引起能量损失，一般要求在正常相电压下不出现这种有害的电晕。

二、绝缘子的机械性能

绝缘子的机械性能按其在运行中承受的外力的形成可分为以下几种：

(1) 热胀冷缩性能和抗老化性能。绝缘子在运行中遇到日光曝晒、突然降雨等剧烈的天气变化时，温度会骤然变化，产生内部应力，可能造成绝缘子开裂，所以要求绝缘子能够耐受一定的温差剧变，而不发生开裂。另外，构成绝缘于的各种材料的温度膨胀系数不同，温度变化时也会使它们之间产生应力而发生破裂。运行中的绝缘子在长期的工作电压、机械负荷和环境温度变化的作用下，会发生介质的老化现象，因此要求绝缘子应具有一定的抗老化性能。

(2) 抗弯强度。绝缘子承受弯曲负荷的能力，如支持绝缘子需承受导线拉力、风力及短路电流电动力的作用，这些力的方向与支柱垂直造成弯曲负荷。

(3) 抗拉强度。绝缘子承受拉伸负荷的能力，如悬挂输电线的绝缘子要承受重力和导线拉力造成的拉伸负荷。

第二节 绝缘子的分类及结构

绝缘子广泛应用在发电厂的配电装置、变压器、开关电器及输电线路上，用来支持和固定裸载流导体，并使裸载流导体与地绝缘，或使处于不同电位的载流导体之间绝缘。因此，绝缘子应具有足够的绝缘强度、机械强度、耐热性和防潮性。

一、绝缘子的分类

绝缘子按其额定电压可分为高压绝缘子（1000V 以上）和低压绝缘子（1000V 及以下）两种；按安装地点可分为户内式和户外式两种；按结构形式和用途可分为支柱式、套管式及盘形悬式三种。

高压绝缘子主要由绝缘件和金属附件两部分组成。绝缘件通常用电工瓷具制成，电工瓷具有结构紧密均匀、绝缘性能稳定、机械强度高和不吸水等优点。盘形悬式绝缘子的绝缘件也有用钢化玻璃制成的，具有绝缘和机械强度高、尺寸小、质量轻、制造工艺简单及价格低廉等优点。

金属附件的作用是将绝缘子固定在支架上和将载流导体固定在绝缘子上。金属附件装在绝缘件的两端，两者通常用水泥胶合剂胶合在一起。绝缘瓷件的外表面涂有一层棕色或白色的硬质瓷釉，以提高其绝缘、机械和防水性能；金属附件皆作镀锌处理，以防其锈蚀；胶合剂的外露表面涂刷防潮剂，以防止水分侵入。

高压绝缘子应能在越过其额定电压 15%的电压下可靠地运行。

支柱绝缘子和套管绝缘子应能承受短路电流所产生的最大电动力，并具有一定裕度。其机械强度用机械破坏负荷（或称抗弯破坏负荷）表示，单位为 kN。机械破坏负荷是指在绝缘子固定的情况下，在绝缘子顶帽的平面上施加与其轴线垂直、使绝缘子受到弯矩作用而被破坏的机械负荷值。同一电压级的绝缘子，按机械破坏负荷的不同值分为 4 组，在其型号中分别用 A、B、C、O 表示，也有些绝缘子直接用机械破坏负荷值表示。

柱形悬式绝缘子按机电破坏负荷分级。机电破坏负荷是指当电压和机械负荷同时加于绝缘子上，在电压一定、机械负荷升高时，绝缘子的任一部分丧失其机械或电气性能的机械负荷值，单位为 t 或 kN。

二、绝缘子的结构

1．支柱绝缘子

户内式支柱绝缘子分内胶装、外胶装、联合胶装三个系列；户外式支柱绝缘子分针式和棒式两种。

（1）户内式支柱绝缘子。户内式支柱绝缘子主要应用在 3～35kV 屋内配电装置。

1）ZA-10Y 型外胶装式支柱绝缘子的结构如图 7-1（a）所示。型号表明：该绝缘子为户内外胶装式，机械破坏负荷代号 A 代表 3.75kN，额定电压为 10kV，Y 表示底座为圆形。它主要由绝缘瓷件 2、铸铁帽 1 和铸铁底座 3 组成。绝缘瓷件为上小、下大的实心瓷体，起对地绝缘作用；铸铁帽上有螺孔，用于固定母线或其他导体；铸铁底座上有螺孔，用于将绝缘子固定在架构或墙壁上。底座形状有圆形、椭圆形和方形。铸铁帽 1 和铸铁底座 3 用水泥胶合剂 4 与绝缘瓷件 2 胶合在一起。这种绝缘子的结构特点是金属附件胶装在瓷件的外表面上，使绝缘子的有效高度减少，电气性能降低，或在一定的有效高度下使绝缘子的总高度增加，尺寸、质量增大，但其机械强度较高。

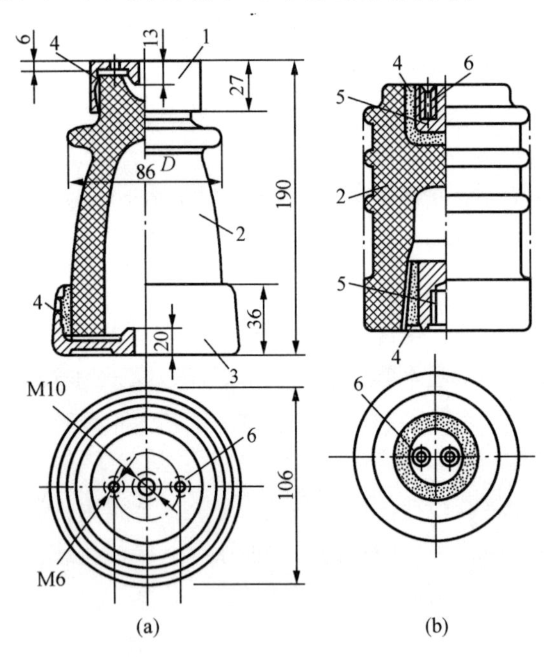

图 7-1　户内式支柱绝缘子结构

（a）外胶装式；（b）内胶装式

1—铸铁帽；2—绝缘瓷件；3—铸铁底座；4—水泥胶合剂；5—铸铁配件；6—铸铁配件螺孔

2）内胶装式支柱绝缘子的结构如图 7-1（b）所示。它主要由绝缘瓷件 2 和上、下铸铁配件 5 组成。上、下铸铁配件均有螺孔，分别用于导体和绝缘子的固定。这种绝缘子的结构特点是金属附件胶装在瓷件的孔内，相应地增加了绝缘距离，提高了电气性能，在有效高度相同的情况下，其总高度约比外胶装式绝缘子低 10%；同时，由于所用的金属配件和胶合剂的质量减少，其总质量约比外胶装式绝缘子减少 50%。所以，内胶装式支柱绝缘子具有体积小、质量轻、电气性能好等优点，但机械强度较低。

3）ZLB-35F 型户内联合胶装式支柱绝缘子结构如图 7-2 所示。这种绝缘子的结构特点是上金属附件采用内胶装，下金属附件采用外胶装，并且一般属实心不可击穿结构，为多棱型。它兼有内、外胶装式支柱绝缘子的优点，尺寸小，泄漏距离大，电气性能好，机械强度高，适用于潮湿和湿热带地区。

（2）户外式支柱绝缘子。户外式支柱绝缘子主要应用在 6kV 及以上屋外配电装置。由于工作环境条件的要求，户外式支柱绝缘子有较大的伞裙，用以增大沿面放电距离，并能阻断水流，保证绝缘子在恶劣的雨、雾气候下可靠地工作。

1）ZPC1-35 型户外针式支柱绝缘子结构如图 7-3 所示。它主要由绝缘瓷件 2、4，铸铁帽 5 和法兰盘装脚 1 组成，属空心可击穿结构，较笨重，易老化。

2）ZS-35/8 型户外棒式支柱绝缘子外形如图 7-4 所示。棒式绝缘子为实心不可击穿结构，一般不会沿瓷件内部放电，运行中不必担心瓷体被击穿，与同级电压的针式绝缘子相比，具有尺寸小、质量轻、便于制造和维护等优点，因此，它将逐步取代针式绝缘子。

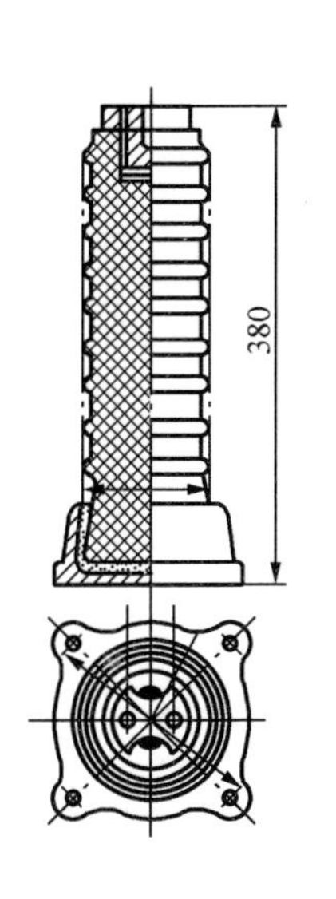

图 7-2 ZLB-35F 型户内联合胶装式支柱绝缘子结构

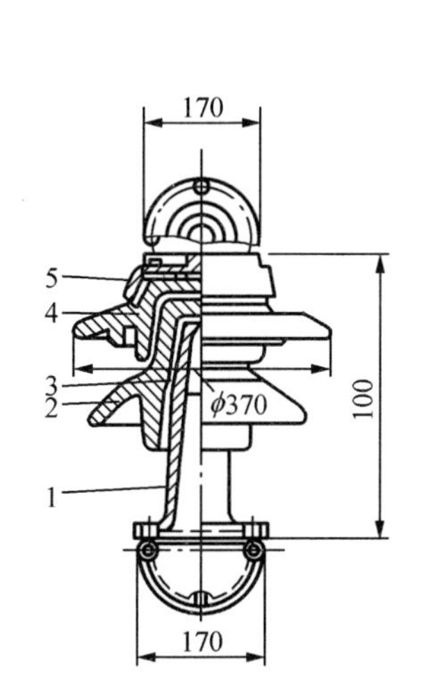

图 7-3 ZPC1-35 型户外针式支柱绝缘子结构
1—法兰盘装脚；2、4—绝缘瓷件；3—水泥胶合剂；5—铸铁幅

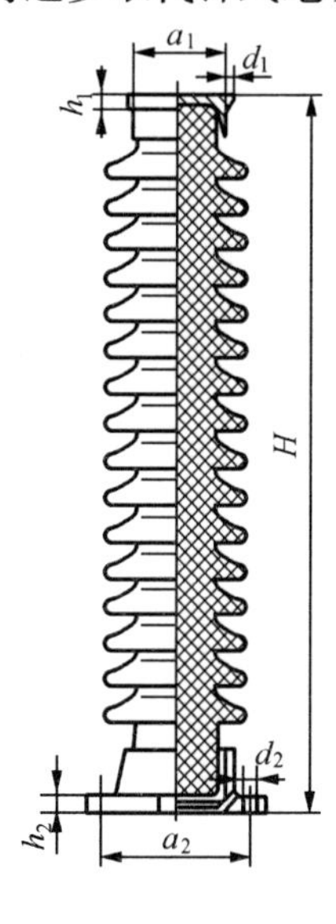

图 7-4 ZS-35/8 型户外棒式支柱绝缘子外形

2. 悬式绝缘子

悬式绝缘子主要应用在 35kV 及以上屋外配电装置和架空线路上。按其帽及脚的连接方式，分为球形的和槽形的两种。

图 7-5 为几种悬式绝缘子的结构。它们都是由绝缘件（瓷件或钢化玻璃）、铁帽、铁脚组成。钟罩形防污悬式绝缘子的污闪电压比普通型绝缘子高 20%～50%；双伞形防污悬式绝缘子具有泄漏距离大、伞形开放、裙内光滑、积灰率低、自洁性能好等优点；草帽形防污悬式绝缘子也具有积污率低、自洁性能好等优点。

在实际应用中，悬式绝缘子根据装置电压的高低组成绝缘子串。这时，一片绝缘子的铁脚 3 的粗头穿入另一片绝缘子的镀锌铁帽 2 内，并用特制的弹簧锁锁住。每串绝缘子的数目：35kV 不少于 3 片，110kV 不少于 7 片，220kV 不少于 13 片，330kV 不少于 19 片，500kV 不少于 24 片。对于容易受到严重污染的装置，应选用防污悬式绝缘子。

3. 套管绝缘子

套管绝缘子用于母线在屋内穿过墙壁或天花板以及从屋内向屋外引出，或用于使有封闭外壳的电器（如断路器、变压器等）的载流部分引出壳外。套管绝缘子也称为穿墙套管，简称套管。

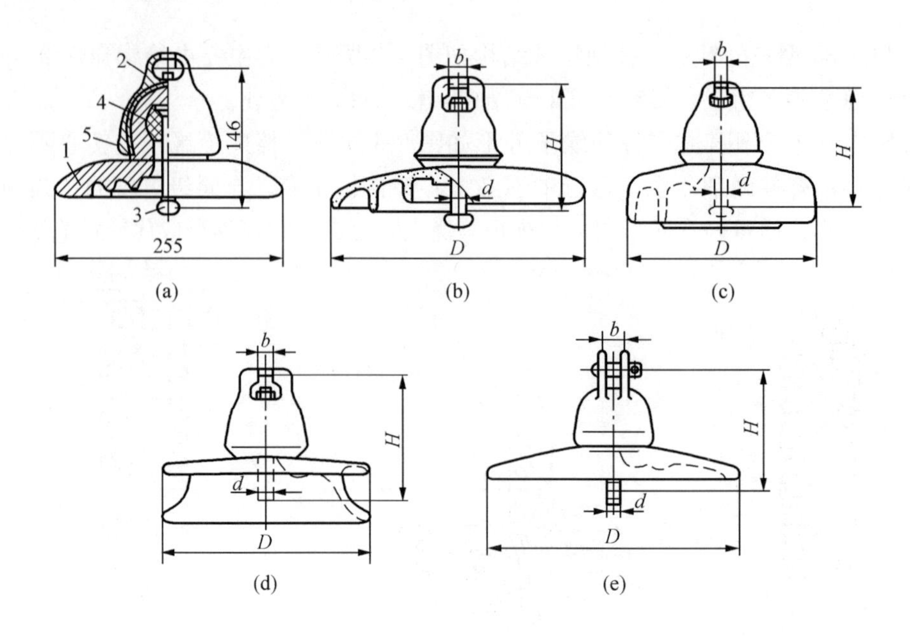

图 7-5　几种悬式绝缘子的结构

(a) 球形连接悬式绝缘子；(b) 钢化玻璃悬式绝缘子；(c) 钟罩形防污悬式绝缘子；(d) 双伞形防污悬式绝缘子；(e) 草帽形防污悬式绝缘子

1—瓷件；2—镀锌铁帽；3—铁脚；4、5—水泥胶合剂

穿墙套管按安装地点可分为户内式和户外式两种，根据结构型式可分为带导体型和母线型两种。带导体型套管，其载流导体与绝缘部分制成一个整体，导体材料有铜的和铝的，导体截面有矩形的和圆形的；母线型套管本身不带载流导体，安装使用时，将载流母线装于套管的窗口内。

(1) 户内式穿墙套管。户内式穿墙套管规定电压为 6～35kV，其中带导体型的额定电流为 200～2000A。

1) CA-6/400 型户内带导体型穿墙套管结构如图 7-6 所示。型号表明：该型套管额定电压为 6kV，额定电流为 400A，导体为铜导体，机械破坏负荷为 3.75 kN。它主要由空心瓷套 1、椭圆形法兰盘 2、载流导体 5 及金属圈 4 组成。空心瓷套与法兰盘用水泥胶合剂胶合

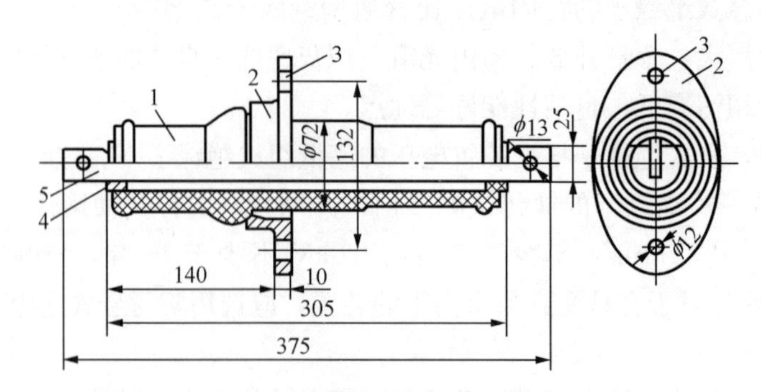

图 7-6　CA-6/400 型户内带导体型穿墙套管结构

1—空心瓷套；2—椭圆形法兰盘；3—安装孔；4—金属圈；5—载流导体

在一起；法兰杆上有两个安装孔 3，用于将套管固定在墙壁或架构上；矩形载流导体从空心瓷套中穿过，导体两端用有矩形孔（与截面相适应）的金属圈固定，金属圈嵌入瓷套端部的凹口内；导体两端均有圆孔，以便用螺栓将配电装置的母线或其他电器的载流导体与它连接。其他户内式穿墙套管结构与 CA-6/400 型基本相同。

2）额定电压为 20kV 及以下的屋内配电装置中，当负荷电流超过 1000A 时，广泛采用母线式穿墙套管。CME-10 型户内母线式穿墙套管结构如图 7-7 所示。型号表明：该型套管额定电压为 10kV，机械破坏负荷为 30kN。它主要由瓷壳 1、法兰盘 2 及金属帽 3 组成。金属帽 3 上有矩形窗口，以便母线穿过。矩形窗口的尺寸决定于穿过套管的母线的尺寸和数目。该型套管可以穿过两条矩形母线，条间垫以衬垫，其厚度与母线厚度相同。

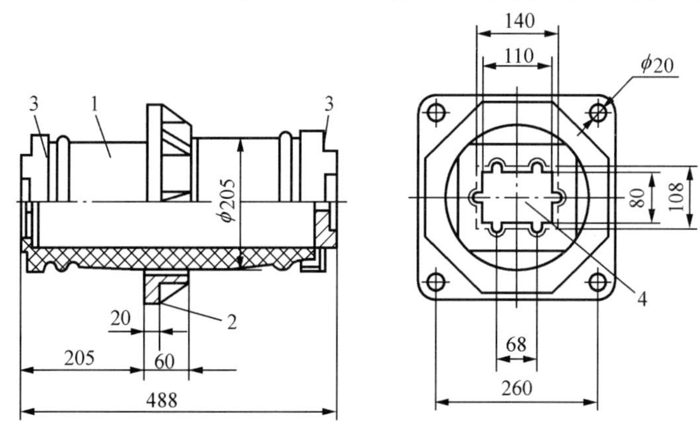

图 7-7　CME-10 型户内母线式穿墙套管结构

1—瓷壳；2—法兰盘；3—金属帽；4—矩形窗口

（2）户外式穿墙套管。户外式穿墙套管用于将配电装置中的屋内载流导体与屋外载流导体的连接，以及屋外电器的载流导体由壳内向壳外引出。因此，户外式穿墙套管的特点是：其两端的绝缘瓷套分别按户内、外两种要求设计，户外部分有较大的表面（较多的伞裙或棱边）和较大的尺寸。CWC-10/1000 型户外带导体型穿墙套管结构如图 7-8 所示。型号表明：该型套管额定电压为 10kV，额定电流为 1000A，导体为铜导体，机械破坏负荷为 12.5kN。其右端为户内部分，表面平滑，无伞裙（也有带较少伞裙的）；其左端为户外部分，表面有较多伞裙。

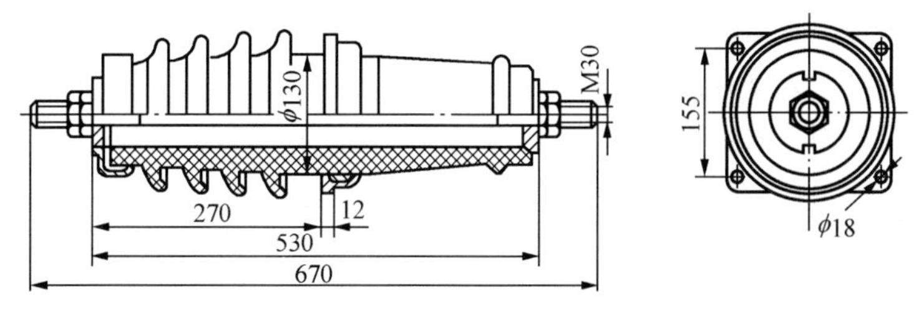

图 7-8　CWC-10/1000 型户外带导体型穿墙套管结构

第三节 绝缘子、套管的检查和运行

由于污闪不仅与污染程度有关，而且与气象条件有关。因此特殊的巡视应在容易发生污闪的气象条件（雾、雪、露、毛毛雨等）下或凌晨1～6点结露的时间进行。因为污秽严重到一定程度后，表面会发生局部放电。污秽程度不同，放电的声音、颜色、弧道长度也不同：如滑闪通道只有几厘米，呈黄色火花，估计泄漏电流在毫安级，可继续运行；如滑闪通道已短路了瓷裙，放电颜色近似火光，其泄漏电流可能达数十毫安，已经比较危险，应加强监视或安排清扫，这时若放电声音比较低沉，已是污闪的前奏，应及时停运清扫检修。

一、绝缘子、套管的外部检查

绝缘子经长期使用后，绝缘能力及机械强度会逐步降低，为了保证绝缘子有良好的绝缘性能和一定的机械强度，运行人员必须进行下列项目的巡视检查：①绝缘子龟裂、裙边缺损、凸缘缺损；②金具的腐蚀、磨损、变形；③螺栓、螺帽松动；④绝缘物及金具的电弧痕迹；⑤爬电痕迹及变色的痕迹；⑥观察端子接头处是否变色及用示温片、示温涂料或红外线温度计等进行温度监视；⑦绝缘套管的油位位置及漏油。

（1）表面应清洁，无严重脏污情况，因脏污会引起绝缘子闪络，还会引起金具锈蚀。瓷套管应无渗漏油（充油式）和流膏（充膏式）现象。

（2）瓷质部分应无破损和裂纹现象。

1）造成破损的原因是由于绝缘子安装及使用不合理，如机械负荷超过规定和安装位置不当等；还由于天气骤冷骤热以及冰雹的外力破坏；此外，如绝缘子脏污，则在雷、雨、雾天气时引起闪络和电气设备发生短路，电动应力过大也会引起绝缘子破损。

2）造成裂纹的原因是由于气温骤变，使瓷质内部的应力随之变化而产生的；另外，由于瓷质、金具和黏合剂三者之间的收缩和膨胀系数不一样，这便加速了绝缘子的老化，引起绝缘子裂纹。

裂纹的检查方法：明显的裂纹在巡视中人的眼睛可以直接看到。不明显的裂纹可用水波纹检查。在下毛毛雨和融雪后，水珠浮在裂纹上，因毛细管作用，水就沿着裂纹的途径伸展，这样浮在裂纹上的灰尘就被水湿透，此时在绝缘子表面上便显示出裂纹的原形，随着裂纹中的水量不断增加，水道越来越粗，在裂纹的两边就会出现不规则的水波纹。其次，可用日光反射线检查裂纹。人站在绝缘子及阳光的对面，在向阳面上便出现反射光线。当日光射在绝缘子表面上时，便会看到绝缘子表面上有反射光线的聚光点，借聚光点可以来检查绝缘子的裂纹。另外，还可用望远镜检查绝缘子裂纹。在监护人的监护下，可登高用望远镜检查，如有可疑时，可用一个钢针绑在绝缘杆上，用钢针在可疑的地方慢慢划动，当有裂纹时，即可感觉到。

（3）瓷质部位是否有闪络痕迹。由于污秽，在雷、雨、雾天气时，瓷质部位易引起闪络。闪络发生在绝缘子表面，可以见到烧伤痕迹，通常并不失绝缘性能。如果值班人员在巡回检查中发现瓷质部位有闪络痕迹时，应作好记录，待停电后进行处理。

（4）金具是否有生锈、损坏、缺少开口销和弹簧销的情况。

（5）测量绝缘子的绝缘电阻。设备在停电状态下，用2500V绝缘电阻表测量每一片绝缘子的绝缘电阻值，如测得数值大于300MΩ，则认为合格，低于300MΩ，则认为不合格（指悬垂绝缘子）。

（6）检查支持绝缘子铁脚螺钉有无松动掉落。

根据上述检查情况，如发现绝缘子脏污，应进行清扫；如发现绝缘子破损、劣化、裂纹、闪络痕迹严重时，则应立即更换，以保证绝缘子的正常运行。

二、支柱绝缘子沿面放电的检查

运行人员在检查支柱绝缘子沿面放电时，应注意观察下列易放电部位。

（1）ZPC1-35型支柱绝缘子如图7-3所示，其铁帽下沿处、上下两瓷件接合处、下瓷件与针脚之间，均易放电。

（2）将几个ZPC1-35型支柱绝缘子串联使用时，由于每个绝缘子的铁帽对地电容不等，位于最下面的绝缘子承受的电压最大，在运行中最容易在瓷裙与针脚间发生放电。

（3）大型瓷套管表面放电。瓷套管上如果严重脏污，则在下毛毛雨时，便容易放电。放电开始时，电火花的颜色是蓝色，然后发展为红色。若放电途径是从带电体直线向接地体方向发展，则火花密集，使瓷套管上、下瓷裙间的电火花连成直线，就有可能发生闪络事故。此时应在带电条件下将半导体绝缘涂于瓷套管表面，以消除放电现象；如果仍不能消除，则应停电处理。

三、35kV瓷套管的检查

运行人员在夜间熄灯检查35kV瓷套管时，会发现外部法兰的放电现象，有时通过套管端部亦能看到套管内腔放电的亮光，并有“刷刷”的均匀放电声。若时间长了，就能闻到一种臭气味。

这种现象的产生是因制造厂为了使套管电压分布均匀，在瓷套管的法兰附近和内腔都喷涂了金属层（半导体漆）所致；另外，由于导电杆附近的电场较高，电位分布不均匀，不仅使法兰部分的电场强度增大，而且随着套管的加长，其轴向电场强度分布亦不均匀，因此放电电压降低，容易发生放电现象。

为了防止法兰表面放电，应将它表面的防腐漆刮掉，涂上一层用速干漆和酒精调和的石墨粉，使金属层与法兰有很好的电气连接，并一直深入到大瓷裙表面，使放电现象消除。

四、绝缘子的运行

空气中的煤烟、泥沙、灰尘、盐分或其他杂质积在绝缘子上，会使绝缘子表面污秽，影响绝缘能力，遇有小雨、雾等空气湿度过大时，便可能产生漏电，甚至造成闪络。因此，必须定期清扫、擦洗，以保持绝缘能力。靠近发电厂、化工厂、冶金工厂等空气为污秽的地区，为了避免清扫次数过于频繁，通常采用防污绝缘子。

当绝缘子、绝缘套管表面被污损时，绝缘性能就会显著下降，会引起闪络、产生爬电，所以必须按下面所列方法进行彻底的污损监督。

1. 测定污损度

测定污损度的方法是对作为监视用的绝缘子、绝缘套管上的盐分附着量进行定期地测定。应注意不要超过允许量。

2. 清洗绝缘子、绝缘套管

防止绝缘子、绝缘套管受污损的措施，主要采用增强绝缘和隐蔽化等方法。但是带电状态下清洗绝缘子的方法也是广泛采用的一种措施。

所用的带电清洗装置有固定喷雾式、水幕式、喷气式等几种，在带电清洗过程中必须达到污损监督所规定清洗的限度，因此经常掌握绝缘子、绝缘套管的污损情况是必要的。

3. 涂敷硅脂

将硅脂涂敷在绝缘子和绝缘套管上也是一种防止污损的措施，在这种情况下，必须考虑硅脂的有效时间，定期进行重涂。

第四节　绝缘子故障的处理

绝缘子承受着导线的重量、拉力和高电压，并受到温度骤变及雷电的作用，加上表面的污秽和自身的劣化，较易发生故障。

绝缘子的电气性故障有闪络和击穿两种。闪络发生在绝缘子表面，可见到烧伤痕迹，通常并不失绝缘性能。击穿发生在绝缘子内部，通过铁帽与铁脚间瓷体放电，外表可能不见痕迹，但已失去绝缘性，也可能因产生电弧而使绝缘子完全破坏。

绝缘子因受到较大的振动、撞击、过度的拉力或因制造的缺陷而造成瓷体或金属部分破碎，都会导致电力性故障，一经发现，应迅速更换。

一、绝缘子发生闪络事故的处理

由于灰尘落在绝缘子上，造成绝缘子脏污，脏污的性质不同，则对电气设备绝缘水平的影响也不同。一般灰尘容易被雨水冲掉，所以对绝缘性能影响不大，可是工业粉尘则不然，这些污物附在绝缘子表面上能构成一层薄膜，不容易被雨水冲掉。当污物达到一定量，空气湿度很大或下毛毛雨时，就能够导电，使泄漏电流增大，结果使绝缘子发生闪络事故。

在一个电力系统中，如果有多处发生污秽闪络事故，就会使整个电力系统瓦解，造成大面积停电事故。因此，为了防止这类事故的发生，应采取下列措施：

(1) 定期清扫绝缘子。清扫周期一般每年进行一次，但也应根据绝缘子的实际脏污情况及对污样的分析结果，适当增加清扫次数。清扫的方法有停电清扫、不停电清扫、不停电水冲洗三种方法。

(2) 提高绝缘水平，增加爬弧距离。具体措施是增加悬垂式绝缘子串的片数，对支持绝缘子则可提高一级电压等级。

(3) 采用防污绝缘子。悬垂式防污绝缘子瓷裙较大，有较强的隔电能力，不易漏电，可减少绝缘子闪络的机会，其次，在一般悬垂式绝缘子上涂一层防尘剂。另外，还可采取半导体绝缘子，这种绝缘子的表面涂有含半导体材料的釉，当表面被脏污后，在潮湿的空气里，就会有较大的泄漏电流，使绝缘子表面温度升高，这又会促使半导体电导率增加，泄漏电流就更大，温度就更高，这样循环下去就会将污垢层烘干，使水汽不易凝结，以减少污闪。

二、瓷绝缘子、绝缘套管龟裂的原因及处理

在发现瓷绝缘子、绝缘套管及环氧树脂制品上有龟裂的情况，无论从电气性能还是机械性能方面来说都是危险的，必须尽快更换。局部的裙边缺损或凸缘缺损虽然不一定会引起事故，但由于以后会扩展成龟裂，所以早日更换为好。

1. 瓷绝缘子、绝缘套管龟裂的原因

(1) 瓷件表面和内部存在着制造过程中产生的微小缺陷，因反复承受外力等使其受到机械应力，然后发展成出现龟裂、裙边断裂等。

(2) 过电压或污损引起的闪络使瓷件受到电弧、局部过热而引起破坏。

(3) 绝缘子上涂敷硅脂一般是作为防污损的措施。当长时间不重涂硅脂而继续使用时，会因硅脂的老化产生漏电流和局部放电，以及发生瓷绝缘子表面釉剂的剥落，裙边缺损和裂缝。

(4) 由于紧固金具过分紧，使瓷件的某些部位上受到过大的应力。

(5) 由于操作时的疏忽，使绝缘子受到意外的外力打击或投石等外力破坏等原因引起的损伤。

(6) 使用于设备上的瓷套，如内部设备配合不好，有时会引起瓷套间接性的破坏。

2. 高分子材料的绝缘子、套管龟裂的原因

(1) 制造过程中材料固化收缩时产生的残留内应力会引起龟裂。

(2) 设备在反复运行、停运的过程中造成的热循环，会因不同材料热膨胀系数的差别而使制品受到循环热应力，从而引起埋入树脂中的金属剥离和发生龟裂。

(3) 由于长期运行中绝缘材料机械强度下降或是反复应力引起的疲劳，也会引起龟裂。

(4) 紧固部位过分紧固而产生机械应力过大引起龟裂的情况。

三、爬电痕迹的处理

当有机绝缘材料表面被污损而且湿润时，表面流过泄漏电流会形成局部的、绝缘电阻较高的干燥带，使加在这一部分上的电压升高，从而产生微小放电。其结果，绝缘表面被炭化形成了导电通路，这就是爬电痕迹。如果对已产生爬电痕迹的绝缘子原样放置而不顾，就会逐渐发展，最后因闪络而引起接地短路事故。

在更换产生有爬电痕迹的绝缘子的同时，必须设法加强对污损及受潮之类问题的管理，设法采用耐爬电痕迹性能优良的材料等，力求防止爬电痕迹再次发生。

四、漏油的处理

内部装有绝缘油的绝缘套管，会由于瓷管龟裂，过大的弯曲负载引起瓷管错位，或因密封材料老化等引起漏油。当漏油严重时，不仅会引起套管绝缘击穿而且还可能对装有套管的设备本身如变压器、电抗器、油断路器等造成很大的损失。因此，在发现有漏油时，应立即检查其严重程度，根据情况采用必要的措施，如停止运行或更换等。

通过观察油面位置及检查套管安装部位四周的情况就能监视漏油。监视油面位置的方法

（结构）随不同的制造厂而略有差别，当油面低于油位计的可见范围时应引起注意。

还有，套管的密封材料是采用有机材料，所以不可避免地会发生随使用时间增长而老化的现象。因此应定期检查，每隔适当的期限要更换密封材料。

五、电晕声音的处理

端子金具上突出部分的电晕放电、被污损的绝缘表面产生的沿面放电会发出可听得见的声音。但是绝缘子、套管的龟裂和内部缺陷等也会成为发出电晕声音的原因。听到电晕声音时必须及早查明原因，采取适当的措施。另外，此类电晕放电产生的杂散电波会对通信产生干扰。

六、端子过热的处理

绝缘套管的中心部位贯穿着通电流的导体，此导体经过套管头部的端子金具与母线等相连接。当这种端子的连接不良时，就会发生过热而造成端子变色、绝缘物的寿命缩短等故障。

因此，在用示温涂料或示温片等对导体连接部位进行温度监视的同时，应定期地检查此处各种螺栓的紧固状态。

第八章

防雷设备的运行

雷电具有很大的危害性，虽然持续时间非常短，但其电压可达数百万伏，电流可达数十万安，当设备遭受雷击或在设备附近发生雷击时，会产生过电压，可能危害设备的绝缘，称之为雷电过电压或大气过电压。雷电过电压又分为直击雷过电压和感应雷过电压。发电厂是电力系统的重要组成部分，如果发生雷击，可能会使变压器及其他电气设备绝缘损伤、寿命缩短甚至直接导致损坏造成停电事故，因此，发电厂的防雷保护必须十分可靠。

发电厂的雷害事故来自于两个方面：一是雷电直击于发电厂的导线或设备；二是雷电击中线路后，沿线路向发电厂传来的雷电波。

除了雷电过电压，还有由于电力系统内部能量的转化或传递而引起的过电压，称为内部过电压。例如由于切、合空载线路，切除空载变压器等操作或系统出现事故时的过渡过程引起的持续较短的操作过电压，以及由于操作或故障跳闸后形成的回路，发生谐振而引起的持续时间较长的谐振过电压。内部过电压的水平与系统最大工作相电压有关，随着电压等级的提高，内部过电压的影响也越来越大，必须采用避雷器等设备来防护内部过电压。

第一节　避雷针和避雷线

对于直击雷的防护一般采用避雷针和避雷线。避雷针和避雷线实际上是一组引雷导体，可将雷电引向自身并泄入大地，从而保护其他设备免受雷击。避雷针一般用于保护发电厂、变电站内的设备，避雷线主要用于保护输电线路，也可以用于保护发电厂、变电站内的设备。

一、避雷针和避雷线的结构

1. 避雷针的结构

避雷针包括接闪器、接地引下线和接地体三部分。

2. 避雷线的结构

避雷线是架设在被保护物上方水平方向的金属线。它也由三部分组成，即平行悬挂在空中的金属线（又称为接闪器）、接地引下线和接地体。引下线上端与接闪器相连，下端与接地体相连。

二、避雷针和避雷线的保护原理

雷电对地的放电过程分为先导放电、主放电和余辉放电三个阶段。在先导放电的初始阶段，因先导离地面较高，故先导发展的方向不受地面物体的影响。但当先导发展到离地面的某一高度时，由于避雷针高于被保护设备，且具有良好的接地，避雷针上因静电感应而积累了许多与先导通道中极性相反的电荷，使先导通道与避雷针间的电场强度大大增强，则从避雷针顶端可能会发展向上的迎面先导，从而影响下行先导的发展方向，将先导放电的路径引向避雷针，最后对避雷针发生主放电，并通过其接地引下线和接地装置将雷电流引入大地。这样，在避雷针附近的物体遭到直接雷击的可能性就显著地降低。因此避雷针的主要作用是将雷电引到自身上，起到引雷的作用。一定高度的避雷针下面有一个安全的区域称为避雷针的保护范围，它通常为一个闭合的锥体空间，在这个区域中的设备遭受雷击的概率很小。

避雷线的保护原理与避雷针基本相同，主要用于输电线路的直击雷保护，也可用来保护发电厂和变电站屋外配电装置以及其他工业和民用建筑。对于输电线路，避雷线除了可以防止雷击导线外，还具有分流作用，可以减小流经杆塔入地的雷电流，从而降低塔顶电位，而且避雷线对导线的耦合作用还可降低导线上的感应过电压。如果避雷线距离导线很近，则雷电绕过避雷线直击导线的几率大大增加，因此避雷线需高于导线一个合适的距离。

三、避雷针的保护范围

1. 单支避雷针

单支避雷针的保护范围如图 8-1 所示。避雷针针顶距地面的高度为 h，从针顶向下作 45°的斜线，构成锥形保护空间的上部。45°斜线在 $h/2$ 处转折，与地面上距针底 $1.5h$ 的圆周处相连，即构成了保护空间的下半部。

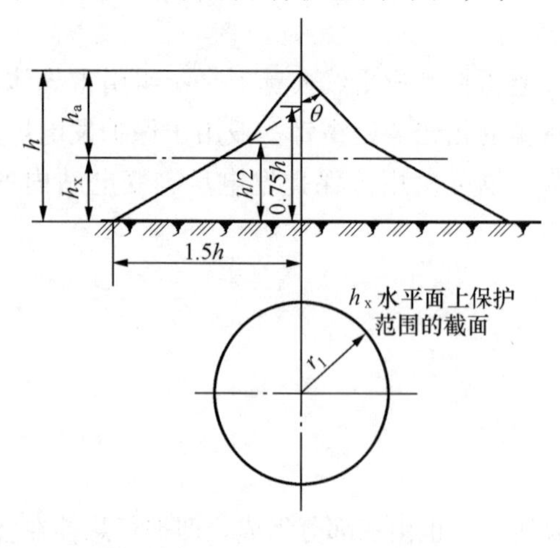

图 8-1　单支避雷针的保护范围

避雷针在地面上的保护半径 $r=1.5h$；当被保护物体高度为 h_x 时，在 h_x 高度水平上的保护半径 r_x 按式（8-1）、式（8-2）确定

$$\text{当 } h_x \geqslant \frac{h}{2} \text{ 时}\quad r_x = (h-h_x)p \tag{8-1}$$

$$\text{当 } h_x < \frac{h}{2} \text{ 时}\quad r_x = (1.5h-2h_x)p \tag{8-2}$$

式中　p——高度影响系数，当 $h\leqslant 30\text{m}$ 时，$p=1$；当 $30\text{m}<h\leqslant 120\text{m}$ 时，$p=5.5/\sqrt{h}$。

2. 两支避雷针

图 8-2 为两支等高避雷针的保护范围。两针外侧的保护范围应按单盘避雷针的计算方法确定。两针间的保护范围应按通过两针顶点及保护范围上部边缘最低点 O 的圆弧确定，圆弧

的半径为 R_0。O 点为假想避雷针的顶点，其高度应按式（8-3）计算

$$h_0 = h - \frac{D}{7p} \tag{8-3}$$

式中　h_0——两针间保护范围上部边缘最低点的高度，m；

D——两避雷针间的距离，m。

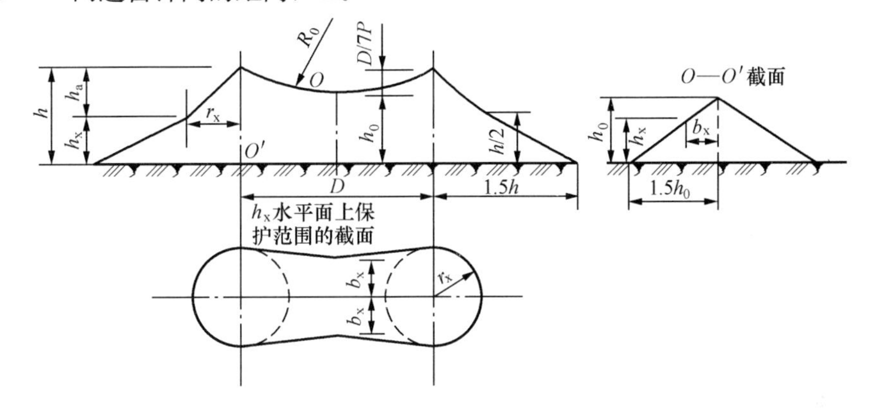

图 8-2　两支等高避雷针的保护范围

两避雷针间距 h_x 水平面上保护范围的一侧最小宽度应按式（8-4）计算

$$b_x = 1.5(h_0 - h_x) \tag{8-4}$$

式中　b_x——保护范围的一侧最小宽度，m。当 $D = 7(h - h_x)p$ 时，$b_x = 0$。

所以两避雷针间距离与避雷针高之比 D/h 宜大于 5。

3. 多支避雷针

当采用三支及以上的避雷针时，其外侧保护范围应分别按两支等高避雷针的计算方法确定。如被保护物体的最大高度为 h_x，当各相邻避雷针间保护范围一侧的最小宽度 $b_x > 0$，则全部面积即受到保护。

第二节　避　雷　器

装设避雷针和避雷线可防止雷直击电气设备，但由于各种原因（如绕击、反击或受条件限制未装避雷针和避雷线）电气设备仍有被雷击的可能。此外当雷击线路或线路附近的大地时，在输电线路上会产生过电压，它们将以波的形式，沿线路传到变电站内，危及变电站内绝缘较弱的设备。因此，为了保护电气设备还必须装设另一种过电压保护装置，这就是避雷器。

除了雷电过电压，电力系统还存在内部过电压，而且其大小与系统最大工作相电压有关。避雷器最初的功能就是限制雷电过电压。随着电压等级越来越高，超高压、特高压系统陆续出现，操作过电压的幅值也越来越高，而且其持续时间比雷电过电压长，给电气设备安全运行带来严重威胁，因此，必须要用避雷器来限制内部过电压。

一、避雷器的分类

(1) 按其所在电网的电压种类可分为交流避雷器与直流避雷器。

（2）按其用途可分为电站型避雷器、配电型避雷器和特殊用途避雷器（例如补偿电容器组用避雷器等）。

（3）按其工作条件可分为正常使用条件型避雷器、高原型避雷器、耐污秽型避雷器、热带型避雷器等。

（4）按其外壳材料可分为瓷壳避雷器、有机壳避雷器和铁壳避雷器等。

（5）按其工作原理可分为保护间隙、管型避雷器（又称为排气式避雷器）、阀型避雷器（包括普通阀型避雷器和磁吹阀避雷器）和金属氧化物避雷器（即氧化锌避雷器）。

保护间隙和管型避雷器主要用来限制雷电过电压，一般用于配电系统以及发电厂、变电站的进线段保护。阀型避雷器和氧化锌避雷器可用于发电厂过电压保护，其中普通阀型避雷器主要用来限制雷电过电压，磁吹阀型避雷器和氧化锌避雷器既可用来限制雷电过电压，又可用来限制内部过电压。

二、避雷器的工作原理

避雷器是一种释放过电压能量、限制设备绝缘上承受的过电压幅值的保护设备，通常接于导线和地之间，与被保护设备并联。

避雷器的工作原理与避雷针和避雷线不同。在正常情况下，避雷器处于截止状态，当作用在避雷器上的电压超过其保护值时，避雷器导通，电阻下降，将电流泄入大地，从而使过电压的幅值限制在设备绝缘允许值之内，避免了高幅值的过电压对设备绝缘的损害，保护了与之并联的电气设备。避雷器一旦在冲击电压作用下放电，就造成对地短路，瞬间的过电压消失后，工频电压继续作用在避雷器上，避雷器中将流过工频短路电流，称为工频续流。避雷器要及时自行切断此工频续流，重新恢复其绝缘状态，使电力系统不至于跳闸停电，能够继续正常工作。可见，避雷器的工作过程包括限压、熄弧和恢复三个过程。

三、保护间隙和管型避雷器

1. 保护间隙

最简单和最经济的避雷器是保护间隙。由一对角形电极和其间的空气间隙组成，如图8-3所示。间隙又包括主间隙和辅助间隙，辅助间隙是为了防止主间隙被外界物体（如鸟、树枝等）短路而引起误动作。电极做成角形有利于灭弧，当受到过电压作用时，由于间隙下端的距离小，在该处先发生放电产生电弧，电弧的高温使周围空气温度剧增，在热气流上升作用及自身电动力的作用下，电弧向上拉长，电弧电阻增大，当电弧拉伸到一定长度时，电源提供的能量难以维持其燃烧，电弧熄灭。保护间隙的灭弧能力差，只能熄灭小电流接地系统单相接地时不大的容性电流电弧，若保护间隙动作后流过的工频续流很大，间隙电弧无法自行熄灭，将引起断路器跳闸。虽然其限制了过电压，保

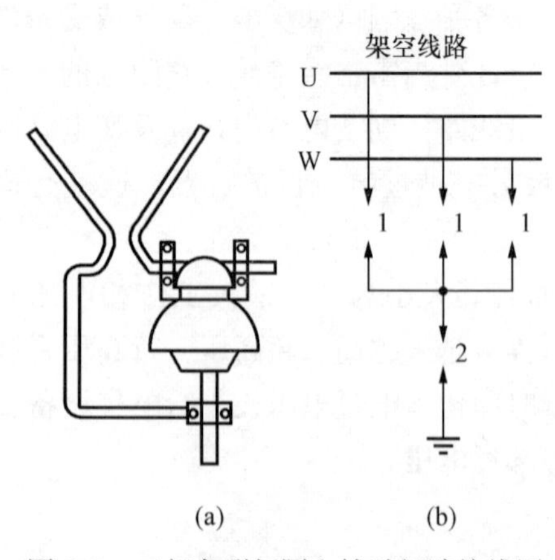

图8-3　三相角形间隔和辅助间隙接线图
1—主间隙；2—辅助间隙

护了设备，但会使断路器跳闸，这是保护间隙的主要缺点，为此常将保护间隙和自动重合闸配合使用。

2. 管型避雷器

管型避雷器由产气管、内部间隙和外部间隙三部分组成，如图 8-4 所示。产气管可用纤维、有机玻璃或塑料制成。内部间隙 s_1 装在产气管的内部，一个电极为棒形，另一个电极为环形。外部间隙 s_2 装在管型避雷器与带电的线路之间。正常情况下它将管型避雷器与带电线路绝缘起来。

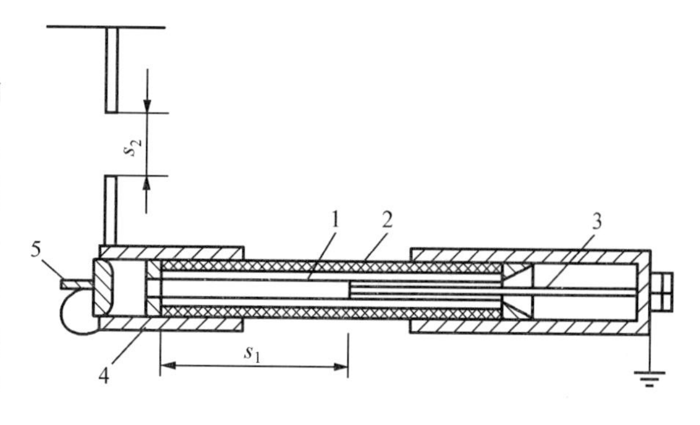

图 8-4　管型避雷器

1—产气管；2—胶木管；3—棒形电极；4—环形电极；5—动作指示器；s_1—内部间隙；s_2—外部间隙

管型避雷器的工作原理：当线路上遭受雷击时，大气过电压使管型避雷器的外部间隙和内部间隙击穿，雷电流通入大地。接着供电系统的工频续流在管子内部间隙处发生强烈的电弧，使管子内壁的材料燃烧，产生大量灭弧气体。由于管子容积很小，这些气体的压力很大，因而从管口喷出，强烈吹弧，在电流经过零值时，电弧熄灭。这时，外部间隙 s_2 的空气恢复了绝缘，使管型避雷器与系统隔离，恢复系统的正常运行。

管型避雷器一般都规定了切断工频续流的上下限。因为续流太大，则产气过多，会使管子炸裂；续流太小，则产气过少，电弧难以熄灭。理想的管型避雷器允许切断的电流上限应尽可能高，而电流下限则应尽量低，但实际上很难做到。管型避雷器每动作一次，都要消耗一部分产气材料，所以其动作次数也有一定的规定。

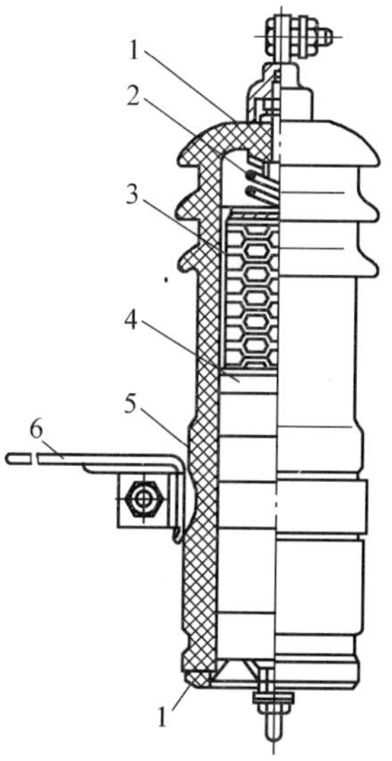

四、阀型避雷器

1. 阀型避雷器的结构

阀型避雷器由装在密封瓷套中的火花间隙和非线性电阻（阀片）组成，见图 8-5。理想的间隙显然应有平的伏秒特性和强的工频续流的能力。理想的阀片应在大电流（冲击电流）时呈现为小电阻以保证其上的压降（残压）足够低；而在冲击电流过去之后，当加在阀片上的电压是电网的工频电压时，阀片应呈现为大电阻以限制工频续流，易于灭弧阀片最好具有不随冲击电流变化的残压和大的通过电流的能力。阀片的残压一般设计的大致等于间隙的冲击放电电压。

图 8-5　阀型避雷器（FS3-10）

1—密封橡皮；2—压紧弹簧；3—间隙；4—阀片；5—瓷套；6—安装卡子

2. 阀型避雷器的工作原理

电力系统正常工作时，间隙将电阻阀片和工作母线隔离，串联间隙承担全部电压，阀片中无电流流过。当电力系统中出现过电压且幅值超过间隙放电电压时，间隙击穿，冲击电流经阀片入地，由于阀片电阻的非线性特性，此时其电阻很小，限制了阀片在冲击电流作用下的压降（称为残压），使其小于被保护设备的冲击耐压值，从而使设备得到保护。当冲击过电压消失后，间隙中的工频续流仍将流过阀片，由于受电阻非线性特性的影响，此时阀片电阻非常大，使工频续流远小于短路电流，从而使间隙能够在工频续流第一次过零时将电弧熄灭，间隙恢复绝缘，继电保护来不及动作系统就已恢复正常。

阀型避雷器分为普通阀型避雷器和磁吹阀型避雷器两种。

五、氧化锌避雷器

金属氧化物避雷器是一种新型过电压保护设备，它由封装在瓷套（或硅橡胶等合成材料护套）内的若干非线性电阻阀片串联组成。其阀片以氧化锌（ZnO）晶粒为主要原料，添加少量的氧化铋（Bi_2O_3）、氧化钴（Co_2O_3）等多种金属氧化物粉末制成。因其主要材料是氧化锌，所以又称为氧化锌（ZnO）避雷器。

在额定电压下，流过氧化锌阀片的电流仅为 10^{-5} A 以下，实际上阀片相当于绝缘体，因此它可以不用串联火花间隙来隔离工作电压与阀片。当作用在氧化锌避雷器上的电压超过一定值（称其为启动电压）时，阀片“导通”，将冲击电流通过阀片泄入地中，此时其残压不会超过被保护设备的耐压，从而达到了过电压保护的目的。此后，当工频电压降到启动电压以下时，阀片自动“截止”，恢复绝缘状态。因此，整个过程中不存在电弧的燃烧与熄灭问题。

采用硅橡胶整体模压而成的全密封无间隙氧化锌避雷器如图 8-6（a）所示。整体模压使芯体与外套构成密实的整体，使避雷器能在重污染等恶劣大气环境中可靠地运行。该避雷器可使用在－40～＋40℃的环境温度中，海拔不限，户内外均可以使用。使用年限大于 20 年。

采用带串联间隙的氧化锌避雷器如图 8-6（b）所示。图 8-6（b）中 G1 和 G2 为串联放电间隙，R1 和 R2 为碳化硅分路电阻，Rz 为氧化锌电阻片，C 为调节冲击因数用的并联电

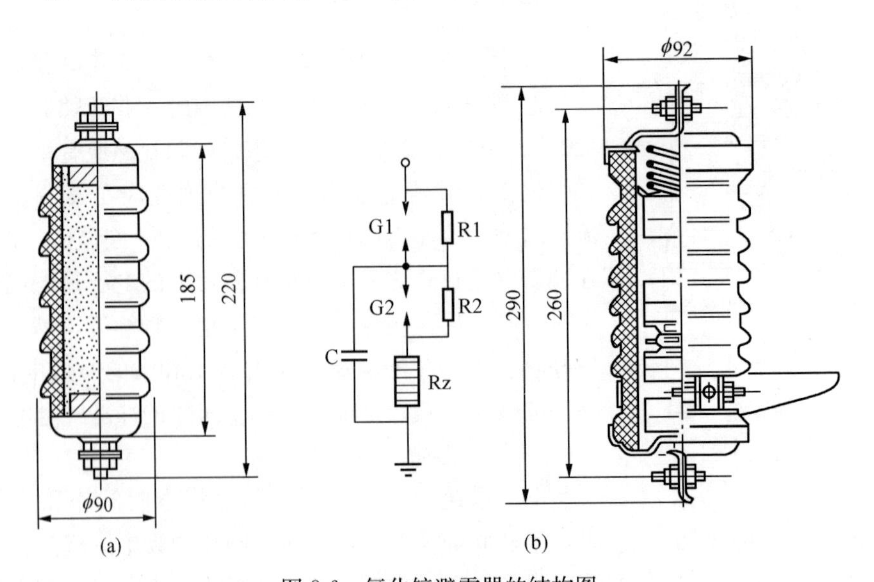

图 8-6　氧化锌避雷器的结构图

（a）全密封无间隙氧化锌避雷器；（b）带串联间隙的氧化锌避雷器

容。正常工作情况下，R1、R2 作为 G1、G2 的均压电阻，又与 Rz 一起构成一个分压器，分担避雷器的电压负荷。如果 R1、R2 负担 50%的电压，其余一半由 Rz 负担，显然就降低了氧化锌电阻片的荷电率。当过电压作用时，R1、R2 上的电压升高，G1、G2 被击穿。避雷器的残压完全由氧化锌电阻片决定。同样，在灭弧过程中，两间隙仅仅负担一半的恢复电压，其余一半由氧化锌电阻片分担，大大减轻了间隙的灭弧负担。虽然该避雷器带有火花间隙，但因能提高避雷器的运行可靠性，能改善避雷器的放电特性，能降低造价，因此在电力系统中也得到了广泛应用。

第三节　防雷装置的运行

为了保证防雷装置在正常状态下运行，除了定期巡视检查和清扫外，在每次雷电过后及系统可能发生过电压等异常情况时，都应对防雷装置进行特殊的巡视检查，保证其可靠运行。

一、避雷针和避雷线的运行

运行中应注意，在雷雨时禁止任何人走近避雷针，以防止泄放的雷电流产生危险的跨步电压对人产生伤害。从避雷针和避雷线的工作原理可知，它先将雷引向自身，再经过良导体将雷电流导入地，利用接地装置使雷电压幅值降到最低。这就要求运行中一定要注意检查雷电流导通回路和集中接地装置等部分。

(1) 检查避雷针、避雷线以及它们的接地引下线有无锈蚀，接地是否良好，接地电阻值是否小于规定值。

(2) 检查导电部分的连接处，是否紧密牢固，发现有接触不良或脱焊的接点，应立即修复。

(3) 检查避雷针是否安装牢固，本体有无裂纹、歪斜等现象，基础是否下沉。

(4) 检查避雷针和避雷线有无断裂痕迹，防止避雷针或避雷线因金属疲劳而折断坠落。

二、避雷器的运行

1. 避雷器的基本要求

避雷器是用来限制过电压幅值的保护电器，并联在被保护电器与地之间。当雷电波侵入时，过电压的作用使避雷器动作（放电），即导线通过电阻或直接与大地相连接，雷电流经避雷器泄入大地，从而限制了雷电过电压的幅值，使避雷器上的残压（避雷器流过雷电流时的电压降）不超过被保护电器的冲击放电电压。为了保证电力系统的安全运行，应满足的基本要求是：

(1) 当过电压超过一定值时，避雷器应动作（放电），使导线与地直接或经电阻连接，以限制过电压。

(2) 避雷器灭弧电压不得低于安装地点可能出现的最大对地工频电压。

(3) 在过电压作用之后，能够迅速截断工频续流（即避雷器放电时形成的工频放电电压下所通过的工频电流）所产生的电弧，使电力系统恢复正常运行。

（4）仅用于保护大气过电压的普通阀型避雷器的工频放电电压下限，应高于安装地点预期操作过电压；既保护大气过电压，又保护操作电压的磁吹避雷器的工频放电电压上限，在适当增加裕度后，不得大于电网内过电压水平。

（5）避雷器冲击过电压和残压在增加适当裕度后，应低于电网冲击电压水平。

（6）保护操作过电压的避雷器的额定通断容量，不得小于系统操作时通过的冲击电流。

（7）选择氧化锌避雷器的原则与阀型避雷器基本相同。

2. 避雷器的巡视检查

（1）检查密封是否良好。如瓷套与法兰的接合处是否严密、防水罩是否完好。如发现这些地方有裂缝或破裂，应进行更换，以防止密封不良使避雷器内部受潮而在运行中发生故障。

（2）避雷器外部瓷套是否完整，如有破损和裂纹者不能使用，检查瓷表面有无闪络放电痕迹。

（3）检查与避雷器连接的导线以及接地引线接头是否牢固，接触是否良好，有无松动、断线等现象，接头有无烧伤、发红等现象。

（4）检查避雷器内部有无异常声音。在工频电压下，避雷器内部是没有声音的。若运行中避雷器内部有异常声音，如“嗞嗞”的放电声等，应视为内部故障的先兆。此外，还要注意检查避雷器有无异常振动和异味。

（5）对有放电计数器与磁钢计数器避雷器，应检查它们是否完整，记录它的动作次数。

（6）避雷器各节的组合及导线与端子的连接，对避雷器不应产生附加应力。

（7）检查均压环是否完好，有无松动、锈蚀、歪斜等现象。

（8）检查瓷套等外绝缘有无严重污秽。

（9）雷雨时人员严禁接近避雷器，防止有缺陷的避雷器在雷雨天气发生爆炸对人的伤害。每次雷雨过后或过电压后，应进行特殊巡视。

第四节　避雷器故障的处理

一、避雷器应更换的情况

（1）严重烧伤的电极。

（2）严重受潮、膨胀分层的云母垫片。

（3）击穿、局部击穿或闪络的阀片。

（4）严重受潮的阀片。

（5）非线性并联电阻严重老化，泄漏电流超过运行规程规定的范围者。

（6）严重老化龟裂或严重变形，失去弹性的橡胶密封件。

（7）瓷套裂碎。

二、避雷器故障的处理方法

避雷器在运行中，发现异常现象的故障时，值班人员应对异常现象进行判断，针对故障性质进行如下处理。

(1) 运行中避雷器瓷套有裂纹。

1) 若天气正常，可停电将避雷器退出运行，更换合格的避雷器。

2) 在雷雨中，避雷器尽可能先不退出运行，待雷雨过后再处理。若造成闪络，但未引起系统永久性接地时，在可能的条件下，应将故障相的避雷器停用。

(2) 运行中避雷器有异常响声，并引起系统接地时，值班人员应避免靠近，应断开断路器，使故障避雷器退出运行。

(3) 运行中避雷器突然爆炸，若尚未造成系统接地和系统安全运行时，可拉开隔离开关，使避雷器停电，若爆炸后引起系统接地时，不准拉隔离开关，只准拉开断路器。

(4) 运行中避雷器接地引下线连接处有烧熔痕迹时，可能是内部阀片电阻损坏而引起工频续流增大，应停电使避雷器退出运行，进行电气试验。

第九章

水电厂的继电保护

第一节　水轮发电机的继电保护

一、发电机的故障和异常类型及其保护方式

发电机的安全运行对保证电力系统的正常工作和电能质量起着决定性的作用，应针对发电机的各种故障和异常类型，装设相应的继电保护装置。

1. 发电机的故障类型

发电机的故障类型主要有：定子绕组相间短路、定子绕组匝间短路、定子绕组单相接地、转子绕组一点接地或两点接地、励磁回路的励磁电流异常下降或完全消失等。

2. 发电机的异常类型

发电机的异常类型主要有：由于外部短路引起的定子绕组过电流，发电机对称过负荷，由于外部不对称短路引起的定子负序过电流，由于突然甩负荷而引起的定子绕组过电压，由于励磁回路故障或强励时间过长而引起的转子绕组过负荷。

3. 发电机应装设的保护

(1) 纵联差动保护。对于发电机定子绕组及其引出线的相间短路，应装设纵联差动保护。

(2) 横联差动保护。对于发电机定子绕组的匝间短路，与定子绕组每相中有引出的并联支路时，应装设单继电器式的横联差动保护。并联支路时，应装设由零序电压构成的匝间短路保护。

(3) 定子接地保护。对于发电机定子绕组单相接地故障，当接地电流大于或等于5A时，应装设动作于跳闸的零序电流保护；当接地电流小于5A时，则装发信号的接地保护。对于发电机—变压器组，应装设保护区为100%的定子接地保护。

(4) 过电流保护。对于发电机外部短路引起的过电流，应装设对称过负荷保护、负序过电流保护和单相式低电压启动的过电流保护。

(5) 过电压保护。对于发电机突然甩负荷而引起的定子绕组过电压，应装设过电压保护。

(6) 励磁回路接地保护。对于发电机励磁回路的一点接地，应装设一点接地保护。对于励磁回路两点接地故障，应装设两点接地保护，在励磁回路发生一点接地后投入。

(7) 失磁保护。对于发电机的失磁故障，应装设直接反应发电机失磁时电气参数变化的失磁保护。在发电机不允许失磁后异步运行时，应在自动灭磁开关断开时联锁断开发电机的断路器。

(8) 失步保护。当电力系统振荡影响机组安全运行时，应装设失步保护。

为了快速消除发电机内部的故障，在保护动作于发电机断路器跳闸的同时，还必须动作于自动灭磁开关，断开发电机励磁回路，以使转子回路电流不会在定子绕组中再感应电动势，继续供给短路电流。

二、发电机的纵差动保护

差动保护是发电机内部相间短路的主保护。因此，它应能快速而灵敏地切除内部发生的故障。同时，在正常运行及外部故障时，又应保证动作的选择性和工作的可靠性。

在正常运行时如图 9-1 所示，每相差动回路两臂电流基本相等，流入差动继电器 1～3 的电流近似等于零，小于差动继电器的动作电流，差动继电器不动作。差动回路三相电流之和流入断线监视继电器 4 的电流亦近似于零，小于断线监视继电器 4 的动作电流，断线监视继电器也不动作。

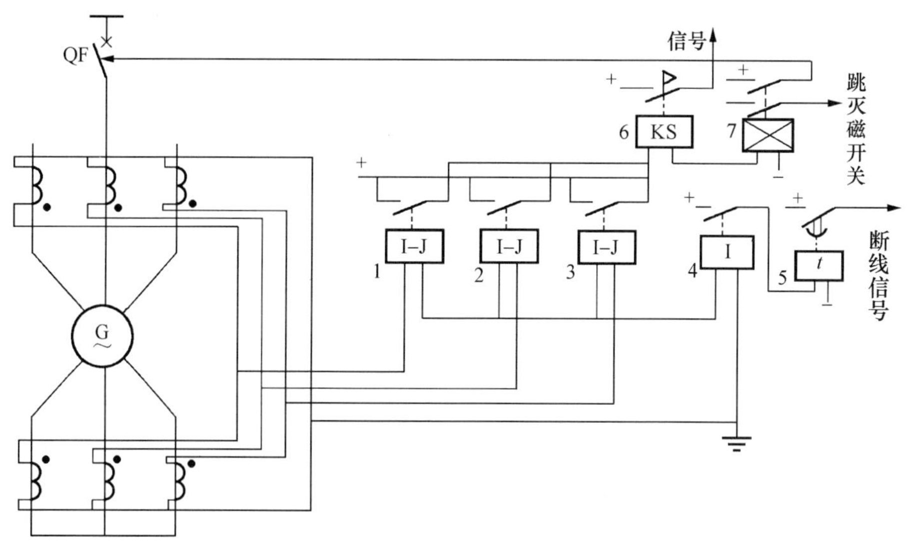

图 9-1　发电机纵差保护的原理接线图

1～3—差动继电器；4—断线监视继电器；5—时间继电器；6—信号继电器；7—差动保护出口继电器

当发电机定子绕组及引出线发生相间短路时，短路相的差动继电器中流过短路电流使之启动，其触点闭合启动信号继电器 6 发信号，同时启动差动保护出口继电器 7，上面一对触点作用于跳开发电机出口断路器，下面一对触点作用于跳开发电机的灭磁开关，使发电机转子灭磁。

当发电机的外部相间短路时，差动回路的三相电流之和仍然接近于零，因此差动继电器 1～3 均不会动作。

当电流互感器的任何一相回路断线时，只要差动电流小于差动继电器的动作电流，则差动继电器就不会动作。此时差动同路三相电流之和流入断线监视继电器 4 的电流大于它的动作电流，所以断线监视继电器 4 动作，启动时间继电器 5 延时发出断线信号。

为防止纵差动保护误动作，差动保护动作电流的整定原则为：

(1) 在正常运行情况下，差动保护的动作电流按躲开发电机的额定电流整定，即电流互感器二次回路断线时保护不应动作。

(2) 差动保护的动作电流按躲开外部故障时的最大不平衡电流整定，即发电机外部相间短路时，差动保护不应动作。

三、发电机的匝间短路保护

对于每相有并联分支，而每一分支绕组在中性点侧都有引出端的发电机，可以采用单继电器式的横差动保护。

单继电器式的横差动保护的原理接线图如图 9-2 所示。每相的两个并联分支分别接成星形，两星形接线的中性点间用导线连接起来，电流互感器 TA 接在两中性点的连线上，电流继电器接在电流互感器的二次侧。

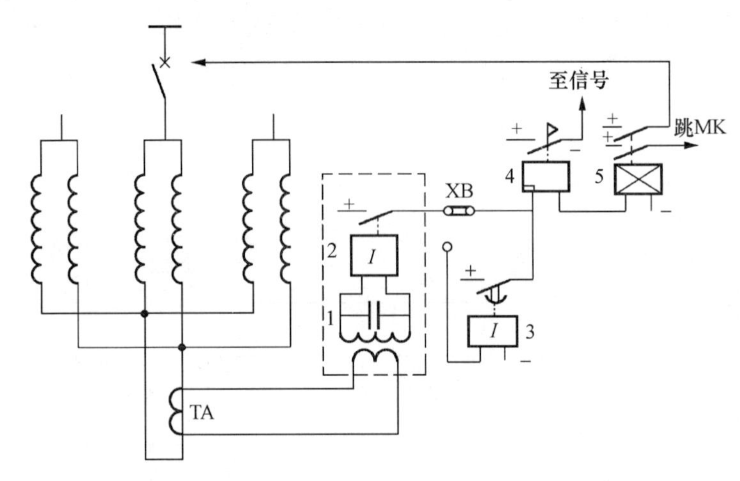

图 9-2　单继电器式的横差动保护的原理接线图

1—二次谐波过滤器；2—电流继电器；3—时间继电器；4—信号继电器；5—出口继电器

正常运行或外部短路时，每分支绕组流出该相电流的一半，因此流过中性点连线的电流只是不平衡电流，故保护不动作。

若发生定子绕组匝间短路，则故障相绕组的两个分支的电动势将不相等，因而在定子绕组中出现环流。通过中性点连线，该电流大于电流继电器 2 的启动电流时，电流继电器动作，启动信号继电器 4 发信号，同时启动继电保护出口继电器 5，跳开发电机断路器，并跳灭磁开关 MK。

在图 9-2 中，两个星形中性点之间的连接线上接入电流互感器 TA，其二次侧经二次谐波过滤器 1 与电流继电器 2 相连。切换片 XB 有两个位置，正常投入到保护不带延时位置。当励磁回路发生一点接地后，在投入励磁回路两点接地保护的同时，将横差动保护切换至时间继电器 3，带 0.5～1s 延时动作，防止转子绕组发生偶然性的瞬间两点接地时，造成保护误动作。

根据运行经验，横差动保护装置的动作电流为

$$I_{op}=(0.2\sim0.3)I_N$$

四、发电机定子绕组的单相接地保护

1. 利用零序电压构成的定子接地保护

利用零序电压构成的定子接地保护原理接线图如图 9-3 所示。由图 9-3 可见，该保护从机端电压互感器开口三角形侧取得零序电压，接入保护用的过电压继电器。

在正常运行情况下，发电机相电压中存在三次谐波电压。在变压器高压侧发生接地短路时，由于变压器高、低压绕组之间有电容存在，发电机端也会产生零序电压。为了保证保护动作的选择性，其整定值应躲开上述三次谐波电压与零序电压。根据运行经验，过电压继电器的动作电压一般整定为 10～30V。

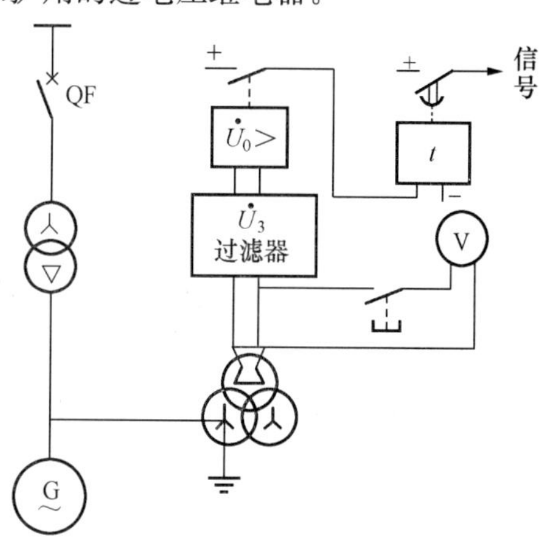

图 9-3　利用零序电压构成的定子接地保护原理接线图

当靠近中性点附近发生接地故障时，零序电压较低。如果零序电压小于电压继电器的动作电压，保护将不动作，因此该保护存在死区。死区的大小与整定值的高低有关。为了减少死区，提高保护的灵敏性，在保护中增设了三次谐波电压过滤器。此外，还采用时间继电器延时来躲开变压器高压侧的接地短路故障，也可利用变压器高压侧的零序电压将接地保护闭锁或使之制动。采取上述措施后，保护范围将增大，中性点附近的死区将缩小，其保护范围约为由机端向中性点绕组的 85%左右。

2. 利用三次谐波电压构成的 100%定子接地保护

由于发电机气隙中的磁通分布并非完全正弦形，因而发电机定子绕组感应电动势中存在有三次谐波分量，其值一般不超过 10%。

设发电机中性点为 N 端，机端为 S 端，则在正常运行时，发电机三次谐波电动势为 $\dot{E}_3$；发电机每相对地电容为 C_G，等值在 N 及 S 端，各为$\frac{1}{2}C_G$，机端其他连接元件对地电容为 C_S，如图 9-4 所示。

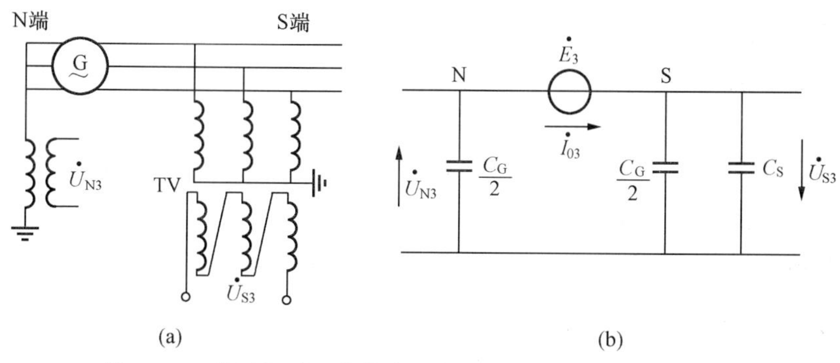

图 9-4　正常运行时三次谐波电动势和对地电容的等值电路图

（a）接线图；（b）等值电路图

由等值电路，可以将 C_S 与 $\frac{1}{2}C_G$ 并联，然后再与 $\frac{1}{2}C_G$ 串联求出总电容，电压 $\dot{U}_{S3}$ 与 $\dot{U}_{N3}$ 将与电容成反比分配。因而 $\dot{U}_{S3}$ 和 $\dot{U}_{N3}$ 可用式（9-1）求得

$$\left.\begin{aligned} U_{S3} &= \dot{E}_3 \frac{C_G}{2(C_G + C_S)} \\ U_{N3} &= \dot{E}_3 \frac{C_G + 2C_S}{2(C_G + C_S)} \end{aligned}\right\} \tag{9-1}$$

求出 $\dot{U}_{S3}$ 和 $\dot{U}_{N3}$ 的比值为

$$\frac{U_{S3}}{U_{N3}} = \frac{C_G}{C_G + 2C_S} \tag{9-2}$$

式（9-2）证明，发电机正常运行时 $\dot{U}_{S3} < \dot{U}_{N3}$，比值与 $\dot{E}_3$ 无关。

当发电机的定子绕组距中性点 α 处单相接地时，三次谐波电动势分布的等值电路图如图 9-5（a）所示，此时发电机首端和末端的二次谐波电压为

$$\left.\begin{aligned} U_{S3} &= (1-\alpha)\dot{E}_3 \\ U_{N3} &= \alpha \dot{E}_3 \\ \frac{U_{S3}}{U_{N3}} &= \frac{1-\alpha}{\alpha} \end{aligned}\right\} \tag{9-3}$$

分析可见，若 $\alpha > 0.5$，则 $\dot{U}_{S3} < \dot{U}_{N3}$；若 $\alpha = 0.5$，则 $\dot{U}_{S3} = \dot{U}_{N3}$；若 $\alpha < 0.5$，则 $\dot{U}_{S3} > \dot{U}_{N3}$。$\dot{U}_{S3}$、$\dot{U}_{N3}$ 随 α 变化的曲线如图 9-5 所示。

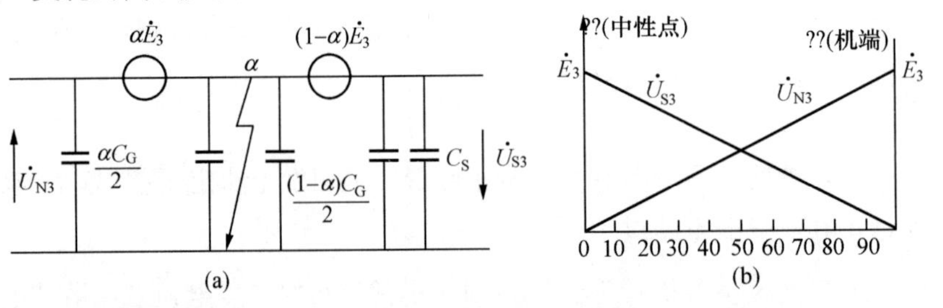

图 9-5　单相接地时三次谐波电动势分布的等值电路和 $\dot{U}_{S3}$、$\dot{U}_{N3}$ 随 α 变化的曲线

（a）三次谐波电动势分布的等值电路；（b）$\dot{U}_{S3}$、$\dot{U}_{N3}$ 随 α 变化的曲线

综上所述，若以 $\dot{U}_{S3}$ 作为动作量，以 $\dot{U}_{N3}$ 作为制动量，则此套保护在 $\alpha < 0.5$ 时可以动作。再加装一套基波零序电压构成的接地保护，两者共同使用，便可获得 100% 的保护效果。

利用三次谐波电压和基波零序电压构成的双频式 100% 定子接地保护原理接线图如图 9-6所示。图 9-6 中 $\dot{U}_S$ 和 $\dot{U}_N$ 分别表示由中性点和机端取得的交流电压，由电抗变压器 TX1 的一次绕组与电容 C1 组成对二次谐波串联谐振电路，由电感 L1 和电容 C3 组成基波串联谐振电路，当发电机正常运行时，$|\dot{U}_{S3}| < |\dot{U}_{N3}|$，$U_{ab} < 0$，执行元件不会动作；而当在 $\alpha <$ 50% 处发生单相接地故障时，$|\dot{U}_{S3}| > |\dot{U}_{N3}|$，$U_{ab} > 0$，执行元件动作。调节电位器 RW1，便可改变保护的整定值。

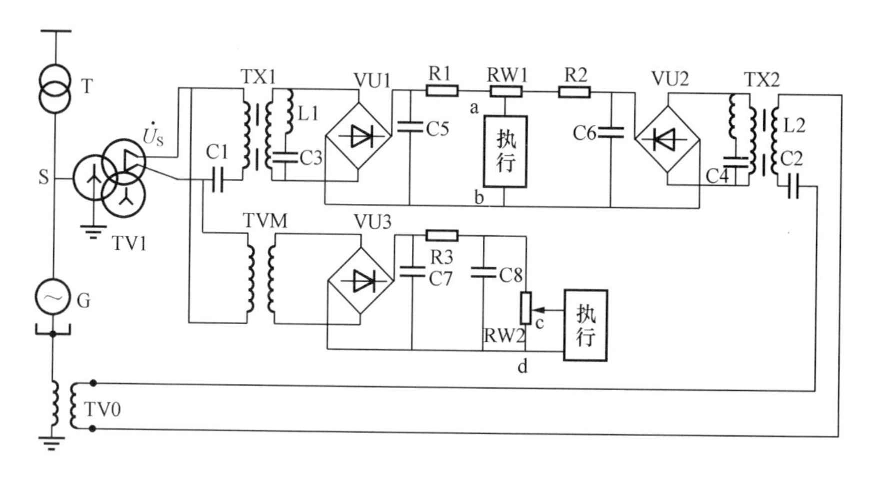

图 9-6　双频式 100%定子接地保护原理接线图

中间变压器 TVM 的一次侧接至机端电压互感器 TV1 的开口三角形侧，反应机端基波零序电压。经整流桥 VU3 整流和 π 形滤波器滤波后的直流电压加于电位器 RW2，调节其滑动端，可以改变基波零序部分的启动电压。当接地点靠近机端时，基波零序电压较高，执行元件动作。

由上述可见，三次谐波电压部分用于反应 $\alpha<50\%$ 范围内的接地故障，故障点越接近中性点，该部分保护的灵敏性越高；基波零序电压部分用于反应 $\alpha>15\%$ 范围内的接地故障，故障点越接近机端，该部分保护的灵敏性越高。这样，双频式保护构成了有 100%保护区的定子绕组单相接地保护。

五、发电机励磁回路的接地保护

发电机励磁回路因为绝缘损坏而发生一点接地是常见的故障。由于一点接地不会形成接地电流通路，励磁电压仍然正常，因此对发电机无直接危害，可以继续运行。但当励磁绕组发生两点接地时，该绕组将被短接一部分，使气隙磁通失去平衡，引起机组振动。两点接地时，故障点将流过很大的故障电流，从而烧伤转子本体，而且形成短路电流的通路，可能烧坏转子绕组和铁芯。因此，两点接地故障的后果是严重的。对于大型发电机，考虑到转子回路接地故障的可能性增加和机组本身重要程度的提高，要求装设一点接地保护和两点接地保护。一点接地保护动作于信号，并在一点接地后投入两点接地保护，使之在发生两点接地时，动作于跳闸。发电机励磁回路两点接地保护原理接线图见图 9-7。

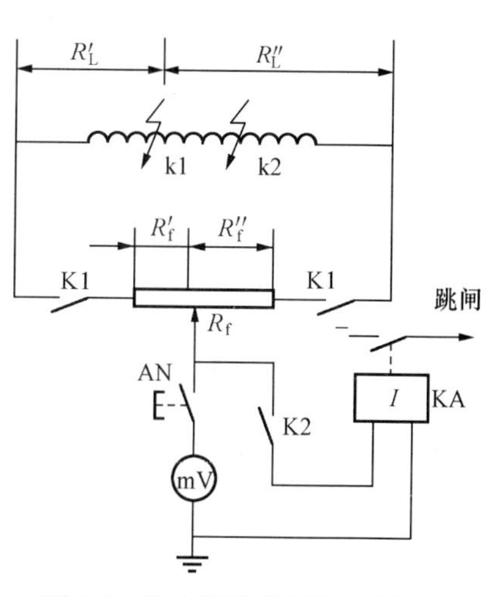

图 9-7　发电机励磁回路两点接地保护原理接线图

六、发电机的失磁保护

发电机失磁故障是指发电机的励磁突然全部消失或部分消失，引起失磁的原因主要有转子绕组故障、励磁机或励磁变压器故障、自动灭磁开关误跳闸、励磁系统中某些整流元件损坏或励磁回路发生故障以及误操作等。

发电机失磁后，将从系统吸收大量的无功功率，测量阻抗和机端电压均会发生变化。因此，可利用阻抗元件 Z 作为其失磁故障的主要判别元件，构成如图 9-8 所示的发电机失磁保护。

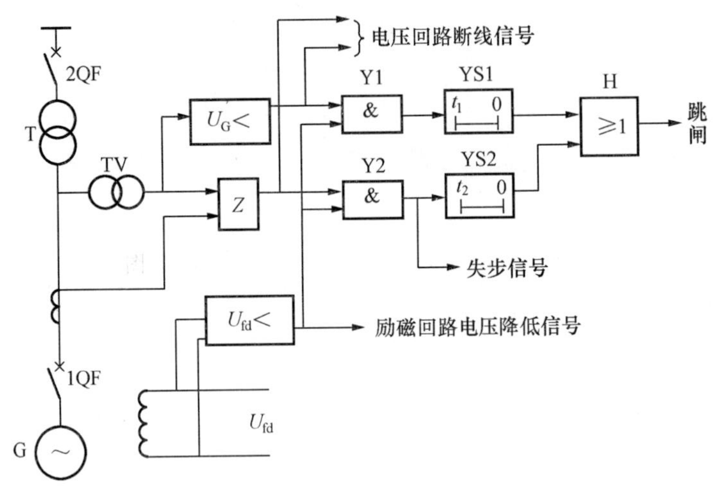

图 9-8　发电机失磁保护原理框图

当发电机失磁时，阻抗元件 Z 和励磁低电压元件 U_{fd} 动作，启动与门 Y2，立即发出发电机已失步信号，并经时间元件 YS2 延时 t_2 后，通过或门 H 动作于跳闸。延时 t_2 用以躲过系统振荡或自同步时的影响，一般取为 1～1.5s。

如果失磁后，机端电压下降到低于安全运行的允许值，则母线低电压元件 U_G 动作，与门 Y1 开放，经时间元件 YS1 延时 t_1 后，通过或门 H 动作于跳闸。延时 t_1 用以躲过振荡过程中的短时间电压降低或自同步并列的影响，一般取为 0.5～1s。

由于励磁低压元件 U_{fd} 的闭锁，在短路故障及电压互感器断线时，Y1 和 Y2 都无输出，因而保护不会误动。当电压互感器断线时，低电压元件 U_G 或阻抗元件 Z 动作，均可发出电压回路断线信号。当励磁回路电压降低时，励磁低压元件 U_{fd} 动作，发出励磁回路电压降低信号。

第二节　电力变压器的继电保护

一、变压器的故障和异常类型及其保护方式

电力变压器是电力系统中十分重要的电气设备，它的故障将对供电可靠性和系统的正常运行带来严重的影响。根据变压器的容量和重要程度考虑装设性能良好、动作可靠的继电保护装置。

1. 变压器的故障和异常类型

(1) 变压器的故障可以分为油箱内部故障和油箱外部故障两种。油箱内部故障包括：绕

组的相间短路、接地短路、匝间短路以及铁芯的烧损等。对变压器来讲，这些故障都是十分危险的，因为油箱内部故障时产生的电弧，将引起绝缘物质的剧烈汽化，从而可能引起爆炸。因此，这些故障应该尽快加以切除。油箱外部故障包括套管和引出线上发生相间短路和接地短路。上述接地短路均是指中性点直接接地的电力系统。

(2) 变压器的工作异常类型主要有：由于变压器外部相间短路引起的过电流和外部接地短路引起和过电流及中性点过电压，由于负荷超过额定容量引起的过负荷以及由于漏油等原因而引起的油面降低、油温升高和冷却器故障等。

此外，对大容量变压器，由于其额定工作时的磁通密度相当接近于铁芯的饱和磁通密度，因此在高电压或低频率等异常运行方式下，还会发生变压器的过励磁故障。

2. 变压器应装设的保护

(1) 瓦斯保护。对变压器油箱内的各种故障以及油面的降低，应装设瓦斯保护，它反应油箱内部所产生的气体或油流而动作。其中轻瓦斯保护动作于信号，重瓦斯保护动作于跳开变压器各电源侧的断路器。

(2) 纵差动保护或电流速断保护。对变压器绕组、套管及引出线上的故障，应根据容量的不同，装设纵差动保护或电流速断保护。保护动作后，应跳开变压器各电源侧的断路器。

(3) 外部相间短路时的后备保护。对于外部相间短路引起的变压器过电流，应采用下列保护作为后备保护：

1) 过电流保护。一般用于降压变压器，保护装置的整定值应考虑事故状态下可能出现的过负荷电流。

2) 复合电压启动的过电流保护。一般用于升压变压器、系统联络变压器及过电流保护灵敏度不满足要求的降压变压器。

3) 负序电流及单相式低电压启动的过电流保护。一般用于容量为63MVA以上的升压变压器。

4) 阻抗保护。对于升压变压器和系统联络变压器，为满足灵敏性和选择性的要求，可采用阻抗保护。

(4) 外部接地短路时的后备保护。对中性点直接接地系统，由外部接地短路引起过电流时，如果变压器中性点接地运行，应装设零序电流保护。为防止发生接地短路时，中性点接地的变压器跳开后，中性点不接地的变压器（低压侧有电源）仍带接地故障继续运行，应根据具体情况，装设零序过电压保护，中性点装放电间隙加零序电流保护等。

(5) 过负荷保护。对于400kVA以上的变压器，当多台并列运行，或单独运行并作为其他负荷的备用电源时，应根据可能过负荷的情况，装设过负荷保护。过负荷保护接于一相电流上，并延时动作于信号。

(6) 其他保护。对变压器温度及油箱内压力升高和冷却系统故障，应按现行变压器标准的要求，装设相应的保护动作于信号或动作于跳闸。

二、变压器的差动保护

(一) 差动保护的基本原理

差动保护是电力变压器的主保护，主要用来保护变压器内部短路故障以及引出线和绝缘

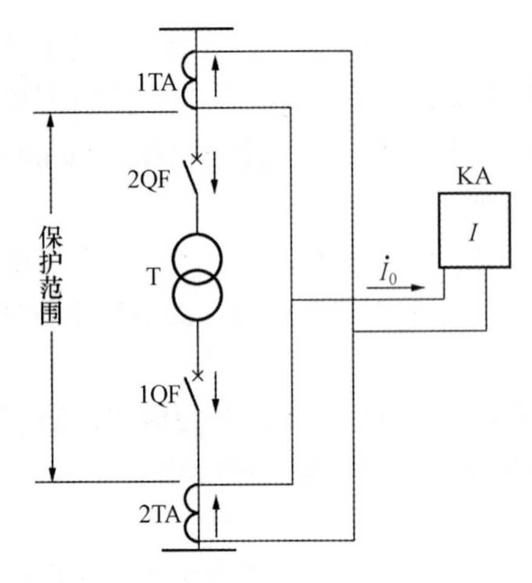

图 9-9　变压器差动保护接线简图

套管的相间短路，并且也可用来保护变压器的匝间短路，其保护区在变压器一、二次侧所装电流互感器之间。它通过比较变压器各侧同名相电流之间的大小及相位构成。以两绕组变压器为例，变压器差动保护接线简图如图 9-9 所示。

差动保护的动作原理基于躲开区外故障和励磁涌流考虑，目前主要采用以下方法：

(1) 躲开区外故障。采用比率制动特性的差动保护，区外故障带制动。

(2) 躲开励磁涌流。当变压器空载投入时，可能出现数值很大的励磁涌流，最大可达变压器额定电流的 6～8 倍。励磁涌流包含很大成分的非周期分量，使涌流波形偏于时间轴的一侧包含有大量的以二次谐波为主的高次谐波，而且波形之间出现间断。根据其特点，差动保护有不同的动作原理，目前常用的有二次谐波制动原理、间断角原理、波形对称原理等。

(3) 为了保证在内部严重故障时电流互感器饱和不会引起差动保护拒动，设有差电流速断保护，此保护不经涌流和比率制动闭锁。

变压器差动保护是利用保护区内发生短路故障时变压器两侧电流在差动回路（即差动保护中连接继电器的回路）中引起的不平衡电流而动作的一种保护。对这一不平衡电流，在变压器正常运行或保护区外部短路时，希望尽可能地小，理想情况下是等于 0。但这几乎是不可能的，它不仅与变压器及电流互感器的接线方式和结构性能等因素有关，而且与变压器的运行有关，因此只能设法使之尽可能地减小。

下面简述不平衡电流产生的原因及其减小或消除的措施。

(1) 由变压器接线而引起的不平衡电流及使其消除的措施。主变压器通常采用 Yd11 接线组别，这就造成变压器高低压两侧电流有 30°的相位差。因此，虽然通过恰当选择变压器两侧电流互感器的变流比，可以使互感器二次电流大小相等，但由于这两个电流之间存在着 30°的相位差，在差动回路中仍然会有相当大的不平衡电流。为了消除差动回路中的这一不平衡电流，因此将装设在变压器星形连接一侧的电流互感器接成三角形连接，而变压器三角形连接一侧的电流互感器接成星形连接，如图 9-10（a）所示。由图 9-10（b）的相量图可知，这样即可消除差动回路中因变压器两侧电流相位不同而引起的不平衡电流。

(2) 由两侧电流互感器变比、型式不同而引起的不平衡电流及其消除措施。由于两侧电流互感器变比、型式的不同，从而不大可能使差动保护两边的电流完全相等，为消除这一不平衡电流，可利用速饱和电流互感器或专门的差动继电器来实现。

(3) 由变压器励磁涌流引起的不平衡电流。由于变压器在空载时投入产生的励磁涌流只通过变压器一次绕组，二次绕组因空载而无电流，这就会在差动回路中产生相当大的不平衡电流。对此可以采用速饱和电流互感器来消除其影响，将继电器接在速饱和电流互感器的二次侧，可以减小励磁涌流对差动保护的影响。

(4) 改变变压器分接头而引起的不平衡电流。分接头的改变，改变了变压器的电压比，

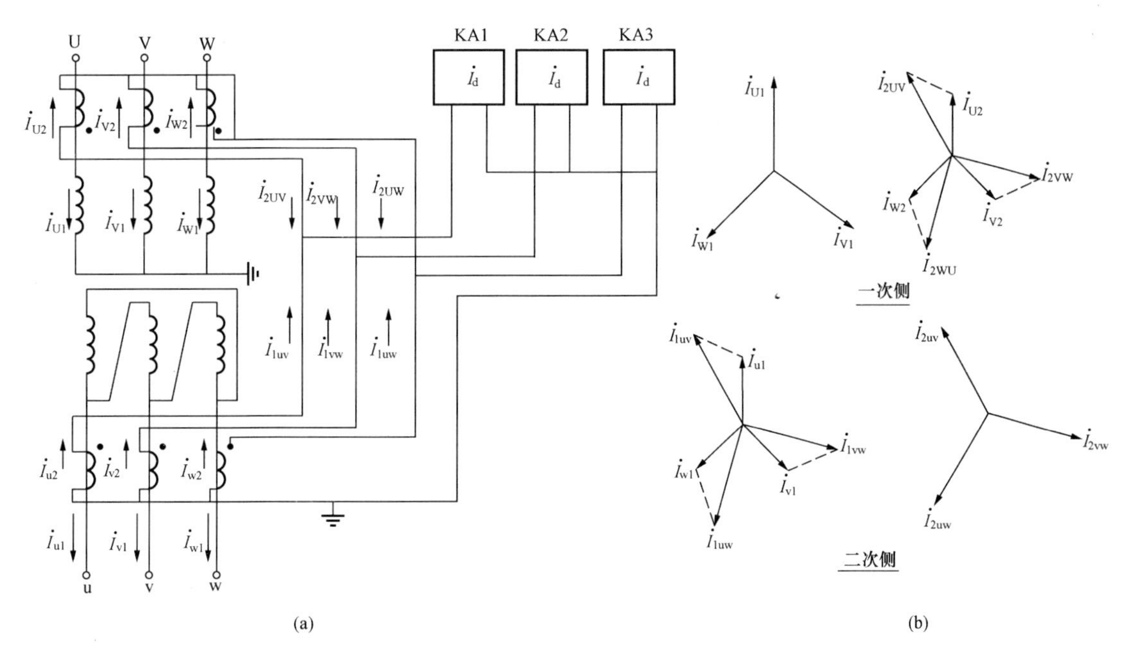

图 9-10　Yd11 接线的变压器差动保护原理接线

（a）两侧电流互感器的接线图；（b）电流相量图

而电流互感器的变流比不可能相应改变，从而破坏了差动回路中原有的电流平衡状态，也会产生不平衡电流。

总之，产生不平衡电流的因素很多，不可能完全消除，只能设法使之减小到最小值。

目前继电保护装置基本上都实现了微机化。对于变压器微机差动保护来说，主要由差动元件、涌流判别元件和差动速断元件三部分构成。

1. 差动元件

差动元件动作方程为

$$\left.\begin{aligned} &I_{op} > I_{res}(I_{res} < I_g) \\ &I_{op} > K_{res}(I_{res} - I_g) + I_{res}(I_{res} > I_g) \\ &I_{op} = |\dot{I}_1 + \dot{I}_2 + \dot{I}_3 + \cdots| \end{aligned}\right\} \tag{9-4}$$

式中　I_{op}——动作电流；

$\dot{I}_1$、$\dot{I}_2$、$\dot{I}_3$——变压器某同名相的各侧电流；

I_{res}——制动电流，取某同名相各侧电流中最大者；

K_{res}——比率制动系数；

I_g——拐点电流。

由式（9-4）作出差动元件动作特性，如图9-11所示。该动作特性分为动作区、制动区、速断动作区。

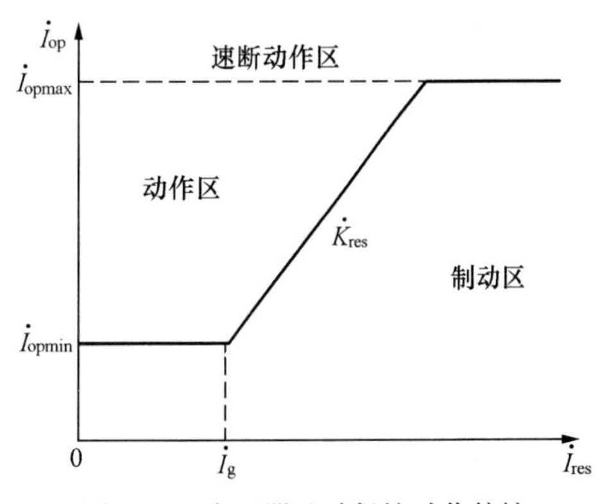

图 9-11　变压器差动保护动作特性

2. 涌流判别元件

下面主要介绍基于二次谐波制动原理和波形对称原理的励磁涌流判别。

（1）二次谐波制动原理。二次谐波制动原理是比较各相差流中二次谐波分量对基波分量的百分比，当其大于整定值时，认为该相差流为励磁涌流，闭锁差动元件。判别方程为

$$I_{2\omega} \geqslant \eta I_{1\omega} \tag{9-5}$$

式中　$I_{2\omega}$——某相差流中的基波电流；

$I_{1\omega}$——某相差流中的二次谐波电流；

η——整定的二次谐波制动比。

谐波制动方式有分相制动式和或门制动式两种。所谓分相制动式是指某一相差流中的二次谐波电流，只对本相的差动元件有制动作用，而对其他相无作用。或门制动方式是指在三相差流中，只要某一相差流中的二次谐波电流对基波电流之比大于整定值，便将三相差动元件闭锁。

（2）波形对称原理。通常励磁涌流的波形是偏于时间轴一侧且有间断的波形，其正、负半周的波形相差很大。波形对称原理的实质是比较一个周波内电流正半波与负半波的波形是否与横轴对称，根据两个波形的差异程度来判断是内部故障还是励磁涌流，当判定差流是由励磁涌流产生时立即闭锁差动元件。其判别方法为：将差流微分，除去直流分量，然后比较微分后差流波形每个周期内的前半波和后半波。设微分后某个周波内前半波上的某一点电流值为 I_j，后半波对应点的电流值为 I_{j+180}，令 K 为不对称系数，如果

$$\left|\frac{I_j + I_{j+180}}{I_j - I_{j+180}}\right| < K \tag{9-6}$$

则认为波形是对称的，即差流是由短路故障形成的；否则，认为差流是励磁涌流，将差动元件闭锁。式（9-6）的实质是偶次谐波与奇次谐波之比，因此仍然可以应用谐波的概念来整定。

3. 差动速断元件

变压器差动速断元件是差动保护的辅助保护。由于变压器差动保护中设置有涌流判别元件，因此其受电流波形畸变及电流中谐波的影响很大。当区内故障电流很大时，差动电流互感器可能饱和，从而使差流中含有大量的谐波分量，并使差流波形发生畸变，可能导致差动保护拒动或延缓动作。差动速断元件只反应差流的有效值，不受差流中的谐波及波形畸变的影响。当某一相差流的有效值大于整定值时，立即动作出口。

图 9-12 所示为或门制动式变压器差动保护逻辑框图，图 9-13 所示为分相制动式变压器差动保护逻辑框图。I_{U1}、I_{V1}、I_{W1} 和 I_{Un}、I_{Vn}、I_{Wn} 分别为变压器各侧差动电流互感器二次各相电流。

（二）微机差动保护中相位和幅值校正

变压器变比、电流互感器变比、变压器接线组别、电流互感器特性、有载调压变压器分接头、理论计算的误差等都是影响变压器差动保护的因素。其中变压器变比、电流互感器变比、变压器接线组别是主要因素。

变压器变比不同，则其各侧电压不同，而高、低压侧流过功率不变，造成正常情况下变压器各侧一次电流不同。由于变压器高、低压侧一次电流不同，而电流互感器都是按标准变

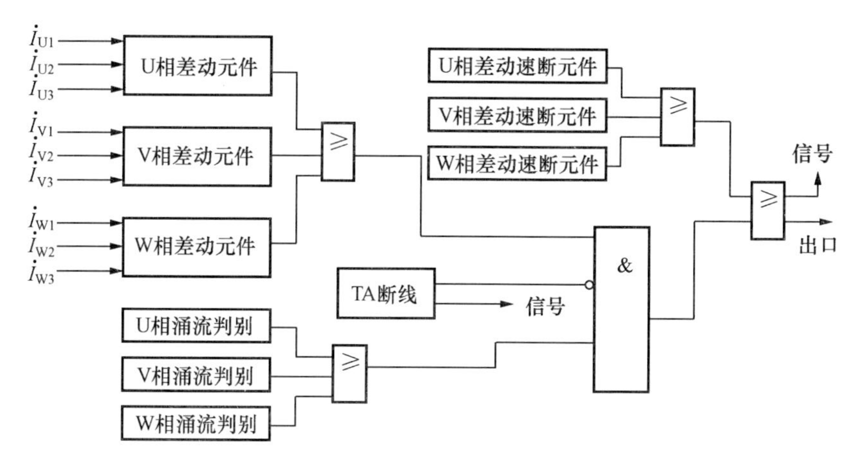

图 9-12　或门制动式变压器差动保护逻辑框图

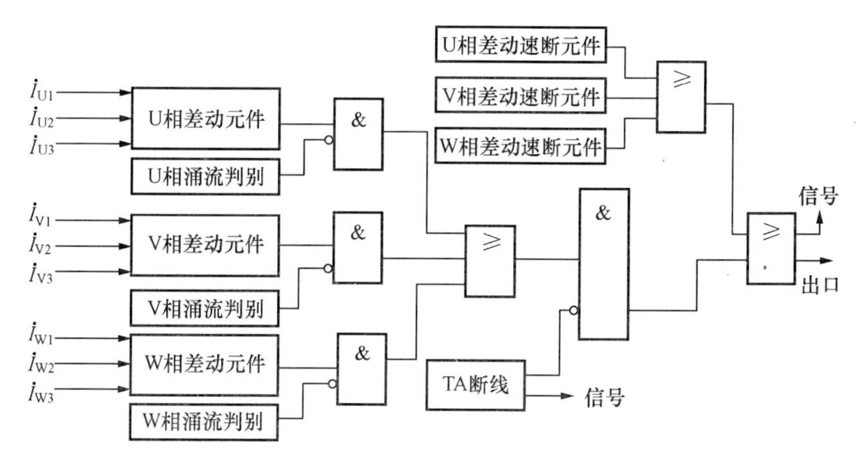

图 9-13　分相制动式变压器差动保护逻辑框图

比生产的，变压器变比也是按标准生产的，因此两侧电流互感器变比之间的倍数不可能与变压器两侧的倍数相等，从而导致保护中产生不平衡电流。变压器变比和电流互感器的变比造成的误差都是幅值上的差异，这方面的处理，对于微机保护而言，是非常容易的，即对输入量和相位校正后的中间量乘以相应的某个比例系数即可。目前国内绝大部分厂商的微机差动保护，是以一侧为基准，把另一侧的电流值通过一个比例系数换算到基准侧。采取这种方法，装置定值和动作报告都是采用有名值。

变压器不同的接线组别，除高、低压绕组同时采用星形或三角形接线外，都会导致变压器高、低压侧电流相位不同，而相位不同又会使差动保护中产生差流。最常见的是 Yd11 接线的变压器，这种接线组别的变压器，低压侧电流超前高压侧电流 30°此外，如果星形侧为中性点接地运行方式，当高压侧线路发生单相接地故障时，变压器星形侧绕组将流过零序故障电流，该电流将流过高压侧电流互感器，相应地会转变到电流互感器二次侧，而变压器三角形侧绕组中感应出的零序电流仅能在其绕组内部流过，而无法流经低压侧电流互感器。这些都将使差动保护装置中产生差流或不平衡电流。

在微机保护内，变压器各侧电流存在的相位差通常由软件自动进行校正，而变压器各侧的电流互感器均采用星形接线，各侧电流方向均指向变压器，如图 9-14 所示。在用软件消除变压器接线方式产生的不平衡电流时，必须同时消除相位误差和零序电流误差，目前大多采用两种方法。

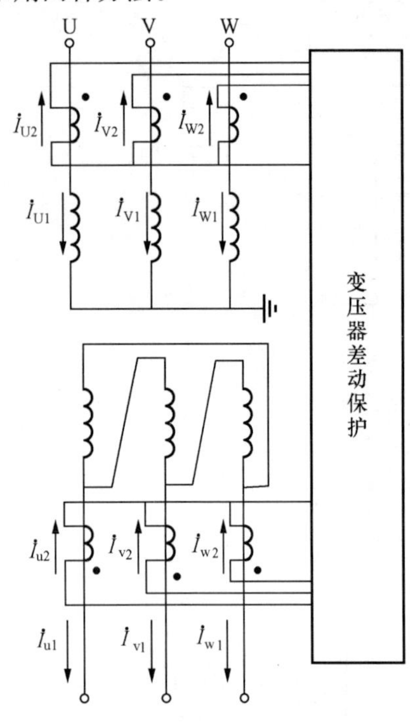

图 9-14　Yd11 接线的变压器微机差动保护原理接线

一种方法是由星形侧向三角形侧归算。对于 Yd11 接线的变压器，其校正方法如下：

星形侧

$$\left.\begin{aligned}\dot{I}'_{U2} &= (\dot{I}_{U2}-\dot{I}_{V2})/\sqrt{3}\\ \dot{I}'_{V2} &= (\dot{I}_{V2}-\dot{I}_{W2})/\sqrt{3}\\ \dot{I}'_{W2} &= (\dot{I}_{W2}-\dot{I}_{U2})/\sqrt{3}\end{aligned}\right\}\tag{9-7}$$

三角形侧

$$\left.\begin{aligned}\dot{I}'_{u1} &= \dot{I}_{u2}\\ \dot{I}'_{v1} &= \dot{I}_{v2}\\ \dot{I}'_{w1} &= \dot{I}_{w2}\end{aligned}\right\}\tag{9-8}$$

式中　$\dot{I}_{U2}$、$\dot{I}_{V2}$、$\dot{I}_{W2}$——星形侧电流互感器的二次电流；

$\dot{I}'_{U2}$、$\dot{I}'_{V2}$、$\dot{I}'_{W2}$——星形侧校正后的各相电流；

$\dot{I}_{u2}$、$\dot{I}_{v2}$、$\dot{I}_{w2}$——三角形侧电流互感器的二次电流；

$\dot{I}'_{u2}$、$\dot{I}'_{v2}$、$\dot{I}'_{w2}$——三角形侧校正后的各相电流。

经过软件校正后，差动回路两侧电流之间的相位一致，如图 9-15（b）所示。其他接线方式的校正方法可以类推。

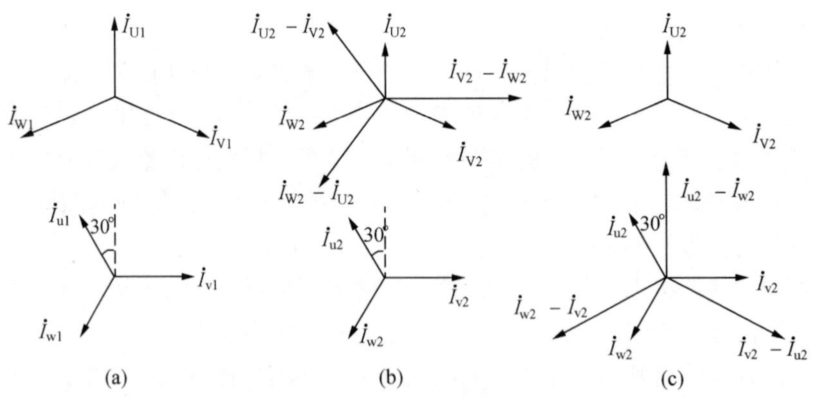

图 9-15　Yd11 变压器、电流互感器为 Yy 连接时相应补偿相量图

（a）电流互感器一次侧电流相量；（b）星形侧向三角形侧调整；（c）三角形侧向星形侧调整

另一种方法是由三角形侧向星形侧归算（电流互感器一、二次侧均采用星形接线）。星形侧一般为电源侧，会产生励磁涌流，采用传统的星形侧向三角形侧归算的方法，星形侧电流两矢量相减调整相角差，就会消掉一部分励磁涌流，采用由三角形侧向星形侧归算后，励

磁涌流和故障特征会更加明显，动作速度也能提高，RCS978 保护就是采用这种方法。由于考虑到星形侧可能流过的零序电流对差流的影响，RCS978 采用对星形侧每相电流都减去零序电流的方式。三角形侧的相位调整，采用矢量相减的方法，同时需除以$\sqrt{3}$消除矢量相减对幅值增大的影响。对于 Yd11 接线的变压器，其校正方法如下：

星形侧

$$\left.\begin{aligned}\dot{I}'_{U2}&=\dot{I}_{U2}-\dot{I}_{0}\\\dot{I}'_{V2}&=\dot{I}_{V2}-\dot{I}_{0}\\\dot{I}'_{W2}&=\dot{I}_{W2}-\dot{I}_{0}\end{aligned}\right\}\tag{9-9}$$

三角形侧

$$\left.\begin{aligned}\dot{I}'_{u2}&=(\dot{I}_{u2}-\dot{I}_{w2})/\sqrt{3}\\\dot{I}'_{u2}&=(\dot{I}_{v2}-\dot{I}_{u2})/\sqrt{3}\\\dot{I}'_{w2}&=(\dot{I}_{w2}-\dot{I}_{v2})/\sqrt{3}\end{aligned}\right\}\tag{9-10}$$

式中　$\dot{I}_0$——星形侧零序二次电流。

经过软件校正后，差动回路两侧电流之间的相位一致。其他接线方式的校正方法可以类推。

三、瓦斯保护和压力释放保护

1. 瓦斯保护

变压器的常规电气量型继电保护，如差动保护、电流速断保护等，对变压器内部故障反应不灵敏，这主要是因为内部故障大多从匝间短路开始，短路匝内部的故障电流虽然较大，但反应电气量的保护测量的电流却不大。只有到故障发展到多匝短路或对地短路时，电气量型保护才能动作跳开变压器各侧断路器，而变压器的瓦斯保护弥补了这一不足。

瓦斯保护是油浸式电力变压器内部故障的一种基本的保护装置，是变压器内部故障的主要保护，对变压器匝间和层间短路、铁芯故障、套管内部故障、绝缘劣化及油面下降等故障均能灵敏动作。当油浸式变压器内部发生故障时，由于电弧将使变压器油分解并产生大量气体，瓦斯保护就是利用感应气体状态的气体继电器来反应变压器内部故障的，动作跳开变压器的各侧断路器或发信号。

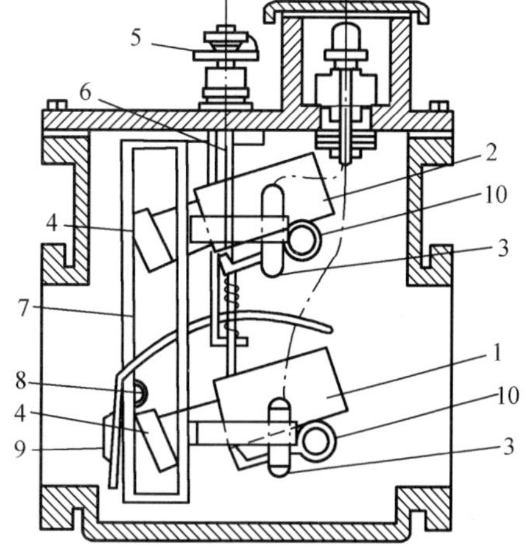

图 9-16　气体继电器结构
1—下开口杯；2—上开口杯；3—磁力触点；4—平衡锤；5—放气门；6—探针；7—支架；8—挡板；9—进油板；10—永磁铁

常用的气体继电器有三种形式，即浮筒式、挡板式及由开口杯和挡板构成的复合式。在复合式气体继电器内部的上、下方各有一个带磁力触点的开口杯，如图 9-16 所示。正常运行时，上下开口杯都浸在油内。由于开口杯及附件在油内的重力所产生的力矩比平衡锤产生的力矩小，因此开口杯处于上升位置，磁力触点断开。当发生轻微故障时，产生较少的气体，此气体上升到油面并聚集在继电器上方，使油面下降，上开口杯即露出油面。开口杯及附件在空气中的重力加上杯内油的重力，所产生的力矩大于平衡锤所产生的力矩，开口杯顺时针方向转动，带动磁铁，使上方的磁力触点闭合，发出轻瓦斯保护动作信号，严重故障时，产生大量的气体，在气流和油流的冲击下，挡板带动开口杯转动，使下磁力触点闭合，重瓦斯保护动作，发出断路器跳闸脉冲。

变压器瓦斯保护的原理接线图如图 9-17 所示。当变压器内部发生轻微故障（轻瓦斯）时，气体继电器 KG 的上触点 KG1-2 闭合，动作于报警信号。当变压器内部发生严重故障（重瓦斯）时，KG 的下触点 KG3-4 闭合，通常是经中间继电器 KM 动作于断路器 QF 的跳闸机构 YR，同时通过信号继电器 KS 发出跳闸信号。

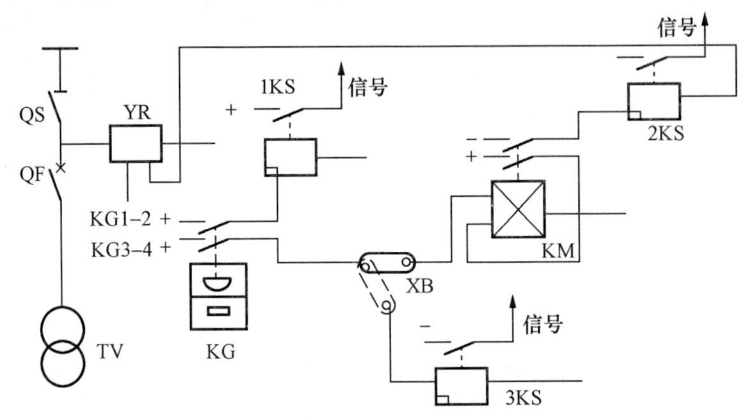

图 9-17 变压器瓦斯保护的原理接线图

KG—气体继电器；KM—中间继电器；KS—信号继电器；XB—连接片；YR—跳闸线圈

2. 压力释放保护

当变压器内部发生故障时，为快速释放内部压力，防止变压器爆炸和减轻变压器的损坏程度，一般大型变压器装设了压力释放保护。变压器压力保护的动作过程分两个阶段。当变压器内部压力增大到一定程度时，压力释放装置内部的金属薄膜鼓起触动压力监视中间继电器动作，发出“变压器压力异常”信号或跳开变压器各侧断路器。当变压器内部故障时，压力释放装置内部的金属薄膜破裂，有效释放变压器的内部压力。

四、变压器故障的后备保护

（一）变压器相间故障的后备保护

对外部相间短路引起的变压器过电流，变压器应装设相间短路后备保护，保护带延时跳开相应的断路器。相间短路后备保护宜选用过电流保护、复合电压（负序电压和线电压）启动的过电流保护或复合电流保护（负序电流和单相电压启动的过电流保护）。

1. 低电压启动的过电流保护

对于升压变压器可采用低电压启动的过电流保护。低电压启动的过电流保护原理接线图如图 9-18 所示。当发生变压器外部或内部发生短路故障时，如果相应的主保护拒动，则由于电流增大和电压降低，将使电流继电器 KA1～KA3 启动和低电压继电器 KV1～KV3 返回，经中间闭锁继电器 KM 启动时间继电器 KT，经一定延时后启动信号继电器 KS 发信号，启动继电保护出口继电器 KCO 跳开变压器两侧的断路器 1QF 和 2QF。

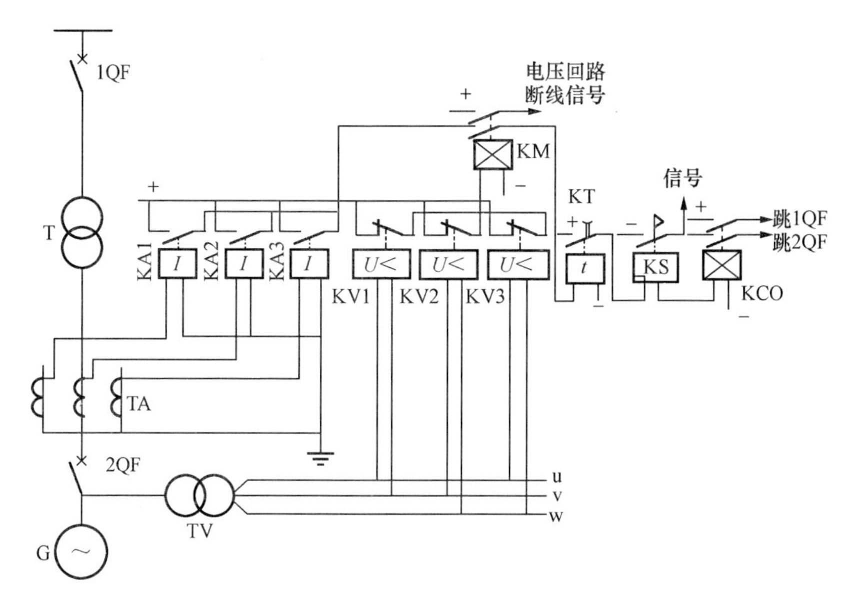

图 9-18　低电压启动的过电流保护原理接线图

电压互感器回路断线时，电流继电器因处于正常负荷电流下，不会误动作。但低电压继电器返回，其触点闭合，启动中间继电器 KM，其触点闭合发出电压回路断线信号。

当变压器过负荷时，电流继电器可能动作，但此时低电压继电器感受的是正常工作电压，其触点断开，中间继电器 KM 不启动，使保护装置不会误动作。

在保护装置的实际接线中，对升压变压器，往往考虑采用两套低电压继电器，分别接在变压器高、低压侧电压互感器的线电压上，并将其触点并联，然后再与电流继电器的触点相串联，启动出口继电器。这样，当变压器任一侧发生短路时，其灵敏系数都能满足要求。

2. 复合电压启动过电流保护

复合电压启动过电流保护原理接线图如图 9-19 所示。由图可见，三个电流继电器 KA1

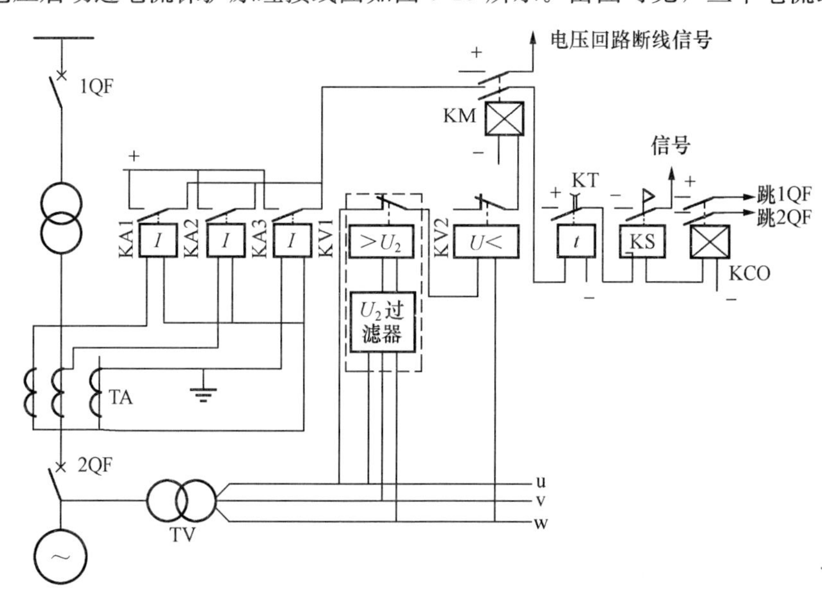

图 9-19　复合电压启动的过流保护原理接线图

～KA3分别接于三相电流，其启动电流按躲开变压器的额定电流整定。负序电压继电器由负序电压过滤器和过电压继电器KV1组成，KV1的动作电压按躲开正常运行时的最大不平衡电压整定，根据运行经验，取

$$U_{2op} = (0.06 \sim 0.12)U_N \tag{9-11}$$

低电压继电器KV2接于线电压U_{uw}，其动作电压的整定条件与低电压启动过电流保护相同。

当出现对称短路时，电流继电器KA1～KA3启动，其触点闭合。因三相电压降低，低电压继电器KV2返回，其触点闭合，启动中间继电器KM，KM的下面一对触点闭合，启动时间继电器KT，经一定延时，启动信号继电器KS发信号，同时启动出口继电器KC0，跳开变压器两侧断路器。

当出现不对称短路时，负序过电压继电器启动，KV1的动断触点断开，使得低电压继电器KV2失电压返回，其触点闭合，启动中间继电器KM。不对称短路电流使电流继电器KT的触点闭合，正电源通过电流继电器的触点和中间继电器的触点接通时间继电器KT，使之启动，经一定延时，启动信号继电器KS发信号，同时启动出口继电器KCO，跳开变压器两侧断路器。

与低电压启动的过电流保护相比，复合电压启动的过电流保护具有如下优点：

(1) 对不对称短路的灵敏系数较高。这是由于负序电压继电器的整定值很低，而不对称短路时可出现较高的负序电压，使之灵敏动作。

(2) 在变压器高压侧发生不对称短路时，负序电压继电器的灵敏系数与变压器的接线方式无关。

(3) 在对称短路时，由于瞬间出现的负序电压使负序电压继电器启动，触点打开，从而使低电压继电器失电压，触点闭合，在负序电压消失后，只要线电压U_{uw}低于低电压继电器的启动电压，低电压继电器将不会启动，低电压继电器的启动系数K_q=1.15～1.2，实际上相当于将灵敏系数提高了K_q倍。

（二）变压器的零序保护

在大电流接地系统中的变压器上，一般应装设反应接地短路故障的零序保护，作为变压器主保护的后备保护和相元件接地短路的后备保护。

1. 变压器的零序电流保护

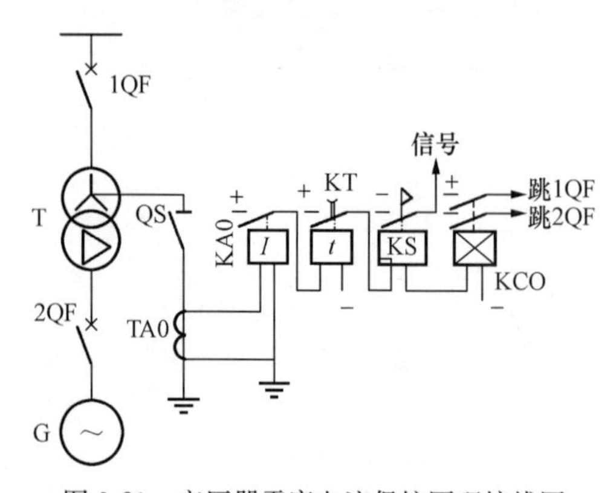

图9-20　变压器零序电流保护原理接线图

如果变压器中性点接地运行，其零序保护一般采用零序电流保护。保护接于中性点引出线的电流互感器上，变压器零序电流保护原理接线图如图9-20所示。当大电流接地系统中发生接地故障时，变压器的中性线中有零序电流通过，由零序电流互感器TA0传感，零序电流继电器KAO动作，启动时间继电器KT，经一定延时后，启动信号继电器KS发信号，同时启动出口继电器KCO，跳变压器两侧的断路器1QF、2QF。

2. 分级绝缘变压器的零序保护

在发电厂有两台以上变压器并列运行时，通常只有部分变压器中性点接地，而另一部分变压器中性点不接地，在中性点不接地的变压器上无法采用零序电流保护。当母线或线路上发生接地短路时，若故障元件的保护拒绝动作，则中性点接地变压器的零序电流保护动作将中性点接地的变压器切除，中性点不接地的变压器仍然带故障运行，这将会产生危险的过电压，全绝缘变压器允许短时间承受，但分级绝缘变压器的绝缘将遭到破坏。为此，在中性点可能接地或不接地运行的变压器上，应在零序电流保护的基础上另加一套零序电压保护，以便在变压器不接地运行时也能反应其接地故障。即在发生接地短路故障时，对分级绝缘的变压器，保护动作后，应先断开中性点不接地的变压器，后断开中性点接地的变压器，以防止不接地变压器因过电压而遭受损坏。

分级绝缘变压器零序电流保护原理接线图如图 9-21 所示，保护由零序电流保护和零序电压保护两部分组成。

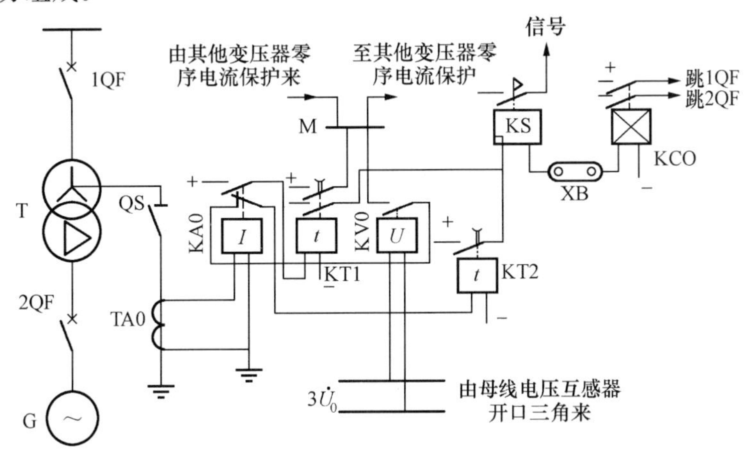

图 9-21 分级绝缘变压器零序电流保护原理接线图

正常运行时，无零序电流和零序电压，电流继电器 KAO 和电压继电器 KVO 均不动作。系统发生接地短路时，母线电压互感器出现 $3U_0$，中性点接地变压器的中性线流过 $3I_0$。电流继电器 KAO 动作，其动合触点闭合，启动时间继电器 KT1，KT1 的瞬动触点立即闭合，将“+”电源加到小母线 M 上，从而使中性点不接地的变压器的零序电压保护回路与“+”电源接通。不接地变压器的 KAO 中无电流通过，因而不动作，其动断触点仍接通。由于出现 $3U_0$，使电压继电器 KVO 动作，其动合触点闭合。于是由中性点接地保护送来的正电源，经过 KVO 的动合触点、KAO 的动断触点启动时间继电器 KT2，经一定延时后，启动 KS 发信号，启动出口继电器 KCO 先跳开中性点不接地变压器两侧的断路器。若接地短路故障未消失，则中性点接地变压器的 KAO 的动合触点继续闭合，经过一段延时后，KT1 的延时触点闭合（KT1 的延时大于 KT2 的延时)，启动 KS 发信号，启动 KCO 跳开中性点接地变压器。

五、变压器的其他保护

1. 过负荷保护

对 400kVA 以上的变压器，当数台并列运行或单独运行，并作为其他负荷的备用电源时，应装设过负荷保护。根据变压器的作用、电源数量和实际运行情况，过负荷保护可配置在变压器的一侧或几侧。过负荷保护反应变压器对称过负荷引起的过电流，经延时动作于信号。变压器的过负荷电流在大多数情况下都是三相对称的，因此只需装设单相过负荷保护。

2. 温度及油位保护

温度保护反应变压器温度，当温度升高超过定值时温度保护动作。油位保护反映油箱内油位，当运行时因变压器漏油或其他原因使油位降低时动作，发出告警信号。

3. 冷却器全停保护

冷却器全停保护在变压器运行中冷却器全停时动作，动作后立即发出告警信号，并经长延时切除变压器。对于重要变压器的冷却器控制回路常由两个电源从厂用电的不同段母线上取得，并互为备用。当工作电源消失时，自动切换到备用段电源，并发出“冷却器电源故障”预告信号，当两段电源同时消失时，发出“冷却器全停”信号，并启动冷却器全停保护。图 9-22 所示为变压器冷却器全停保护的一种逻辑框图。变压器带负荷运行时，冷却器全停保护连接片 XB 由运行人员投入。若冷却器全停，K1 触点闭合，发出告警信号，同时启动 t_1 延时元件开始计时，经长延时 t_1 后去切除变压器。若冷却器全停之后，伴随有变压器温度超温 K2 触点闭合，经短延时 t_2 去切除变压器。

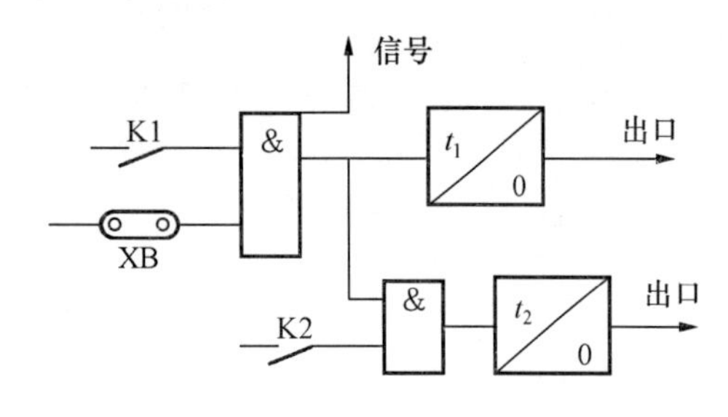

图 9-22 变压器冷却器全停保护逻辑框图

第三节 输电线路的高频保护

一、高频保护的作用及分类

1. 高频保护的作用

对于 220kV 及以上的输电线路，为了缩小故障造成的损坏程度，满足系统运行稳定性的要求，要求线路两侧瞬时切除被保护线路上任何一点故障，即要求继电保护能实现全线速动。因此，为了快速切除 220kV 及以上输电线路的故障，在纵差动保护原理的基础上，利用输电线路传递代表两侧电量的高频信号，以代替专用的辅助导线，就构成了高频保护。

在高频保护中，为了实现被保护线路两侧电量（如短路功率方向、电流相位等）的比较，必须把被比较的电量转变为便于传递的高频信号，然后，通过高频通道自线路的一侧传送到线路的另一侧去进行比较。高频通道的形式较多，其中最常用的是载波通道，即利用输电线路传递频率很高的载波信号。

2. 高频保护的分类

高频保护按比较信号的方式可分为直接比较式高频保护和间接比较式高频保护两类。

直接比较式高频保护是将两侧的交流电量经过转换后直接传送到对侧去，装在两侧的保护装置直接对交流电量进行比较。如电流相位比较式高频保护，简称相差动高频保护。

间接比较式高频保护是两侧保护设备各自只反应本侧的交流电量，而高频信号只是将各侧保护装置对故障判断的结果传送到对侧去。线路每一侧的保护根据本侧和对侧保护装置对故障判断的结果进行间接比较，确定应否跳闸。这类高频保护有高频闭锁方向保护、高频闭锁距离保护等。

3. 高频保护信号

高频保护的信号分为闭锁信号、允许信号、跳闸信号三种。

(1) 闭锁信号。它是阻止保护动作于跳闸的信号，即无闭锁信号是保护作用于跳闸的必要条件。只有同时满足本端保护元件动作和无闭锁信号两个条件时，保护才动作于跳闸。

(2) 允许信号。它是允许保护动作于跳闸的信号，即有允许信号是保护动作于跳闸的必要条件。只有同时满足本端保护元件动作和有允许信号两个条件时，保护才动作于跳闸。

(3) 跳闸信号。它是直接引起跳闸的信号，此时与保护元件是否动作无关，只要收到跳闸信号，保护就动作于跳闸。

二、高频通道的构成

高频通道就是指高频电流流通的路径，是用来传送高频信号电流的。目前广泛采用的是输电线路载波通道，也可采用微波通道或光纤通道。

高压输电线路的主要用途是输送工频电流。当它用来作高频载波通道时，必须在输电线路上装设专用的加工设备，即在线路两端装设高频耦合和分离设备，将同时在输电线路上传输的工频和高频电流分开，并将高频收发信机与高压设备隔离，以保证二次设备和人身安全。利用输电线路构成的高频通道的方式为相—地制，即利用输电线路的一相和大地作为高频通道。

相—地制高频载波通道的原理接线图如图 9-23 所示，其中各主要元件的作用如下所述。

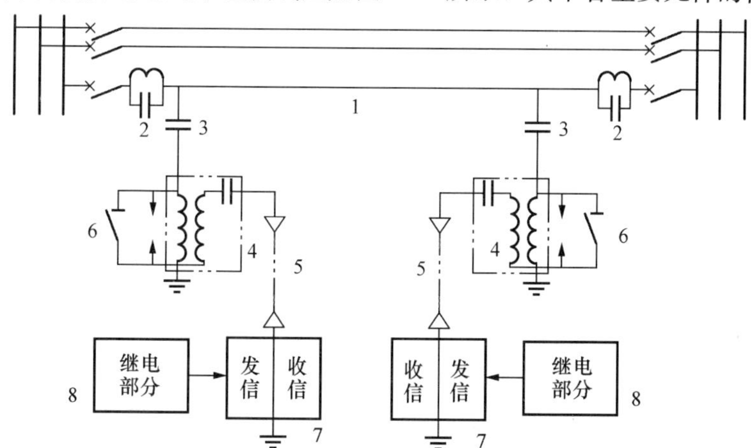

图 9-23 相—地制高频载波通道的原理接线图

1—电力线路；2—阻波器；3—结合电容器；4—连接滤波器；5—高频电缆；6—接地开关；7—高频收、发信机；8—继电部分

1. 阻波器

阻波器由电感和电容组成，并在载波工作频率下并联谐振，因而对高频载波电流呈现的阻抗很大（约大于 1000Ω），对工频电流呈现的阻抗很小（约小于 0.04Ω），因此不影响工频

电流的传输。

2. 结合电容器

结合电容器是高压输电线路和通信设备之间的耦合元件。由于它的电容量很小，所以对工频呈现很大的阻抗，可防止工频高压对高频收发信机的侵袭；但对高频呈现的阻抗很小，不妨碍高频电流的传送。另外，结合电容器还与连接滤波器组成带通滤波器。

3. 连接滤波器

连接滤波器由一个可调节的空心变压器和电容器组成，改变电容或变压器抽头，即可达到两侧阻抗的匹配，使其在载波工作频率下，传输功率最大。

4. 高频电缆

高频电缆将位于集控室内的收、发信机与位于高压配电装置中的连接滤波器连接起来。因为工作频率很高，如果用普通电缆将引起很大衰减，因此一般采用单芯同轴电缆。

5. 高频收、发信机

高频收、发信机的作用是发送和接收高频信号。通常两侧发信机发出的频率相同，收信机同时收到本侧和对侧发信机发出的信号，这种方式称为单频制。

6. 接地开关

接地开关的作用是在检修或调整收、发信机及连接滤波器时进行安全接地。

三、相差动高频保护

1. 相差动高频保护的基本原理

相差动高频保护是基于利用高频电流信号比较被保护线路两端电流相位的原理构成的，图 9-23 为相差动高频保护工作原理。

设电流从母线流向线路为正，由线路流向母线为负。被保护线路内部短路时，如图 9-24（b）所示，两端电流 $\dot{I}_{k1,A}$ 与 $\dot{I}_{k1,B}$ 都从母线流向线路，同时为正方向。即 $\dot{I}_{k1,A}$ 与 $\dot{I}_{k1,B}$ 同相，相位差 $\varphi=0°$，两端保护动作，跳开断路器。而当外部短路时，如图 9-24（c）所示，$\dot{I}_{k2,A}$ 从母线流向线路为正，$\dot{I}_{k2,B}$ 从线路流向母线为负，相位差 $\varphi=180°$，两端保护不动作。

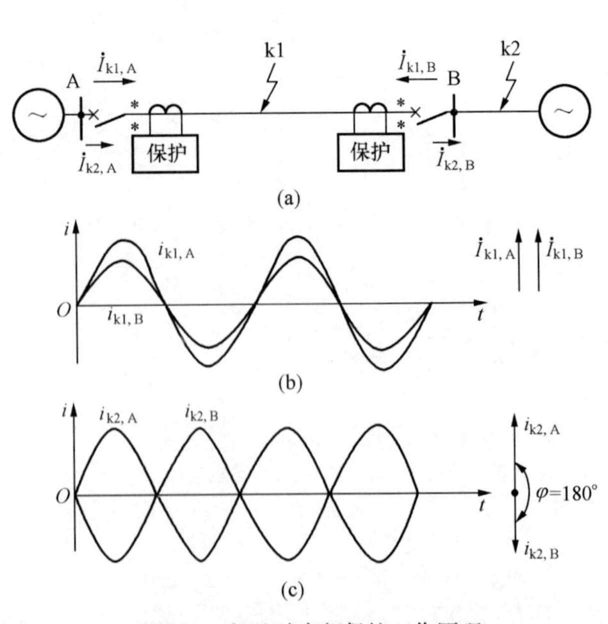

图 9-24　相差动高频保护工作原理

（a）接线示意图；（b）内部短路；（c）外部短路

相差动高频保护的高频信号可以按允许信号和闭锁信号两种方式工作。我国目前广泛采用按闭锁方式工作的相差动高频保护。在工频电流的正半波，操作发信机发高频信号；在工频电流的负半波，使发信机停止发信。

相差动高频保护动作原理如图 9-25 所示。当线路外部故障时，两端工频操作电流相位相反，如图 9-25 中 a 和 b 所示。各端发信机均在工频操作电流正半波时发信，在负半波时停信，如图 9-25 中 c 和 d 所示。因而两端收信机均收到连接不断的信号，如图 9-25 中 e 所示。由于高频信号在传输过程中有衰耗，故收信机收到对侧发来信号的幅值要小一些。此时收信机输出电流为零，如图 9-25 中 f 所示。因两侧继电器线圈中均无电流通过，故保护不动作。

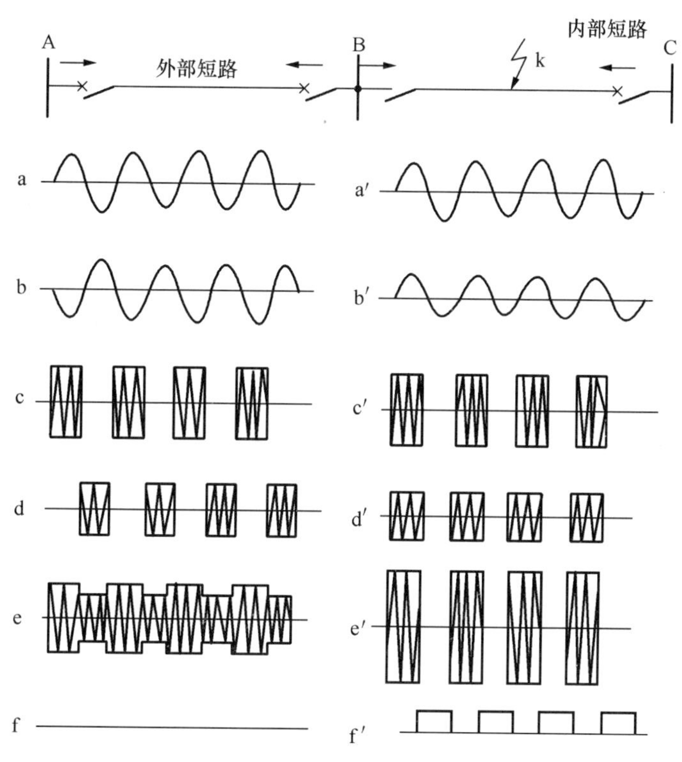

图 9-25　相差动高频保护动作原理

当线路内部故障时，两端工频操作电流相位相同，如图 9-25 中 a′和 b′所示。两端发信机均在工频操作电流正半波时发信，在负半波时停信，如图 9-25 中 c′和 d′所示。两端收信机收到断续信号，如图 9-25 中 e′所示。此时收信机输出断续的电流方波，如图 9-25 中 f′所示。该方波电流经加工后使两侧继电器线圈中有电流通过，故保护动作。

2. 相差动保护的组成

相差高频保护可用各种硬件做成，其主要环节有启动元件、操作元件和电流相位比较元件。相差高频保护接线原理如图 9-26 所示，启动元件由继电器 K1～K4 组成，其中 K1 和 K2 接于一相电流，作为三相短路的启动元件；K3 和 K4 接于负序电流过滤器，作为不对称短路的启动元件。K1 和 K3 整定得比较灵敏，动作后去启动发信机，K2 和 K4 则整定得不太灵敏，动作后开放相位比较回路 KDT，并准备好经过继电器 K 的触点去跳闸。此外，当相电流启动元件的灵敏度不能满足要求时，也可以采用低电压或低阻抗继电器来实现启动。

操作（控制）元件由 $\dot{I}_1+K\dot{I}_2$ 的复合过滤器和操作互感器 T0 组成，复合过滤器将三相电流复合成一个单相电流，它能够正确地反应各种故障。过滤器输出的电流经过 T0 变成

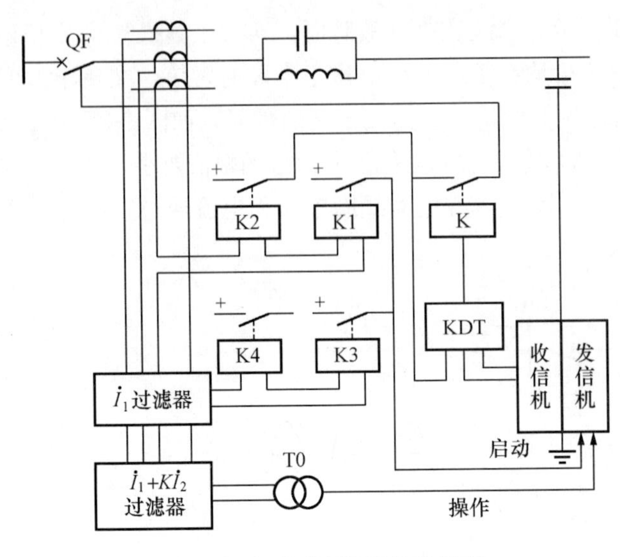

图 9-26　相差高频保护接线原理

电压方波去操作（控制）发信机，使它在正半波时发出高频信号，负半波时不发信号。因此，实际上在高频保护中进行相位比较的就是这个复合以后的电流（$\dot{I}_1+K\dot{I}_2$）。电流相位比较元件用 KDT 表示。当线路内部故障时，两端工频操作电流相位相同，两端收信机收到断续信号，使收信机输出断续的电流方波，该方波电流经 KDT 加工后使两侧继电器 K 线圈中有电流通过，此时启动元件 K2（或 K4）都已启动，因此保护装置即可瞬时动作于跳闸。

四、闭锁式方向高频保护

闭锁式方向高频保护是利用高频信号比较线路两端功率方向，进而决定其是否动作的一种保护。保护采用故障时发信方式，并规定线路两端功率由母线指向线路为正方向，由线路指向母线为负方向。当系统发生故障时，若功率方向为负，则高频发信机启动发信；若功率方向为正，则高频发信机不发信。

在图 9-27 中，线路 k 点发生短路时，通过故障线路两端的功率方向均为正，两端发信机都不发信，保护 3、4 分别动作于跳闸，切除故障线路；此时通过非故障线路近保护端发信机发出高频信号，送到线路近故障点端保护 2、5 的功率方向为负，该端发信机发出高频信号，送到线路对端，将保护 1、6 闭锁。因为高频信号起闭锁保护的作用，故这种保护称为高频闭锁方向保护。

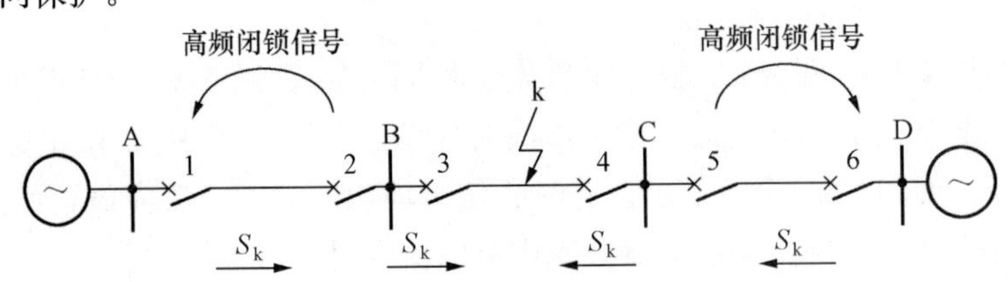

图 9-27　高频闭锁方向保护原理

闭锁式方向高频保护是利用非故障线路的一端发出闭锁该线路两端保护的高频信号，而对于故障线路，两端不需要发出高频闭锁信号，这样就可以保证在内部故障并伴随高频通道破坏时（例如通道所在的一相接地或断线），保护装置仍然能够正确地动作。

图 9-28 是闭锁式方向高频保护原理接线图。保护装置由以下主要元件组成：启动元件 KA1 和 KA2。其灵敏度选择得不同，灵敏度较高的启动元件 KA1，只用来启动高频发信机，发出闭锁信号，而灵敏度较低的启动元件 KA2 则用于准备好跳闸的回路，功率方向元件 KP3 用以判别短路功率的方向；中间继电器 KM4 用于在内部故障时停止发出高频闭锁信

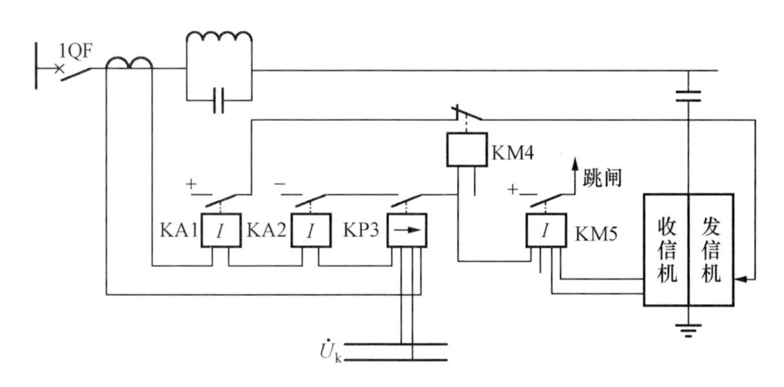

图 9-28　闭锁式方向高频保护原理接线图

号；带有工作线圈和制动线圈的极化继电器 KM5 用以控制保护的跳闸回路。在正方向短路时，KM5 的工作线圈由线路本端保护的启动元件 KA2 和方向元件 KP3 动作后供电，制动线圈在收信机收到高频闭锁信号时，由高频电流整流后供电。极化继电器 KM5 当只有工作线圈中有电流而制动线圈中无电流时才动作，而当制动线圈有电流或两个线圈同时有电流时均不动作。这样，就只有在内部故障，两端均不发送高频闭锁信号的情况下，KM5 才能动作。现将发生各种故障时，保护的工作情况分述如下：

（1）外部故障。如图 9-27 所示保护 1 和 2 的情况，在 A 端的保护 1 功率方向为正，在 B 端的保护 2 功率方向为负。此时，两侧的启动元件 KA1 均动作，经过 KM4 的动断触点将启动发信机的命令加于发信机上。发信机发出的闭锁信号一方面为自己的收信机所接收，另一方面经过高频通道，被对端的收信机接收。当收到信号后，KM5 的制动线圈中有电流，即把保护闭锁。此外，启动元件 KA2 也同时动作，闭合其触点，准备了跳闸回路。在短路功率方向为正的一端（保护 1），其方向元件 KP3 动作，于是使 KM4 启动，使其动断触点断开，停止发信，同时给 KM5 的工作线圈中加入电流。在方向为负的一端（保护 2），方向元件不动作，发信机继续发送闭锁信号。在这种情况下，保护 1 的 KM5 中的两个线圈均有电流，而保护 2 的 KM5 中只有制动线圈有电流。如上所述，两个继电器均不能动作，保护就一直被闭锁。待外部故障切除，启动元件返回以后，保护即恢复原状。

（2）内部故障。两端供电的线路内部故障时，两端的启动元件 KA1 和 KA2 均动作，其作用同上。之后两端的方向元件 KP3 和 KM4 也动作，即停止了发信机的工作。这样 KM5 中就只有工作线圈中有电流。因此，它们能立即动作，分别使两端的断路器跳闸。

五、允许式方向高频保护

允许式方向高频保护利用通道传送允许信号，收到允许信号是保护动作于跳闸的必要条件，如图 9-29（a）所示，在功率方向为正的一侧向对侧发送允许信号，此时每侧的收信机只能接收对侧的信号而不能接收自身的信号。每侧的保护必须在方向元件动作，同时又收到对侧的允许信号之后，才能动作于跳闸。在外部故障时近故障侧方向元件判断为反方向，不仅本侧保护不跳闸，也不向对侧发送允许信号，对侧收信机接收不到允许信号，就不允许该侧保护跳闸；在内部故障时两侧方向元件均判断为正方向，又都向对侧发送允许信号，两侧收信机都收到允许信号，使两侧保护动作跳闸。

构成允许式方向高频保护的基本框图如图 9-29（b）所示，启动元件动作后，正方向元件动作，反方向元件不动作，与门 G2 启动发信机，向对侧发允许信号，同时准备启动与门 G3。当收到对端发来的允许信号时，与门 G3 即可经抗干扰延时动作于跳闸。

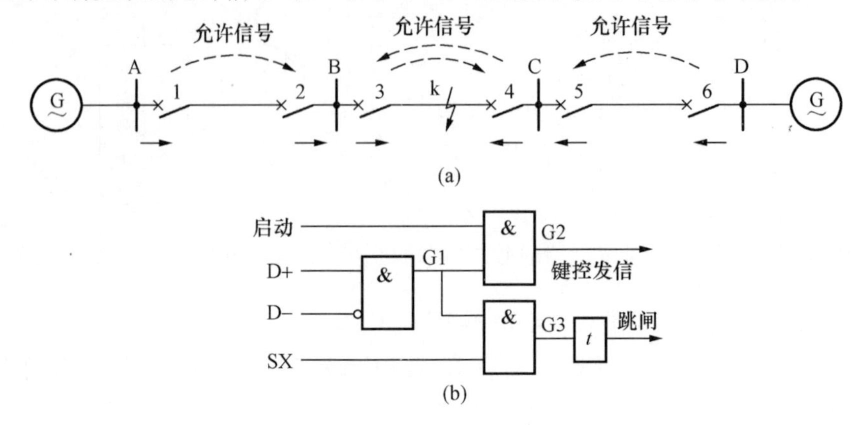

图 9-29　允许式方向高频保护工作原理
（a）网络接线及允许信号的传送；（b）基本框图

对于允许式高频保护，当本线路故障遇到通道被破坏，则保护会因收不到允许信号而使保护拒动。因此允许式高频保护需要经常对通道监视，即在正常时发出监频信号（又称为导频信号），在区内故障时停发监频信号，改发允许信号。收发信机提供一对监频消失时闭合的触点供保护逻辑查询。因为在正常运行时收到监频信号，保护必然是处于闭锁状态，因此监频信号也可以看成是一种闭锁信号。然而在区内故障时，发出允许信号必然要停发监频信号，也就是保护要解除闭锁而动作。允许信号通过故障点时会遇到衰耗增大的问题，最严重的情况是通道阻塞。对于相—相耦合双频制的允许方式，通道阻塞只可能发生在相间故障时，单相接地故障只发生信号衰减，不会发生通道阻塞。为了防止本线路故障时通道阻塞而拒动，允许方式下均设置了解除闭锁方式，仅在相间故障时投入，并要求保护启动前监频信号是正常的，即故障前通道是完好的。在本线路相间故障，通道又发生阻塞时只要本侧方向元件判定为正方向同时又收不到对侧发来的允许信号，却有来自收信机的“监频消失”信号，在上述条件均满足时经适当延时确认后发出跳闸脉冲。对于线路内部单相接地故障，只要本侧判为正方向又收到对侧发来的允许信号，即可出口跳闸。

第四节　输电线路的距离保护

一、距离保护的基本原理

距离保护是反映故障点到保护安装处之间阻抗变化而动作的继电保护装置。其核心元件是阻抗继电器，通过阻抗继电器测量故障点到保护安装处的阻抗，并与整定阻抗相比较，当测量阻抗小于整定阻抗时保护动作。由于线路阻抗的大小变化与线路故障点至保护安装处之间的距离成正比，所以也称距离保护。

如图 9-30 所示，如果 M 处的距离保护 1 的动作整定值为 Z_{set}，其实际保护范围为线路

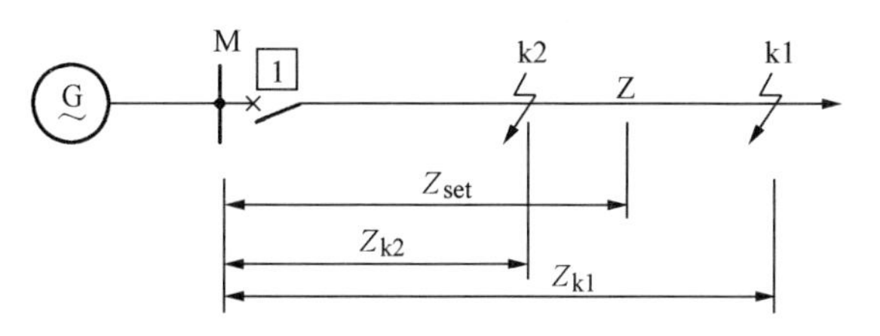

图 9-30 距离保护示意图

MZ。当 k1 点故障时，故障点 k1 至保护装置安装处 M 的阻抗为 Z_{k1}，则 $Z_{k1}>Z_{set}$，距离保护 1 不动作；当 k2 点故障时，故障点 k2 至保护装置安装处 M 的阻抗为 Z_{k2}，则 $Z_{k2}<Z_{set}$，距离保护 1 动作。由此可见，在距离保护 1 的保护范围 MZ 内任何一点发生短路故障时，其短路阻抗总是小于保护装置的动作整定值 Z_{set}，保护装置均能够动作；反之，短路故障点发生在保护范围 MZ 外时，其短路阻抗总是大于保护装置的动作整定值 Z_{set}，保护装置不动作。总之，距离保护装置是否能够动作，就是根据保护装置检测到的线路短路阻抗 Z_k 与保护装置的动作整定值 Z_{set}之间的比较判断结果来决定的。这一比较判断过程一般采用距离保护装置中的核心元件——阻抗继电器来实现。设输电线路单位长度的阻抗为 z_1，短路点与保护安装处的距离为 L_k，则 $Z_k=z_1L_k$，Z_k 与短路距离 L_k 近似成正比。

为了保证保护有选择性地切除故障线路，距离保护通常构成阶梯式。描述其动作时限与故障点至保护安装处间的距离的关系曲线称为距离保护的时限特性。目前常采用三段式阶梯时限特性的距离保护，分别称为距离保护的Ⅰ段、Ⅱ段和Ⅲ段，如图 9-31 所示。

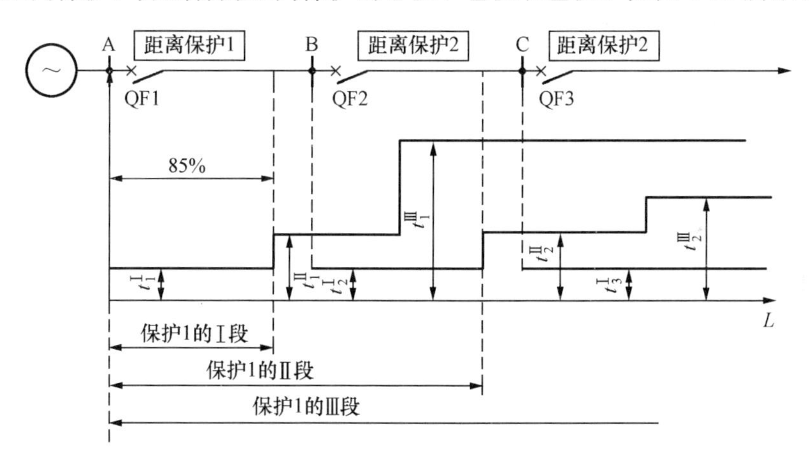

图 9-31 距离保护的动作范围及时限特性

距离保护Ⅰ段不能保护本线路的全长，其保护范围为本线路全长的 80%～85%，由于它不必和其他线路的保护配合，故其动作时限为保护装置本身的固有动作时间。图 9-31 中，t_1^{II}、t_2^{I} 分别为距离保护 1 和距离保护 2 的Ⅰ段的动作时限。距离保护Ⅱ段用来弥补Ⅰ段的不足，尽快切除本线路末端 15%～20%范围内的故障，但为了切除全线故障，势必需要延伸至下一相邻线路首端部分区域，其动作时限应与下一相邻线路距离保护Ⅰ段的动作时限相配合，并大一个时限级差。t_1^{II}、t_2^{I} 分别为距离保护 1 和距离保护 2 的Ⅱ段的动作时限。距离Ⅰ段和Ⅱ段是本线路的主保护，距离Ⅲ则是本线路和相邻线路的后备保护，它的保护范围较大，其动作时限按阶梯形原则整定，即本线路距离保护Ⅲ段应比相邻线路中保护的最大动作时限大一个时限级差，保护 1 的距离Ⅲ段的动作时限 t_1^{III} 比保护 2 的距离Ⅲ段的动作时限 t_2^{III} 大一个级差。

二、距离保护的组成

距离保护由启动元件、方向元件、测量元件、时间元件和出口元件组成，如图 9-32 所示为距离保护组成示意图。

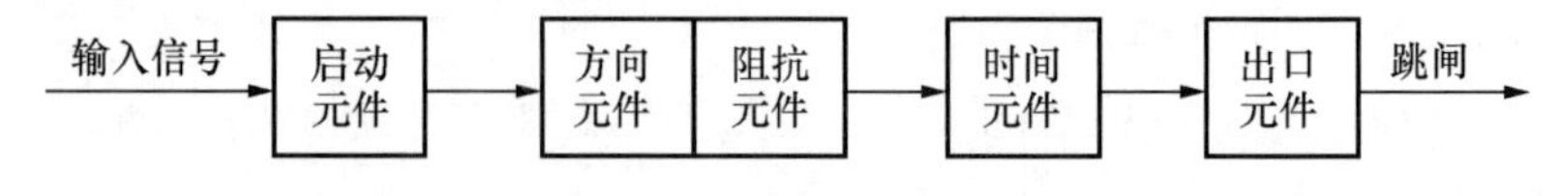

图 9-32　距离保护组成示意图

距离保护各组成部分的作用是：

(1) 启动元件。主要作用是在线路发生短路故障的瞬间启动保护装置，常采用过电流继电器或者阻抗继电器。

(2) 距离元件（阻抗元件）。主要作用是测量短路点至保护安装处的距离（即测量阻抗），一般采用阻抗继电器。

(3) 方向元件。主要作用是判别短路故障的方向，保证距离保护动作的方向性，采用单独的方向继电器，或方向元件和阻抗元件相结合的方向阻抗继电器。

(4) 时间元件。主要作用是按照短路点到距离保护安装处的远近，根据预定的时限特性而确定保护动作时限，以保证保护动作的选择性，一般应用时间继电器。

(5) 出口元件。主要作用是给出保护动作命令的输出，作用于跳开断路器。常应用信号继电器或中间继电器。

第五节　母　线　保　护

一、母线的保护方式

对于母线的各种故障，其保护主要有两种方式：

(1) 利用供电元件的保护切除母线故障。利用变压器等供电元件的第Ⅱ段保护来切除母线故障。

(2) 专设母线保护。在 110kV 及以上的双母线和分段单母线上，为保证有选择性地切除任一段母线上所发生的故障，而另一段无故障的母线仍能继续运行，应装设专用的母线保护。

专用母线保护通常按差动原理构成，其保护范围是母线及各个出线电流互感器靠近母线侧的所有电气一次部分。由于母线保护关联到母线上的所有出线元件，因此母线保护应与其他保护和自动装置相配合。

1) 当母线发生短路故障（故障点在断路器与电流互感器之间）或断路器失灵时，若线路上设置闭锁式高频保护，母线保护动作时为使对侧的高频保护装置动作跳开断路器，母线保护应使本侧的高频发信机停信。

2) 当重要发电厂母线上发生故障时，为防止线路断路器对故障母线进行重合，母线保护动后，应闭锁线路重合闸。

3) 为使在母线发生短路故障而某一断路器失灵或故障点在断路器与电流互感器之间时，

失灵保护能可靠切除故障，母线保护动作后，应启动失灵保护。

4）当变压器发生低压侧故障需跳母线侧断路器，而此断路器失灵，变压器保护装置需解除母线失灵复合电压闭锁。

二、微机型母线保护

（一）母线差动保护

微机型母线差动保护主要由比率差动部分和电压闭锁元件组成。

1. 比率差动部分

母线保护比率差动部分的原理是基尔霍夫电流定律，即 $\Sigma I_{in}=\Sigma I_{out}$ 大差比率差动元件（以下简称大差）的作用是判断区内故障还是区外故障，其范围是除母联断路器和分段断路器以外的母线所有其余支路构成的大差动回路。小差比率差动元件（以下简称小差）的作用是选择故障母线段，其范围是与该段母线相连的各支路电流构成的差动回路，其中包括与该段母线相关联的母联断路器和分段断路器，如图 9-33 所示。

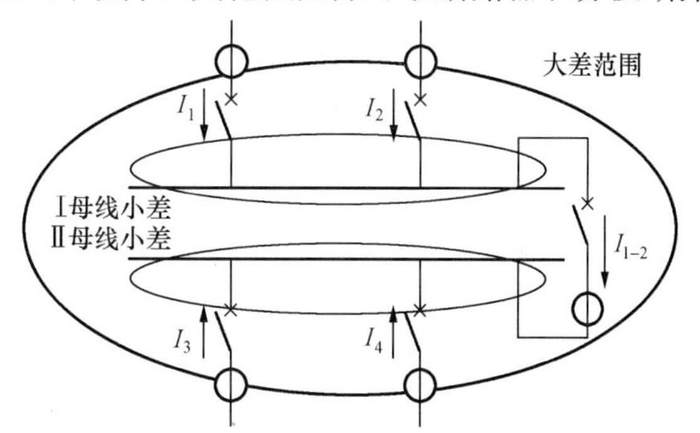

图 9-33　母线差动保护原理接线图

（1）正常运行时。假设默认母联电流互感器极性与Ⅰ母线一致，母联电流以Ⅰ母线指向Ⅱ母线为电流正方向，线路出线以母线指向线路为正方向。

如图 9-33 所示，正常运行时大差电流 I_d 为 $I_d=(-I_1)+(-I_2)+(-I_3)+I_4=0$ 可见，$\Sigma I_{in}=\Sigma I_{out}$，大差不启动。

（2）区外故障时。当区外发生故障时，如图 9-34 所示，大差电流 I_d 为

$$I_d=I_1+(-I_2)+(-I_3)+(-I_4)=0$$

可见，$\Sigma I_{in}=\Sigma I_{out}$，大差不启动。

（3）区内故障时。假设Ⅰ母线故障，如图 9-35 所示，此时大差电流 I_d 为

$$I_d=(-I_1)+(-I_2)+(-I_3)+I_4\neq 0$$

Ⅰ母线小差电流 I_{d1} 为

$$I_{d1}=(-I_2)+(-I_2)-I_{1-2}\neq 0$$

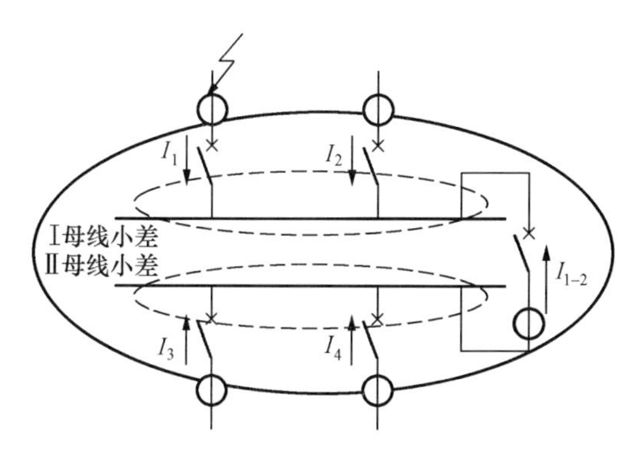

图 9-34　外部故障大差和小差动作示意图

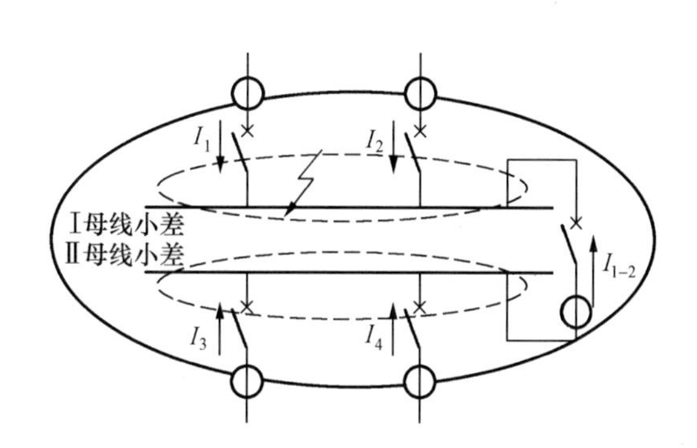

图 9-35　内部故障大差和小差动作示意图

Ⅱ母线小差电流 I_{d2} 为

$$I_{d2}=(-I_3)+(-I_4)+I_{1-2}=0$$

可见Ⅰ母线故障时，大差动作，Ⅰ母线小差动作，Ⅱ线母线小差不动作。

由上述分析可见，大差比率差动的计算与流入母线电流和流出母线电流的差有关，与母联电流和隔离开关的位置无关。但是隔离开关的位置会影响小差比率制动对母线的判断。当母线运行方式发生变化时，隔离开关的辅助触点自动判断各条出线接在哪一段母线上，其电流回路和出口回路可以实现同步无触点切换。

2. 复合电压闭锁元件

复合电压闭锁元件的作用是防止保护出口继电器误动或其他原因使母差保护误动，只有当母差保护差动元件及复合电压闭锁元件均动作后，才能跳相应的断路器，如图 9-36 所示。母差保护复合电压闭锁元件由低电压元件、负序电压及零序电压元件组成。当三个判据中的任何一个满足，该段母线的电压闭锁元件就会开放，即复合电压元件动作。

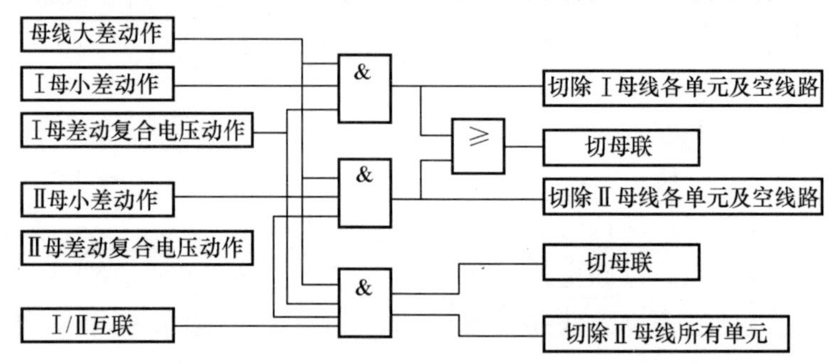

图 9-36　母线差动保护逻辑框图

（二）母联充电保护

对于双母线接线，当任一组母线检修后再投入之前，利用母联断路器对该母线进行自充时可投入母联充电保护连接片，当被充电母线存在故障时，利用充电保护动作跳开母联断路器。充电结束后应及时退出充电保护连接片。图 9-37 所示为 BP-2B 母线保护装置中充电保

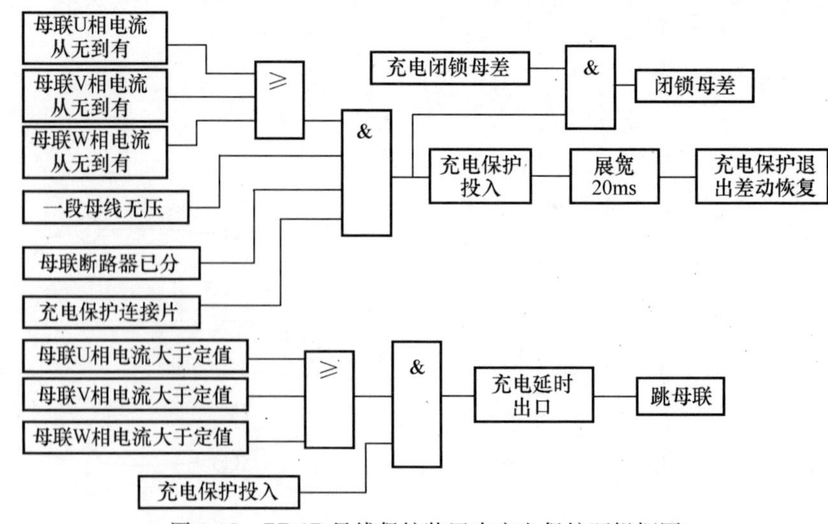

图 9-37　BP-2B 母线保护装置中充电保护逻辑框图

护逻辑框图。母联充电保护有专门的启动元件，它的启动需同时满足三个条件，即母联充电保护连接片投入；其中一段母线已失压，且母联断路器已断开；任一相母联电流从无到有。当母联充电保护投入后，若母联电流任一相大于充电保护定值，母联充电保护动作。

（三）母联过电流保护

母联过电流保护可以作为母线解列保护，也可以作为线路或变压器的临时应急保护。母联过电流保护连接片投入后，当母联任一相电流大于母联过电流定值，或母联零序电流大于母联零序过电流定值时，经整定延时跳开母联断路器，其逻辑如图 9-38 所示。母联过电流保护一般不经复合电压闭锁，而且不启动母联失灵。

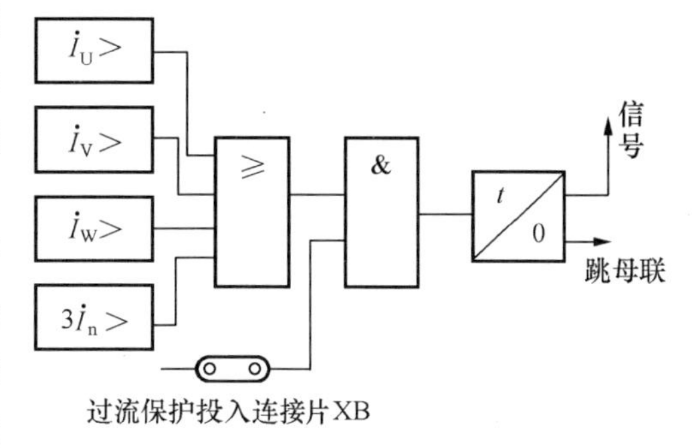

图 9-38　母联过流保护逻辑框图

当线路保护退出或新增加线路间隔而线路保护电流互感器的极性没有确定时，空出一条母线，通过母联断路器对线路充电，此时母联过电流保护和充电保护配合，母联充电保护投入几百毫秒后自动退出，则母联过电流保护就作为线路保护的主保护。通常母联过电流保护定值较小，一般只能带一条线路，线路充电结束后应及时退出母联过电流保护连接片。

（四）母线死区保护

若母联断路器和母联电流互感器之间发生故障，断路器侧母线跳开后故障仍然存在，正好处于电流互感器侧母线小差的死区，这种情况称为母线死区故障。如图 9-39 所示，当双母线并列运行时发生母线死区故障，母差保护大差启动，故障点在Ⅰ母线保护范围，Ⅰ母线小差动作，Ⅱ母线小差不动作。Ⅰ母线小差动作后跳母联断路器及Ⅰ母线的所有元件，但Ⅱ母线仍然提供故障电流，故障仍然存在。母线死区保护根据母联断路器已跳开、大差不返回、母联电流互感器有电流，判断为母线死区故障，然后经延时在Ⅱ母线小差计算中不计入母联电流，使Ⅱ母线小差动作，跳开Ⅱ母线的出线断路器。

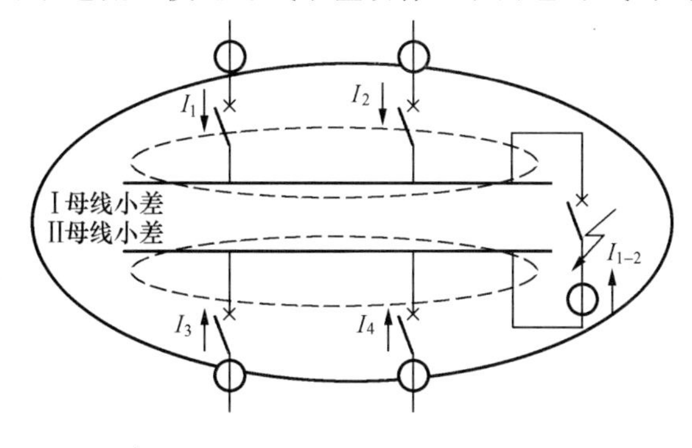

图 9-39　母线死区故障示意图

为防止母联在跳位时发生死区故障将母线全切除，当两母线都有电压且母联断路器在跳位时母联电流不计入小差，母差保护可以直接跳故障母线，避免了故障切除范围的扩大。

（五）母联失灵保护

母线保护或其他有关保护动作跳母联断路器，母联出口继电器触点闭合，但母联电流互感器二次仍有电流，即判为母联失灵，经整定延时，母联电流仍然大于母联失灵电流定值时，母联失灵保护经母线电压闭锁后，切除对应母线上所有连接元件。

（六）断路器失灵保护

当输电线路、变压器、母线或其他主设备发生短路，保护装置动作并发出跳闸指令，但故障设备的断路器拒绝动作，称之为断路器失灵。如图 9-40 所示，当线路 L1 上发生故障断路器 QF5 跳开而断路器 QF4 拒动时，只能由线路 L2、L3 对侧的后备保护及发电机、变压器的后备保护切除故障，即断路器 QF1、QF2、QF7 将被切除，这样就扩大了停电的范围，将造成很大的经济损失，也不利于电网的安全稳定运行，因此需装设断路器失灵保护。

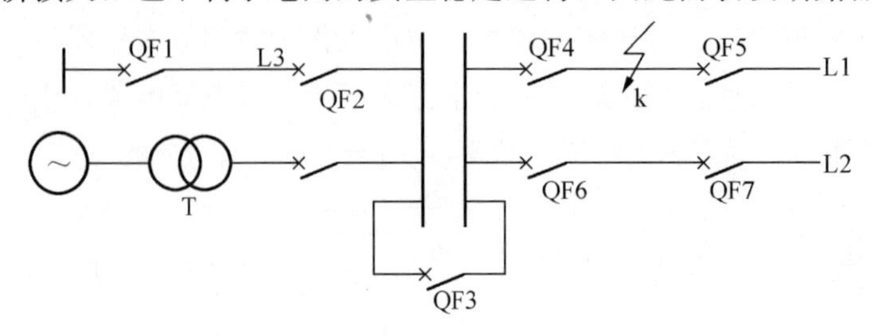

图 9-40 断路器失灵事故扩大示意图

断路器失灵保护的构成原则为：

（1）断路器失灵保护应由故障设备的继电保护启动，手动跳断路器时不能启动失灵保护。

（2）在断路器失灵保护的启动回路中，除有故障设备的继电保护出口触点之外，还应有断路器失灵判别元件的出口触点或动作条件。

（3）失灵保护应有动作延时，且最短的动作延时应大于故障设备断路器的跳闸时间与保护继电器返回时间之和。

（4）正常工况下，失灵保护回路中任一对触点闭合，失灵保护不应被误启动或误跳断路器。

断路器失灵保护由启动回路、失灵判别元件、动作延时元件及复合电压闭锁元件等部分构成。图 9-41 所示为双母线接线断路器失灵保护的逻辑框图。

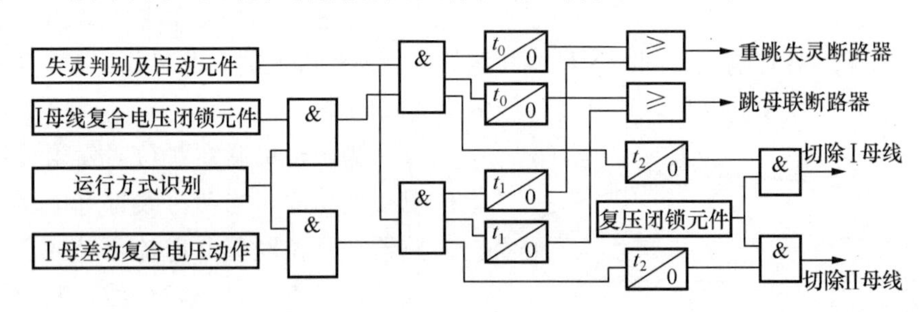

图 9-41 断路器失灵保护的逻辑框图

电压闭锁元件的作用是防止失灵保护出口继电器误动或其他原因使保护误动。与差动保护类似，断路器失灵保护的电压闭锁元件也是以低电压、负序电压和零序电压构成的复合电压元件，只是使用的定值与差动保护不同。失灵是保护出口动作，需要相应母线段的失灵复合电压元件动作。

失灵判别及启动元件由电流启动元件、保护出口动作触点及断路器位置辅助触点构成。电流启动元件一般由三个相电流元件组成。

（七）电流回路断线和电压回路断线对母差保护的影响

当差电流大于电流互感器断线定值时，延时发“电流互感器断线”告警信号，同时闭锁母差保护。电流回路正常后，将自动恢复正常运行。当母联电流回路断线时，并不会影响母差保护对区内、区外故障的判别，只是会失去对故障母线的选择性。因此，母联断路器电流回路断线不需闭锁差动保护，只需转入单母方式即可。

当某一段非空母线失去电压时，将延时发“电压互感器断线”告警信号。除了该段母线的复合电压元件将一直动作外，对母差保护没有其他影响。

第六节　继电保护装置的运行

一、继电保护装置运行中的注意事项

（1）发现运行中的异常现象，应加强监视，并立即报告主管部门。

（2）继电保护装置动作和断路器跳闸后，应检查保护装置的动作情况并查明原因。在恢复送电前，应将所有掉牌信号复归。

（3）在检修工作中，如果涉及供电部门定期检验的进线保护装置，应与供电部门联系。

（4）值班人员对保护装置的操作，一般只限于接通或断开连接片，切换开关和卸装熔体等。

（5）在二次回路上进行的一切操作，应遵守《电业安全工作规程（发电厂和变电所电气部分）》（DL 408—1991）的有关规定。

（6）二次回路的操作，应以现场设备图纸为依据，不得单凭记忆进行操作。

二、提高继电保护装置可靠性的措施

（1）采用质量高、动作可靠的继电器和其他元器件。

（2）保证继电保护装置的安装和调试质量，按规程进行验收。

（3）加强日常维护与管理，使保护装置始终处于完好状态，以保证保护装置的正常运行。

（4）确定正确合理地保护方案，根据系统的要求进行合理设计和拟定接线图。

三、继电保护装置校验周期和校验内容的规定

（1）为了保证继电保护装置在电力系统出现故障时能可靠动作，对运行中的继电保护装置和二次回路应定期进行校验。通常，10kV 电力系统的继电保护装置，每两年应校验一次；对供电可靠性要求较高的用户和 35kV 及以上的用户，继电保护装置应每年校验一次。

（2）继电保护装置进行改造、更换、检修和发生事故后，都应进行补充校验。

（3）变压器的瓦斯保护装置，应在变压器大修时进行校验。

（4）气体继电器一般每三年进行一次内部检查，每年进行一次充气试验。

（5）继电保护装置的校验内容包括：

1）检查机械部分和进行电气特性试验。

2）测量二次回路的绝缘电阻。

3）二次回路通电试验。

4）进行整组动作试验。

5）根据保护装置改造、更换及事故情况确定的其他试验。

四、继电保护装置故障停用

（1）整定值不符合要求。

（2）动作不灵活或拒绝动作。

（3）重要零件（如轴承、触点、线圈等）破损，短路试验部件没有退出运行。

（4）年度检查试验不合格。

（5）触点有熔接现象，线圈有断股、短路等现象。

（6）保护回路接线有错误，如继电器与表计并联、二次回路中有表计切换器等。

（7）二次系统出现接地情况，操作电压低于额定值的85%或熔断器接触不良等。

（8）变压器的瓦斯保护装置未投入运行。

五、继电保护的巡回检查

（一）正常巡回检查

（1）检查二次设备应无灰尘，保证绝缘良好。值班员应定期对二次线、端子排、控制仪表盘和继电器的外壳等进行清扫。

（2）检查表针指示应正确，无异常（每班抄表时进行）。

（3）检查监视灯、指示灯应正确，光字牌应完好，保护连接片在要求的投、停位置（交接班时进行）。

（4）信号继电器有无掉牌（在保护动作后进行）。

（5）检查警铃、蜂鸣器应良好。

（6）检查继电器的触点、线圈外观应正常，继电器运行应无异常现象。

（7）检查保护的操作部件，如熔断器、电源开关、保护方式切换开关、保护连接片、电流和电压回路的试验部件应处在正确位置，并接触良好。

（8）各类保护的工作电源应正常可靠。

（9）断路器跳闸后，应检查保护动作情况，并查明原因。

（10）送电时必须将所有保护装置的信号复归。

（二）交接班检查的主要内容

（1）各断路器控制开关手柄的位置与断路器位置及灯光信号应相对应。

（2）检查各同步回路的同步开关上，应无开关手柄。检查主控制室供同步开关操作的开关手柄只有一个，并且同步转换开关应在“断开”位置，同步闭锁转移开关应在“投入”位置，电压表、频率表及同步表的指示应在返回状态。

（3）检查事故信号、预告信号及闪光信号的音响、灯光及光字牌显示应正常。

（4）控制屏和继电保护屏应清洁，屏上所有元件的标示齐全。

（5）继电保护屏上的连接片、组合开关的接入位置应与一次设备的运行位置相对应，信号灯显示应正常。

（6）继电器、表计外壳应完整并盖好。

（7）检查端子箱、操作箱、端子盒的门，应关好，无损坏。

（8）检查故障录波器应正常。

（9）检查直流电源监视灯应亮。

（10）用直流绝缘监察装置检查直流绝缘应正常。

（11）检查二次设备屏是否清洁，屏上标示是否齐全，接线有无脱落和放电现象，各继电器的工作状态是否与实际相符，有无异常响声。各继电器铅封是否完好。

（12）检查表计指示是否正常，有无过负荷。

（三）特殊巡视检查

（1）高温季节应加强对微机保护及自动装置的巡视。

（2）高峰负荷以及恶劣天气应加强对二次设备的巡视。

（3）当断路器事故跳闸后，应对保护及自动装置进行重点巡视检查，并详细记录各保护及自动装置的动作情况。

（4）对某些二次设备进行定点、定期巡视检查，如每日（一般在上午10点左右）对高频通道进行定点检测。

（5）当装置发出异常或过负荷信号时，要适当增加对该设备的巡视检查次数。

（四）在值班中应做的维护工作

（1）应定期清洁控制屏和继电保护屏正面的仪表及继电器二次元件。

（2）每月至少作一次控制屏、继电保护屏、开关柜、端子箱、操作箱的端子排等二次元件的清洁工作，最好用毛刷（金属部分用绝缘胶布包好）或吸尘器来清扫。并定期对户外端子箱和操作箱进行烘潮。

（3）注意监视灯光显示和音响信号的动作情况。

（4）注意监视仪表的指示是否超过允许值。

（5）在夏季，装有微机型保护及自动装置的继电器室的室温应保持在25～35℃之间，当开动空调降温时，应经常注意空调机的运转是否正常。

第十章

水电厂的厂用部分

第一节 水电厂厂用电

一、水电厂厂用电的概念

水电厂在电力生产过程中，用以保证主要设备和辅助设备的正常运行的用电及照明用电称为水电厂厂用电。水电厂厂用电系统的作用是能够保证各类负荷的正常供电，在事故时能保证一类负荷的供电，来满足水电厂安全、经济、稳定运行的需要。

二、厂用电电源的分类

1. 厂用电工作电源

水电厂的厂用工作电源是保证发电厂正常运行的基本电源。不仅要求供电可靠，而且应满足各级厂用电负荷容量的需求。通常，工作电源应不少于两个。发电厂的发电机一般都投入系统并列运行，从发电机电压回路通过高压厂用变压器取得高压厂用电源已足够可靠，即使发电机组全部停止运行，仍可从电力系统倒送电能供给厂用电源。这种引接方式操作简单，调度方便，投资和运行费用都比较低，常被广泛采用。

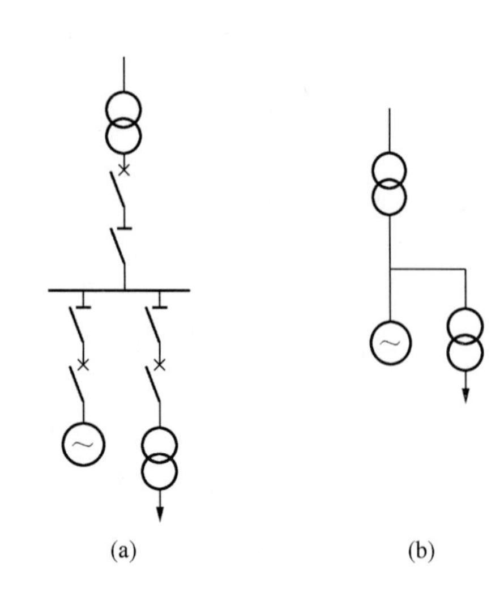

图 10-1 厂用电引接线方式
(a) 从发电机电压母线上引线；
(b) 从发电机出口引接

高压厂用工作电源（从发电机电压回路引接）的引接方式与主接线形式有密切联系。当主接线具有发电机电压母线时，则高压厂用工作电源（高压厂用变压器）一般直接从发电机电压母线上引接，如图 10-1 (a) 所示；当发电机和主变压器采用单元接线时，则高压厂用工作电源一般从发电机出口引接，如图 10-1 (b) 所示。用变压器的容量应满足相对应机组的机、电设备等厂用负荷的需求。

低压厂用工作电源，一般均采用 380/220V 电压等级，直接从高压厂用母线段上引接。当无高压厂用母线段时，从发电机电压母线上或从发电机出口，经低压厂用变压器获得低压厂用工作电源。

2. 厂用电备用电源

备用电源主要用于事故情况失去工作电源时，起后备作用，又称为事故备用电源。电厂的主要设备在正常运行时由工作电源供电，只有当工作电源失去后，才自动切换到备用电源。

（1）厂用电系统常见的两种备用方式：

1）暗备接线方式。没有明显断开备用电源，只是几个工作电源之间互为备用的接线方式，称为暗备用接线方式。

2）明用接线方式。正常情况下，有明显断开备用电源的接线方式称为明备用接线方式；

（2）备用电源自动投入装置。

1）备用电源自动投入装置。备用电源自动投入装置就是当工作电源因故障断开后，能自动、迅速地将备用电源投入工作或将用户切换到备用电源上，使负荷不至于停电的一种装置。备用电源自动投入装置英文简称AAT。

2）AAT应该满足下列基本要求。

①工作母线电压无论因何种原因消失时，AAT均应启动，使备用电源自动投入，以确保不间断地对负荷供电。

②电源断开后，备用电源才能投入。为了防止将备用电源投入到故障元件上，而造成事故扩大。

③AAT只应动作一次。由于只有在工作母线发生永久性故障的情况下，才会引起备用电源投入后，继电器保护动作将备用电源断开。而这种情况下，AAT再次动作成功的希望很小，反而可能因系统受到多次冲击而扩大事故。

④动作应迅速。保证在躲过电弧去游离时间的前提下，尽可能快地投入备用电源。

⑤在电压互感器二次侧熔断器熔断时，不应误动作，因为此时工作母线并未失去电压。

⑥备用电源无压时AAT应不动作。

⑦运行方式应灵活。在一个电源同时作为几个工作电源的备用电源的情况下，当备用电源已替代某一工作电源后，若其他工作电源又被断开，AAT仍应动作。

为满足上述基本要求，AAT一般由启动、自动合闸两部分组成。启动部分的作用是，当母线因各种原因失去电压时，断开工作电源；自动合闸部分的作用是，在工作电源断开后，将备用电源断路器投入。

3. 厂用电电源的种类

（1）由主发电机通过厂用变压器或电抗器给厂用电系统供电。

（2）装设独立的厂用电电源。

（3）有些电厂为保证泄水建筑物能可靠供电，还设有柴油发电机组作为紧急备用电源。

（4）从系统中引入电源作为水电厂的厂用电或事故备用电源，即外来电源。

三、厂用电负荷的组成

（1）一类负荷。重要机械及监控、保护、自动装置等二次设备用电；允许电源中断的时间，仅为电源操作切换时间，它们停止工作后，会引起主机减少出力或停止发电，甚至可能使主机或辅助设备损坏。

对于水电厂的一类负荷，一般都设置两台以上相同的设备，其电源各自独立，当一台设备停电或故障后，另一台设备还可以正常工作，这样就不会因为一台设备故障而影响机组的安全生产。因此，对于大中型水轮发电机组的机旁动力盘，一般都分成两段，各段电源相互独立，而且两段电源之间还装设有备用电源自动投入装置，两段电源互为备用，以提高供电的可靠性。

(2) 二类负荷。次重要机械它们停止工作后，一般不会影响水电厂机组的出力，可由运行人员采取措施使它们恢复工作。允许短时停电数十分钟，但必须设法恢复。

(3) 三类负荷。不重要机械，允许较长时间停电，当它们停止工作后，可以较长时间进行修理以恢复工作，不会影响水电厂的运行。

(4) 事故保安负荷。事故保安负荷指事故停机过程中及停机后一段时间内应保证供电的负荷。根据对电源的不同要求，事故保安负荷分为两种：①直流事故保安负荷，由蓄电池组供电。②交流事故保安负荷，平时由交流厂用电源供电，失去厂用电源时，交流事故保安电源一般采用快速启动的柴油发电机组自动投入供电。

(5) 不间断供电 UPS。在机组启动、运行和停机工程中，甚至停机后的一段时间内，需要连续供电并具有恒频恒压特性的负荷，一般采用由蓄电池组或整流设备经配备的静态开关的逆变器供电。

四、水电厂对厂用电接线的基本要求

水电厂厂用电供电可靠性的高低，将直接影响到安全生产的好坏。为了保证厂用电的连续、可靠供电，厂用电应满足下列基本要求：

(1) 安全可靠，运行灵活。厂用电接线方式和电源容量应能适应正常供电、事故时备用等方面的要求，同时还应满足切换操作的方便。一旦发生事故时，应能尽量缩小事故范围，并能将备用电源及设备及时地投入，发生全厂停电时，应能尽快地从系统中取得供电电源。

(2) 投资少，运行费用低，接线简单、清晰。在考虑安全可靠的同时，还必须注意到它的经济性。因为不必要的相互连接，过多的备用设备和备用电源，不但会造成基建投资费用的浪费和运行费用的增加，而且还将使厂用电接线复杂、运行操作繁琐、增加设备的故障机会和维修工作量等。

(3) 分段设置，互为备用。对于大中型水电厂，其厂用母线应分段运行，每一段母线上应有独立的工作电源和备用电源，并装设备用电源自动投入装置，以防在一段母线发生事故时，导致厂用电全部消失的事故。

(4) 与电气主接线的关系。厂用电接线应根据电气主接线的方式来考虑，尤其是高压厂用备用电源的引接问题。厂用电接线对有无厂外系统电源以及电厂在电力系统中所处的地位等应做统一考虑。

(5) 整体性。厂用电接线要考虑到电厂分期建设、连续施工等情况。对全厂性的公用负荷，要结合远景全面规划、统一安排、便于过渡。对扩建工作，应充分注意到原厂用电系统的特点，做到厂用电系统的整体性。

五、厂用配电装置

低压开关电器，通常是指工作电压在交流 1000V 或直流 1200V 及以下，用来切断或接通电路的电器。常用的有闸刀开关、自动空气开关、接触器和磁力启动器等。

1. 闸刀开关

闸刀开关利用拉长电弧来灭弧，是最简单的低压开关电器，用来作为接通、切断小电流电路和很小容量的电动机全电压启动的开关电器，还可配合自动空气开关来隔离电压。

闸刀开关只能手动操作，用做开关电器时必须配合熔断器，在发生短路故障或过负荷时，由熔断器自动切断电路。

2. 自动空气开关

自动空气开关是一种可以用手动或电动分、合闸，而且在电路过负荷或欠电压时能自动分闸的低压开关电器。可用作非频繁操作的出线开关或电动机的电源开关。

3. 接触器

接触器是一种可供远距离操作和自动控制，而且可以进行频繁操作的低压开关电器。

4. 磁力启动器

磁力启动器由三极交流接触器和两个热继电器（串接在两相中）组合而成，它主要用作直接启动的笼型感应电动机的远方控制设备。在过负荷时，其中的热继电器加热元件在电流作用下加热双金属片，使之弯曲，热继电器触点分离，使接触器电磁线圈断电而释放，电动机停止运行。磁力启动器可以保护电动机过负荷。

5. 厂用高压开关电器

厂用电系统中，用于 3～10kV 电压等级的开关称为厂用高压断路器。

根据其能否移开的特性可分为：①移开式小车开关；②固定式开关。

根据其灭磁介质的不同可分为：①少油断路器；②真空断路器；③SF_6 断路器。

由于移开式小车开关在移开后有明显的断开点，所以不用配置隔离开关；且当移开式小车开关损坏后，只需将相同参数的备用小车开关插入即可恢复使用。

六、厂用电动机的运行

1. 厂用电动机运行的参数

（1）高压电动机，额定电压为 6、3kV；低压电动机，额定电压为 220、380V。

（2）电动机的允许温度和温升。电动机在运行中，温度和温升不允许超过允许值，否则影响电动机的寿命（绝缘）乃至损坏电动机。

（3）电动机运行时，电压与频率的允许变化范围。电动机在运行中规定了电压、频率的允许变化范围。当频率在额定值时，电动机可以在 95%～110%U_N 范围内运行，其额定出力不变。

频率的变化，将会导致电动机的转速和转矩变化，对电动机的运行及其产品质量都会带来危害，因此在正常运行中，必须保持频率在规定的允许范围内。

（4）电动机振动值及窜动值的允许范围。电动机在设计、制造和安装不良的情况下，会造成电压不对称或机械不平衡，导致振动发生。振动严重时不仅会使电动机机械部分的零件疲劳断裂，而且会增加电动机的发热和磨损，影响电动机的使用寿命，所以对电动机振动值也必须加强监视。

2. 异步电动机的启动特点

(1) 启动电流大。启动瞬间，由于定子旋转磁场以很高的速度切割转子导体，使其感应很高的电动势和产生很大的电流，以便使转子旋转起来，这时电动机的定子电流即为启动电流，一般为电动机额定电流的4～7倍。会引起厂用母线电压显著下降，这样就会对接在同一母线上的电动机的运行状态造成不良影响。

一般电动机不易频繁启动，特别是大容量电动机，较大的启动电流对电动机本身造成热量积累，这不仅增加了能量损耗，而且使电动机的绝缘因过热而加速老化，缩短了电动机的使用寿命，严重时甚至烧毁电动机。为此规定，在正常情况下，允许在冷态下连续启动2～3次，在热态下连续启动1～2次，在事故处理时，可以视具体情况多启动1次。

(2) 启动转矩小。启动转矩小，因此应尽可能采取有效措施，增加启动转矩。如绕线式电动机启动时，在转子绕组中串入启动电阻，就是为了限制启动电流和增加启动转矩。

3. 异步电动机的启动方法

(1) 直接启动。在启动时，电动机的定子三相绕组通过断路器等设备接到三相电源上，一合断路器就会加上全电压而使电动机转动。

(2) 降压启动。由于直接启动时，电动机的启动电流大，因此采用降压启动方式来减少启动电流。例如用星—三角形转换来启动定子绕组为三角形接线的笼型电动机，当电动机启动时，先将定子接成星形，在电动机达到稳定转速时，再改接成三角形。因为采用星形接线时，每相定子绕组的电压只有三角形接线的$1/\sqrt{3}$，因而星形接线启动时，线路电流仅为三角形接线的1/3，这样，就达到了降压启动的目的。

(3) 无触点启动。利用晶闸管的导通或截止来完成电路的接通或分断，没有触点的机械动作，故称为无触点开关电器。

无触点开关电器的优点是：①在工作时不产生电弧，没有触点熔焊、磨损等现象，所以寿命长，工作可靠，几乎不需要维修；②操作时无噪声、振动和弧光，无触点开关本身控制功率极小，保护功能齐全，保护特性容易整定等；③除了能完成电路的通、断外，还能提供其他功能，如电动机的软启动、调速、再生制动等功能。

无触点开关的缺点是：①导通后管压降大，可达1.2V，当工作电流大时，功率损耗和发热量大，要求散热面积大，因此体积比有触点开关电器的体积大得多；②过负荷和耐过电压能力较差，其性能受温度影响较大；③关断时有漏电流，不能实现理想的电隔离；④价格太高，抗干扰能力较差等。

4. 电动机的异常运行及其事故处理

电动机在运行中，经常会出现一些不正常的现象，如电动机声音异常或有焦臭味、电动机振动、过负荷、轴承和绕组温度升高、电动机电流增大及转速变化等，这些异常虽然不会使电动机保护动作跳闸，但已影响到电动机的安全运行。当发现上述现象时，值班人员应仔细观察所发生的现象，判断故障原因，必要时立即汇报值长，经联系切换运行方式，将电动机停用，进行检查。

(1) 电动机缺相运行。

现象：电流表指示上升或为零（如果正好安装电流表的一相发生断线时，电流表指示为零）；电动机本体温度升高，同时振动增大、声音异常。

处理：立即启动备用设备，停止故障电动机运行，通知值长派人进行检查。在处理故障时，应首先判断是电动机电源缺相还是电动机定子回路故障。

（2）电动机本体发热。电动机在运行中发现本体温度和温升比正常情况显著上升，且电流增大时，值班员应迅速查找原因，并按下述原则进行处理：检查所带机械部分有无故障（是否有摩擦或卡涩现象），负载是否增大，通风系统有无故障，各相电流是否平衡，判断是定子绕组故障还是缺相运行，定子铁芯故障引起的温度升高，根据情况，停机处理。

（3）电动机发生振动，超过规定允许值范围。振动可能有以下原因：①电动机与所带动机械的中心对得不正；②电动机转子不平衡；③电动机轴承损坏，使转子与定子铁芯或绕组相摩擦（即扫膛现象）；④电动机的基础强度不够或地脚螺钉松动；⑤电动机缺相运行等。

第二节　水电厂直流系统

一、直流系统的概述

直流系统是发电厂中最重要的一部分，它应保证在任何事故情况下都能可靠和不间断地向其用电设备供电。发电厂的直流系统，主要用于对开关电器的远距离操作、信号设备、继电保护、自动装置及其他一些重要的直流负荷（如事故油泵、事故照明和不停电电源等）的供电。

在发电厂直流系统中，采用蓄电池组作为直流电源。蓄电池组是一种独立可靠的电源，它在发电厂内发生任何事故，甚至在全厂交流电源都停电的情况下，仍能保证直流系统中的用电设备可靠而连续的工作。

蓄电池组为无端电池设置方式，也就是不用设置端电压调节器，采用恒压充电。正常工作时，蓄电池处于浮充电运行方式，每只蓄电池浮充电电压为 2.12～2.17V；事故放电后，采用均衡充电恢复蓄电池的容量，均衡充电电压每只为 2.3～2.35V。蓄电池的最终放电电压约为 1.82V。115V 蓄电池组的电压变化范围为 95～125V，230V 蓄电池组的电压变化范围为 190～250V。每段直流母线装设一套接地检测装置，当任一极（正、负极）发生接地故障时即发出报警信号。

另外还有一套 24V 直流电源系统，是供水轮发电机组的仪控设备用的。

发电厂的直流系统多采用蓄电池与高频开关柜并列运行，正常运行时，高频开关柜工作，一路供直流负荷，一路给蓄电池浮充。当交流失去时，蓄电池工作供直流负荷。

二、蓄电池的基础知识

蓄电池是一种独立可靠的直流电源。尽管蓄电池投资大，寿命短，且需要很多的辅助设备（如充电和浮充电设备、保暖、通风、防酸建筑等），以及建造时间长，运行维护复杂，但由于它具有独立而可靠的特点，因而在发电厂和变电站内发生任何事故时，即使在交流电源全部停电的情况下，也能保证直流系统的用电设备可靠而连续地工作。另外，不论如何复杂的继电保护装置、自动装置和任何型式的断路器，在其进行远距离操作时，均可用蓄电池的直流电作为操作电源。因此，蓄电池组在发电厂中不仅是操作电源，也是事故照明和一些直流自用机械的备用电源。

蓄电池是储存直流电能的一种设备，它能把电能转变为化学能储存起来（充电），使用时再把化学能转变为电能（放电），供给直流负荷，这种能量的变换过程是可逆的，也就是说，当蓄电池已部分放电或完全放电后，两级表面形成了新的化合物，这时如果用适当的反向电流通入蓄电池，就可使已形成的新化合物还原成原来的活性物质，供下次放电之用。

在放电时，电流流出的电极称为正极或阳极，以“+”表示；电流经过外电路之后，返回电池的电极称为负极或阴极，以“—”表示。

根据电极或电解液所用物质的不同，蓄电池一般分为铅酸电池和碱性电池两种。下面以铅酸蓄电池为例，对蓄电池的构造、工作原理进行介绍。

1. 铅酸电池的构造

蓄电池由极板、电解液和容器构成，如图 10-2 所示。极板分正极板和负极板，在正极板上的活性物质是二氧化铅（PbO_2），负极板上的活性物质是灰色海绵状的金属铅（铅绵），电解液是浓度为 27%～37%的硫酸水溶液（稀硫酸），其比重在 15℃为 1∶21，放电时比重稍为下降。

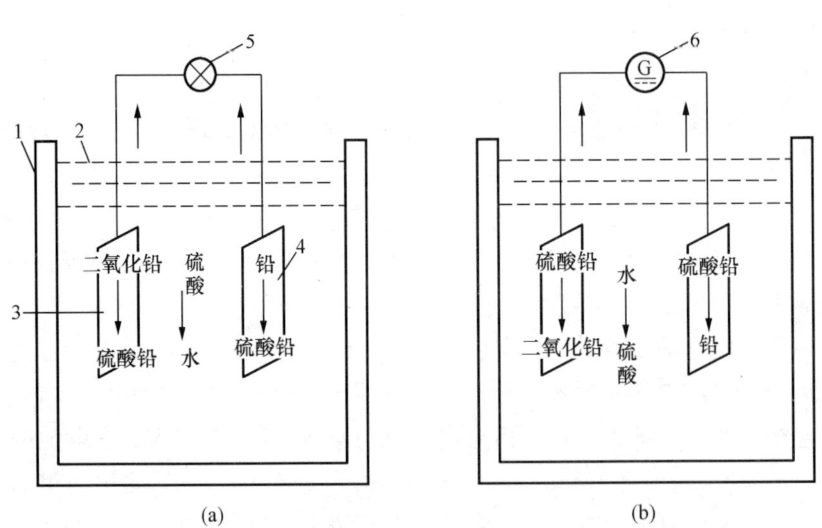

图 10-2　蓄电池工作原理

(a) 蓄电池放电；(b) 蓄电池充电

1—容器；2—电解液；3—二氧化铅板（正极）；4—铅板（负极）；5—灯泡；6—直充发电机

正极板采用表面式的铅板，在铅板表面上有许多肋片，这样可以增大极板与电解液的接触面积，以减少内电阻和增大单位体积的蓄电容量。

负极板采用匣式的铅板，匣式铅板中间有较大的栅格，两边用有孔的薄铅皮加以覆盖，以防止多孔性物质（铅绵）的脱落。匣中充以参加电化学反应的活性材料，即将铅粉及稀硫酸等物调制成浆糊状混合物，涂填在铅质栅格骨架上。

极板在工厂经加工处理后，正极板的有效物质为深棕色二氧化铅，负极板中的有效物质为淡灰色绵状金属铅。正、负极板之间用多孔性隔板隔开，以使极板之间保持一定距离。

电解液面应该比极板上边至少高出10mm，比容器上边至少低15～20mm。前者是为了防止反应不完全而使极板翘曲，后者是防止电解液沸腾时从容器内溅出。蓄电池中负极板总比正极板多一块，使正极板的两面在工作中起的化学作用尽量相同，以防止极板发生翘曲变形。同级性的极板用铅条连接成一组，此铅条焊接在极板的突出部分，并用耳柄挂在容器的边缘上。为了防止在工作过程中有效物质脱落到底部沉积，造成正、负极板短路，所以极板下边与容器底部应有足够距离。容器上面盖以玻璃板，以防灰尘侵入和充电时电解液溅出。

2. 蓄电池的工作原理

把正、负极板互不接触而浸入容器的电解液中，在容器外用导线和灯泡把两种极板连接起来，如图10-2（a）所示，此时灯泡亮，因此二氧化铅板和铅板都与电解液中的硫酸起了化学变化，使两种极板之间产生了电动势（电压），在导线中有电流流过，即化学能变成了使灯泡发光的电能。这种由于化学反应而输出电流的过程称为蓄电池放电。放电时，正负极板上的活性物质都与硫酸发生了化学变化，生成硫酸铅$PbSO_4$。当两极板上大部分活性物质都变成了硫酸铅后，蓄电池的端电压就下降。当端电压降到1.75～1.8V以后，放电不宜继续下去，此时两极板间的电压称为终止放电电压。

在整个放电过程中，蓄电池中的硫酸逐渐减少而形成水，硫酸的浓度减少，电解液比重降低，蓄电池内阻增大，电动势下降，端电压也随之减少，此时，正极板为浅褐色，负极板为深灰色。

必须注意，在正常使用情况下，蓄电池不宜过度放电，因为在化学反应中生成的硫酸铅小晶块在过度放电后将结成体积较大的大晶块，晶块分布不均匀时，就会使极板发生不能恢复的翘曲，同时还增大了极板的电阻。放电时产生的硫酸铅大晶块很难还原，妨碍充电过程的进行。

（1）充电。如果把外电路中的灯泡换成直流电源，即直流发电机或硅整流设备，并且把正极板接外电源的正极，负极板接外电源的负极，如图10-2（b）所示，当外接电源的端电压高于蓄电池的电动势时，外接电源的电流就会流入蓄电池，电流的方向刚好与放电时的电流方向相反，于是在蓄电池内就产生了与上述相反的化学反应，就是说，硫酸从极板中析出，正极板又转化为二氧化铅，负极板又转化为纯铅，而电解液中硫酸增多，水减少。经过这种转化，蓄电池两极之间的电动势又恢复了，蓄电池又具备了放电条件。这时，外接电源的电能充进了蓄电池变成化学能而储存起来，这种过程称为蓄电池充电。

充电过程使硫酸铅小晶块分解为二氧化铅板（正极板）和铅板（负极板），极板上的硫酸铅消失。由于充电反应逐渐深入到极板活性物质内部，硫酸浓度就增加，水分减少，溶液的密度增大，内阻减少，电动势增大，端电压随之上升。

当充电电压上升到大约2.3V时，极板上开始有气体析出。正极板上逸出氧气，负极板上逸出氢气，造成强烈的冒气现象，这种现象称为蓄电池的沸腾。沸腾的原因是负极板上硫酸铅已经很少了，化学反应逐渐转变为水的电解所造成。上述两种反应同时进行时，需要消耗更多的能量，浪费蒸馏水和电力，因此，为了维持恒定的充电电流，应逐渐提高外加电源的电压。

为了减少能量耗损，防止极板活性物质脱落损坏，因此在充电终期时，充电电流不宜过大，在有气体放出时应减少充电电流。在充电终期时，正、负极的颜色由暗淡变为鲜明，蓄电池产生强烈的汽泡，当蓄电池端电压在2.5～2.7V并经1h不变，即认为充电已完成。

（2）蓄电池自放电现象。由于电解液中所含金属杂质沉淀在负极板上，以及极板本身活性物质中也含有金属杂质，因此，在负极板上形成局部的短路，形成了蓄电池的自放电现象。通常在一昼夜内，铅蓄电池由于自放电，将使其容量减少0.5%～1%。自放电现象也随着电解液的温度、比重和使用时间的增长而增加。

（3）蓄电池放电和充电程度的测量。已知放电时，电解液因硫酸减少而变稀；充电时，电解液因硫酸增多而变浓。因此，电解液的浓度就代表着蓄电池放电和充电的程度。电解液的浓度用其密度大小来衡量。液体的比重是液体的质量与相同容积水的密度的比值。水的密度为1，蓄电池使用的纯硫酸的密度是1.83，因此电解液的比重总是大于1。具体数字要看其中所含硫酸的多少而定。蓄电池放电放得越多，电解液中硫酸越少，比重就越小；反之，充电充的越多，电解液中硫酸越多，比重就越大。电解液的比重和温度有密切关系，例如温度升高，电解液受热膨胀，比重就降低。通常，在室内温度为20℃时，充足电的蓄电池，它的电解液比重是1.275～1.3；当蓄电池放电到电解液比重为1.13～1.18时，它的正、负极板已接近于全部转化为硫酸铅，此时应该停止放电。

电解液比重可以用比重计测量，但测试用的比重不可能测出极板细孔中电解液的比重，故必须在电池静止状态（停止充、放电时）进行测试较为准确。

用电压表在蓄电池两极板之间测出的电压称为蓄电池的端电压。手电筒用的干电池，不论是几号电池，每节电池的额定电压都是1.5V。蓄电池的电压与容量大小无关，额定电压均为2V。

（4）蓄电池的电动势和容量。蓄电池电动势的大小与蓄电池极板上活性物质的电化性质和电解液的浓度有关，与极板的大小无关。当电极上活性物质已固定后，铅蓄电池的电动势主要由电解液的浓度决定。因此，蓄电池的电动势可近似由式（10-1）决定

$$E = 0.85 + d \tag{10-1}$$

式中　d——电解液的比重；

E——铅蓄电池的电动势，V；

0.85——铅蓄电池电动势的常数。

电动势与电解液的温度有关。当温度变化时，电解液的黏度要改变，黏度的改变会影响电解液的扩散，从而影响放电时的电动势，因而引起蓄电池容量的变化。运行中蓄电池室的温度以保持在10～20℃为宜，因为电解液在此温度范围内变化较小，对电动势影响甚微，可忽略不计。蓄电池在运行中，不允许电解液的温度超过35℃。

蓄电池的容量就是蓄电池的蓄电能力。通常以充足电的蓄电池在放电期间端电压降低10%时的放电电量来表示。一般以10h放电容量作为蓄电池的额定容量。

当蓄电池以恒定电流值放电时，其容量等于放电电流和放电时间的乘积，即

$$C = It \tag{10-2}$$

式中　C——蓄电池容量，Ah；

I——放电电流，A；

t——放电时间，h。

3. 蓄电池在使用过程中的容量主要受放电率和电解液温度的影响

（1）放电率对蓄电池容量的影响。蓄电池每小时的放电电流称为放电率。蓄电池容量的大小随放电率的大小而变化，一般放电率越高，则容量越小，因蓄电池放电电流大时，极板上的活性物质与周围的硫酸迅速反应，生成晶粒较大的硫酸铅，硫酸铅晶粒易堵塞极板的细孔，使硫酸扩散到细孔深处更为困难。因此，细孔深处的硫酸浓度降低，活性物质参加化学反应的机会减少，电解液电阻增大，电压下降很快，电池不能放出全部能量，所以，蓄电池的容量较小。放电率越低，则容量越大，因蓄电池放电电流小时，极板上活性物质细孔内电解液的浓度与容器周围电解液的浓度相差较小，且外层硫酸铅形成得较慢，生成的晶粒也小，硫酸容易扩散到细孔深处，使细孔深处的活性物质都参加化学反应，所以，电池的容量就大。

（2）电解液温度对蓄电池容量的影响。电解液温度越高，稀硫酸黏度越低，运动速度越大，渗透力越强，因此电阻减小，扩散程度增大，电化学反应增强，从而使电池容量增大。当电解液温度下降时，渗透减弱，电阻增大，扩散程度降低，电化学反应滞缓，从而使电池容量减小。电解液温度与电池容量的关系为

$$Q_{25}=\frac{I_{25}t}{1+0.008(T-25)} \tag{10-3}$$

式中　Q_{25}——电解液平均温度为25℃的容量，Ah；

T——放电过程中电解液的实际平均温度，℃；

I_{25}——在电解液为25℃的放电电流，A；

t——连续放电时间，h。

三、蓄电池组的运行方式

蓄电池的运行方式有两种：充放电方式与浮充电方式。发电厂的蓄电池组，普遍采用浮充电方式。

1. 充放电方式

所谓蓄电池组的充放电方式，就是对蓄电池组进行周期性的充电和放电，当蓄电池组充足电以后，就与充电装置断开，由蓄电池组单独向经常性的直流负荷供电，并在厂用电事故停电时，向事故照明和直流电动机等负荷供电。为了保证在任何时刻都不致失去直流电源，通常，当蓄电池放电到60％～70％额定容量时，即开始进行充电，周而复始。

按充放电方式运行的蓄电池组，必须周期地、频繁地进行充电。在经常性负荷下，一般每隔24h就需充电一次，充至额定容量。充电末期，每个蓄电池的电压可达2.7～2.75V，蓄电池组的总电压（直流系统母线电压）可能会超过用电设备的允许值，母线电压起伏很大。为了保持母线电压，常需要增设端电池。这些，都可能是这种运行方式不被发电厂普遍采用的主要原因。

2. 浮充电方式

所谓蓄电池组的浮充电方式，就是充电器经常与蓄电池组并列运行，充电器除供给经常性直流负荷外，还以较小的电流——浮充电电流向蓄电池组充电，以补偿蓄电池的自放电损耗，使蓄电池经常处于完全充足的状态；当出现短时大负荷时，例如当断路器合闸、许多断

路器同时跳闸、直流电动机、直流事故照明等，则主要由蓄电池组供电，而硅整流充电器，由于其自身的限流特性决定，一般只能提供略大于其额定输出的电流值。

在浮充电器的交流电源消失时，便停止工作，所有直流负荷完全由蓄电池组供电。

浮充电电流的大小，取决于蓄电池的自放电率，浮充电的结果，应刚好补偿蓄电池的自放电。如果浮充电的电流过小，则蓄电池的自放电就可能长期得不到足够的补偿，将导致极板硫化（极板有效物质失效）。相反，如果浮充电电流过大，蓄电池就会长期过充电，引起极板有效物质脱落，缩短电池的使用寿命，同时还多余地消耗了电能。

浮充电电流值，依蓄电池类型和型号而不同，一般为（0.1～0.2）C_N/100(A)，其中 C_N 为该型号蓄电池的额定容量（单位为 Ah）。旧蓄电池的浮充电电源要比新蓄电池大 2～3 倍。

为了便于掌握蓄电池的浮充电状态，通常以测量单个蓄电池的端电压来判断。如对于铅酸蓄电池，若其单个的电压在 2.15～2.2V，则为正常浮充电状态；若其单个的电压在 2.25V 及以上，则为过充电；若其单个的电压在 2.1V 以下，则为放电状态。因此，为了保证蓄电池经常处于完好状态，实际中的浮充电，常采用恒压充电的方式。标准蓄电池的浮充电电压规定如下：

（1）每只铅酸蓄电池（电解液密度为 1.215g/cm^3），其浮充电电压一般取 2.15～2.17V。

（2）每只中倍率镉镍蓄电池，其浮充电电压一般取 1.42～1.45V。

（3）每只高倍率镉镍蓄电池，其浮充电电压一般取 1.35～1.39V。

按浮充电方式运行的有端电池的蓄电池组，参与浮充电运行的蓄电池的只数应该固定，运行人员用监视直流母线的电压为恒定，去调节浮充电机的输出，而不应该用改变端电池的分头去调节母线电压。

按浮充电方式运行的蓄电池组，每 2～3 个月，应进行一次均衡充电，以保持极板有效物质的活性。

3. 蓄电池均衡充电

均衡充电是对蓄电池的一种特殊充电方式。在蓄电池长期使用期间，可能由于充电装置调整不合理、表盘电压表读数偏高等原因，造成蓄电池组欠充电，也可能由于各个蓄电池的自放电率不同和电解液密度有差别，使它们的内阻和端电压不一致，这些都将影响蓄电池的效率和寿命。为此，必须进行均衡充电（也称为过充电），使全部蓄电池恢复到完全充电状态。

均衡充电，通常也采用恒压充电，就是用较正常浮充电电压更高的电压进行充电，充电的持续时间与采用的均衡充电电压有关，对标准蓄电池，均衡充电电压的一般范围是：

（1）每只铅酸蓄电池，一般取 2.25～2.35V，最高不超过 2.4V。

（2）每只中倍率镉镍蓄电池，一般取 1.52～1.55V。

（3）每只高倍率镉镍蓄电池，一般取 1.47～1.50V。

均衡充电一次的持续时间，既与均充电压大小有关，也与蓄电池的类型有关。例如按浮充电方式运行的铅酸蓄电池，一般每季进行一次均衡充电。当每只蓄电池均衡充电电压为 2.26V 时，充电时间约为 48h；当每只蓄电池均衡充电电压为 2.3V 时，充电时间约为 24h；当每只蓄电池均衡充电电压为 2.4V 时，充电时间为 8～10h。

以浮充电方式运行的蓄电池组，每一次均衡充电前，应将浮充电器停役 10min，让蓄电池充分地放电，然后再自动地加上均衡充电电压。

有端电池的蓄电池组，均衡充电开始前，应该先停用浮充电器，再逐步升高端电池的分头，调节母线电压保持恒定，直到端电池的分头升到最大时，重新开启浮充电器，以均衡充电电压进行充电。均衡充电开始后，逐步降低端电池的分头，调节母线电压保持恒定，直到端电池的分头降到最低时，停用浮充电器，均衡充电结束。然后再逐步升高端电池的分头，调节母线电压保持恒定，直到端电池的分头升到原先浮充电方式的分头位置时，开启浮充电器，恢复浮充电方式，再以直流母线电压为恒定，调节浮充电器的输出。如此操作方式，可以使包括所有端电池在内的全部蓄电池都进行了一次均衡充电。

四、智能型高频开关直流电源

智能型高频开关直流电源系统由监控部分、充电模块、防雷模块、降压模块、绝缘监测单元、电池巡检单元、馈线回路、蓄电池等组成，直流电源系统可以与后台监控系统通信，实现无人值守。

（一）高频开关充电模块

1. 工作原理

如图 10-3 所示，三相 380V 交流电首先经过尖峰抑制和 EMI 电路，主要作用是防止电网上的尖峰和谐波干扰串入模块中，影响控制电路的正常工作；同时也抑制模块主开关电路产生的谐波，防止传输到电网上，对电网污染，其作用是双向的。

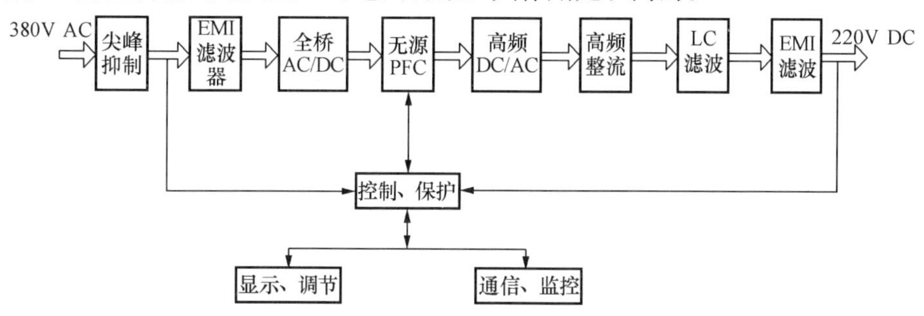

图 10-3　充电模块工作原理示意图

三相交流电经过工频整流后变成脉动的直流，在滤波电容和电感组成的 PFC 滤波电路的作用下，输出约 520V 左右的直流电压。电感同时具有无源功率因数校正的作用，使模块的功率因数达到 0.92。主开关 DC/AC 电路将 520V 左右的直流电转换为 50kHz 的高频脉冲电压在变压器的次级输出。DC/AC 变换采用移相谐振高频软开关技术。变压器输出的高频脉冲经过高频整流、LC 滤波和 EMI 滤波，变为 220/110V 的直流电压。

PWM 控制电路采用电压电流双环控制，以方便实现对输出电压的调整和输出电流的限制，即使在短路情况下，回缩电路起作用，不会损坏模块，提高模块工作的可靠性。同时将交流输入采样得到的前馈信号送入 PWM 控制电路，提高电路工作的稳定性。另外，为了实现模块输出的遥调，计算机输出的数字信号经 DC/AC 变换后送入 PWM 控制器对输出电压进行调整。监控电路监测到模块异常时，使模块停止输出，有效保护模块。

2. 功能特点

(1) 无级限流。输出电流根据负载电流和蓄电池容量手动或监控系统自动调节。

（2）自然冷却。模块冷却方式采用自然冷却，提高模块在恶劣环境的工作能力。

（3）自主工作。脱离监控系统也可以单独运行，可以手动调节模块电压、电流。

（4）过电压保护。充电模块输出电压一旦超过内部设置的过电压保护点，便自动关机，停止输出。只有重新开机才能启动输出。防止充电模块输出过电压损坏外部设备。

（5）短路回缩。充电模块外部输出发生短路时，充电模块自动降低输出电压和电流。有效防止外部事故对充电模块的损坏和事故的进一步扩大。

（6）均流技术。充电模块采用了先进的低差自主均流技术，均分负载不平衡小于5%（通常在3%左右）。

（7）保护自动恢复。充电模块内部具有完善的保护功能，一旦引起保护的条件消失，保护自动解除，模块恢复工作。保护点和恢复点之间有“回差”，防止电路在保护点附近频繁启动保护动作。

（8）高可靠性。关键器件全部采用高质量的进口名牌产品，并经过严格的筛选及高温老化。

3. 面板说明

在充电模块的面板上有电源指示灯（绿色）、保护指示灯（黄色）、故障指示灯（红色）。

（1）电源指示灯。指示充电模块内部工作电源是否正常。

（2）保护指示灯。指示充电模块处于保护状态，包括交流输入过/欠电压，输入缺相，输出欠电压，模块过温等，一般故障消失后自动恢复。

（3）故障指示灯。指示充电模块因故障停止输出，且故障因素消除后，模块仍不能恢复工作，如输出过电压，只有断电后重新送电才能启动输出。如仍不能恢复工作，则模块需检修。

（4）电压调节。精密电位器用来整定模块自主工作时输出电压值（出厂整定为充电器浮充电压）。

（5）电流调节。精密电位器用来整定模块最大限流值（出厂整定为最大）。

4. 技术参数

（1）输入、输出参数见表10-1。

表10-1　输入、输出参数

项　目	参　数	
交流输入电压	380V AC（±20%）（304～456V）	
输入频率	50Hz（±10%）	
输出电压	220V	110V
输出电流	5、10、20A	10、20、40A
电流调节范围	$0.2I_{max}$～I_{max}	
稳压精度	≤±0.5%（典型值0.1%）	
稳流精度	≤±0.5%	
纹波系数	≤±0.05%（典型值0.01%）	
效率	≥92%	
噪声	≤45dB	

（2）保护参数见表 10-2。

表 10-2　　保　护　参　数

项　　目	参　　数	项　　目	参　　数
输入过电压保护	460V±4V	输出欠电压保护	194±4V、97±2V
输入欠电压保护	300V±4V	过温保护	90℃保护，80℃后恢复
输出过电压保护	280V±4V、140±2V	可靠性指标（MTBF）	100000h

显示器采用大屏幕 5.7 英寸 320×240 液晶，全中文显示，每一画面最多可显示 20 列×15 行汉字，画面分为 5 个部分，即题头栏、时间栏、信息栏、主参数栏和菜单栏，题头栏显示产品名称；时间栏显示日期和时间；信息栏为主要信息获取视窗，同时也可作为大面域的键盘使用；主参数栏显示系统状态、合母电压、控母电压、电池电流和充电方式；菜单栏显示一些主要的菜单，如上、下翻页按钮。通过视窗式结构设计可使维护人员的操作一目了然，及时掌握系统运行信息，操作非常方便，同时考虑到触摸屏有限的分辨率，本系统将作为输入界面的按钮做得尽量大一些，充分利用 5.7 英寸这个有限的空间，使误操作率降到最低，完全实现人性化设计。

（二）画面介绍

1. 基本画面

基本画面即系统上电时显示的画面，也即系统默认画面，当系统在一段时间（2min）内没操作时，系统自动回到基本画面，当系统正常时，基本画面显示公司徽标，当系统出现异常时系统自动显示当前故障信息，如图 10-4 所示，维护人员可在最短的时间内掌握故障信息。

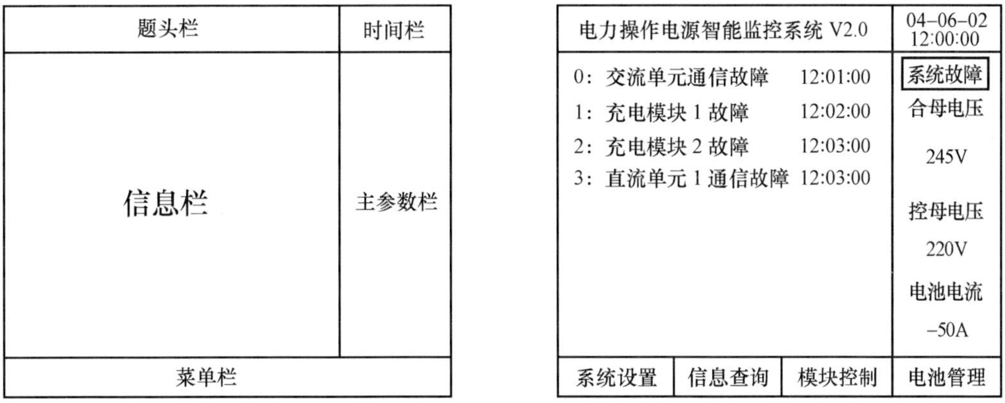

图 10-4　系统正常画面

在主参数栏用大字体显示系统最为重要的参数，如系统状态、合母电压、控母电压、电池电流和充电方式。

2. 信息查询

在信息查询菜单中用户可查询系统实时运行参数，包括交流参数、直流参数、模块参数、电池巡检、绝缘检测、历史故障、充放电曲线、放电计量、其他设备查询和版本说明，见图 10-5。

电力操作电源智能监控系统 V2.0			04-06-02 12:00:00
⇨ 交流参数	历史故障		系统故障
直流参数	充放电曲线		合母电压 245V
模块参数	放电计量		控母电压 220V
电池巡检	其他设备查询		电池电流
绝缘检测	版本说明		-50A
上页	下页	保存	退出

图 10-5　参数查询画面

（1）交流参数。交流参数包括两路三线交流电压、一路交流电流和交流接触器工作状态。其中交流电压同时显示线电压和相电压。

（2）直流参数。查询中包括合母电压、控母电压电流、电池电压电流、环境温度和电池温度。当系统母线分段或配有两组电池时，可配置 2 个直流检测单元，用户可通过上下翻页查看 2 个检测单元的实测数据。

（3）模块参数。系统自动根据用户设定的充电模块数量显示每一模块的输出电压、输出电流、开关机状态和其他模块信息。

（4）电池巡检。系统自动根据用户配置的电池节数和电池类型巡检并显示电池巡检结果，包括单体电池电压和单体电池内阻。用户可通过翻页查询，每页显示 9 节电池信息。如图 10-6 所示。其中有上角的“01”表示当前显示的是第一页，“02”表示共有 2 页，后面的“1”表示当前显示第一组电池巡检结果。

（5）绝缘检测。当系统配有绝缘检测单元时，用户可从绝缘检测页面中查询到各母线对地电压和故障支路对地电阻值（见图 10-6）。同样若配有 2 个单元以上时，用户可上下翻页查询。

（6）历史故障。画面显示以前出现过的故障，且现在已经排除的故障，系统自动记录每条故障的产生时间和排除时间并显示在每条故障的下面，每页显示 3 条故障，共可记录 30 条历史故障，从后往前依次翻页查询，如图 10-7 所示。

电力操作电源智能监控系统V2.0			04-06-02 12:00:00
单体电压 / 内阻：		01/02-1	系统故障
001：	12.35V	3.00mΩ	合母电压
002：	12.35V	3.00mΩ	
003：	12.35V	3.00mΩ	245V
004：	12.35V	3.00mΩ	
005：	12.35V	3.00mΩ	控母电压
006：	12.35V	3.00mΩ	220V
007：	12.35V	3.00mΩ	电池电流
008：	12.35V	3.00mΩ	
009：	12.35V	3.00mΩ	-50A
上页	下页	保存	退出

图 10-6　绝缘检测画面

电力操作电源智能监控系统V2.0			04-06-02 12:00:00
历史故障：		1/03	系统故障
故障 01：充电模块 01 故障			合母电压
发生时间：04-06-01		12:00:00	
消除时间：04-06-01		12:00:05	245V
故障 02：充电模块 02 故障			控母电压
发生时间：04-06-01		12:00:05	
消除时间：04-06-01		12:00:10	220V
故障 03：充电模块 03 故障			电池电流
发生时间：04-06-01		12:00:10	
消除时间：04-06-01		12:00:15	-50A
上页	下页	保存	退出

图 10-7　历史故障画面

（7）充放电曲线。如图 10-8 所示显示了电池充放电时电压和电流的实际变化情况，该曲线采样点为每 10min 采样一次，最多可记录 30 天数据。当数据不止 1 页时，可按“选择”键，然后按“前翻”、“后翻”键翻页查询。当系统配有 2 组电池时，可直接按“上页”、“下页”查询。

（8）其他设备。可查询通信模块和逆变模块的输出电压和电流。

3. 模块控制

模块控制是对充电模块开关机的手动控制，具体操作方法与参数设置方法相同。同时用户也可以通过后台通信实现远程遥控功能。

4. 电池管理

电池管理是电力电源监控系统的重要组成部分，所以本系统将电池管理功能直接在基本画面中进入，突出其重要性。

用户可以根据电池实际运行情况手动控制电池均浮充转换，当用户不手动控制电池均浮充转换时，系统自动根据用户设定的电池管理条件进行电池的智能化均浮充管理。其中可设置的参数有均浮充电压、电池容量、温度补偿系数（温度补偿范围：10～50℃）和其他均浮充转换条件，如图 10-9 所示。

电力操作电源智能监控系统 V2.0			04-06-02 12:00:00
12t(小时)　I 300　180　60　第 01 页 共 32 页　−60			系统故障 合母电压 245V 控母电压 220V 电池电流 −50A
上页	下页	保存	退出

图 10-8　充放电曲线

电力操作电源智能监控系统 V2.0			04-06-02 12:00:00
一组电池：浮充 二组电池：浮充 浮充电压：245.0V 均充电压：253.0V 电池容量：200Ah 均充限时：18 小时 维护均充：30 天 延时均充：120 分钟 温度补偿：0.00V/℃			系统故障 合母电压 245V 控母电压 220V 电池电流 −50A
上页	下页	保存	退出

图 10-9　电池管理画面

5. 电池充放电曲线图

电池充放电曲线见图 10-10。

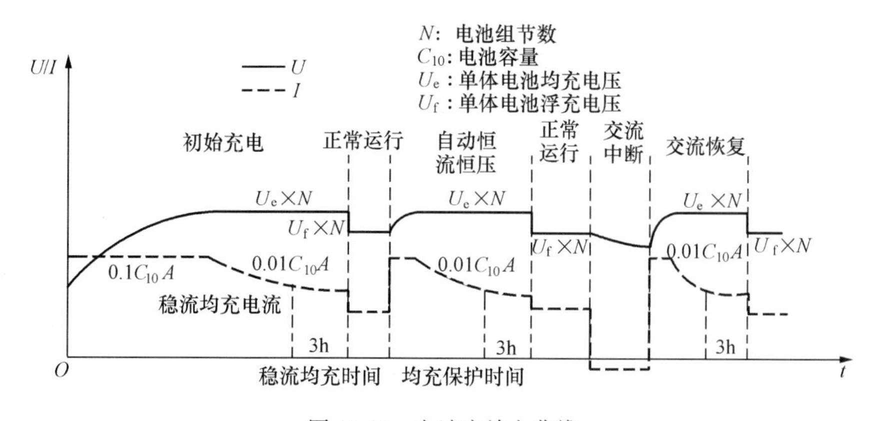

图 10-10　电池充放电曲线

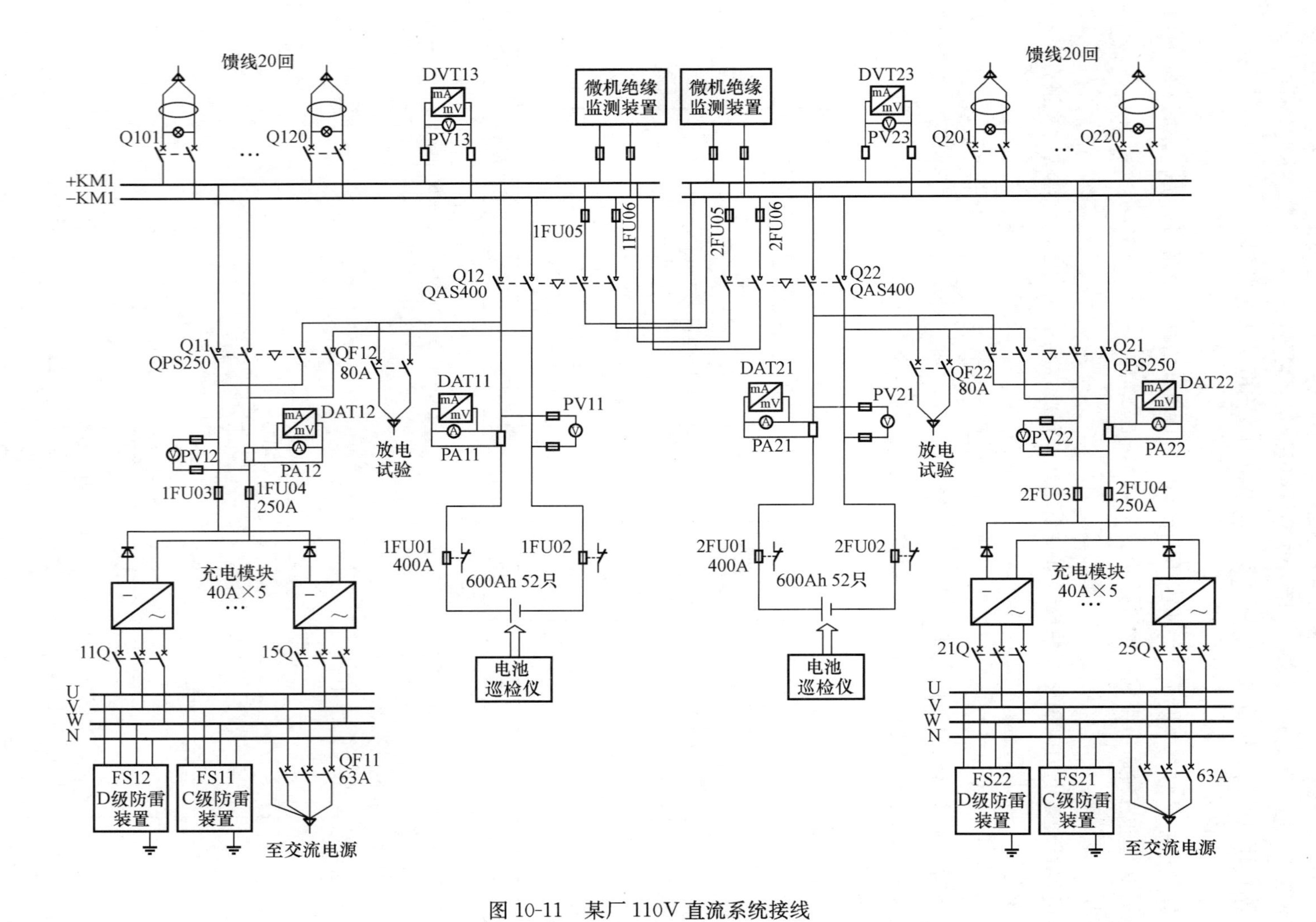

图 10-11　某厂 110V 直流系统接线

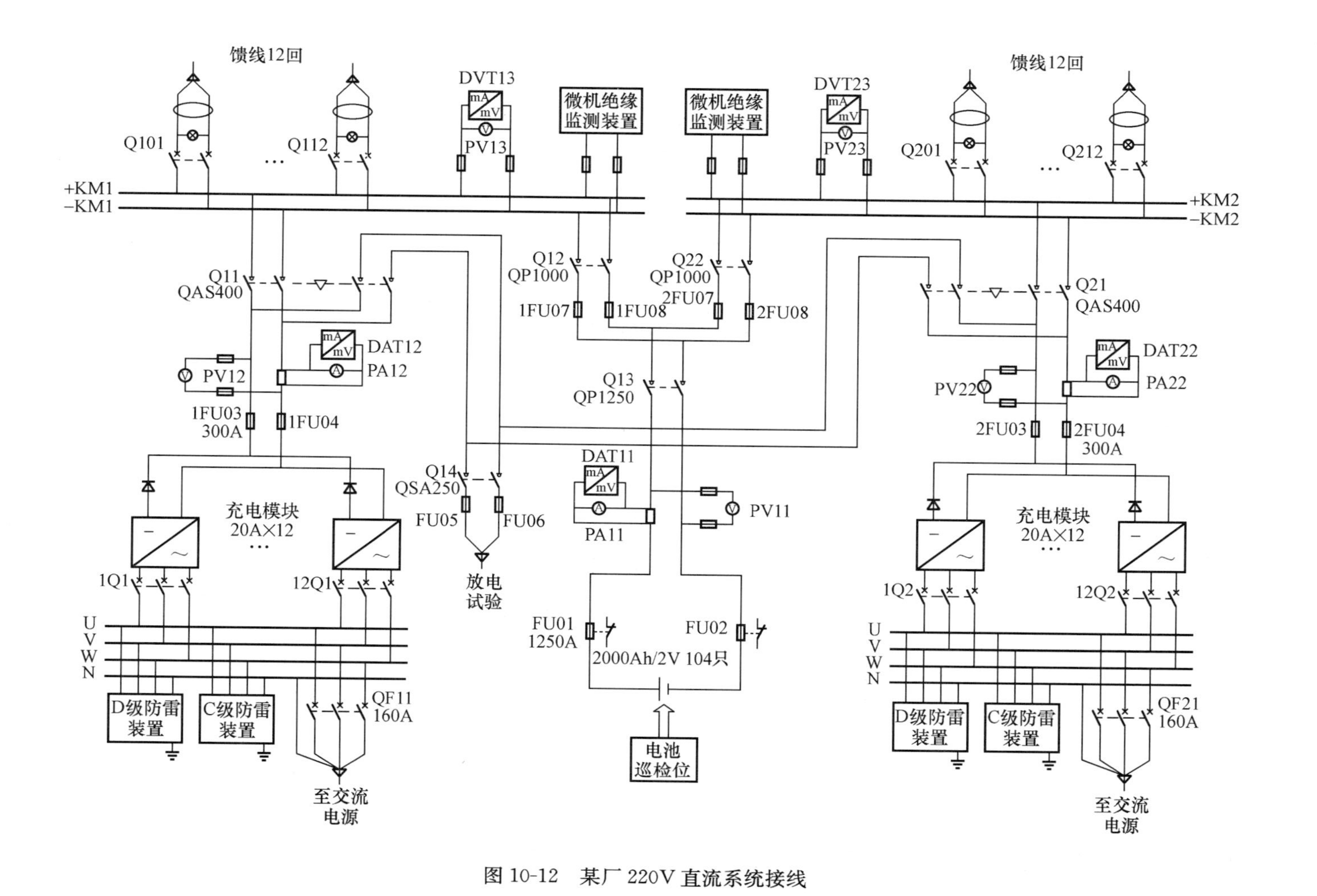

图 10-12　某厂 220V 直流系统接线

第三节　直流系统的运行

一、直流系统的作用

直流系统在发电厂中为控制、信号、主合闸回路、继电保护、自动装置及事故照明等提供可靠直流电源。因此，直流系统的可靠与否，对水电厂的安全运行起着至关重要的作用。故此，运行人员必须加强对直流系统的日常巡视检查工作。

二、直流系统的运行监视

（1）运行中运行人员应加强对直流母线电压的监视，正常情况下直流母线电压保持在225V（112V），一般允许波动范围为±2.5%。

（2）定期测试和检查直流系统的绝缘电阻，可用切换开关切换检查或用电压表法检查。

（3）定期对蓄电池进行维护检查和定期充放电，并作好充放电记录。

（4）加强对充放电设备及其他相关设备的运行维护，应无异常。

三、直流系统的异常运行处理

（1）单个直流模块故障的处理，若无指示可能是内部熔断器熔断，可自行拆开检查，也可返厂处理；若显示其他值只需对其控制模块的电源开关进行一次分合即可消除。若判定为模块故障，将其退出运行，同时检查其他是否正常、过负荷。

（2）若为整套直流模块故障，将整套直流模块退出运行，短时间可由蓄电池组带直流负荷，长时间则由另一套直流模块带两段直流负荷运行。

（3）母线电压升高降低的处理，过高则降低浮充电流，使母线电压恢复在正常值范围内；电压过低运行人员应看浮充电流是否正常，直流负荷有无剧增，蓄电池有无故障等。若是直流负荷突然增大，应迅速调整放电调压器或分压开关，让母线电压维持在正常值。

（4）若发生缺相情况，立即检查电源是否正常，有无缺相情况或电源开关是否故障，各接线有无松动、脱落、断线等。

四、直流系统接地故障的处理

1. 接地的原因

（1）二次回路连接、设备元件组装不合理或错误。如交直流混用一根电缆，或交直流带电体距离较近等都易引起接地现象的发生。

（2）二次回路、设备绝缘不合格，或性能下降或年久未修、严重老化，或存在损伤缺陷。

（3）二次回路及设备工作环境较潮湿或密封不良易进水等。

（4）人员误碰、有小动物进入或金属物件掉在元件上等都易发生接地。

（5）设备技术改造后没用的直流电缆没有采取相关措施处理，或处理不合格也易造成接地。

2. 直流接地的危害性

由于其分布极广，受各种因素的影响极易发生接地现象，如果是一点接地虽然可以继续运行，但是应迅速查找消除，以免发生两点接地造成故障或酿成事故。

(1) 直流正接地有造成保护误动作的可能。因为跳合闸线圈通常都接于负极电源，倘若这些回路再发生接地或绝缘不良就会引起保护误动作。

(2) 直流负接地时，如果回路中再有一点发生接地，就可能使跳闸或合闸回路短路，造成保护或断路器拒动。

(3) 直流系统正负极各有一点接地，会造成短路使熔断器熔断或烧毁继电器，使保护及自动装置、控制回路失去电源。

3. 接地查找的原则

先初步分析接地原因，是天气原因还是当天有人在工作，如不是那就要根据现场实际情况确定接地范围，对不重要的支路可用“瞬时停电法”查找，对重要负荷的可用“转移负荷法”查找，顺序一般为先对有缺陷支路，后一般支路，先户外，后户内；先对不重要后对重要回路；先对新投运设备，后对投运已久的设备，并随时与调度联系，由两人配合进行。

4. 查找的具体操作

(1) 利用绝缘监察装置，判断正、负极何极接地及接地的程度。

(2) 利用“瞬时停电法”断开不重要的回路。

(3) 若负荷较重要采用“转移负荷法”进行查找，不管用什么办法直到找出接地所在回路。

(4) 如果查找出了接地点在某一回路后，应对其回路支线上所有设备、连线逐步查找，以找出接地点为止。

(5) 如负荷回路找完没有接地点，那就要对直流本体（蓄电池、母线、充电设备及相关元件等）进行详细查找，直到找到为止。

5. 接地查找时的注意事项

(1) 工作中必须两人配合进行，查找时要采取措施防止直流回路另一点接地，造成不必要的事故。

(2) 在试拉控制或重要回路保护电源时要经调度同意，退出可能误动的保护，断开时间最好控制在3s内。

(3) 取下熔断器时要先正后负，投入相反。

(4) 接地故障是否消失要通过信号、表计、光字牌全面综合确定才行。

(5) 试拉电源时，保证不使直流母线失去电压。

(6) 查找过程中，出现故障，应立即将停电的直流负荷送电。

(7) 确定接地点后应立即消除。

五、蓄电池的充放电

1. 蓄电池的充电

(1) 出现下列情况时应对蓄电池进行充电。

1) 新安装或大修后的蓄电池。

2）搁置不用时间超过 3 个月。

3）全浮充电运行 3 个月以上。

4）浮充运行浮充电压有两节以上低于 2.18V/节。

5）放电放出 5%容量以上。

（2）蓄电池的初充电。采用恒压限流充电法，电池作指示使用时，充电电压为每节电池 2.30～2.35V，作控制使用时的充电电压为每节电池 2.35～2.40V，充电初期应限制充电电流不超过 0.1(C_{10})A，当电流值稳定 3h 后，充电结束。

（3）阀控式密封铅酸蓄电池充电方式应采用限流恒压充电方式。

1）恒流充电。当蓄电池组电压达到 251.64～255.96V 时转为恒压充电。

2）恒压充电。将蓄电池组电压恒定在 251.64～255.96V，恒压充电时电流逐渐下降，当电流降至(0.003～0.005)C_N(A)，并持续 3～5h 基本不变时转为浮充电。

3）浮充电。将电池组电压恒定在 240.84～243V，持续 32h 以上可以转为浮充运行。

2. 电池的放电

（1）下列情况应对蓄电池放电。每年应以实际负荷做一次核对性放电试验，放出额定容量的 30%～40%。核对性充放电可以活化极板物质，恢复蓄电池容量。新安装或大修后的蓄电池应进行容量试验，以后每隔 3 年进行一次容量试验，运行 6 年后每年一次。核对性放电应以恒流放电方式进行，一般放电电流采用 0.1C_N(即 40A 或 50A)放电 3～4h，放电完后再按恒流限压→恒压→浮充电方式进行充电。初充电结束后，静止 2h，即可开始放电，放电电流按厂家规定，不应超过 1(C_{10})A，蓄电池瞬间最大放电电流不大于 20(C_{10})A，连续最大放电电流应不大于 10(C_{10})A。

（2）整个放电过程中，要求各值班员经常监视和不断调节，保持放电电流稳定。放电结束后，同样要先将放电电流减小，然后拉开空气开关，再拉开隔离开关，并恢复分励变阻器至最大值。

3. 电池的再充电（正常充电）

已经过初充的蓄电池在正常放电之后，在正常状况下的再充电，称为蓄电池的正常充电。其充电方法基本与初充电相同。

电池放电完毕后，应立即进行再充电，其搁置时间不应超过 2h。

再充电结束后，为防止过量自放电，也应尽快投入浮充电装置。浮充电流：$I=0.3C_N/36$(1/36 为经验系数)。

浮充运行是蓄电池的最佳运行条件，在 25℃时，浮充电压必须按照每节电池 2.23V±0.01V 设定，当环境温度变化时，应适当调整浮充电压。

4. 电池经常检查的项目

（1）蓄电池可在环境温度为－15～45℃范围内正常工作，适宜工作温度为 5～35℃。蓄电池室应配备必要的调温、通风设施，保持清洁、干燥。

（2）电池外壳应清洁、完整良好，无漏液现象。

（3）电池连接处应无过热腐蚀现象，并涂有凡士林。

（4）蓄电池充电要适当，过充电对蓄电池寿命不利。

（5）蓄电池应避免阳光直射，远离热源和易产生明火的地方。

（6）蓄电池室地面应具足够的承载能力。

5. 蓄电池运行、维护的注意事项

（1）电池严禁过充和过放电，最大充电电流不允许超过 0.2C_N（A）。

（2）电池放电后不要搁置超过 2h，应及时充电。

（3）新旧不同、容量不同的电池不易混用，电池外壳不要用有机溶剂清洗。

（4）每半年检查一次连接线，螺栓是否松动或腐蚀污染，松动应拧紧至规定扭矩，腐蚀应及时更换。

（5）维护蓄电池时，操作者面部不能正对蓄电池顶部，应保持一定角度和距离。

6. 蓄电池室的检查项目

（1）室内清洁，房顶不漏雨，地面瓷砖完整。

（2）室内排水设施畅通，照明正常。

（3）室内不准装电炉、开关、插座等能发生火花的设备，室内严禁有烟火。

六、蓄电池检修处理的故障

（1）电解液液面过低，极板露出或电解液混浊、内有杂质。

（2）沉淀物过多，极板发生短路、弯曲、硫化现象。

七、蓄电池组着火处理

（1）着火蓄电池处于单充状态时，将充电器开关切至“断开”位置，停止充电器运行。

（2）着火蓄电池处于浮充状态时将开关由“池联”位置切至“母联”位置，将另一组蓄电池转浮充运行。

（3）用干粉或 1211 灭火器灭火。

（4）灭火时注意安全，戴防毒面具。

第十一章

水电厂水轮发电机的运行和常见电气故障及处理

第一节　水电厂水轮发电机的运行

一、水轮发电机的启动

（1）备用中的发电机应进行必要的监视和维护，使其经常处于完好状态，随时能立即启动。如需处理缺陷，不论是否影响机组启动，均应取得电网调度的同意。当发电机长期处于备用状态时，应采取适当的措施防止绕组受潮，并保持绕组温度在5℃以上。

（2）具有多台机组的水电厂，现场应制定机组轮换运行的制度。

（3）发电机检修后，在启动前应将检修工作票全部收回，并详细检查发电机各部分及其周围的清洁情况，各有关设备必须恢复、完整好用，短路线和接地线必须撤除，以及进行启动前的各种试验。现场运行规程应对启动前的检查及试验项目作详细的规定。

（4）全部有关电气设备检查完毕后，在发电机启动前应测量发电机定子及励磁回路的绝缘电阻，并做好记录。测量发电机定子回路的绝缘电阻，可以包括连接在该发电机定子回路上不能用隔离开关断开的各种电气设备，并采用2500V绝缘电阻表测量，其绝缘电阻值不作规定。若测量的结果较历年正常值有显著的降低（考虑温度和空气湿度的变化，如降低到历年正常值的1/3）或沥青浸胶及烘卷云母绝缘吸收比小于1.3、环氧粉云母绝缘吸收比小于1.6，应查明原因并将其消除。测量发电机励磁回路绝缘电阻，应包括发电机转子、主（副）励磁机。对各种整流型励磁装置是否测量绝缘电阻，应按有关规定的要求进行。测量应采用500～1000V绝缘电阻表，其励磁回路全部绝缘电阻值不应小于0.5MΩ。若低于以上数值时，应采取措施加以恢复。如一时不能恢复，则是否允许运行应由发电厂总工程师决定。对担任调峰负荷、启动频繁的发电机定子和励磁回路绝缘电阻，每月至少应测量一次。

（5）发电机大小修和机组长期停运后，在重新启动前，应进行发电机断路器及自动灭磁开关的分、合闸试验（包括两者间的联锁）和电气及水轮机保护联动发电机断路器的动作试验。

（6）发电机开始转动后，即应认为发电机及其全部设备均已带电。大修后做第一次启动试验的机组，应缓慢升速并监听发电机各部的声音，检查轴承润滑、冷却系统工作情况及机组各部振动情况。当发电机转速达到额定转速的一半左右时，应检查整流子和滑环上的电刷是否有跳动、卡涩或接触不良的现象，如有上述现象，应设法消除。在转速达到额定值时，应检查轴承油压、油流、油温和瓦温及冷却系统漏风情况，测试各轴承摆度，监视摆度是否超过规定。

（7）发电机正常启动前，不论采用何种同步并列方式，其励磁调整装置均应放在空载额定电压位置。

二、水电厂水轮发电机的并列

（1）发电机并列应以自动准同步并列方式为基本操作方式，如自动准同步并列方式不良应改为手动准同步并列方式。无论采用何种同步并列方式，现场规程均应规定各种同步并列的方法及所使用的开关、插座和同期装置。

（2）对发电机电压的增加速度不作规定，可以立即升至额定值。有制造厂规定者应按其规定执行。

（3）提升发电机的电压时，应注意三相定子电流均等于或接近于零。当发电机的转速已达额定值、励磁调整装置的位置已在相当于空载额定电压的位置上时，应注意发电机定子电压是否已达额定值，同时根据转子电流表核对转子电流是否与正常空载额定电压时的励磁电流相符。

三、电压、频率、功率因数变动时的运行方式

（1）在下列情况下，发电机可按额定容量运行。

1）在额定转速及额定功率因数时，电压与其额定值的偏差不超过±5%。

2）在额定电压时，频率与其额定值的偏差不超过±1%。

3）在电压和频率同时偏差（两者偏差分别不超过±5%和±1%）且均为正偏差时，两者偏差之和不超过6%；若电压和频率不同时为正偏差时，两者偏差的百分数绝对值之和不超过5%。

当电压与频率偏差超过上述规定值时应能连续运行，此时输出功率以励磁电流不超过额定值，定子电流不超过额定值的105%为限。

（2）发电机连续运行的最高允许电压应遵守制造厂规定，但最高不得大于额定值的110%。发电机的最低运行电压应根据稳定运行的要求来确定，一般不应低于额定值的90%。如果发电机电压母线有直接配电的线路，则运行电压尚应满足用户电压的要求。此时定子电流的大小，以转子电流不超过额定值为限。

（3）发电机在运行中功率因数变动时，应使其定子和转子电流不超过当时进风温度下所允许的数值。

（4）允许用提高功率因数的方法把发电机的有功功率提高到额定视在功率运行，但应满足电网稳定要求。

（5）发电机是否能进相运行应遵守制造厂的规定。制造厂无规定的应通过特殊的温升试验和稳定验算来确定。进相运行的深度取决于发电机端部结构件的发热和在电网中运行的稳定性。

（6）允许作调相机运行的发电机，在调相运行时，其励磁电流不得超过额定值。

四、滑环和励磁机整流子电刷的检查

（1）定期检查整流子和滑环时，应检查下列各点：

1）整流子和滑环上电刷的冒火情况。

2）电刷在刷框内应能自由上下活动（一般间隙为0.1～0.2mm），并检查电刷有无摇动、跳动或卡住的情形，电刷是否过热；同一电刷应与相应整流子片对正。

3）电刷连接软线是否完整、接触是否紧密良好、弹簧压力是否正常、有无发热、有无碰机壳的情况。

4）电刷与整流子接触面不应小于电刷截面积的75%。

5）电刷的磨损程度（允许程度列入现场运行规程中）。

6）刷框和刷架上有无灰尘积垢。

7）整流子或滑环表面应无变色、过热现象，其温度应不大于120℃。

（2）检查电刷时，可顺序将其由刷框内抽出。如需更换电刷时，在同一时间内，每个刷架上只许换一个电刷。换上的电刷必须研磨良好并与整流子、滑环表面吻合，且新旧牌号必须一致。

（3）根据现场运行规程所规定的时间和次数，对滑环和励磁机整流子进行维护。工作中，应采取防止短路及接地的安全措施。

使用压缩空气吹扫时，压力不应超过0.3MPa，压缩空气应无水分和油（可用手试）。

（4）机组运行中，由于滑环、整流子或电刷表面不清洁造成电刷冒火时，可用擦拭方法进行处理。现场运行规程应明确规定处理方法与注意事项。

五、励磁装置的检查

（1）现场运行规程应明确规定励磁设备的巡视检查周期和具体项目。主要检查项目有：

1）各表计指示是否正常，信号显示是否与实际工况相符。

2）各有关励磁设备元器件，应在运行时的对应位置。

3）检查各整流功率柜运行状况及均流情况。

4）各电磁部件无异声及过热现象。

5）各通流部件的接点、导线及元器件无过热现象，各熔断器是否异常。

6）各机械部件位置正确，接触点接触良好，无过热现象，挂钩挂好，各部螺栓、销钉连接良好。

7）通风用元器件、冷却系统工作是否正常。

8）静止励磁装置的工作电源、备用电源、起励电源、操作电源等应正常可靠，并能按规定要求投入或自动切换。

（2）整流励磁装置功率柜的维护工作，应在该功率柜停运情况下进行。晶闸管整流器的散热器应定期清扫，风扇应定期切换运行。

（3）励磁装置工作在手动状态时，注意无功功率的变化。

第二节　水轮发电机常见电气故障及处理

由于水轮机—发电机组的结构比较复杂，有机械部分、电气部分以及油、气、水系统，它受系统和用户运行方式的影响，还受天气等自然条件的影响。容易发生故障或者不正常运行状态。某一次故障可能是一种偶然情况，但对整个机组运行来说又是一种必然事件。运行人员应从思想、技术、组织等各个方面做好充分准备。

一、发电机的异常运行及处理

发电机在运行过程中，由于外界的影响和自身的原因，发电机的参数将发生变化，并可能超出正常运行允许的范围。短时间超过参数规定运行或超过规定运行参数不多虽然不会产生严重后果，但长期超过参数运行或者大范围超过运行参数就有可能引起严重的后果，危及发电机的安全，应该引起重视。

1. 发电机过负荷

运行中的发电机，当定子电流超过额定值1.1倍时，发电机的过负荷保护将动作发出报警信号。运行人员应该进行处理，使其恢复正常运行。若系统未发生故障，则应该首先减小励磁电流，减小发电机发出的无功功率；如果系统电压较低又要保证发电机功率因数的要求，当减小励磁电流仍然不能使定子电流降回额定值时，则只有减小发电机有功负荷；如果系统发生故障时，允许发电机在短时间内过负荷运行，其允许值按制造厂家的规定。

（1）现象：

1）发电机定子电流超过额定值。

2）当定子电流超过额定值1.1倍时，发电机的过负荷保护将动作发出报警信号，警铃响，机旁发“发电机过负荷”信号，计算机有报警信号。

3）发电机有功、无功负荷及转子电流超过额定值。

（2）处理：

1）注意监视电压、频率及电流大小，是否超过允许值。

2）如电压或频率升高，应立即降低无功或有功负荷使定子电流降至额定值，如调整无效时应迅速查明原因，采取有效措施消除过负荷。

3）如电压、频率正常或降低时应首先用减小励磁电流的方法，消除过负荷，但不得使母线电压降至事故极限值以下，同时将情况报告值长。

4）当母线电压已降到事故极限值，而发电机仍过负荷时，应根据过负荷多少，采取限负荷运行并联系调度启动备用机组等方法处理。

2. 发电机转子一点接地

发电机转子接地有一点接地和两点接地，转子接地还可分为瞬时接地、永久接地、断续接地等。

发电机转子一点接地时，因一点接地不形成回路，故障点无电流通过，励磁系统仍能短时工作，但转子一点接地将改变转子正极对地电压和负极对地电压，可能引发转子两点接地故障；继而引起转子磁拉力不平衡，造成机组振动和引起转子发热。

（1）现象：

1）警铃响，机旁发“转子一点接地”信号；计算机有报警信号。

2）表计指示无异常。

（2）处理：

1）检查转子一点接地信号能否复归，若能复归，则为瞬时接地；若不能复归，并且转子一点接地保护正常，则为永久接地。

2）利用转子电压表，测量转子正极对地、负极对地电压值（如发现某极对地电压降至零，另一极对地电压升至全电压，说明确实发生一点接地）。

3）检查励磁回路，判明接地性质和部位。

4）如是非金属性接地，应立即报告调度设法处理，同时做好停机准备。

5）如是金属性接地，应立即报告调度，启动备用机组，解列停机。

注意：通常来说，检查处理时间大致为2h，否则应停机处理。

3. 转子回路两点接地

发电机转子两点接地时，由于形成回路，故障点有电流通过。

（1）现象：

1）警铃响，机旁发“转子接地”信号，计算机有报警信号。

2）转子电流异常增大，转子电压降低。

3）无功功率表指示降低，功率因数可能进相，有功负荷可能降低。

4）由于磁场不平衡，机组有剧烈振动声。

5）严重时，失磁保护有可能动作。

（2）处理：由于转子两点接地时，转子电流增大，可能使励磁回路设备损坏；若接地发生在转子绕组内部，则转子绕组过热；机组剧烈振动损坏设备，应立即紧急停机，并报告调度。

4. 发电机温度过高

发电机在运行中，如果定子、转子或者铁芯温度超过规定值，应该及时检查处理。

（1）现象：

1）上位机发对应“机组温度过高”信号。

2）发电机定子线圈、定子铁芯温度或冷、热风温度高于额定值。

（2）处理：

1）若发电机的有功负荷或定子电流超过了额定值，则调整到额定范围内运行。

2）若由测温装置异常引起，则退出故障测点，并通知维护专业班组进行处理。

3）若空冷器进、出水阀开度不够，则调节空冷器进、出水阀开度。

4）若机组冷却水压不足，则检查供水泵，同时投入机组冷却备用水，调整水压至正常。

5）若空冷器堵塞造成水路不通，则短时加压供水或倒换机组冷却水。

6）若由空冷器进出水阀阀芯脱落在关侧引起，转移机组负荷降低机组出力运行，控制冷、热风温度不致过高。

7）在不影响全厂出力和系统的条件下，适当调整各机组的有、无功负荷分配。

8）经采取以上措施无效，定子线圈、铁芯温度超过 120℃，则应联系调度停机处理。

5. 发电机转子回路断线

（1）现象：

1）警铃响，发“失磁保护动作”信号，计算机有报警信号。

2）发电机转子电流表指针向零方向摆动，励磁电压升高。

3）定子电流急剧降低，有功、无功功率降至零。

4）如磁极断线，则风洞内冒烟，有焦臭味，并有很响的“哧哧”声。

（1）处理：

1）立即停机，检查 FMK 动作情况，并报告调度。

2）如有着火现象，应立即进行灭火。

6. 发电机定子接地

发电机定子接地是指发电机定子绕组回路或与定子绕组回路直接相连的一次系统发生的单相接地短路。定子接地分为瞬时接地、永久接地、断续接地等。

（1）现象：

1）警铃响，机旁发“定子接地”信号，计算机有报警信号。

2）定子三相电压不平衡，定子接地电压表出现零序电压指示。

（2）处理：

1）检测 U、V、W 三相对地电压（真接地时，定子电压表指示接地相对地电压降低或等于零，非接地相对地电压升高，大于相电压小于线电压，且线电压仍平衡。假接地时，相对地电压不会升高，线电压不平衡。这是判断真、假接地的关键）。

2）经检查如是内部接地，报告调度，启动备用机组或转移负荷，尽快解列停机。

3）经检查如是外部接地，应查明原因，报告调度，按调度的要求处理。

4）在选择接地期间，应监视发电机接地电压，发现消弧线圈故障应立即停机。

二、发电机的故障及处理

1. 发电机的非同期并列

当不满足同期并列条件将发电机并入系统，即发生发电机非同期并列故障。此时合闸冲击电流很大，可能损坏发电机组，造成重大事故；特别是大容量机组与系统非同期并列还将对系统造成较大冲击，引起该机组与系统间的功率振荡危及系统的稳定运行，应尽力避免发生非同期并列。

（1）现象：发电机准同期并列不良或误并列，并发生强烈振动或较大冲击。

（2）处理：

1）如果能拉入同步，则可不解列，但应对发电机组本体进行一次外部检查，并加强对机组的运行情况的监视，待有机会停机再作详细检查。

2）如果发电机强烈摆动，无法拉入同步，则应立即手动解列停机，检查定子线圈端部情况，测量定子线圈绝缘电阻，并对主变压器进行外部检查，确认冲击电流对发电机—变压器组未造成不良影响，同时查明造成非同期并列的原因，并加以消除后，方可开机升压并网。

2. 非同期振荡处理

(1) 静态稳定。所谓静态稳定是指并列运行发电机在受到来自系统或水轮机方面的干扰后，能恢复到原来运行状态。

A点为原来稳定运行点，当干扰出现（如水轮机输入功率微小变化），工作点由A点变化到C点运行，如果干扰消失，工作点又由C点回到A点稳定运行。同步发电机稳定运行条件，即在特性曲线上，电磁功率随功角增大而增大的部分，发电机运行是静态稳定的。电磁功率随功角增大而减小的部分，发电机运行是静态不稳定的。所具有的大小及正负值，表征了发电机抗干扰保持静态稳定的能力。可见，提高端电压，可增加发电机静态稳定的能力。

(2) 动态稳定。当系统发生突然剧烈扰动（负载突然变化、输出线路或变压器切除等）时，机组能否维持稳定运行的能力，称为动态稳定。

例如：双回路输电线路突然切除一回输电线路，在不考虑发电机电磁暂态过程时，总电抗 X_{Σ} 大于双回路电抗 X_{L}，即极限功率值减小。

在切除一回线路后，工作点由A点变化到B点，然后在B、C、D点之间来回移动，最终在C点建立新的稳定运行状态。这种围绕新的平衡点，角度时大时小，转子转速围绕同步转速时高时低的情况，称为振荡。

3. 振荡或失步现象及处理

注意：可从失步机组表计摆动较大、失步机组有功功率表指针摆动方向与其他机组摆动方向相反、从发生振动前的操作原因或故障地点三个方面来判断失步机组。

(1) 现象：

1) 发电机、线路电流表周期性剧烈摆动（各并列电势间出现电势差且电势间夹角时大时小，导致环流也时大时小，因而电流表指针摆动），有功功率表、无功功率表周期性剧烈摆动，其他表计也周期性剧烈摆动，频率表指示偏高或偏低（振荡或失步时，发电机输出功率不断变化，作用在转子上的力矩也相应变化，因而转速随之变化）。

2) 发电机发出轰鸣声，其节奏与表计摆动合拍。

(2) 处理：

如判断为非同期振荡时，则应：

1) 检查自动励磁装置投入正常。

2) 如频率表及转速表指示升高，应用开度限制机组有功出力（减少转子上的加速力矩，使机组容易拉入同步），并在不致使低频减载装置动作的情况下，尽量降低频率。同时增加无功出力，将电压提高到最大允许值（可提高发电机电势，增大发电机功率极限，使作用在转子上的阻力增加，使发电机容易在平衡点附近被拉入同步）。

3) 如频率表及转速表指示降低，就增加有功、无功出力至最大值。

4) 如因发电机失磁造成发电机本身强烈振荡失去同期时，应不待调度命令，立即将该机组与系统解列。

4. 发电机着火

(1) 现象：

1) 发电机可能出现事故光字，蜂鸣器响，有关保护动作。

2）发电机有冲击声或“嗡嗡”声。

3）机组可能自动事故停机。

4）发电机上部盖板热风口或密闭不严处冒出明显的烟气、火星或有绝缘烧焦的气味。

（2）处理：

1）确是着火而未自动停机，应立即手动断开发电机的出口断路器并灭磁，紧急停机。

2）确认发电机断路器，灭磁开关已断开，已无电压后，戴上绝缘手套，开启机组消防水进水阀进行灭火。

3）发电机着火时不准破坏发电机的密封，不准用沙和泡沫灭火器，严禁打开风洞门及盖板，严禁进入风洞。

4）到水车室检查是否有漏水情况，确定给水情况。

5）火被完全扑灭后，停止给水，并作好检修安全措施。灭火后进入风洞，必须戴上防毒面具。

6）灭火措施必须果断、迅速，防止事故扩大或引起人员中毒、烧伤、触电等，并遵守有关消防工作手册的规定。

第十二章

接地装置的运行

第一节 接地装置的技术要求

一、装设接地装置的要求

（1）充分利用并严格选择自然接地体。要特别重视使用的安全及具有良好的接地电阻这两方面。利用自然接地体时，必须在它们的接头处另行跨接导线，使其成为具有良好导电性能的连续性导体，以取得合格的接地电阻值。

（2）凡直流回路均不能利用自然接地体作为电流回路的零线、接地线或接地体。直流回路专用的中性线、接地体及接地线也不能与自然接地相接。因为直流的电解作用，容易使地下建筑物和金属管道等受侵蚀而损坏。

（3）人工接地体的布置应使接地体附近的电位分布尽可能均匀。如可布置成环形等，以减少接触电压和跨步电压。由于接地短路时接地体附近会出现较高的分布电压，危及人身安全，有时需挖开地面检修接地装置。故人工接地体不宜埋设在车间内，应离建筑物及其入口和人行道3m以上。不足3m时，要铺设砾石或沥青路面，以减少接触电压和跨步电压。此外，埋设地点还应避开烟道或其他热源处，以免土壤干燥，电阻率增高，也不要埋设在垃圾、灰渣及对接地体有腐蚀的土壤中。

二、对特殊设备接地的要求

装设接地装置时，由于设备与环境等条件或因素不同，其具体要求也各不相同。

1. 电缆线路

电缆绝缘若有损坏时，其外皮、铠甲及接头盒上都可能带电，因此高压电缆外皮在任何情况下都要实行接地；低压电缆除在危险场所如潮湿、有腐蚀性气体、有导电尘埃场所外，一般可不接地；地下敷设的电缆，其外皮两端都应接地；截面积为16mm^{2}及以上的单芯电缆，为消除涡流，其一端应接地；两根单芯电缆平行敷设时，为限制产生过高的感应电压，则应多点接地。

2. 携带式用电设备

凡用软线接到电源插座上的各种携带式电气设备、仪表、电动工具（如手提电钻、砂轮、电熨斗、台灯等），其接地和接零的要求是：

（1）用电设备的插头和金属外壳应有可靠的电气连接，接地线要用软铜线，其截面积与相线的一样。

（2）接地触点和金属外壳应有可靠的电气连接，接地线要有软铜线，其截面积与相线的一样。

（3）接地（零）线应正确连接，即应将设备外壳的接地（零）线直接放线，接到地（零）干线上。

3. 有爆炸与火灾危险场所的设备

为防止电气设备外壳产生较高的对地电压，以及金属设备与管道间产生火花，对危险场所内电气设备接地和接零的要求是：

（1）将整个电气设备、金属设备、管道、建筑物金属结构全部接地，并且在管道接头处敷设跨接线。

（2）接地或接零的导线要采用裸导线、扁钢或电缆芯线并有足够的截面积。在1000V以下中性点接地的配电网络内，为保证能迅速可靠地切断接地短路故障，当线路采用熔断器保护时，熔体额定电流应小于接地短路电流的1/4；若线路上装设自动开关时，自动开关瞬时脱扣器的整定电流应小于接地短路电流的1/2。

（3）对所装用的电动机、电器及其他电气设备的接线头，导线或电缆芯的电气连接等，都应可靠地压接，并采取防止接触松弛的措施。

（4）为防止测量接地电阻时产生火花，测试要在没有爆炸危险的建筑物内进行，或者将测量端引接至户外进行测量。

三、接地线截面积的规定

接地线是接地装置中的另一组成部分。实际工程中要尽可能利用自然接地线，但要求它具有良好的电气连接。为此在建筑物钢结构的接合处，除已焊接者外，都要采用跨接线焊接。跨接线一般采用扁钢，作为接地干线时，其截面积不得小于100mm^2；作为接地支线的，不得小于48mm^2。对于暗敷管道和作为接零线的明敷管道，其接合处的跨接线可采用直径不小于6mm的圆钢。利用电缆的金属外皮作接地线时，一般应有两根。若只有一根，则应敷设辅助接地线。若无可利用的自然接地线，或虽有能利用接地线，但不能满足运行中电气连接可靠的要求及接地电阻不能符合规定时，则应另设人工接地线。

1. 用于输配电系统工作接地的接地线

（1）10kV避雷器的接地支线宜采用多股导线，可选用铜芯或铝芯绝缘电线和裸线，也可用扁钢、圆钢或多股镀锌绞线，截面积不小于16mm^2；用作避雷针或避雷线的接地线截面积不应小于25mm^2。接地干线则通常用扁钢或圆钢，扁钢截面积不小于4mm×12mm，圆钢直径不小于6mm。

（2）配电变压器低压侧中性点的接地支线，要采用裸铜绞线。其截面积不应小于35mm^2；变压器容量在100kVA以下时，接地支线的截面积可采用25mm^2。

2. 用于设备金属外壳保护接地的接地线

（1）接地线所用材料的最小和最大截面积如表12-1所示。

（2）当接地线最小截面积的安全载流量不能满足表12-1的规定时，则接地支线必须按相应的电源相线截面积的 1/3 选用；接地干线必须按相应的电源相线截面积的 1/2 选用。

表 12-1　　设备保护接地线的截面积规定

接地线类别		最小截面积（mm^2）	最大截面积（mm^2）
铜	移动电具引线的接地芯线	生活用 0.2	25
		生产用 10	
	绝缘铜线	1.5	
	裸铜线	4.0	
铝	绝缘铝线	2.5	35
	裸铝线	6.0	
扁钢	户内厚度不小于 3mm	24.0	100
	户外厚度不小于 4mm	48.0	
圆钢	户内直径不小于 6mm	9.0	100
	户外直径不小于 6mm	28.0	

（3）低压配电系统中，接地或接零干线的载流量一般不小于容量最大线路的允许载流量的 1/2；支线载流量不小于分支相线允许载流量的 1/3。

（4）低压电力设备的接地线截面积，在中性点接地或不接地配电系统中，一般分别不应大于表 12-2 中的数值。

表 12-2　　低压电力设备的接地线截面积最大值　　mm^2

中性点方式	钢	铝	铜
不接地	100	35	25
直接接地	800	70	50

（5）装于地下的接地线不准用铝导线，移动电动工具的接地支线必须用铜芯绝缘软线。

第二节　接地装置的检查和运行

接地装置是电力系统安全技术中的主要组成部分。接地装置在日常运行时容易受自然界及外力的影响与破坏，致使接地线锈蚀中断、接地电阻变化等现象，这将影响电气设备和人身的安全。因此，在正常运行中的接地装置，应该有正常的管理、维护和周期性的检查、测试和检修，以确保其安全性能。

一、接地装置的技术管理

（1）原始设计资料、接地电阻值的计算书及施工接线图。

（2）地下隐蔽工程的竣工图纸。

（3）接地电阻测试记录。

（4）接地装置变更以及检修内容等记录。

二、接地装置的验收

（1）按设计图纸要求（施工规范要求）检查接地线或接零线的导体规格、导体连接工艺。

（2）连接部分采用螺栓夹板压紧的，其接触面应压紧可靠，螺栓应有防松动的开口垫圈。

（3）连接部分采用焊接的，应符合规程要求并保证焊接面积。

（4）穿过建筑物及引出地面部分，都应有保护套管。

（5）利用金属物体、钢轨、钢管等作为自然接地线时，在每个连接处都应有规定的跨接线。

（6）按规范要求涂刷防腐漆。

（7）摇测接地电阻值应小于规定值。

三、接地装置的检查测量周期

接地电阻的测试应在当地较干燥的季节，土壤电阻率最高的时期进行。当年冬季土壤冰冻时期再摇测一次，以掌握其因地温变化而引起的接地电阻的变化差值，具体内容如下：

（1）水电厂内的接地网，每年检查、测试一次。

（2）各种防雷保护的接地装置，每年至少应检查一次；架空线路的防雷接地装置每年测试一次。

（3）10kV 及以下线路上的变压器，工作接地装置每两年测试一次。

四、接地装置的检查

接地装置的良好与否，直接关系到人身及设备的安全，甚至涉及系统的正常与稳定运行。实用中，应对各类接地装置进行定期维护与检查，平时也应根据实际情况需要，进行临时性检查及维护。

接地装置维护检查的周期一般是：对水电厂的接地网或接地装置，应每年测量一次接地电阻值，看是否合乎要求，并对比上次测量值分析其变化。对其他的接地装置，则要求每两年测量一次，根据接地装置的规模、在电气系统中的重要性及季节变化等因素，每年应对接地装置 1～2 次全面性检查。其具体内容是：

（1）接地线有否折断、损伤或严重腐蚀。

（2）接地支线与接地干线的连接是否牢固。

（3）接地点土壤是否因受外力影响而有松动。

（4）重复接地线、接地体及其连接处是否完好无损。

（5）检查全部连接点的螺栓是否有松动，并应逐一加以紧固。

（6）检查地下 0.5m 左右地线受腐蚀的程度，若腐蚀严重时应即更换。

（7）检查接地线的连接线卡及跨接线等的接触是否完好。

（8）对移动式电气设备，每次使用前须检查接地线是否接触良好，有无断股现象。

（9）人工接地体周围地面上，不应堆放及倾倒有强烈腐蚀性的物质。

（10）接地装置在巡视检查中，若发现有下列情况之一时，应予修复。

1）遥测接地装置，发现其接地电阻值超过原规定值时。

2）接地线连接处焊接开裂或连接中断时。

3）接地线与用电设备压接螺钉松动、压接不实和连接不良时。

4）接地线有机械性损伤、断股、断线以及腐蚀严重（截面积减小30%时）。

5）地中埋设件被水冲刷或由于挖土而裸露地面时。

第三节　接地装置故障的处理

一、接地电网中零线带电的处理

（1）线路上有一相接地，电网中的总保护装置未动作。

（2）线路上电气设备的绝缘损坏而漏电，保护装置未动作。

（3）在接零电网中，个别电气设备采用保护接地，且漏电；个别单相电气设备采用一相一地（即无工作零线）制。

（4）变压器低压侧工作接地处接触不良，有较大的电阻；三相负荷不平衡，电流超过允许值。

（5）高压窜入低压，产生磁场感应或静电感应。

（6）高压采用两线一地运行方式，其接地体与低压工作接地或重复接地的接地体相距太近，高压工作接地的电压降影响低压侧工作接地。

（7）由于绝缘电阻和对地电容的分压作用，电气设备的外壳带电。

前4种情况较为普遍，应查明原因，采取相应措施给予消除。在接地网中采取保护接零措施时，必须有一完整的接零系统，才能消除带电。

二、接地装置出现异常现象的处理

（1）接地体的接地电阻增大，一般是因为接地体严重锈蚀或接地体与接地干线接触不良引起的，应更换接地体或紧固连接处的螺栓或重新焊接。

（2）接地线局部电阻增大，因为连接点或跨接过渡线轻度松散，连接点的接触面存在氧化层或污垢，引起电阻增大，应重新紧固螺栓或清理氧化层和污垢后再拧紧。

（3）接地体露出地面，把接地体深埋，并填土覆盖、夯实。

（4）遗漏接地或接错位置，在检修后重新安装时，应补接好或改正接线错误。

（5）接地线有机械损伤、断股或化学腐蚀现象，应更换截面积较大的镀锌或镀铜接地线。

（6）连接点松散或脱落，发现后应及时紧固或重新连接。

第十三章

水电厂综合自动化系统

第一节 水电厂综合自动化系统的基本概念

水电厂综合自动化技术是随着现代科学技术进步而发展起来的一门新型交叉学科。它利用先进的计算机技术、控制技术、信息处理技术、网络通信技术，对水电厂内的继电保护、控制、测量、信号、故障录波、自动装置及远动装置等二次设备的功能进行优化重组，通过其内部通信网络相互交换信息，共享数据，实现对水电站内电气、机械设备及线路等运行状况的监视、测量、控制及保护。

水电厂综合自动化系统是以组成全电站的各控制单元微机化为基础，加上相互之间的通信联络，构成的全电站二次控制整体自动化系统。

水电厂综合自动化系统利用先进的计算机技术、控制技术、通信技术和信号处理技术，对微机化的水电厂的二次设备进行功能的组合和优化设计，以实现对水电厂内电气设备、机械设备及线路的自动监视、测量、控制、保护以及与调度通信等综合性的自动化功能。它是由多台微型计算机和大规模集成电路组成的自动化系统，在二次系统具体装置和功能实现上，微机化的二次设备代替和简化了非计算机设备，在信号传递上，数字化信号传递代替了电压、电流、流量、压力温度等模拟信号传递，数字化的处理和逻辑运算代替了模拟运算和继电器逻辑。综合自动化系统集测量、监视、控制、保护于一体，采用信息共享代替硬件重复配置，可以全面替代常规的二次设备，具有功能综合化、结构分层分布化、测量显示数字化、操作显示屏幕化、通信手段多元化、运行管理智能化等特征。与传统水电厂二次系统相比，它数据采集更精确、信号传递更方便、处理方式更灵活、运行维护更可靠扩展更容易。它的出现提高了水电厂运行的安全性、可靠性、经济性以及电能质量，为实现水电厂的小型化、智能化、无人值班提供了强有力的技术支持。

一、水电厂综合自动化系统的主要内容

水电厂实现综合自动化的基本目标是提高水电厂的技术水平和管理水平，保证电网和设备能安全、可靠、稳定地运行，降低运行维护成本，提高供电质量，同时减轻运行人员的劳动强度。通过水电厂综合自动化系统可实现水电厂的各种监视、控制、操作、保护等功能，其主要内容包括：

（1）实时采集、在线监视水电厂的运行参数及设备运行状态，自检、自诊断设备本身的

异常运行，发现水电厂设备异常变化或装置内部异常时，立即自动报警并闭锁相应的出口，以防止事态扩大。而且从综合自动化系统的发展趋势看，设备的状态监测也将纳入其中，即监视高压电气设备本身的信息，如断路器、变压器和避雷器等的绝缘状况等，并将水电厂所采集的这些信息传送到调度中心，必要时还须传送给运行方式部门和检修中心等，为状态检修提供原始数据。

(2) 对水电厂内的电气、机械设备进行操作、控制、调节，并要有必要的安全闭锁措施，保证水电厂的安全可靠运行。

(3) 电网发生事故时，快速判断、决策，迅速隔离和消除事故，将故障限制在最小范围，完成事故后的恢复操作。

(4) 完成水电厂运行参数的在线计算、存储、统计、分析，历史数据的保存和查询，各种报表的统计、查询和打印，实时曲线和历史曲线的查询和打印。

(5) 通过远方通信，将数据远传到调度或集控中心，并接受其发送的命令，以便能够遥控调整电能质量。

水电厂综合自动化包括横向综合和纵向综合两个方面。横向综合是指利用先进的计算机和通信手段将不同的保护、控制及其他设备连在一起，互相交换信息。纵向综合是指提供信息优化、信息综合分析处理等功能，以提高水电厂内部和控制中心间的协调能力，如利用人工智能技术，在控制中心可实现对水电厂控制和保护系统进行在线诊断和事件分析，或在水电厂自动化功能的协调下，完成电网故障后的自动恢复。

二、对水电厂综合自动化系统的基本要求

经过多年的研究和实践，水电厂综合自动化系统的技术水平有了很大的提高，体系结构也得到了不断的改进。综合来看，对水电厂综合自动化系统的基本要求有以下几点：

(1) 可靠性高。保证系统的安全可靠运行是水电厂综合自动化系统设计的基本要求。水电厂综合自动化系统内的各部分之间以及自动化系统与调度或集控中心之间，有许多信息需要通过通信网络进行快速交换，因此要有可靠的、先进的通信网络和合理的通信协议。各部分之间一般采用网络方式，便于接口功能的扩充。网络可选用星形、总线形或环形等结构。网络介质一般采用电缆或光缆，尤其是采用光缆，可大大提高通信的可靠性。

(2) 技术先进。水电厂综合自动化系统要把微机保护、自动控制、信息处理、数据通信等领域内的最先进的研究成果应用到二次系统中，使这些高科技在水电厂中得到综合应用，以全面提高水电厂的技术水平和运行管理水平。

(3) 充分体现综合性。综合自动化系统应将水电厂的继电保护、自动控制、测量、监视、远动、信号和通信等功能融于一体，通过数据通信，形成一个由微机保护子系统、测量子系统、各种功能的控制子系统、通信子系统等组成的综合系统。

(4) 系统的标准化程度和开放性要好。生产研制的综合自动化系统应符合国家或部颁标准，尽量做到标准化，例如不同类型的装置开关、电源插件、输入模件、继电器输出模块等硬件完全相同，使模块种类尽量减少，以便于维护，同时还要使系统具有良好的开放性，能与其他智能设备互相连接，与不同厂家的产品具有互操作性，便于系统以后升级。

(5) 系统的可扩展性和适应性要好。在电力系统中，不同的水电厂对综合自动化系统的

要求不尽相同。根据水电厂在电网中的地位、作用以及实际情况的不同，可选择不同规模和不同技术等级的性价比较高的水电厂综合自动化系统，以与之相适应，并能根据要求进行扩展，如当水电厂规模扩大时，可在其上加装相应的监控、保护装置。

(6) 信息共享。必须充分利用数字通信手段，实现数据共享。只有实现数据共享，才能简化自动化系统的结构，减少设备的繁复，从根本上解决信息多重测量的问题，降低造价。

(7) 人机交互方式丰富，操作使用和运行维护方便。在水电厂综合自动化系统中，人机交互的方式要丰富，方便运行人员接受信息，进行分析判断，完成有关操作。

第二节　水电厂综合自动化系统的结构

水电厂综合自动化系统是与计算机技术、集成电路技术、网络通信技术等密切相关的。随着这些技术的不断发展，综合自动化系统的体系结构在不断地发生变化，性能也在不断地提高。

从水电厂综合自动化系统安装位置上来划分有集中组屏、分层组屏和分散在一次设备上安装等形式。从水电厂综合自动化的发展过程来看，它的体系结构经历了集中式、分布集中式、分布分散式等发展阶段。其中分布分散式结构是今后的发展方向，它具有明显的优点，而且光电传感器和先进的光纤通信技术的出现，为分布分散式的综合自动化系统提供了有力的技术支持。

一、集中式综合自动化系统

集中式结构，一般采用功能较强的计算机并扩展其 I/O 接口等外围电路，集中采集水电厂的模拟量和数字量等信息，集中进行计算和处理，分别完成微机监控、微机保护和自动控制等功能。由一台计算机完成保护、监控、通信等全部功能是比较困难的，因此大多数集中式结构通常由几台计算机共同完成其功能。而且为了提高可靠性，这种系统常需由双机或多机互为备用共同组成一个计算机系统工作。采用集中式结构时，要根据水电厂的规模，配置相应容量的集中式保护装置和监控主机及数据采集系统，将它们安装在水电厂控制室内。为了实现与调度中心的通信，还要有相应的通信控制器来负责主控计算机和调度中心的通信工作。在有人值班的水电厂中，监控主机为了实现人机对话和管理功能，还要管理大量的外围设备，以满足人机对话和数据报表的打印等功能。集中式综合自动化系统结构框图如图 13-1 所示。

二、分布集中式综合自动化系统

所谓分布式，是指将水电厂综合自动化系统的功能分散给多台计算机来完成。这种结构采用主从 CPU 协同工作方式，各 CPU 之间采用网络通信或串行方式来实现数据通信。早期的分布式系统，按功能进行分布，但由于通信技术比较落后，各功能装置常通过串行通信（RS232、RS480）连接，通过前置机统一进行通信管理。随着通信技术和计算机技术的发展，综合自动化系统出现了更先进的分层分布式结构。所谓分层是指根据水电厂生产管理的层次和水电厂各机电设备相对独立的特点，将水电厂的信息采集和控制分为水电厂层和间隔

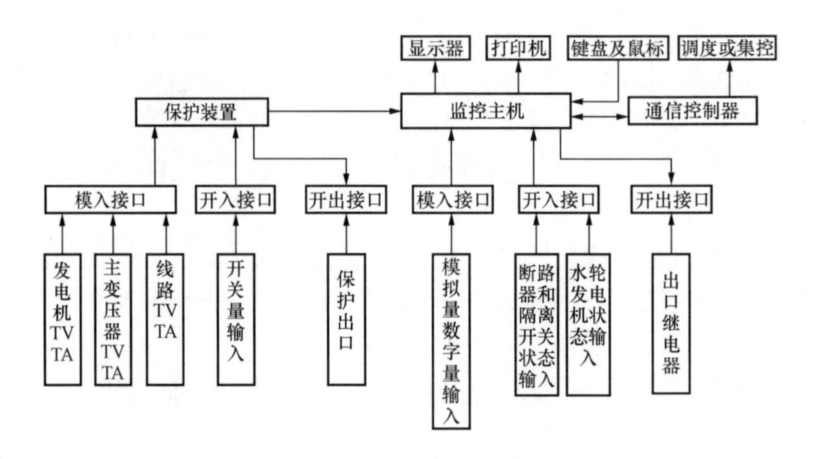

图 13-1　集中式综合自动化系统结构框图

层，分层进行处理，每一层由不同的设备或不同的子系统组成并完成不同的功能。其中，间隔层是水电厂层的基础，水电厂层功能的实现要依赖于间隔层。

间隔层又称为单元层，它通常按断路器的间隔划分，由各种不同的功能装置组成，包括测量、监视、控制和保护等部件。测量、监视、控制部件完成该间隔单元的测量、监视、操作控制、闭锁及事件顺序记录等功能，保护部件完成该间隔单元的机组的操作、保护、故障录波、测距等功能。这些独立的功能装置通过通信与水电厂层交换数据，将本间隔层的信息上报水电厂层并接收执行水电厂层发送的命令。也可设置保护管理机和数据采集控制机等来管理各设备的保护和数据采集等工作。凡是可以在间隔层完成的功能，尽量由间隔层设备就地处理，使其有一定的独立性，在水电厂层有故障的情况下，仍能独立地完成各项监测、控制、保护功能。目前，一次设备通常还是通过电压互感器、电流互感器、流量变送器、压力变送器将测量值传送给间隔层。

变电站层不直接面对现场设备，由多台计算机组成，包括监控主机、工程师站、通信控制机等。它通过总线等方式与间隔层进行通信，从间隔层获取各电气设备信息，并下发命令给间隔层各设备，完成数据统计分析处理、运行工况监视、控制操作、报表打印、人机接口、报警、历史数据查询、事故分析、校时以及必要的运行管理等高级功能，并提供给维护人员对自动化系统进行监控和干预的手段，是整个变电站监视、测量、控制和管理中心。另外，它还要按既定规约将有关数据信息送往调度或集控中心，接收调度或集控有关的控制命令并下传到间隔层执行。

分层分布式系统集中组屏的结构是把整套综合自动化系统按其不同的功能组装成多个屏并集中安装在主控室中，例如主变压器保护屏、线路保护屏、数据采集屏等。这种结构形式常简称为分布集中式结构。由于各屏安放在控制室内，因而工作环境较好。

分布集中式结构的综合自动化系统将功能分给多个单片机完成，提高了处理并行事件的能力。减轻了监控主机的负担，信息采集、处理、控制的执行速度比集中式快，提高了实时性；各单元既相互联系又相互独立，可扩展性和灵活性较高；由于每个间隔单元具有独立的功能，间隔单元内的局部故障不影响其他单元的正常运行，而且采用分层方式进行管理，间隔层在变电站层有故障的情况下，仍能独立地完成各项监测、控制、保护功能，可靠性较高；各功能模块都是面向对象设计的，软件结构比较简单，便于调试。分层分布式集中组屏综合自动化系统结构框图如图 13-2 所示。

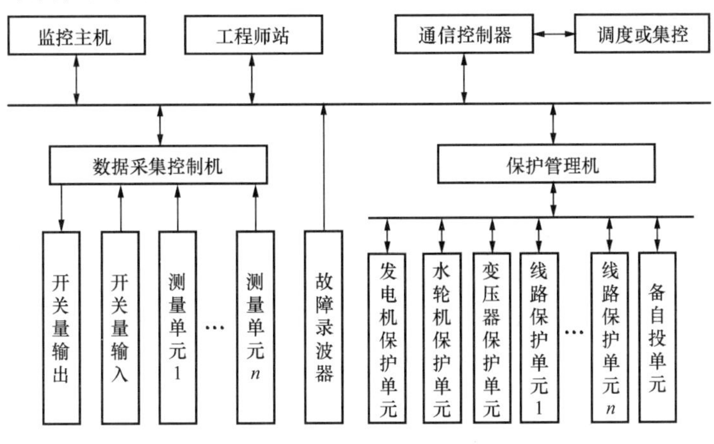

图 13-2　分层分布式集中组屏综合自动化系统结构框图

三、分布分散式综合自动化系统

现场总线技术、网络技术和计算机技术等的不断发展使变电站综合自动化系统进一步得到优化，性能进一步得到提高。到了 20 世纪 90 年代中、后期，分布集中式结构逐渐发展为以现场总线技术、局域网技术为基础的分布分散式结构。在这种结构中，间隔层大都以水电站一次设备为单位进行设计，以每个电气元件为对象，将其所需要的全部数据采集、保护和控制等功能集中由一个或几个单元完成，并将这些单元分散安装在断路器柜上或安装在一次设备附近，相互之间用光缆或特殊通信电缆连接，变电站层也通过通信网络对它们进行管理和交换信息，这就是分散式结构，它将功能分布和位置分散有机结合起来。对于分散在一次设备附近安装的间隔层设备，工作条件恶劣，要求其工作环境适应性强、抗干扰能力强。这种分散式结构常有以下三种形式。

1. 高压集中配电分散式结构

在这种结构的水电厂综合自动化系统中，对于配电线路将一体化的保护、测量、控制单元分散安装在各个开关柜内，然后由监控主机通过通信网络，对它们进行管理和交换信息，形成分散式的结构；对于高压线路保护装置和变压器保护装置，仍采用集中组屏安装在控制室内，形成集中式的结构，整个综合自动化系统形成分散和集中相结合的结构。其结构框图如图 13-3 所示。

这种分布分散和集中相结合的结构，既具有分布分散式可靠性高、便于扩充、便于维护等优点，又适应了我国长期以来形成的运行维护和巡视检查的习惯，得到了较广泛的应用。

2. 局部分散式结构

对于枢纽级 220kV 水电厂，其进出线路较多，要控制、测量、保护的设备较多，常根据水电厂的电压等级和规模，设置几个分散的控制小间，将测量、控制、保护集中组屏安装在这些小间，各设备小间要在一次设备附近，以便就近管理，节省电缆，多个设备小间由站级总控单元集中管理，这样便形成了局部分散式结构，如图 13-4 所示。

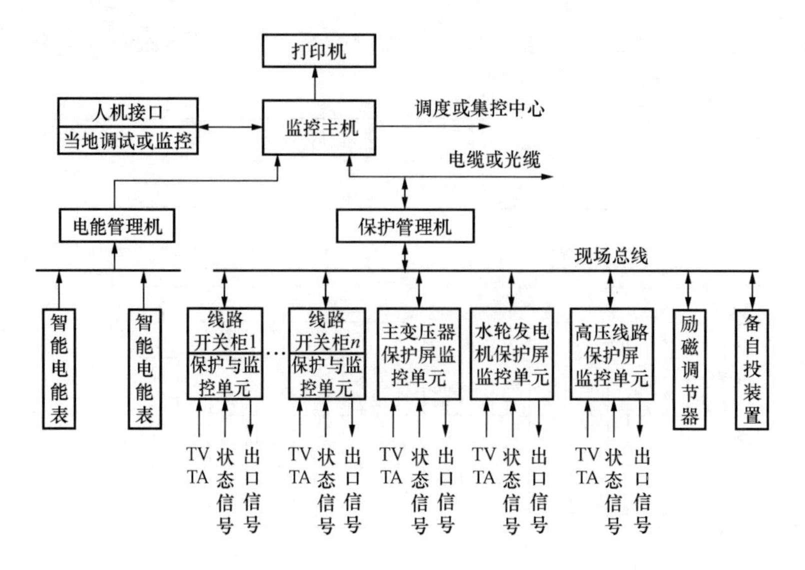

图 13-3　高压集中配电分散式综合自动化系统结构框图

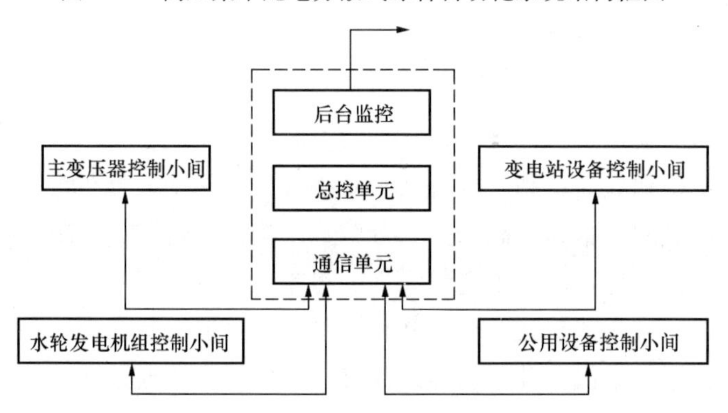

图 13-4　局部分散式综合自动化系统结构框图

3. 完全分散式结构

随着计算机技术、光电传感器技术和网络通信技术的发展，水电厂综合自动化系统的功能和结构也在不断地向前发展，使得原来只能集中组屏的高压线路保护装置和主变压器保护装置等也可以安装于设备附近，并利用光纤技术和局域网技术，将这些分散在各开关柜的保护和测控模块联系起来，构成一个完全分散式的综合自动化系统，进一步提高水电厂运行的安全性、可靠性和经济性，其结构如图 13-5 所示。在完全分散式结构中，不再单独考虑某一个量，而是采用面向对象技术，为某一设备配备完备的保护和测控功能，目前在实现模式上主要有两种，一种保护相对独立，测量和控制合二为一；另一种保护、测量、控制完全合一，实现水电厂自动化的高度综合。从技术发展趋势看，将来的保护和测控设备将和一次设备紧密结合，使每个设备上均集成保护、监控、操作、闭锁等功能，再加上专家系统等技术的应用，真正实现智能型一次设备。

完全分散式结构的综合自动化系统将大量的实际工作分配到不同的单元去完成，并且各模块和主控计算机之间通过局域网或总线连接，抗干扰能力强，因电缆传送信息引起的电磁干扰少，可靠性高；简化了水电厂内二次部分的配置和二次设备的连线，减少了电缆用量及控制室的面积；电缆敷设工作量小，安装调试时间短，各个模块采用面向对象设计思想，

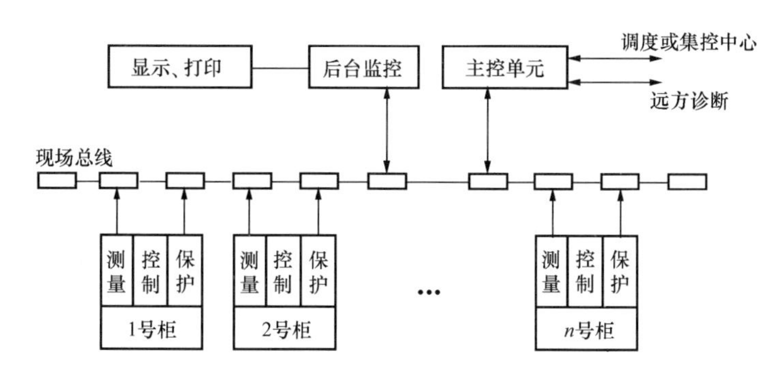

图 13-5　完全分散式综合自动化系统结构框图

软件结构简单清晰，组态灵活，容易标准化，便于系统扩充、维护，调试、检修方便。由于它的突出优点，完全分散式结构将是今后发展的方向。

不同结构形式的水电厂综合自动化系统，通信方式，通信介质、信息的共享程度、功能综合的程度等都有差别。对于不同电压等级、不同规模、不同地位的水电厂，要根据其实际情况，综合考虑性能、价格等各种因素，选择与其相适应的水电厂综合自动化系统。

第三节　综合自动化系统的主要功能

水电厂综合自动化是跨多个专业的综合性技术，它以计算机为基础，通过通信网络实现信息和资源共享，将保护、测量、监控等功能融合于一体。水电厂综合自动化系统的功能由电网安全稳定运行和水电站建设、运行维护的综合经济效益等要求所决定。水电站在电网中的地位、作用、规模、电压等级及一次设备状况等情况不同，其综合自动化系统的功能也有所不同。在水电站综合自动化系统的研究和发展过程中，经过不断实践和探索，水电站综合自动化系统应实现的基本功能已比较明确，可归纳如下。

一、监视和控制功能

综合自动化系统中，监控子系统取代了常规的指针表计、模拟盘、中央信号、光字牌等，使水电厂的监视和控制发生了根本的变化。监控功能包括下位机的监视和控制功能以及上位机的监视和控制功能，下位机的监控功能主要包括电能量、电压、电流、压力、流量、液位、温度和开关量等的数据采集、记录等功能，上位机的监控功能主要包括人机对话、数据分析处理等功能。

二、数据采集功能

数据采集是采集变电站的实时数据和设备运行状态，包括各模拟量、开关量和脉冲量等。

(1) 模拟量的采集。自动化系统需采集的模拟量有：母线电压、频率；线路电压、电流、有功功率、无功功率，主变压器电流、有功功率和无功功率；电容器及电抗器的电流、无功功率、功率因数；厂用变压器电压、电流、功率，直流母线电压；蓄电池电压等电气量此外还有变压器油温，断路器操动机构的压力，水轮发电机的水压、液位、流量、温度等非电气量。由于CPU只能处理数字量，因此模拟量采集需要把模拟量转换为数字量再送入计算机。对于采集到的数据，要进行滤波、有效性检查、工程值转换、故障判断等分析后，去除认为不正确的数据，然后存储于数据库中，供进一步统计分析之用。

(2) 开关量的采集。自动化系统需采集的开关量有：断路器状态、隔离开关状态、接地隔离开关状态、变压器中性点接地开关状态、有载调压变压器分接头的位置、同期检查状态、继电保护动作信号、保护等装置异常信号、运行告警信号、无功补偿状态等。开关量状态一般需经光电隔离电路输入到计算机，对于微机继电保护装置，由于其具有通信能力，因此保护动作信号可通过串行口或局域网络通信等方式直接输入到系统。

(3) 脉冲量的采集。脉冲量是电能表输出的一种反映电能流量的脉冲信号。自动化系统需采集的脉冲量主要有主变压器及各线路的有功电能、无功电能，站用变压器的有功电能，电容器、电抗器的无功电能等。对脉冲量的采集可以采用不同的方式：一种是根据数据采集系统采集的各种不同的数据通过软件的方法进行计算，得出有功电能和无功电能。这种方法不需要进行硬件的投资，但是作为实际的电能计费方式，还不为大家所接受。另一种方法就是采用微机型电能计量仪表，这种仪表由单片机和集成电路构成，通过采样数据进行有功电能和无功电能的计算，它是专门为电能计算设计的，可以保证计量的准确度。

数据采集是水电厂综合自动化系统得以执行其他功能的基础。数据采集后，水电厂综合自动化系统将建立实时数据库，存储并不断更新来自I/O单元及通信接口的全部实时数据，同时建立历史数据库，存储并定期更新需要保存的历史数据和运行报表数据。

三、操作控制功能

在水电厂综合自动化系统中，运行人员可以通过显示屏幕对机组的启停，断路器进行分、合闸操作及辅助设备的启停及状态切换操作；对变压器分接头开关位置进行调节，对电容器进行投切操作等；允许时还可在屏幕上进行隔离开关的分、合操作；同时根据需要还能接受遥控操作命令，进行远方操作。作为一种备用手段，还应能够进行人工直接分、合闸等操作。

操作控制时应具有一定的闭锁功能。每一次操作前应先进行防误操作判断，若发生误操作，则对该操作进行闭锁，并给出提示信息，以确保操作的安全性和正确性。

四、报警功能

系统对反应水电厂运行工况和设备状态的各模拟量的数值、各开关量的变位情况进行自动监视，如对母线电压，线路电流，主变压器温度、负荷、频率，或对断路器、隔离开关状态，保护动作情况，及机组的运行状态、各部轴承的温度压力等不断地进行监视，如果发现模拟量越限或设备状态异常变位，立刻在当地或远方发出报警信号，同时记录越限时间、越限值或变位时间等。除此之外，还要监视自动化系统各部分的软硬件、网络及传输通道等工作是否正常，尤其是保护及各自动控制装置是否正常，如有异常也要报警。报警可以有图、文、声等多种形式，例如自动推出报警窗，显示故障的时间、类型、设备名称；与报警有关联的设备，其图形闪烁或变色；利用音频文件发出语音提示。这种报警方式可以组合或单独使用。所有报警信息可进行存储或打印。

五、记录功能

1. 事件顺序记录

电网发生故障时，往往是多个保护和断路器先后动作。为了便于分析和判断，发生故障时将水电厂内的继电保护、自动装置、断路器等设备的动作时间和先后顺序自动进行记录，这就是事件顺序记录。微机保护或自动化系统采集单元必须具有足够的容量，能存放足够数量或足够长时间段的事件顺序记录，并保证其不会丢失。自动记录的结果可在屏幕上显示或打印成报告，并能按时间、类型等进行查询。

2. 事故追忆

事故追忆是指对机组、线路、变压器的电流及有功功率，主要母线电压等重要的模拟量，把它在事故前和事故后一段时间内的值作连续测量记录，可存入事故追忆文件中，并可按要求打印输出。事件顺序记录和事故追忆对于事故的分析和处理是非常有用的。

3. 其他记录

除以上记录外还有其他记录，例如报警信息记录、保护事件记录、控制操作记录等，它们也可根据要求进行显示或打印。

六、人机联系功能

人机联系的手段主要是显示屏幕、鼠标和键盘。当水电厂有人值班时，人机联系功能在自动化系统的主机上实现；当水电厂无人值班时，人机联系功能在远方的调度中心或集控中心的主机或工作站上实现。无论采用哪种方式，操作人员面对的都是显示屏幕，操作的工具都是键盘或鼠标。

人机联系功能主要包括：

(1) 显示各种图形、曲线、表格和数据。包括时间、日期、主接线图、厂用电系统图、机械主设备图、机械辅助设备图、直流系统图、潮流信息及运行参数、报警画面与提示信息、事件顺序记录、事故追忆信息、实时数据曲线、棒图、历史记录、各类统计报表及记录、保护整定值、控制系统的配置与设定值、自诊断信息、值班记录等。

(2) 输入数据。包括运行人员代码及密码，运行人员密码更改，保护定值与自动装置的设定值、报警限值、趋势控制、图形及数据库的维护、报表和曲线的修改等。

(3) 各种操作。包括开停机、断路器及隔离开关的操作、变压器分接头位置的控制、操作闭锁与允许、保护及各自动装置的投入或退出、设备运行/检修的设置、就地/远方控制的选择、报警投入与退出、报警信号的复归、手动/自动的选择等。

七、数据处理、统计和打印功能

对采集到的数据进行分析、整理、计算、统计、打印等二次加工，并形成历史数据进行存储也是水电厂综合自动化系统的重要功能之一。数据处理统计功能主要包括：

(1) 对电流、电压、频率、功率、流量、水压等参数进行统计分析。如对这些参数整点值的统计；日或月的最大/最小值、发生时间、平均值的统计；对变压器的负荷率、损耗及经济运行的统计分析；对电能不平衡率的统计分析；对有功功率和无功功率分时电量的累计进行统计；通过统计电压越上限时间和越下限时间计算电压合格率等。

(2) 对水电厂主要设备的运行状况进行统计及计算。如机组开停机次数，断路器正常操作及事故跳闸次数，避雷器、重合闸动作次数，变压器分接头调节的挡次及次数，主要设备的运行小时数等。

对数据统计之后，可以按需要进行查询，并可自动生成有关报表，进行数据打印，以便于进行管理和历史存档。可打印的内容包括：报表（月报表、日报表等）和运行日志的定时打印、开关操作记录的打印、事件顺序记录的打印、越限记录的打印、事故追忆的打印等，并支持召唤打印。

八、管理功能

1. 安全管理

(1) 权限管理。为防止越权操作，系统管理员对不同的用户赋予不同的权限，如打印报表权限、修改定值权限、遥控操作权限等，调度员、系统维护人员和一般人员等每个操作者有专属的用户名和密码，按给定的用户名和密码登录后，只能在给定的权限内进行操作。

(2) 日志管理。任何用户的操作都有操作记录，记录其登录和退出系统的时间、进行的工作内容等。

2. 数据库管理

形成实时数据库和历史数据库，对数据库中的数据方便地进行查询，并可根据现场采集数据的变化，对数据库中的数据项进行增减或修改，如改变名称或工程量变换关系等。

3. 运行管理

运行管理包括设备台账管理、设备缺陷管理、技术培训管理、设备检修管理、实验管理、操作票编制及管理、保护动作记录、运行记录及交接班记录管理等。

九、时钟功能

水电厂综合自动化系统应具有与调度中心对时统一时钟的功能。它也可通过全球卫星定位系统对自动化系统内部的有关元件的时钟进行校正。

第四节　水电厂自动化系统的运行

水电厂自动化系统是提高电能质量，保证电网安全、可靠、经济运行的重要手段，为使自动化系统稳定、可靠地运行，必须做好系统的运行、维护和管理工作。

一、运行规定

(1) 自动化系统未经调度或上级许可，运行人员不得将其退出，如因计算机故障退出，必须汇报，应加强对设备的巡视。

(2) 自动化系统运行中，严禁使用移动存储器插接计算机以防感染病毒。

(3) 自动化系统出现异常和故障，应立即处理，并将处理情况及时汇报上级，并详细记录故障现象、原因及处理过程。

(4) 不得在自动化系统的计算机上进行与运行无关的工作。

(5) 各种电能计费装置、测控单元、变送器和关口电能表等要严格按有关的检验规定进行检定。

(6) 定期进行采样检查和时钟校对，尤其是在直流电源刚恢复等时钟不能保证准确的情况下，应校对时钟。

(7) 运行时的任何时间内，严禁关闭系统的报警音箱，而且音量要适中。

(8) 保持环境清洁，定期进行计算机机箱、音箱、显示器等的清洁维护工作。

(9) 在温差和湿度较大的环境中，应做好温度及湿度的控制，以保证设备的正常运行。

二、运行检查

运行人员应结合自动化系统的实际情况，进行巡视检查，并做好记录，发现设备缺陷及时通知检修人员进行办理。检查的主要内容包括：

(1) 检查综合自动化系统监控机上显示的各运行参数是否正常，是否在规定的范围内，有无越限报警提示。

(2) 检查综合自动化系统监控机上显示的机组、断路器、隔离开关等一次设备的状态是否与现一场致，有无发生颜色闪烁等异常变位现象。

(3) 检查变压器分接头位置指示是否与现场一致。

(4) 检查五防系统中一次设备屏幕显示的位置是否与实际位置相符，能否正常操作。

(5) 检查综合自动化系统各元件有无异常，接线是否紧固。

(6) 检查监控机上有无异常报警信息，有无报警声音发出，检查声音报警设备是否良好。如有报警，应及时处理。

(7) 检查通信系统网络及通信是否正常，检查遥测、遥信、遥控、遥调操作是否正常。

(8) 检查继电保护及自动装置等是否按要求投退，整定值是否正确，运行情况是否良好。

(9) 检查综合自动化系统各设备，尤其是保护装置、自动装置等功能开关、把手等的位置是否正确。

(10) 检查综合自动化系统打印机工作是否正常。

(11) 检查综合自动化系统各设备电源指示灯、设备运行监视灯、报警指示灯等工作是否正常。

第十四章

电气设备倒闸操作

倒闸操作是一项复杂而又极为重要的工作，操作的正确性关系着变电站及电力系统的安全运行，也关系着在电力设备上的工作人员及操作人员的安全。如果发生误操作可能造成停电事故，甚至扩大到整个电力系统，使系统瓦解。因此，正确的倒闸操作具有十分重要的意义。

第一节　倒闸操作的概述

一、电气设备的工作状态

电气设备分为运行、热备用、冷备用、检修四种工作状态。

(1) 运行状态。指电气设备的断路器和隔离开关都在合闸位置，将电源至受电端间的电路接通（包括辅助设备，如电压互感器、避雷器等）。

(2) 热备用状态。指断路器在断开位置，而隔离开关仍在合闸位置，其特点是断路器一经操作即成为运行状态。

(3) 冷备用状态。指电气设备的断路器和隔离开关均在断开位置，其特点是该设备与其他带电设备之间有明显断开点。

(4) 检修状态。指设备的断路器和隔离开关均已断开，检修设备两侧装设了接地线或保证安全的技术措施，包括悬挂标示牌和装设遮栏（网栏）。

二、倒闸操作的分类

电气设备由一种运行状态变换到另一种运行状态，或系统由一种运行方式转变为另一种运行方式时所进行的一系列的有序操作，称为倒闸操作。倒闸操作可分为以下几种：

(1) 监护操作。指由两人进行同一项操作。监护操作时，其中对设备较为熟悉的一人进行监护。

(2) 单人操作。指由一人完成的操作。当室内高压设备的隔离室设有遮栏，遮栏的高度在 1.7m 以上，安装牢固并加锁时，或者室内高压断路器的操动机构用墙或金属板与该断路器隔离或装有远方操动机构时，可由单人操作。实行单人操作的设备、项目及运行人员需经设备运行管理单位批准，人员应通过专项考核。

（3）检修人员操作。指由检修人员完成的操作。经设备运行管理单位考试合格、批准的检修人员，可进行220kV及以下的电气设备由热备用至检修或由检修至热备用的监护操作，监护人是同一单位的检修人员或设备运行人员。检修人员进行操作的接、发令程序及安全要求应由设备运行管理单位技术负责人审定，并报相关部门和调度机构备案。

本章所要介绍的内容主要是针对监护操作来说的。

三、倒闸操作的要求

1. 对倒闸操作的主要要求

（1）操作中不得造成事故。

（2）尽量不影响或少影响系统对用户的供电。

（3）尽量不影响或少影响系统的正常运行。

（4）万一发生事故，影响的范围应尽量小。

在倒闸操作中应严格遵循上述要求，正确地实现电气设备运行状态或运行方式的转变，保证系统安全、稳定、经济地连续运行。

2. 操作断路器的基本要求

（1）在一般情况下，断路器不允许就地带电手动合闸。这是因为手动合闸慢，易产生电弧，但特殊需要时例外。

（2）当远距离操作断路器时，不得用力过猛，以防止损坏控制开关，也不得返回太快，以防止断路器合闸后又跳闸。

（3）在断路器操作后，应检查有关信号及测量仪表的指示，以判断断路器动作的正确性。但不能从信号灯及测量仪表的指示来判断断路器的实际开、合位置，应到现场检查断路器的机械位置指示，来判断断路器的实际开、合位置，以防止在操作隔离开关时，发生带负荷拉、合隔离开关事故。

四、倒闸操作的注意事项

（1）在倒闸操作前，必须了解系统的运行方式、继电保护及自动装置的性能等情况，并且考虑电源及负荷的合理分布以及系统运行方式的调整情况。

（2）在电气设备送电前，必须收回并检查有关工作票，拆除安全措施，如拉开接地开关，拆除临时短路接地线及警告牌，然后测量绝缘电阻。在测量绝缘电阻时，必须隔离电源，进行放电。此外，还应检查隔离开关和断路器在断开位置。

（3）在倒闸操作前应考虑继电保护及自动装置整定值的调整，以适应新的运行方式的需要，防止因继电保护及自动装置误动作或拒绝动作而造成事故。

（4）备用电源自动投入装置、自动重合闸装置、自动调节励磁装置必须在所属主设备停运前退出运行，在所属主设备送电后投入运行。

（5）在进行电源切换或电源设备倒母线时，必须先将备用电源自动投入装置切除，待操作结束后再进行调整。

（6）在同期并列操作时，应注意非同期并列，若同步表指针在零位晃动、停止或旋转太快，均不得进行并列操作。

（7）在倒闸操作中，应注意分析表计的指示，如在倒母线时，应注意电源功率分布的平衡并尽量减少母联断路器的电流，以防止母联断路器因过负荷而跳闸。

（8）在下列情况下，应将断路器的直流操作电源断开。

1）断路器在停运不用和检修时。

2）在与断路器相关的二次回路及保护回路有人工作时。

3）在拉合母线隔离开关、旁路隔离开关及母线分段隔离开关时，必须断开母联断路器、旁路断路器及母线分段断路器的直流操作电源，以防止带负荷拉合隔离开关。

4）操作隔离开关前，应检查该回路断路器确在断开位置，并断开该断路器的直流操作电源，以防止在操作隔离开关过程中，因断路器误动作造成带负荷拉合隔离开关事故。

5）在继电保护装置故障情况下，应断开断路器的直流操作电源，以防止因断路器误跳闸而造成停电事故。

6）油断路器缺油或无油时，应断开断路器直流操作电源，以防止系统发生故障时，因该断路器灭弧能力减弱而引起爆炸。此时若有母联断路器时，可由母联断路器代替其工作。

7）操作时应使用合格的安全工具，如验电器等。以防止因安全工具不合格而在工作时造成人身及设备事故。

五、倒闸操作的基本步骤

电网运行实行统一调度、分级管理的原则。倒闸操作一般需根据调度的指令进行。值班调度对调度管辖范围内的设备发布操作指令。调度操作指令有单项操作指令、逐项操作指令和综合操作指令等几种形式。

单项操作指令是指值班调度发布的指令只对一个单位，只有一项操作内容，由下级值班调度或现场运行人员完成的操作指令。

逐项操作指令是指值班调度将操作任务按顺序逐项下达，受令单位按指令的顺序逐项执行的操作指令。涉及两个以上单位配合操作或需要根据前一项操作后对电网产生的影响才能决定下一项操作，必须使用逐项指令。

综合指令是指值班调度对一个单位下达的一个综合操作任务，具体操作项目、顺序由现场运行人员按规定自行填写操作票，在得到值班调度允许之后，即可进行操作。综合指令一般适用于只涉及一个单位的操作，如水电站倒母线和变压器停送电等。

涉及电力系统线路两侧的倒闸操作任务，运行人员应根据调度指令行事，及时将命令执行结果反馈给调度。在关键操作，例如合上或拉开断路器前，运行人员应向调度了解线路及对侧情况，确认是否与将要制行的操作吻合，以防出错。调度向任一侧发出指令前，应先了解上一项各侧操作指令确已正确完成，然后才能发出指令。

正常情况下倒闸操作的步骤如下：

1. 接受操作预告

值长接受值班调度的操作预令，接受预令时，应明确操作任务、范围、时间、安全措施及被操作设备的状态，同时记入值班记录簿，并向发令人复诵一遍，得到其同意后生效。

2. 查对模拟系统图板或电子接线图并填写倒闸操作票

值长根据操作预令，向操作人和监护人交待操作任务，由操作人根据记录，查对模拟系统图或电子接线图，根据现场系统实际运行接线，参照典型操作票，逐项填写操作票或计算机开出操作票。

3. 核对操作票

操作人根据模拟系统图核对所填写的操作票正确无误，签名后交监护人。监护人按照操作任务，根据模拟系统图，核对操作票正确无误，签名后交值班负责人。值班负责人审核无误后签名，交值长审核无误后签名，保存待用。

4. 发布和接受操作指令

实际操作前，由值班调度员向值长发布正式的操作指令。发布指令应正确、清楚地使用规范的调度术语和设备双重名称（即设备名称和编号）。发令人发布指令前，应先和受令人互报单位和姓名。发布指令和接受指令的全过程都要录音，并做好记录。受令人必须复诵操作指令，并得到值班调度“对，执行”的指令后执行。

5. 模拟操作

在进行实际操作前必须进行模拟操作，监护人根据审核合格的操作票中所列的项目，逐项发布操作指令（检查项目和模拟盘没有的保护装置等除外），操作人听到指令并复诵后更改模拟系统图或电子接线图。

6. 实际操作

操作人、监护人模拟操作结束后，监护人汇报值长，值长正式下达操作指令，受令人必须复诵操作指令，并得到值长“对，执行”的指令后执行。

(1) 监护人手持操作票，携带开锁钥匙，操作人应戴绝缘手套，拿安全工具，一起前往被操作设备位置。核对设备名称、位置、编号及实际运行状态与操作票要求一致后，操作人在监护人监护下，做好操作准备。

(2) 操作人和监护人面向被操作设备的名称编号牌，由监护人按照操作票的顺序逐项高声唱票。操作人应注视设备名称编号，按所唱内容独立地、并用手指点这一步操作应动部件后，高声复诵。监护人确认操作人复诵无误后，发出“对，执行”的操作指令，并将钥匙交给操作人实施操作。在操作中发生疑问时，应立即停止操作，向发令人汇报，待发令人再行许可后再进行操作，不准擅自更改操作票，不准随意解除闭锁装置。

(3) 监护人在操作人完成操作并确认无误后，在该操作项目上打“√”。对于检查项目，监护人唱票后，操作人应认真检查，确认无误后再复诵，监护人同时也进行检查，确认无误并听到操作人复诵，在该项目上打“√”。严禁操作项目与检查项一起同时打“√”。

(4) 监护操作时，操作人在操作过程中不得有任何未经监护人同意的操作行为。

(5) 如需在微机监控屏上进行遥控操作，操作人、监护人应单独输入自己的操作密码，分别核对鼠标点击处的设备名称、编号正确，监护人确认操作人鼠标点击处的设备名称编号正确，复诵无误后，发出“对，执行”的操作指令，操作人实施操作。在微机监控屏上执行的任何倒闸操作不得单人操作，不得使用他人的操作密码。

7. 复核

全部操作项目完毕后，应复核被操作设备的状态、表计及信号指示等是否正常、有无漏项等。

8. 汇报完成

完成全部操作项目后，监护人在操作票的结束处盖“已执行”章作结束时间后交值班负责人，值班负责人向调度汇报操作任务已完成。

六、倒闸操作票

倒闸操作票是运行值班人员依据检修申请或调度下达的操作指令，按照现场系统的实际运行方式和有关规程的规定填写的，并作为现场操作的依据（操作时必须带到现场），它是操作指令、操作意图、操作方案的具体化。

倒闸操作与电气设备实际所处的状态密切相关，设备所处的状态不同，倒闸操作的步骤、复杂程度也不同。但要完成一个操作任务一般都需要进行十几项甚至几十项的操作，仅靠记忆是办不到的，如果稍有失误，就会造成人身、设备事故或严重停电事故。因此倒闸操作必须根据设备实际状态和系统运行方式，先填写操作票，把经过深思熟虑制订的操作项目记录下来，从而根据操作票上写的内容依次进行有条不紊的操作。执行操作票制度是防止误操作的有效措施之一。

1. 倒闸操作票的内容

倒闸操作票主要包括单位、编号、发令人、受令人、发令时间、操作开始时间和操作结束时间、操作任务、操作人、监护人、值班负责人、值长的签名等。单位指电站名称；编号由本单位统一编号；发令时间指值长或值班调度下达操作指令的时间；操作开始时间指操作人开始实施操作的时间；操作结束时间指全部操作完毕并复查无误后的时间；操作任务是指要进行的操作，应填写设备双重名称，即设备的名称及编号，并使用规范的操作术语，例如浑梅线101断路器由运行转检修。常用操作术语见表14-1。每份操作票只能填写一个操作任务。一个操作任务使用多页操作票时，手写操作票时在首页及以后的右下角填写“下接：×××××页”，在次页及以后的各页左下角填写“上接：×××××页”。微机制票时打印一份多页操作票时，应自动生成上下接页号码。附录给出了典型的倒闸操作票（监护操作方式）的格式。

表14-1　常用操作术语

被操作设备	术　语	被操作设备	术　语
断路器	合上、拉开	继电保护	投入、退出
隔离开关	合上、拉开	自动装置	投入、退出
小车开关	拉出、拉至、推入、推至	熔断器	装上、取下
验电	三相确无电压	二次切换开关	切至
接地线	装设、拆除	检查负荷分配	指示正确

2. 应填入倒闸操作票内的操作项目

以下操作项目应写入倒闸操作票：

(1) 应拉合的断路器、隔离开关、接地开关和熔断器、自动空气开关等。

(2) 检查断路器和隔离开关的位置。例如断路器和隔离开关操作后，应检查其确在操作后的状态；拉、合隔离开关前，应检查与之有关的断路器处在断开位置。电气设备操作后的位置检查应以设备实际位置为准，无法看到实际位置时，可通过设备机械位置指示、电气指示、仪表及各种遥测、遥信信号的变化，且至少应有两个及以上指示已同时发生对应变化，才能确认该设备已操作到位。

(3) 装上或拆除接地线，并注明接地线的确切地点和编号。

(4) 设备检修后送电前，检查待送电范围内的接地开关确已拉开或接地线确已拆除。

(5) 装上或取下控制回路或电压互感器二次熔丝，装上或取下小车开关二次插头。

(6) 切换保护回路端子或投入、停用保护装置，以及投入或解除自动装置。

(7) 装设接地线或合上接地开关前，应对停电设备进行验电。

(8) 在进行倒负荷或并列、解列操作前后，检查负荷分配（检查三相电流平衡）情况，并记录实际电流值。母线电压互感器送电后，检查母线电压指示是否正确。

3. 填写倒闸操作票的注意事项

(1) 填写倒闸操作票必须字迹工整、清楚，严禁并项、倒项、漏项和任意涂改；若有个别错、漏字需要修改时，应做到被改的字和改后的字均清晰可辨，且每份操作票的改字不得超过三个，否则另填新票。

(2) 操作票中下列内容不得涂改。

1) 设备名称、编号、连接片。

2) 有关参数和终止符号。

3) 操作动词，例如“拉开”、“合上”、“投入”、“退出”等。

(3) 操作票填写完毕，经审核正确无误后，对最后一项后的空白处打终止符“以下空白”印章，表示以下无任何操作步骤。

(4) 下列各项可不用操作票，但应记录在值班记录簿内。

1) 事故应急处理。

2) 拉、合断路器的单一操作。

3) 拉开或拆除全厂唯一的一组接地开关或接地线。

4) 投入、退出单一连接片。

4. 倒闸操作票的执行规定

(1) 一份操作票应由一组人员操作，监护人手中只能持一份操作票。

(2) 操作票中如有调度指令的应在每项指令前打“√”。

(3) 操作过程中如因某种原因导致有未执行的操作项，但不影响其他项目操作时，在操作结束后应在未执行项上盖“未执行或作废”章，并在备注栏说明“因×××原因×××项未执行”。

(4) 操作过程中发现操作票有问题，该操作票不得继续使用，并在已操作完项目的最后一项盖“已执行”章，在备注栏注明“本操作票有错误，自××项起不执行”。对多张操作票，应在次页起每张操作票上盖“作废”章，然后重新填写操作票再继续操作。

(5) 已使用的操作票（包括已执行、未执行和作废的）必须按编号顺序按月装订，在装订后的封皮上统计合格率及存在的问题，操作票保存一年。

七、安全技术措施

在电气设备上工作，保证安全的技术措施有停电、验电、接地、悬挂标示牌和装设遮栏（围栏）。

1. 停电

检修设备停电，必须把各方面的电源完全断开。禁止在只经断路器断开电源的设备上工作，必须拉开隔离开关，使各方面有一个明显的断开点，小车开关必须拉至试验或检修位置。检修设备和可能来电侧的断路器、隔离开关必须断开控制电源和合闸电源，隔离开关操作把手必须锁住，确保不会误送电。对难以做到与电源完全断开的检修设备，可以拆除设备与电源之间的电气连接。

2. 验电

要检修的电气设备和线路停电后，在装设接地线之前，必须进行验电。通过验电证明停电设备确无电压，以防止发生带电装设接地线或带合接地开关等恶性事故。验电时，应注意以下事项：

（1）验电时应使用相应的电压等级而且合格的接触式验电器，在装设接地线或合接地开关处对各相分别验电。验电前应先在有电设备上进行试验，确定验电器良好。

（2）高压验电必须戴绝缘手套。验电器的伸缩式绝缘棒长度必须拉足，验电时手必须握在手柄处不得超过护环，人体必须与验电设备保持安全距离，雨雪天气时不得进行室外直接验电，验电部位应符合表 14-2 的要求。

表 14-2　对验电部位的要求

工作场所	验电部位
电气设备	电源侧、负荷侧的各相分别验电
线路	逐相验电
母线断路器或隔离开关	在两侧各相上分别验电

（3）对无法进行直接验电的设备可以进行间接验电，即检查隔离开关的机械指示位置、电气指示、仪表及带电显示装置指示的变化，且至少应有两个及以上指示已同时发生相对应的变化；若进行遥控操作，则必须同时检查隔离开关的状态指示、遥测、遥信信号及带电显示装置的指示进行间接验电。

（4）表示设备断开和允许进入间隔的信号、经常接入的电压表等，如果指示有电，则禁止在设备上工作。

3. 接地

为了防止工作地点突然来电、消除停电设备或线路上静电感应电压和泄放停电设备上的剩余电荷，保证工作人员的安全，需将设备可靠接地。当验明设备确已无电压后，应立即将检修设备接地并三相短路。对于电缆及电容器接地前应充分放电；对于可能送电至停电设备的各方面都必须装设接地线或合上接地开关，所装接地线与带电部分应考虑接地线摆动时仍符合安全距离的规定；对于因平行或邻近带电设备导致检修设备可能产生感应电压时，必须加装接地线或工作人员使用个人保安线（个人保安接地线由工作人员自装自拆）。检修部分若分为几个在电气上不相连接的部分（如分段母线以断路器隔开分成几段），则各段应分别验电并接地。降压变电站全部停电时，应将各个可能来电侧的部分接地短路，其余部分不必每段都接地。

装设接地线应由两人进行（经批准可以单人装设接地线的项目及运行人员除外）。

装、拆接地线均应使用绝缘棒和戴绝缘手套。装设接地线必须先接接地端，后接导体端。拆接地线的顺序与此相反。接地线必须使用专用的线夹固定在导体上，严禁用缠绕的方法进行接地。人体不得碰触接地线或未接地的导线，以防止感应电触电。在配电装置上，接地线应装在该装置导电部分的规定地点，这些地点的油漆必须刮去，并划有黑色标记。所有配电装置的适当地点，均应设有与接地网相连的接地端，接地电阻必须合格。接地线应采用三相短路式接地线，若使用分相式接地线时，应设置三相合一的接地端。严禁工作人员擅自移动或拆除接地线。高压回路上的工作，需要拆除全部或一部分接地线后才能进行时（例如测量母线和电缆的绝缘电阻，测量线路参数，检查断路器触点是否同时接触等），必须征得运行人员的许可（根据调度指令装设的接地线必须征得调度员的许可），方可进行，工作完毕后立即恢复。每组接地线均应编号，并存放在固定地点。对于装、拆的接地线，应做好记录，以便交接。

4. 悬挂标示牌和装设遮栏

为了防止工作人员走错位置、误合断路器及隔离开关而造成事故，应在适当的场所悬挂标示牌和装设遮栏，并严禁擅自将其移动或拆除。需悬挂标示牌和装设遮栏的场所主要有：

（1）在一合闸即可送电到工作地点的断路器和隔离开关的操作把手上，应悬挂“禁止合闸，有人工作！”的标示牌。对由于设备原因，接地开关与检修设备之间连有断路器，在接地开关和断路器合上后，在断路器操作把手上应悬挂“禁止分闸！”的标示牌。如果线路上有人工作，应在线路断路器和隔离开关操作把手上悬挂“禁止合闸，线路有人工作！”的标示牌。当在显示屏上进行操作时，以上这些断路器和隔离开关的操作处也应相应设置“禁止合闸，有人工作！”、“禁止分闸！”或“禁止合闸，线路有人工作！”的标示牌。

（2）在室内高压设备上工作，应在工作地点两旁及对面运行设备间隔的遮栏上和禁止通行的过道遮栏上悬挂“止步，高压危险！”的标示牌。

（3）高压开关柜内小车开关拉出后，隔离带电部位的挡板封闭后禁止开启，并设置“止步，高压危险！”的标示牌。

（4）在室外高压设备上工作，应在工作地点四周装设围栏，其出入口要围至邻近道路旁边，并设有“从此进出！”的标示牌。工作地点四周围栏上悬挂适当数量的“止步，高压危险！”标示牌，标示牌必须朝向围栏里面。若室外配电装置的大部分设备停电，只有个别地点保留有带电设备而其他设备无触及带电导体的可能时，可以在带电设备四周装设全封闭围栏，围栏上悬挂适当数量的“止步，高压危险！”标示牌，标示牌必须朝向围栏外面。严禁越过围栏。

（5）在工作地点设置“在此工作！”的标示牌。

（6）在室外构架上工作，则应在工作地点邻近带电部分的横梁上，悬挂“止步，高压危险！”的标示牌。在工作人员上下铁架或梯子上，应悬挂“从此上下！”的标示牌。在邻近其他可能误登的带电架构上，应悬挂“禁止攀登，高压危险！”的标示牌。

第二节　母线的倒闸操作

一、倒母线操作

倒母线操作是指线路、主变压器等设备从在某一条母线运行改为在另一条母线上运行的操作。倒母线分为冷倒母线和热倒母线两种形式。冷倒母线操作是指各要操作的出线断路器在热备用情况下，先拉一组母线侧隔离开关，再合另一组母线侧隔离开关，一般用于事故处理中。热倒母线操作是指母联断路器在运行状态下，采用等电位操作原则，先合一组母线侧隔离开关，再拉另一组母线侧隔离开关，保证在不停电的情况下实现倒母线。正常倒闸操作均采用热倒母线方法。以下若无特别说明，倒母线均指热倒母线方法。

（1）倒母线前必须检查两条母线处在并列运行状态，这是实现等电位操作倒母线必备的重要安全技术措施。另外，母差保护应投入手动互联连接片和单母线连接片（若母线配两套母差保护则两套母差的互联连接片均应投入）。拉开母联断路器的操作电源，这两步操作指的是为了保证倒母线操作过程中母线隔离开关等电位和防止母联断路器在倒母线过程中自动跳闸而引起带负荷拉、合隔离开关。倒闸操作结束后，再合上母联断路器的操作电源，退出母差保护屏的手动互联连接片和单母线连接片。

（2）倒母线操作时，母线侧隔离开关的操作可采用两种倒换方式：第一种方式为逐一单元倒换方式，即将某一倒出线的运行母线侧隔离开关合于运行母线之后，随即拉开该线路停电母线侧母线隔离开关。第二种方式为全部单元倒换方式，即把全部倒出线的运行母线侧隔离开关都合于运行母线之后，再将停电母线侧的所有母线隔离开关拉开。在现场，两种方法均有使用。具体采用哪种倒换方式，这要根据操动机构位置（两母线隔离开关在一个走廊上或两个走廊上）和现场习惯等决定。

（3）倒母线操作过程中，应进行切换电压回路及相应的保护回路的操作。如电能表的电压切换、保护电压的切换等。双母线各有一组电压互感器，为了保证其一次系统和二次系统在电压上保持对应，以免发生保护或自动装置误动、拒动，要求保护及自动装置的二次电压回路随主接线一起进行切换。利用隔离开关辅助触点并联后去启动电压切换中间继电器，实现电压回路的自动切换。因此，倒母线操作后必须检查各线路保护屏继电器操作箱上的电压切换指示和母差保护盘相应隔离开关切换指示正确，防止因二次切换不良引起线路保护和母差保护不正确动作。倒母线后还应检查电能表电压切换正确。

二、双母线接线中母线的停送电操作

1. 母线停电操作步骤及注意事项

（1）将线路、主变压器等设备倒换到另一工作母线上供电。

（2）拉开母联断路器前的操作及注意事项：① 应停用可能误动的保护和自动装置，例如停用母差保护的低电压保护，停用故障录波器相应母线的电压启动回路等。母线恢复正常方式后将保护及自动装置按照正常方式投入。② 应检查两段母线电压互感器二次并列开关确在断开位置，防止运行母线电压二次回路向停电母线反送电。③ 对要停电的母线再检查

一次，确认设备已全部倒至运行母线上，防止因漏倒引起停电事故。④ 拉母联断路器前，检查母联断路器电流表应指示为零，防止误切负荷。

(3) 拉开母联断路器及其两侧隔离开关。注意母联隔离开关操作顺序，应先拉开待检修母线侧隔离开关，再拉开运行母线侧隔离开关。这是因为运行母线侧可看作电源侧，待检修母线侧因为将停电所以看作是负荷侧。待母线检修工作结束，母线恢复固定连接方式，需合上母联断路器两侧隔离开关时，也应注意操作顺序。拉开母联断路器后，应检查停电母线的电压表指示为零。

(4) 取下母线电压互感器二次熔丝或拉开二次开关，拉开其高压侧隔离开关。

(5) 母线停电后，根据检修任务在母线上装设接地线或合上接地开关。若电压互感器本身有工作或其二次回路上有工作，还应将其二次接地。

2. 母线送电操作注意事项

(1) 母线检修后，送电前应检查母线上所有检修过的母线隔离开关确在断开位置，防止向其他设备误充电。

(2) 待母线检修工作结束，双母线接线恢复固定连接方式时，经母联断路器向另一条母线充电，应使用母线充电保护。充电良好后，应解除充电保护连接片，然后进行倒母线操作，恢复固定连接方式。

三、母线电压互感器的操作

1. 电压互感器的操作

双母线接线方式中，每条母线上装有一组电压互感器，如果一台电压互感器出口隔离开关、电压互感器本体或二次侧电路需要检修时，则需停用该电压互感器，停电的电压互感器负荷由另一组母线的电压互感器暂带。电压互感器由运行转检修时，应首先停用电压互感器所带的保护及自动装置，如装有自动切换或手动切换装置时，其所带的保护及自动装置可不停用；其次取下或拉开二次侧测量、保护电压回路，计量电压回路，开口三角电压回路熔丝或空气开关；然后拉开一次侧隔离开关；最后在电压互感器各相分别验电。验明无误后，电压互感器装设接地线或合上接地开关，悬挂标示牌并装设围栏。电压互感器由检修转运行时，应按与上述相反的顺序进行。母线电压互感器检修后或新投运前应进行核相，防止相位错误引起电压互感器二次并列短路。

2. 电压互感器二次并列及防止电压互感器二次向一次反充电

双母线接线方式中，正常运行情况下两组电压互感器二次不并列。当断路器的两组母线隔离开关同时合上时，隔离开关辅助触点动作，使两母线的电压切换继电器同时励磁，使两组电压互感器短时并联。如果操作中的隔离开关已拉开，但其辅助触点由于种种原因未能同时打开，使某一母线的电压切换继电器不返回或造成隔离开关的一次触点断开时间早于其辅助触点的断开，造成电压切换继电器控制Ⅰ、Ⅱ段母线二次电压的触点均在闭合状态，此时电压互感器二次回路并列。

当设备进行倒闸操作时，由于电压互感器二次并列等原因使二次绕组与其他电压回路连接，可能造成已停电的电压互感器二次回路向一次设备反充电，应防止这种情况的发生。因为在二次向一次反充电过程中，会产生很大的电流，造成人身和设备损坏事故。若双母线并列运行，已停电的电压互感器二次回路向一次设备反充电将造成运行的另一组电压互感器二次熔断器熔断，造成保护装置误动作事故或出现严重异常。常采取下列措施防止电压互感器二次向一次反充电。

(1) 当分别控制两组母线电压的切换继电器同时动作时会发出信号，在发出信号期间，运行人员严禁断开母联断路器，以防止电压互感器二次回路反充电。

(2) 在倒母线操作时要规范操作顺序，在将一条母线线路全部倒至另一母线后，应首先拉开母线电压互感器二次回路的空气开关，然后才能拉开母线电压互感器的隔离开关。

(3) 运行中的隔离开关，在不停用相关保护的情况下，不得进行隔离开关辅助触点的检修工作。

第三节　线路的倒闸操作

一、线路倒闸操作的一般规定

(1) 线路停电操作。线路停电时，应先拉开断路器，再拉开线路侧隔离开关和母线侧隔离开关，最后在线路上可能来电的各端合接地开关或挂接地线。如果断路器有合闸电源，在拉开断路器后，应先断开断路器合闸电源。再拉开断路器两侧隔离开关。拉开各侧隔离开关后，接有线路电压互感器的线路，应取下电压互感器二次熔断器或断开二次空气开关，防止电压二次回路向线路反送电。

(2) 线路送电操作。线路送电时，其操作顺序与停电时相反，应先拉开线路各端接地开关或拆除接地线，然后合上母线侧隔离开关和线路侧隔离开关，最后合上断路器。断路器合闸前应装上二次熔断器或合上二次空气开关。如果断路器有合闸电源，送电时在合上断路器两侧隔离开关后再合上合闸电源。

(3) 值班调度下令合上线路接地开关或挂接地线即包括悬挂“禁止合闸，线路有人工作”的标示牌；值班调度下令拉开线路接地开关或拆除接地线即包括拆除“禁止合闸，线路有人工作”的标示牌。

(4) 双回线或环形网络解环时，应考虑有关设备的送电能力及继电保护允许电流、电流互感器变比、稳定极限等问题，以免引起过负荷跳闸或其他事故。

(5) 220kV 及以上双回线或环网中一回线路停电时，应先停送电端，后停受电端，以减少断路器两侧电压差。送电时反之。

(6) 联络线停送电操作，如果一侧为发电厂，一侧为变电站，一般在变电站侧停送电，发电厂侧解合环；如果两侧均为变电站或发电厂，一般在短路容量大的一侧停送电，在短路容量小的一侧解合环。有特殊规定的除外。

二、线路倒闸操作的注意事项

(1) 停电时隔离开关的操作。线路停电时拉开断路器后，应先拉负荷侧隔离开关，后拉电源侧隔离开关。这是因为在停电时，可能出现的误操作情况有两种，一种是断路器尚未断开电源而先拉隔离开关，另一种是断路器虽然已拉开，但当操作隔离开关时，因走错间隔而错拉不应停电的设备。不论是上述哪种情况，都将造成带负荷拉隔离开关，其后果是可能造成弧光短路事故。如果先拉电源侧隔离升关，则弧光短路点在断路器上侧，将造成电源侧短路，使上级断路器掉闸，扩大了事故停电范围。如果先拉负荷侧隔离开关，则弧光短路点在断路器下侧，保护装置动作断路器跳闸，其他设备可照常供电，缩小了事故范围，所以停电时应先拉负荷侧隔离开关，后拉电源侧隔离开关。

(2) 送电时隔离开关的操作。送电时，应先合电源侧隔离开关，后合负荷侧隔离开关，最后合上断路器。这是因为在送电时，如果断路器误在合闸位置，便去合隔离开关，会造成带负荷合隔离开关。如果先合负荷侧隔离开关，后合电源侧隔离开关，一旦发生弧光短路，将造成断路器电源侧断路，同样影响系统的正常供电。假如先合电源侧隔离开关，后合负荷侧隔离开关，即便是带负荷合上，或将隔离开关合于短路故障点，可由此断路器动作将故障点切除（因为故障点处于断路器下侧），这样就缩小了事故范围。

(3) 断路器合闸熔断器的操作。断路器合闸熔断器是指电磁操动机构的合闸熔断器，停电操作时，应在断路器断开之后取下，目的是防止在停电操作中，由于某种意外原因，造成误动作而合闸。如果合闸熔断器不是在断路器断开之后取下，而是在拉开隔离开关之后再取，那么万一在拉开隔离开关时断路器误合闸，就可能造成带负荷拉隔离开关的事故。同理，送电操作时，合闸熔断器应该在合上隔离开关之后，合断路器之前装上。

(4) 双回线中任一同线停送电操作。双回线中任一回线路停电时，先断开送端断路器，然后再断开受端断路器。送电时，先合受端断路器，后合送端断路器，这样可以减少双回线解列和并列时断路器两侧的电压差。送端如果连接有发电机，这样操作还可以避免发电机突然带上一条空负荷线路的电容负荷所产生的电压过分升高。对于稳定储备较低的双回线路，在线路停电之前，必须将双回线送电功率降低至一回线按稳定条件所允许的数值，然后再进行操作。在断开或合上受端断路器时，应注意调整电压，防止操作时受端电压由于无功功率的变化产生过大的波动。通常是先将受端电压调整至上限值再断开受端断路器，调整至下限值再合上受端断路器。

(5) 有电源单回联络线解、并列操作。有电源单回联络线解列操作时，首先调整电源侧出力，使断路器功率接近零时断开该断路器，然后再断开对端断路器，与系统解列后电源侧单独运行。并列时先合对端向线路充电，再合上电源侧同期并列。如果电源侧无负荷或有负荷线路停电不能单独运行须先倒至其他线路时，可在送电功率不为零时断开电源侧断路器，然后再断开受端断路器；并列时，合上受端断路器给线路充电，然后送端同期并列机组。

第十五章

安全工器具的使用

在水电厂的安全生产中，安全工器具的正确选择、维护与使用，是保证员工在生产活动中的人身安全，防止人身伤亡事故发生的重要手段之一。

一、钳形电流表

通常在测量电流时，需将被测电路断开，才能将电流表或电流互感器一次侧串接到电路中去。为了在不断开电路的情况下测量电流，可用钳形电流表。

用来测量交流电流的钳形电流表，是由电流互感器和电流表组成的。当握紧扳手时，电流互感器铁芯可以张开，然后将被测电流的导线卡入钳口作为电流互感器的一次侧线圈。放松扳手时，使铁芯的钳口闭合后，接在二次线圈上的电流表便指示出被测电流大小。这种钳形电流表可有几种不同的量程，由转换开关加以切换。

还有一种交直流两用的钳形电流表，这是用电磁系测量机构做成。

钳形电流表的准确度不高，但可在不切断电路的情况下测量电流，使用方便，所以在生产上用得很多。为了扩大钳形电流表的使用范围，目前通用的一种多用钳形电流表，由钳形电流互感器和万用表组合而成，当两部分组合起来时，就是一个钳形电流表，将钳形互感器拨出，便可单独作为万用表使用。

二、绝缘电阻表

绝缘电阻表是一种专门用来测量绝缘电阻的可携式仪表，在电气安装、检修和试验中，应用广泛。

绝缘电阻表和其他仪表不同的地方是它本身带有高压电源，这对测量高压电气设备的绝缘电阻是十分必要的。因为在低压下测量出来的绝缘电阻并不能反映在高压工作条件下真正的绝缘电阻值。

绝缘电阻表的测量机构，通常采用磁电系比率表做成。高压电源多采用手摇直流发电机，在测量时需要摇动发电机的手柄，所以俗称为摇表。手摇发电机所产生的电压有500、1000、2500、5000V几种。我国目前还生产一种用晶体管直流变换器如ZC30型绝缘电阻表，在使用上更加方便。

1. 绝缘电阻表的使用

（1）绝缘电阻表的选择。绝缘电阻表的额定电压应根据被测电气设备的额定电压来选择。一般来说，额定电压为500V以下的设备，选用500V或1000V的绝缘电阻表（绝缘电阻表的电压过高，可能在测试损坏设备的绝缘）；额定电压在500V以上的设备，则用1000V或2500V的绝缘电阻表。此处，还应注意它的测量范围和被测绝缘电阻的数值要相适应，以免引起过大的读数误差。

（2）使用前的检查。使用前应检查绝缘电阻表是不是完好。为此，先将绝缘电阻表的端钮开路，摇动手柄到发电机的额定转速，观察指针是否指“∞”；然后将“地”和“线”端钮短接，摇动手柄，观察指针是否指“零”。如果指针不对，则需调试后再使用。

（3）注意安全。为了保证安全，严禁在设备带电情况下测量其绝缘电阻。对具有电容的高压设备，在停电后，还必须进行充分的放电，然后才可测量。用绝缘电阻表测量过的设备，必须及时加以放电。

（4）接线的方法。一般测量时，将被测电阻接在端钮“线”（L）和“地”（E）之间即可。

端钮“屏”（G）是用来屏蔽表面电流的。例如，在测量电缆的绝缘电阻时，要测量的是电缆线芯和外皮之间的绝缘电阻，即电缆内体积电流 I_v 经过的电阻。但是，由于绝缘材料表面漏电流 I_s 的存在，会使测量结果不准确。特别是在绝缘表面不干净以及湿度很大的场合，可能使测量结果受到严重歪曲。为了排除表面电流的影响，在绝缘表面加一个金属的保护环，然后用导线将保护环和绝缘电阻表的端钮“屏”相连，这样表面电流 I_s 将不在通过绝缘电阻表的测量机构，而直接和发电机构成回路，从而消除了它的影响。

此外，绝缘电阻表的“线”和“地”端钮都要通过绝缘良好的导线和被测设备相连。如果导线绝缘不好，或者用双股线来连接时，都会影响测量结果。

（5）手摇发电机的操作在测量开始时，手柄的摇动应该慢些，以防止在被测绝缘损坏或有短路现象时，损坏绝缘电阻表。在测量时，手柄的转速应尽量接近发电机的额定转速（约120r/min）。如果转速太慢，则发电机的电压过低，绝缘电阻表的转矩很小。这时，由于动圈导丝或多或少存在的残余力矩和可动部分的摩擦，将给测量结果带来额外的误差。

（6）断开被测设备与绝缘电阻表间的“L”端引线，然后停止摇动手动绝缘电阻表，并对被测设备充分放电。

（7）记录设备温度与湿度。

2. 注意事项

（1）由两人进行设备绝缘摇测工作。

（2）选用绝缘电阻表引线，应选用单根的多股铜导线，其端部应有绝缘套，绝缘强度应在500V以上。

（3）测量电气设备绝缘电阻时，测量前必须断开设备的电源，并验明无电，确证被测设备上无人工作时，方可进行；在测量中禁止他人接近被测设备，测量前后必须对被测设备对地放电。如果电容器、电缆线路、大容量电动机应放电后再测量；测量完毕后也应放电。

（4）接线必须正确无误，绝缘电阻表有三个接线柱，“E”（接地）、“L”（线路）和“G”（保护环或叫屏蔽端子）。保护环的作用是消除表面“L”和“E”接线柱间的漏电和被测绝缘物表面漏电的影响。在测量设备的对地绝缘电阻时，“L”接线柱用单根绝缘导线接设备的待测部位，“E”接线柱用单根绝缘导线接设备外壳；在测量电气设备绕组间绝缘电阻时，将“L”和“E”接线柱分别用单根绝缘导线接两绕组的接线端；在测量电缆的绝缘时，为消除因表面漏电产生的误差，“L”接铁芯，“E”接外壳，“G”接铁芯与外壳之间的绝缘层。

（5）绝缘电阻表必须水平放置于平稳牢固的地方，以免在摇动时因抖动和倾斜产生测量误差。与带电设备保持足够安全距离，以免绝缘电阻表引线和支持物触碰带电部分，移动引线时，注意防止工作人员触电。

（6）手动绝缘电阻表的转速，应接近额定转速（120r/min）。读数通常要在 1min 后，待指针稳定下来再读数。但在测量吸收比时，应将绝缘电阻表摇至额定转速，然后接被试设备，并开始计时读取“R_{15}和R_{60}”的值。

（7）在被试设备断开前，禁止减慢绝缘电阻表转动速度，以免反充电损坏绝缘电阻表。

（8）测量线路绝缘时，应取得对方允许后方可进行。在有感应电压的线路上（同杆架设的双回引线或单回路与另一线路有平行段）测量绝缘时，必须将另一回路同时停电，方可进行。雷电时，严禁测量线路绝缘。

三、万用表

万用表又称为万能表，是一种多用途的电表。一般万用表可以用来测量直流电源、直流电压、交流电压、电阻和音频电平等量，并具有多种量程。有的万用表还可以测量交流电流、电容、电感以及用晶体管的简易测试等。由于万用表具有用途广、量程多和使用方便等优点，所以得到了广泛的使用。

1. 万用表的结构概述

万用表由一个测量机构（又称为表头）和不同的测量线路组合而成，利用转换开关对测量线路的切换，便可实现对多种电量的不同量程的测量。因此，各种形式的万用表，都由表头、测量线路和转换开关这三个基本部分组成。

（1）表头。万用表的表头，通常采用高灵敏度的磁电系测量机构，其满刻度偏转电流约为几微安。满偏电流越小，表头灵敏度就越高，测量电压时的内阻也就越大。表头本身的准确度一般都在 0.5 级以上，构成的万用表准确度一般可达 4 级以上。

万用表表头的刻度盘上，备有对应于不同测量对象的多条标尺，有的万用表的刻度盘上还装有反射镜，以减少读数误差。

（2）测量线路。测量线路是万用表用来实现多种电量、多种量程的主要环节。它实质上是由多量程直流电流表、多量程直流电压表、多量程整流系电压表以及多量程欧姆表等几种线路组合而成。

构成测量线路的主要元件是电阻元件，包括线绕电阻、碳膜电阻、电位器等。此外，为了使磁电系测量机构能够测量交流电压，在其测量线路中还设有整流元件。这些元件组成了不同的测量线路后，可以把各种不同的被测电阻转换成磁电系表头所能接受的微小直流电流，从而达到一表多用的目的。

（3）转换开关。转换开关由许多固定触点和可动触点组成。通常把可动触点叫做刀，固定触点叫做掷。转动转换开关的旋钮时，其可动触点（刀）跟着转动，在不同的挡位上和相应的固定触点（掷）相接触，从而使对应的测量线路接通。

在使用万用表时，由于需要切换的线路较多，所以一般都采用多刀多掷转换开关。万用表的面板上装有指针、标度盘、转换开关的旋钮。此外，还有指针的机械零位调节器以及欧姆调节旋钮和接线柱等。

2. 万用表的使用

（1）使用方法：

1）插入黑色表笔于万用表的COM插孔，根据需要插入红色表笔于万用表的VΩ/Hz（或A、20A）插孔。

2）打开电源开关，粗略估计所测物理量值的大小。

3）将万用表的转换开关切换到与所需测量的物理量相一致的挡位。

4）将表笔正确串联或并联在电路中测量所需的参数，并正确读取其参数。

5）使用完毕后，关闭万用表电源开关。

（2）使用万用表时，必须注意以下几点：

1）接线要正确。万用表面板上的插孔（或接线桩）都有极性标记，用来测直流时，要注意正、负极性；在万用表的欧姆挡去判别二极管的极性时，应记住其“+”插孔是接自内附电池的负极。测电流时，仪表和电路串联；测电压时，仪表和电路关联。

2）测量挡位要正确。测量挡位包括测量对象的选择及量程的选择，测量前应根据测量的对象及其大小的粗略估计，选择相应的挡位。有的万用表采用两个转换开关，一个用来转换测量对象，一个用来切换量程。由于万用表的测量对象多、量程多，所以在使用时一定要注意调准测量挡位，否则可能使仪表受到严重损伤。为了使测量结果更加准确，量程的选择应使读数在标尺的一定刻度范围之内。

此外，在用欧姆挡测试晶体管参数时，通常应选 $R\times100$A 或 $R\times1$k 挡。否则将因测试电流过大（用 $R\times1$ 挡时），或电压太高（用 $R\times10$k 挡时）而可能使被测试晶体管损坏。

万用表在使用完毕后，应把转换开关旋至交流电压的最高挡，这样可以防止在下次测量时由于粗心而发生的事故。

3）使用之前要调零。为了得到准确的测量结果，在使用万用表之前应注意其指针应指零。在测量电阻之前，还应进行欧姆调零，并应注意欧姆调零的时间要短，以减小电池的消耗。如果用调零旋钮已无法使指针达到欧姆零位，则说明电池的电压已经太低，需要更换。

4）严禁在被测电阻带电的情况下，进行电阻的测量。若在被测电阻带电的情况下测量电阻，由于被测电阻上电压串入，不仅会严重歪曲测量结果，甚至烧坏表头。

此外，电流和电压量程的切换，严禁在带电的情况下进行，以免使转换开关烧坏。

四、百分表

百分表是利用齿条——齿轮传动机构将线位移变为角位移的精密量具。

水电厂除在安装机组时用来测量工件的线值尺寸、形状及位置误差外，还用来测量机组的摆度。在使用和维护百分表时应注意以下各项：

（1）使用前应将百分表量面、测杆擦净。

（2）使用或鉴定前，至少应将测头压缩至指针转过 1/4 圈。

（3）测机组摆度时，百分表不能接地，以防止轴电流损坏机组的轴承。

（4）百分表除维修及调整时，不准自拆卸。

五、红外线测温仪

红外线测温仪是一种便携式、较为先进的测温仪器。这是利用光学原理，由红外线探头和电子信号处理电路组成。所有物体的温度超过绝对零度时都能辐射红外能，这种能量以光速向四面八方传播。当红外线测温仪对准目标时，它的透镜能把能量聚集在红外线测温仪的探测器上，探测器产生一个相应的电压信号，这个电压信号与所接收的能量成正比，也就是和目标物体的温度成正比。测温仪采用微处理器，能够对探测器输出采样和处理，可以显示温度和有关计算机值，如测温时的现实温度的最大值（MAX）、最小值（MIN）、平均值（AVG）和差值（DIF）。某些物体除发射红外能量外，还反射红外能量。发光的或经抛光处理的表面可对辐射进行反射，而粗糙的表面则不产生反射，表示其特征的参数称为反射率。其数值总在 0.1～1.0 之间，能够调整发射率的参数，用于计算物体的实际反射能量，可以较准确地显示被测物体的温度。红外线测温仪能实现非接触测温，测量温度的误差较小，使用方便。

红外线测温仪的使用特点如下：

（1）电源。由 9V 直流电池供电，电池装在测温仪前方的电池盒内。

（2）测量。测温仪都靠扣住扳机并瞄准目标进行测量。显示器可以显示温度的读数。如果显示错误符号 8888，意味目标温度高于或低于温度范围。只要松开扳机就停止测量（如果扳机被锁定，再按一下 LOCK 键）。

（3）显示。测温仪都可以在液晶显示器（LCD）上显示温度参数及参数设定。当需要更换电池时，就会显示电池不足的信息，即使在这种情况下，所显示的温度参数仍然是正确的。

（4）目标尺寸和视场。测量物体的绝对温度时，应注意使目标充满整个现场，距被测物体与测量点的尺寸有关。如果距离目标尺寸相同，测量相对应温度时，目标不需要充满整个视场。

（5）锁定、解锁扳机。扣住扳机时按 LOCK（锁定）键，就可以将扳机锁定。显示器上出现锁定符号，就可以松开扳机。要解锁扳机，只需要按一下 LOCK 键，锁定符号消失并停止测量。

（6）华氏/摄氏开关。使用装在电池盒内的华氏/摄氏转换开关，可以选择其中的一种温度显示方式。

（7）温度及热冲击。所有测量仪可以在 0～50℃的任何环境下准确测量而不会损坏。如果测温仪的使用环境温度变化太大，要使之热平衡 30min 以后再使用。如果不这样做，即使仪器无损坏，测温读数也不准确。

（8）存储再调用。即使在测温仪关机以后，只要电池没有切断，所有测量值仍在存储器中，在测温仪上只需按 RECALL 或 MODE 键（型号不同所按的键不同），最后一个测量值可显示 10s。

六、绝缘手套

1. 作用

绝缘手套是在高压电气设备上进行操作时使用的辅助安全用具，如用来操作高压隔离开关、高压跌落开关、油开关等；在低压带电设备上工作时，把它作为基本安全用具使用，即使用绝缘手套可直接在低压设备上进行带电作业。绝缘手套可使人的两手与带电物绝缘，是防止同时触及不同极性带电体而触电的安全用具。

2. 使用范围

绝缘手套用特种橡胶制成，按照试验电压分为 12、5kV 两种。12kV 绝缘手套在 1kV 以上为辅助安全用具，1kV 以下为基本安全用具；5kV 绝缘手套在 1kV 以下为辅助安全用具。长度相同，都为 380mm±10mm，厚度分别为 1～1.5mm，1mm±0.4mm。

3. 使用及保管注意事项

（1）由操作人对绝缘手套进行外部检查，查看外表面有无损伤、磨损、划痕等，检查有无检验标签，检定是否过期。

（2）检查是否漏气。用双手将手套口拉开呈基本菱形状，朝胸前迅速甩手套 2 圈，使手套内灌入空气，双手迅速合拢挤压已经充气的绝缘手套，检验手套漏气情况，如有漏气现象禁止使用。

（3）戴上棉纱手套（这样夏天可防止出汗而操作不便，冬天可以保暖），戴上绝缘手套，将外衣袖口放入手套的伸长部分内。

（4）使用后擦净、晾干，内部洒上一些滑石粉，以免粘连，存放在干燥、阴凉的专用柜内。

（5）绝缘手套应与其他工具分开放置，其上不得堆压任何物件；不得与石油类的油脂接触，合格与不合格的绝缘手套不能混放在一起，以免使用时拿错；绝缘手套每半年试验一次，必须使用试验合格的绝缘手套。

七、高压验电器

1. 作用与结构

高压验电器（以 GSYⅡ高压声光验电器为例）用于在不直接接触高压设备（交流电压 6～500kV 电力设备）的情况下验明设备是否带有电压。

由验电指示器和全绝缘伸缩式操作杆两部分组成。验电指示器壳体由高级的工程塑料铸塑而成，电路采用集成电路屏蔽工艺，保证电子集成电路在高压强电场下安全可靠的工作。绝缘操作杆由环氧酚醛玻璃布管精制而成，可以伸缩，操作方便。该验电器抗干扰能力强、指示明确、携带方便、使用寿命长和具有安全电路自检功能。可在白天、夜晚，户内、户外可靠地工作。验电器和绝缘操作杆组的启动电压小于或等于额定电压的 25%。型号及含义：GSYⅡ-10，G 代表高压，S 代表声光，Y 代表验电器，Ⅱ代表第二代产品，10 代表额定电压等级 10kV。有 GSYⅡ-10、GSYⅡ-35、GSYⅡ-110、GSYⅡ-220、GSYⅡ-500 几种类型。

2. 使用方法

（1）由两人进行高压声光验电器对电力设备的验电操作。

(2) 根据需验电设备电压等级选相同电压等级的验电器。

(3) 检查验电器外观清洁、无破损，按下自检按钮，验电器发出持续间歇式声光信号，表明性能完好，将绝缘操作杆拉伸至规定长度旋紧（检查绝缘操作杆外观无裂纹、脱层，伸缩接头有一定的固定牢度，用绸布或细绒布擦拭表层尘埃）。

(4) 将验电器旋转固定在绝缘操作杆上。

(5) 戴上绝缘手套，在同电压等级带电设备上再次验明验电器工作正常（验电时两脚前后站立，左手背于背后，右手握绝缘操作杆，注意不得越过安全指示环，同时身体任何部位必须保持与带电设备的安全距离；绝缘操作杆安全指示环以上视为带电，与相邻设备及接地体之间要保持足够的安全距离），在待测设备上验电（若验电器触点触及被测体，发出声光信号，表示被测体带电，若不发出声光信号，表示被测体不带电）。

(6) 验电操作结束后，旋下验电器，收回绝缘操作杆，擦拭干净后放回储放袋内，置于通风干燥地方，避免受潮。

3. 注意事项

(1) 自检时若验电器不发出声光信号，首先更换电池。若更换电池仍不能发出声光信号，则说明验电器电路故障，不得使用；雨、雪等天气，在室外足以影响绝缘性能的环境下不得使用。

(2) 使用环境条件，温度－30～＋50℃，相对湿度不大于90%；为保证使用安全，每半年按要求进行一次预防性试验；验电器要避免强烈振动与冲击，严禁擅自拆装。

另外还有高压回转验电器、高压回转辉灯验电器，主要区别在于验电器的工作原理以及验电器检查内容不同。绝缘操作杆及验电步骤操作相似。比如回转验电器要用高压发生器对其进行验电前的检查等。

八、验电笔

1. 测量范围

验电笔用于检查测量低压导体和低压设备是否带电；用于检查低压设备的金属外壳是否带电，其电压测量范围在60～500V之间，用验电笔测试高于500V的电压可能造成人身触电。

使用验电笔验电时，用验电笔前端的金属探头接触导体，电压经笔端—发光氖管—降压安全电阻—压紧弹簧—笔尾金属体—人体—大地形成通路，氖管发光，指示设备带电。

2. 使用方法

(1) 对验电笔进行外观检查，确证验电笔完整无损，并在有电设备上检验验电笔能正常工作。

(2) 用较熟练的一只手的食指和中指夹持验电笔，拇指压紧测电笔尾金属部分（拇指紧靠测电笔尾金属部分），另外一只手不得接触其他设备，不得超过胸前平面，最好背在背后。

(3) 笔尖接触被测端面或侧面，手上用一定的力压住或靠住测电笔，以确保接触良好；避开强光观察氖管是否发光，以判断被测设备是否有电压。

(4) 测试完毕，验电笔保存于干燥处，避免摔碰，尽量避免测电笔作它用。

2. 验电笔的特殊用法

(1) 区别直流和交流电。交流电通过验电笔时，氖泡中两极会同时发光；而直流电通过验电笔时，氖泡中只有一个极会发光。

（2）判断直流电的正负极。验电笔接触直流电的正极时，氖泡中靠近手侧的电极会发光；而验电笔接触直流电的负极时，氖泡中靠近笔尖的电极会发光。

3. 注意事项

（1）验电笔使用前的检查。因为在使用验电笔测试电压的过程中人体直接串入测量回路，所以测试前应着重检查验电笔中确有安全电阻，验电笔外观检查无破损、受潮；在电压合适的用电设备上验明验电笔的氖管发光正常；确知被测电压不会超过500V。

（2）验电时必须保持正确的姿势。两脚前后站立，左手放于背后，右手握电笔，笔尖垂直接触带电部位，身体其余部位离带电部位保持10cm以上，防止触电和造成电源短路。

（3）测试间断时笔尖指向测试人而不是指向设备。

4. 使用验电笔测试时可能发生的问题

（1）被测电压超过500V，安全电阻击穿造成人体直接通过电流。

（2）验电笔受潮，外壳导电造成人体接地。

（3）握持验电笔不当造成人体触电或验电笔不能正确显示带电。

（4）验电笔笔端的裸露金属部分造成被测设备短路，同时短路电弧烧伤测试人。

（5）测试过程中另一只手接触其他设备，增加触电的几率和触电后的受伤害程度。

（6）使用氖管损坏的验电笔测试，有电验为无电，导致工作人员触电。

（7）握持不牢，验电笔脱落造成下部设备短路。

（8）在强光下观察氖管未发光，误以为设备无电压。

附录　典型的倒闸操作票的格式

操　作　票

××××× 厂　　　　　　年　月　日　　　　　　编号　　　　　　第 1/2 页

<table>
<tr><td rowspan="3">模拟预演</td><td>下令时间</td><td></td><td>调度指令</td><td></td><td>发令人</td><td></td><td>受令人</td><td></td></tr>
<tr><td>操作时间</td><td colspan="3">年　月　日　时　分</td><td>结束时间</td><td colspan="3">年　月　日　时　分</td></tr>
<tr><td>操作任务</td><td colspan="7">1 号机变压器组由备用转检修</td></tr>
</table>

√	√	顺序	指令	操　作　内　容	时	分
		1		检查 1 号机变压器组在全停状态		
		2		（指令）拉开 13.8kV 1 号变压器 612 隔离开关		
		3		检查 13.8kV 1 号变压器 612 隔离开关三相确已拉开		
		4		（指令）拉开 66kV 1 号变压器中性点 6002 隔离开关		
		5		检查 66kV 1 号变压器中性点 6002 隔离开关确已拉开		
		6		检查 66kV 1 号主变压器 6022 断路器三相“绿灯”亮		
		7		检查 66kV 1 号主变压器 6022 断路器三相在开位		
		8		（指令）拉开 66kV 1 号主变压器 6022 上隔离开关		
		9		检查 66kV 1 号主变压器 6022 上隔离开关三相确已拉开		
		10		检查 66kV 1 号主变压器 6022 下隔离开关三相在开位		
		11		66kV 1 号主变压器高压侧验电（　　）		
		12		66kV 1 号主变压器低压侧验电（　　）		
		13		66kV 1 号主变压器高压侧测绝缘 $R=$　　MΩ；$T=$　　℃		
		14		66kV 1 号主变压器低压侧测绝缘 $R=$　　MΩ		
		15		检查 66kV 1 号主变压器（612、6002、6022 下、6022 上）全部在开位		
		16		（指令）合上 66kV 1 号主变压器 6022 的接地开关		
		17		检查 66kV 1 号主变压器 6022 的接地开关三相投入良好		
		18		拉开 13.8kV 1 号机 652 隔离开关至“地”位置		
		19		检查 13.8kV 1 号机 652 隔离开关至“地”投入良好		
		20		检查 13.8kV 1 号机 632 隔离开关三相在开位		
		21		13.8kV 1 号机静子回路验电（　　）		
		22		13.8kV 1 号机静子回路测绝缘 $R=$　　MΩ；$T=$　　℃		
备　注						

操作人：　　　　监护人：　　　　值班负责人：　　　　值长：

操　作　票

××××× 厂　　　　年　月　日　　　　编号　　　　第 2/2 页

<table>
<tr><td rowspan="3">模拟预演</td><td>下令时间</td><td colspan="2"></td><td>调度指令</td><td colspan="2"></td><td>发令人</td><td></td><td>受令人</td><td></td></tr>
<tr><td>操作时间</td><td colspan="5">年　月　日　时　分</td><td>结束时间</td><td colspan="3">年　月　日　时　分</td></tr>
<tr><td>操作任务</td><td colspan="9">1 号机变压器组由备用转检修</td></tr>
<tr><td>√</td><td>√</td><td>顺序</td><td>指令</td><td colspan="5">操　作　内　容</td><td>时</td><td>分</td></tr>
<tr><td></td><td></td><td>23</td><td></td><td colspan="5">合上 13.8kV 1 号机 632 的接地开关</td><td></td><td></td></tr>
<tr><td></td><td></td><td>24</td><td></td><td colspan="5">检查 13.8kV 1 号机 632 的接地开关三相投入良好</td><td></td><td></td></tr>
<tr><td></td><td></td><td>25</td><td></td><td colspan="5">拉开 13.8kV 1 号机电压互感器二次开关 DK</td><td></td><td></td></tr>
<tr><td></td><td></td><td>26</td><td></td><td colspan="5">拉开 13.8kV 1 号机 622 隔离开关</td><td></td><td></td></tr>
<tr><td></td><td></td><td>27</td><td></td><td colspan="5">检查 13.8kV 1 号机 622 隔离开关三相确已拉开</td><td></td><td></td></tr>
<tr><td></td><td></td><td>28</td><td></td><td colspan="5">13.8kV 1 号机 1 号电压互感器验电（　　）</td><td></td><td></td></tr>
<tr><td></td><td></td><td>29</td><td></td><td colspan="5">合上 13.8kV 1 号机 622 的接地开关</td><td></td><td></td></tr>
<tr><td></td><td></td><td>30</td><td></td><td colspan="5">检查 13.8kV 1 号机 622 的接地开关三相投入良好</td><td></td><td></td></tr>
<tr><td></td><td></td><td>31</td><td></td><td colspan="5">合上 13.8kV 1 号机 612 的接地开关</td><td></td><td></td></tr>
<tr><td></td><td></td><td>32</td><td></td><td colspan="5">检查 13.8kV 1 号机 612 的接地开关三相投入良好</td><td></td><td></td></tr>
<tr><td></td><td></td><td>33</td><td></td><td colspan="5">全面检查，悬挂标示牌，汇报发令人</td><td></td><td></td></tr>
<tr><td colspan="2">备　注</td><td colspan="9"></td></tr>
</table>

操作人：　　　　监护人：　　　　值班负责人：　　　　值长：